Spuren der Menschwerdung

Spuren der Menschwerdung

Die Evolution des Homo sapiens

Roger Lewin

Aus dem Amerikanischen übersetzt
von Rainer Protsch von Zieten

Spektrum
AKADEMISCHER VERLAG

Inhalt

Vorwort zur deutschsprachigen Ausgabe

Das vorliegende Buch von Roger Lewin ist eines der wenigen anthropologischen Publikationen über die Entwicklung des Menschengeschlechts, die leicht verständlich und für einen breiten Leserkreis geschrieben wurden und daneben ein breites Spektrum wissenschaftlichen Fachwissens vermitteln, das in populärwissenschaftlichen Werken leider häufig vernachlässigt wird. Lewin bringt seinen Lesern nicht nur die Evolution des Menschen nahe, sondern versteht es, damit die Geschichte der Anthropologie einschließlich deren gebräuchliche Forschungs- und Arbeitsmethoden zu verknüpfen und anschaulich darzustellen. Klar stellt Lewin die Tatsachen heraus, vergißt dabei jedoch nicht, sein Publikum mit den rein interpretativen Meinungen der anthropologischen Gelehrten zu konfrontieren. So wird verdeutlicht, welche Probleme sich bei wissenschaftlichen Auslegungen ergeben und wie komplex diese Thematik ist.

Wer in diesem Buch schmökert, wird begreifen, daß wissenschaftlich ausgerichtete Literatur nicht langweilig und trocken sein muß, sondern durchaus lebendig und spannend sein kann. Lewins *Human Evolution* zu übersetzen, machte mir viel Freude, verbinde ich damit doch nicht zuletzt die Hoffnung, eine große deutschsprachige Leserschaft für das Thema „Anthropologie" zu gewinnen. Um das Gesamtkonzept der englischsprachigen Ausgabe nicht zu verfälschen und dem Leser dieses gelungene Beispiel populärwissenschaftlicher Literatur zu erhalten, habe ich auf eigene Meinungsäußerungen zu kontroversen Diskussionen verzichtet. Mein besonderer Dank gilt Spektrum Akademischer Verlag, der die Übersetzung von Roger Lewins Buch ermöglichte.

Reiner Protsch von Zieten
Frankfurt am Main, August 1991

Vorwort zur amerikanischen Ausgabe

»Die Paläoanthropologie, die Erforschung der Ursprünge des Menschen, hat sich in den vergangenen Jahren grundlegend verändert.« Mit diesen Worten begann ich vor vier Jahren das Vorwort zur ersten Auflage von Human Evolution: An Illustrated Introduction. Fortschritte in verwandten Wissenschaftsgebieten, etwa in der Evolutionsbiologie und der Verhaltensökologie, in Verbindung mit einem erheblich gewachsenen Bestand an Fossilbelegen zur Menschheitsgeschichte, haben der Paläoanthropologie einen Grad naturwissenschaftlicher Sicherheit verliehen, wie sie ihn erst seit kurzer Zeit besitzt. Die Vorbereitung der zweiten Auflage beinhaltete eine nahezu vollständige Überarbeitung der ersten; dies zeigt, daß das Tempo des Fortschritts sich nicht verlangsamt hat. Was wir nun beobachten, läßt sich jedoch nicht so sehr als Umgestaltung, sondern eher als Reifungsprozeß der Wissenschaft bezeichnen. Jene Entwicklungen, die früher die Paläoanthropologie veränderten, bilden heute die Grundlage für weitergehende Erkenntnisse.

Die Weiterentwicklung in vielen Wissenschaftsdisziplinen geht häufig mit einer unvermeidlichen Einengung des Blickwinkels einher. Immer tiefer gehende Fragestellungen werden mit ständig zunehmendem Detailwissen in Angriff genommen. In der Paläoanthropologie hat der Reifungsprozeß jedoch eine umgekehrte Entwicklung erfordert. Es kann nicht länger hingenommen werden – und ist auch kein fruchtbarer Ansatz mehr –, wenn man Antworten auf Fragen der menschlichen Evolution nur durch die Untersuchung fossiler Überreste sucht, die unsere Vorfahren hinterlassen haben. Notwendig wird eine offenere Sichtweise. Wir können zum Beispiel nicht hoffen, eine Erklärung für die dramatische Größenentwicklung des menschlichen Gehirns zu finden, wenn wir nicht die biologischen Hintergründe dieses Prozesses bei den Primaten generell in Betracht ziehen. Ebenso wissen wir heute, daß es sinnlos ist, über das Sozialgefüge unserer Vorfahren nachzudenken, ohne mehr über die Beziehung von Ernährung und Lebensweise der Primaten im allgemeinen zu wissen. Mit anderen Worten: Viele der grundlegenden Fragen über die Evolution des Menschen werden sich im Zusammenhang mit der Evolutionsbiologie und der Ökologie der Primaten lösen.

Dieser neue Ansatz in der Paläoanthropologie erfordert vor allem, einen alten Grundsatz aufzugeben, nämlich den Ursprung der Hominiden mit dem Ursprung des Menschen gleichzusetzen. Aufgrund dieser überkommenen Verknüpfung suchten Anthropologen nach Erklärungen für Schlüsselereignisse in der Hominidengeschichte bei der Entwicklung zum Menschen, wie den Erwerb des aufrechten Ganges oder die besondere Betonung der Gehirnentwicklung. Mittlerweile sieht man typisch menschliche Antriebe und Sichtweisen erst als vergleichsweise späte Entwicklungen in der Vorgeschichte der Hominiden an, wenn auch der genaue Zeitpunkt nach wie vor umstritten ist.

Schlüsselentdeckungen gab es im Laufe der letzten vier Jahre auf praktisch jedem Gebiet der Biologie der Hominiden. Dazu gehören einige wichtige Fossilfunde ebenso wie Fortschritte in der Evolutionsbiologie, der Ökologie, der Verhaltensforschung sowie in der Molekularbiologie und der Genetik. Die beiden letztgenannten Disziplinen haben bereits einen maßgeblichen Anteil an einer besseren Klärung der phylogenetischen Beziehung zwischen Menschen und Menschenaffen, man darf daher mit einer weiteren Zunahme ihrer Bedeutung rechnen. Diese Erwartung hat sich jetzt durch aufsehenerregende neue Erkenntnisse bezüglich des Ursprungs des modernen Menschen bestätigt. Und wir können aus dieser Richtung sicher auf weitere Impulse hoffen.

Wie schon die erste amerikanische Auflage will auch die Neubearbeitung die gegenwärtigen Forschungsarbeiten möglichst umfassend würdigen und auf zu erwartende künftige Entwicklungen in der Paläoanthropologie hinweisen. Darüber hinaus habe ich, wo es der Platz erlaubte, versucht, einen geschichtlichen Blick auf die Fragen zu werfen, die Anthropologen in früheren Zeiten bewegten, und die Antworten, die sie über unseren Ursprung fanden und später wieder verwarfen. Ein Geschichtsbewußtsein ist entscheidend, um zu erkennen, daß wissenschaftliche Forschung ein ständiges Suchen und Vorantasten ist. Was wir heute für neu und vermeintlich zutreffend ansehen, kann sich schon bald als zu ungenau oder schlicht als falsch herausstellen.

Es ist mein Privileg, diese spannende Wissenschaft beobachten zu dürfen, und ich bin vielen Forschern – nicht alle kann ich hier nennen – für ihre Hilfe und Ermutigung zu Dank verpflichtet. An dieser Stelle möchte ich jenen danken, die freundlicherweise Teile des Manuskripts durchgesehen und ihren Rat bei dessen Verbesserung angeboten haben: John Fleagle, Robert Foley, Fred Grine, Andrew Hill, William Jungers, Misia Landau, Phyllis Lee, Lawrence Martin, Henry McHenry, Sally McBrearty, Richard Potts, Frank Spencer und Randall Susman. Wie immer habe ich meiner Frau Gail für ihre ständige Unterstützung mehr zu danken, als ich in Worten auszudrücken vermag.

Roger Lewin
Washington D.C., November 1988

1. Die Evolution des Menschen aus geschichtlicher und heutiger Sicht

Die Stellung des Menschen in der Natur

Der Titel dieses einführendes Abschnitts leitet sich ab von einem bahnbrechenden Buch, das Darwins Freund und Weggefährte Thomas Henry Huxley 1863 veröffentlichte, es heißt *Zeugnisse für die Stellung des Menschen in der Natur*. Es erschien gut drei Jahre nach Darwins Werk *Die Entstehung der Arten*. Es fußte auf anatomischen Vergleichen zwischen dem Menschen und den Menschenaffen, auf Belegen aus der Embryologie und auf in den zu jener Zeit noch sehr spärlichen Fossilfunden früher Menschen. Huxleys Erkenntnis, daß die Menschen mit den Menschenaffen, insbesondere den afrikanischen, nah verwandt sind, leistete einen maßgeblichen Beitrag zu jenem großen Umdenken in der europäischen Geistesgeschichte, das den Menschen als Bestandteil der Natur verstand, anstatt, wie zuvor, als von ihr getrennt.

Obwohl Huxley entschieden die Vorstellung vertrat, daß *Homo sapiens* von einem menschenaffenähnlichen Vorfahren abstammte, betrachtete er dessen ungeachtet den Menschen doch als ganz besondere Tierart. »Niemand ist sich dessen klarer bewußt als ich, welch unermeßliche Kluft den Menschen von den Bestien trennt«, schrieb er, »denn er allein besitzt die wunderbare Gabe einer verständlichen und vernünftigen Sprache [und] … steht erhaben wie auf eines Berges Spitze hoch über seinen niederen Mitgeschöpfen, hervorgegangen aus einem primitiven Wesen, indem er hin und wieder einen Strahl der nie versiegenden Quelle der Wahrheit erhascht«.

Das Streben, diese Kluft zwischen den Menschen und dem Rest der belebten Natur zu erklären, hat seit jeher das europäische Denken bewegt, sowohl bevor als auch nachdem der Evolutionsgedanke aufgetaucht war. Ein Hauptunterschied zwischen der Zeit vor und nach Darwin war, daß die Naturwissenschaften sich jetzt nicht nur mit dem physischen Erscheinungsbild des Menschen auseinandersetzen mußten, sondern auch mit seinen außergewöhnlichen gedanklichen, geistigen und moralischen Fähigkeiten. Zuvor hielt man diese Eigenschaften für gottgegeben. In diesem Sinne äußerte der inzwischen verstorbene Glynn Isaac: »Um die Literatur über die Evolution des Menschen zu verstehen, muß man die besonderen Probleme erkennen, denen die Wissenschaftler gegenüberstehen, die sich mit diesem Thema beschäftigen.« Diese Bemerkung machte er 1982 anläßlich einer Feier zu Darwins 100. Todestag. »Ungeachtet der Art und Weise, in der man wissenschaftliche Erkenntnisse über den Ursprung des Menschen darbietet, werden sie als Ersatz für die Schöpfungsgeschichte angesehen. Sie befriedigen nicht nur bloße Neugier. Sie sind auch mit Gleichnissen angefüllt, sie vermitteln ethische Wertvorstellungen und eine spezifische Gefühlshaltung.« Mit anderen Worten, die paläoanthropologische Forschung beschäftigt sich außer mit der Phylogenie und dem Errichten von Stammbäumen auch mit der Stellung des Menschen in der Natur, nicht nur im physischen Sinne. Wir werden sehen, daß man diese Stellung lange Zeit als eine in mancher Weise besondere ansah.

Die Revolution, die das Wirken Darwins heraufbeschwor, war genaugenommen die zweite Umwälzung in der europäischen Geistesgeschichte. Die erste ereignete sich drei Jahrhunderte zuvor, als Nikolaus Kopernikus das geozentrische durch das heliozentrische Weltbild ersetzte. Obwohl die Kopernikanische Revolution dem Menschen die Vorstellung raubte, er sei der alleinige Mittelpunkt göttlichen Wirkens, und ihn statt dessen zum Bewohner eines kleinen, in einem unermeßlich großen Universum kreisen-

1.1 Die Anthropomorpha von Linné.
In der Mitte des 18. Jahrhunderts stellte Linné scin natürliches System der Organismen auf. Zu jenem Zeitpunkt ist das Wissen über die Menschenaffen Asiens und Afrikas bestenfalls als oberflächlich zu bezeichnen. Auf den Geschichten von Schiffskapitänen und anderen Reisenden basierend entstanden phantastische Bilder dieser Kreaturen. Hier sind aus einer Dissertation von Linnés Schüler Hoppius vier angenommene „menschenähnliche Affen" abgebildet, einige von ihnen wurden eine Spezies von *Homo* in Linnés *Systema naturae*. Von links nach rechts: *Troglodyta bontii* oder *Homo troglodytes* bei Linné; *Lucifer aldrovandii* oder *Homo caudatus*; *Satyrus tulpii*, ein Schimpanse, und *Pygmaeus edwardi*, ein Orang-Utan.

1.2 Das Weltsystem des Ptolemäus.
Vor der Kopernikanischen Revolution in der Mitte des 16. Jahrhundert basierte das Bild des Universums auf den Vorstellungen Aristoteles'. Die Erde wurde als Mittelpunkt der Welt betrachtet, während Sonne, Mond, Sterne und Planeten sie auf festen konzentrischen Bahnen umkreisen sollten.

den Planeten machte, blieb der Mensch doch die Krone der Schöpfung. Vom 16. bis zur Mitte des 19. Jahrhunderts bedeutete das Studium des Menschen in der Natur, sich dem Wunder dieser Schöpfung zu nähern.

Die Naturphilosophie, wie man diese Geistesströmung nennt, trachtete nach einer harmonischen Verknüpfung von Wissenschaft und Religion. Der bemerkenswerte Plan, der offensichtlich in jedem Geschöpf vom Größten bis zum Kleinsten Gestalt angenommen hat, wurde als augenfälliger Beweis göttlichen Wirkens angesehen. Ein zweites Merkmal dieser von Gott geschaffenen Welt war eine kontinuierliche Zunahme der Formvollkommenheit, wobei die Menschen fast auf höchster Stufe standen, übertroffen nur noch von den Engeln. Diese „große Kette des Seins" wurde nicht als Ausdruck dynamischer Beziehungen zwischen den Organismen angesehen. Statt historische Zusammenhänge und die entwicklungsgeschichtliche Abstammung widerzuspiegeln, galt sie, wie der Biologe Stephen Jay Gould von der Harvard University bemerkt, als »statische Ordnung unveränderlich erschaffener Wesen. Alle Geschöpfe waren von Gott auf den ihnen bestimmten Platz, auf die Stufen einer festgefügten Hierarchie, gestellt worden.«

Obwohl diese Theorie sehr einflußreich war, hatte sie mit einigen Problemen zu kämpfen, vor allem mit einigen ungeklärten Lücken. Eine davon öffnete sich zwischen dem Reich der Tiere und dem der Pflanzen, eine weitere zwischen den Menschen und den Menschenaffen.

Weil sie meinten, diese Lücke schließen zu müssen, überschätzten die Wissenschaftler des 18. und frühen 19. Jahrhunderts die Menschenähnlichkeit der Menschenaffen, während sie andererseits vorgeblich niederen Menschenrassen Affenähnlichkeit zuschrieben. So war zum Beispiel „bekannt“, daß manche Menschenaffen auf zwei Beinen gingen, Menschen als Sklaven raubten, ja sogar mit Menschen Nachkommen zeugten. Mit gleicher Rechtfertigung „wußte“ man von brutalen Wilden, die weder Sprache noch Kultur besaßen.

Diese Naturvorstellung fand zwangsläufig Eingang in das formale Klassifikationssystem, das Carl von Linné Mitte des 18. Jahrhunderts entwickelte. In seinem Werk *Systema naturae*, das erstmals 1736 und in erweiterter Fassung 1758 erschien, fand sich nicht nur *Homo sapiens*, die Art, der wir alle angehören, sondern auch *Homo troglodytes*, eine Art, von der man nicht mehr wußte, als daß sie nachts aktiv war und sich durch Zischlaute verständigte, sowie *Homo caudatus*, von dem nur bekannt war, daß er einen Schwanz besaß. »Die Theorie, nach der Linné vorging, erwartete solche Geschöpfe von vornherein«, so Gould, »weil man zu wissen glaubte, daß es sie gibt, begnügte man sich mit unzureichenden Beweisen.« Dies entsprang nicht wissenschaftlicher Taschenspielerei, sondern lediglich dem Umstand, daß redliche Wissenschaftler das zu sehen meinten, was sie zu sehen wünschten. Diese menschliche Schwäche hat seit jeher Einfluß auf die Wissenschaft genommen und wird auch weiterhin in jeder Wissenschaftsdisziplin bis in alle Zukunft wirksam sein.

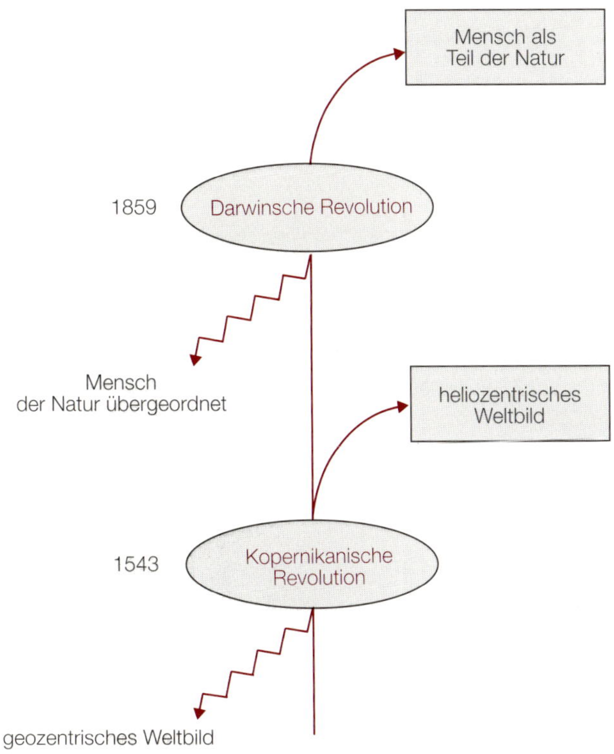

Eine Vorahnung von der Evolution, der Veränderung der Arten im Laufe der Zeit, lag schon lange in der Luft, als das Werk *Die Entstehung der Arten* 1859 mit der Macht der Tatsachen und Argumente seine entscheidende Wirkung hatte. Auch die geologischen Vorstellungen hatten sich verändert. Die „Katastrophentheorie“ Cuviers war dem „Aktualismus“ von Hutton und Lyell gewichen. Im Lichte dieser Theorie kam es zu einer Neubestimmung des Alters der Erde. Der „Aktualismus“ ging von einem langsamen, gleichmäßigen Wandel in der Erdgeschichte aus. Dementsprechend schätzte man das Alter der Erde nun auf viele Millionen Jahre statt auf 6000 Jahre, die aus Angaben in der Bibel errechnet waren.

Recht bemerkenswert ist dabei, daß der Siegeszug der Evolutionslehre zwar einen gewaltigen Umschwung der Vorstellungen über den *Ursprung* des Menschen bewirkte, wesentliche Ansichten über die *Natur* des Menschen aber unangetastet blieben. Zum Beispiel glaubte man nach wie vor, die Menschen stünden in gewisser Weise „über“ den anderen Tieren, besitzen sie doch besondere Fähigkeiten wie Intelligenz, die Fähigkeit zur Religiosität und moralisches Urteilsvermögen. Auch die aufsteigende Linie von den „niederen“ zu den „höheren“ Rassen, die zuvor als Bestandteil der „großen Kette des Seins“ angesehen worden war, wurde jetzt einfach durch Evolutionsvorgänge erklärt.

»Die Entwicklung der einzelnen Rassen verlief mit unterschiedlicher Geschwindigkeit«, schrieb Roy Chapman Andrews, in den zwanziger und dreißiger Jahren Forscher am American Museum of Natural History. »Einige entwickelten sich mit unfaßbarer Geschwindigkeit zu den Herren der Welt, die Tasmanier hingegen ... und die noch existierenden australischen Ureinwohner hinken weit hinterher und haben sich kaum über die Stufe des Neandertalers hinaus entwickelt.« Solche offenen rassistischen Äußerungen finden sich häufig in der damaligen Literatur und spiegeln sich auch in den Evolutionsstammbäumen jener Epoche wider.

Mit anderen Worten, die Ungleichheit der Menschenrassen – die Schwarzen unten, die Weißen an der Spitze – wurde einfach als die natürliche Ordnung der Dinge erklärt: vor 1859 als Ergebnis der Schöpfung Gottes, nach 1859 als Produkt der natürlichen Auslese.

1.3 Zwei große intellektuelle Revolutionen.
In der Mitte des 16. Jahrhunderts schlug der polnische Mathematiker Nikolaus Kopernikus ein heliozentrisches anstelle des geozentrischen Bildes des Universums vor: »Die Erde ist nicht das Zentrum aller himmlischen Dinge«, sagte er, »sie ist statt dessen einer von mehreren Planeten, die eine Sonne umkreisen, die eine von vielen Sonnen im Universum ist.« Drei Jahrhunderte später, im Jahre 1859, änderte Charles Darwin die Ansicht des Menschen über sich selbst mit dem Argument, die Menschen seien ein Teil der Natur und nicht unabhängig von ihr.

Auf derselben Schiene gelangte in die frühen Diskussionen um die menschliche Evolution die Vorstellung stetigen Fortschritts. So wurde vor allem *Homo sapiens* zum eigentlichen höchsten Ziel der Entwicklung. »In der Evolution erscheint vielerlei einzig dazu geplant, im Menschen zu gipfeln, und es sieht so aus, als seien die anderen Tiere und Pflanzen lediglich erdacht, um ihm das Leben auf der Erde recht angenehm zu machen«, bemerkte Robert Broom 1933. Broom hatte maßgeblichen Anteil an wichtigen frühmenschlichen Fossilfunden, die in den dreißiger und vierziger Jahren in Südafrika gemacht wurden.

Es war schon immer eine verführerische Vorstellung, die Evolution als stetigen, unaufhaltsamen Fortschritt zu verstehen, der die Lebewesen ständig komplexer und intelligenter werden ließ. »Fortschritt – oder, was das gleiche bedeutet, Evolution – ist die Religion [der Natur]«, schrieb der Brite Sir Arthur Keith 1927. Tatsächlich war der Glaube an den Fortschritt als Natur und Gesellschaft vorantreibendes ethisches Prinzip ein Kennzeichen westlichen Denkens, nicht jedoch Merkmal jeder philosophischen Denkweise. Niles Eldredge und Ian Tattersall haben es „Fortschrittsmythos " genannt. »Sobald Arten sich erst einmal entwickelt haben, sind sie in der ihnen eigenen

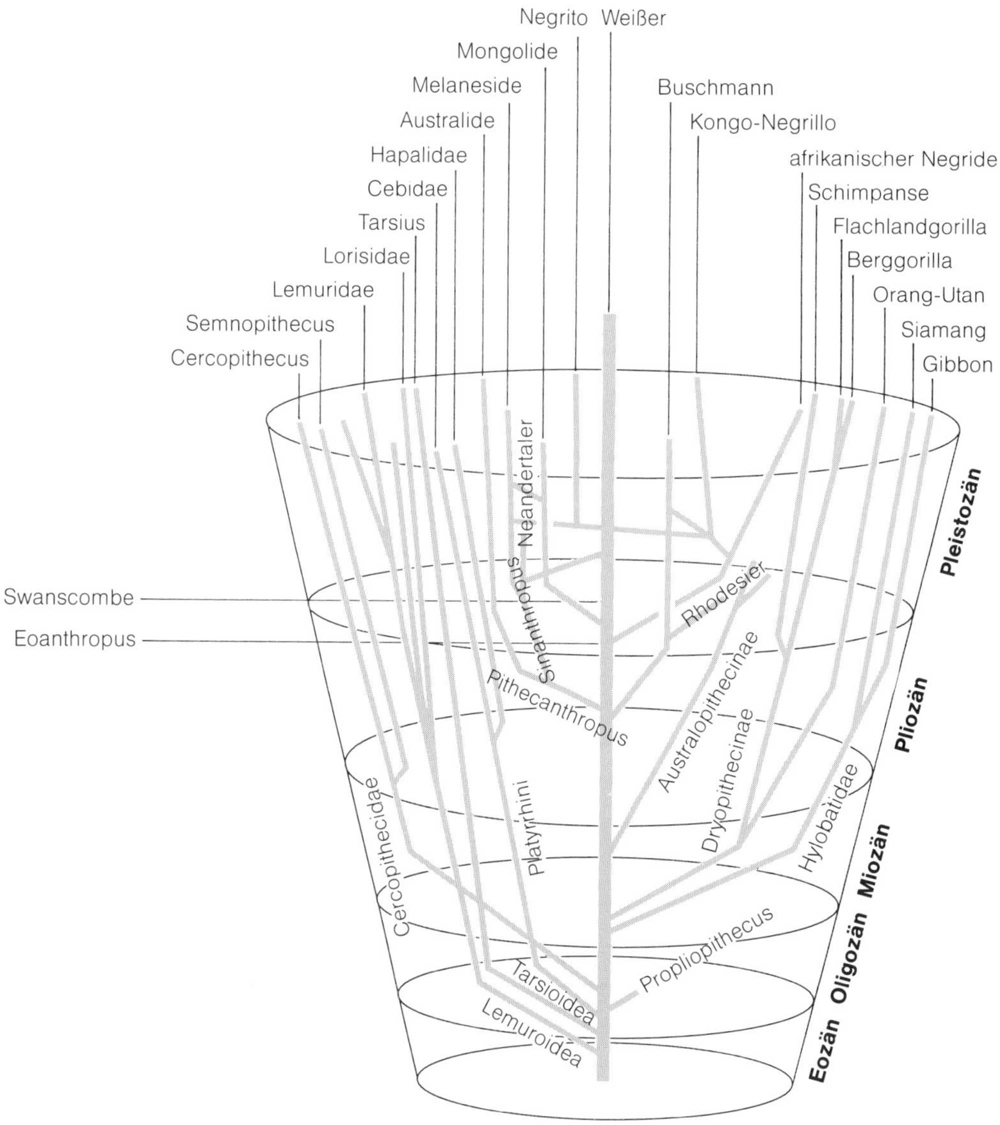

1.4 Rassismus in der Anthropologie.
In den ersten Jahrzehnten dieses Jahrhunderts war der Rassismus ein fester Bestandteil der Anthropologie. Die „weiße" Rasse sei der „schwarzen" Rasse durch größere Leistungen im evolutionären Wettlauf überlegen. In der gezeigten Darstellung aus dem Werk Earnest Hootons *Up from the Ape* aus dem Jahre 1932 ist diese zu der damaligen Zeit vermutete Überlegenheit der „weißen" Rasse unmittelbar berücksichtigt.

Anpassung, ihren Verhaltensweisen und Genen bemerkenswert konservativ. Oft bleiben sie mehrere Millionen Jahre hindurch unverändert. In diesem Licht gesehen ist es falsch, die Evolution oder auch nur die Geschichte des Menschen als eine Form des Fortschritts – langsam oder nicht – anzusehen.«

Zwar sind einige Arten, die später in der Evolution erscheinen, in bestimmter Hinsicht komplexer als viele in früheren Zeiten, aber dies läßt sich leicht durch den Effekt erklären, daß die Evolution auf dem Bestehenden aufbaut. Im großen und ganzen aber ist die Welt in biologischer Hinsicht nicht wesentlich komplexer geworden: Die meisten Lebewesen haben einfache Strukturen beibehalten, wir aber lassen uns von den Ausnahmen blenden, vor allem von jener einen, die uns bestens bekannt ist.

Schon dieser kurze geschichtliche Abriß zeigt, durch welch anthropozentrische Brille die Paläoanthropologen die Welt betrachteten, in der wir uns entwickelten. Bis zu einem gewissen Grad ist eine solche Sichtweise wohl unvermeidlich, wie Glynn Isaac bereits früher vermutete. 1958 schlug Julian Huxley, der Enkel von Thomas Henry Huxley, vor, den intellektuellen und sozialen Fähigkeiten des Menschen durch Einordnung in ein eigenes Reich, die Psychozoer, Rechnung zu tragen. »Diese neue Gruppe hat im Vergleich zum übrigen Tierreich eine außerordentlich weite Verbreitung. Ich sehe darin aber eher die Berücksichtigung eines neuen Bereichs im Evolutionsprozeß, der psychosozialen Entwicklung, die uns vom gesamten nichtmenschlichen Leben abgrenzt.«

Letztendlich steht dahinter »die langgehegte Auffassung, die Menschen seien einzigartig, ein völlig neuer Typ von Lebewesen«, wie Robert Foley von der Cambridge University hervorhebt. Diese Denkweise führt zu der Vorstellung, daß der Ursprung des Menschen »daher eine besondere Erklärung verlangt, die sich von der anderen, die uns die übrige belebte Welt verständlich macht, abhebt«.

Die Geschichte von der Evolution des Menschen

»Eines der für *Homo sapiens* typischen Merkmale ist seine Freude an Geschichten«, bemerkte Glynn Isaac. »Deswegen erwartet die Gesellschaft, daß auch die Darstellung der menschlichen Evolution durch Geschichten geschieht. Diese neigen sogar zu einer gemeinsamen Form.« Isaac nahm damit Bezug auf die neuere Arbeit der Bostoner Anthropologin Misia Landau, die den erzählenden Anteil an wissenschaftlichen – nicht einfach populärwissenschaftlichen – Abhandlungen über den Ursprung des Menschen untersucht hat.

Landau kommt zu dem Schluß, »Wissenschaftler sind sich im allgemeinen des Einflusses bewußt, den die Theorie auf ihre Beobachtungen hat. Nur selten erkennen sie jedoch, daß viele wissenschaftliche Theorien im Grunde genommen Legenden sind.« Dieser Kommentar bezieht sich zwar auf jede Wissenschaft, Landau benennt aber in der Paläoanthropologie mehrere Bereiche, die einer Legendenbildung besonders zugänglich sind. Das trifft sowohl für jene zu, welche die Geschichten erzählen, als auch für jene, die ihnen zuhören.

Die Paläoanthropologie sieht sich bei ihrem Versuch, den Ursprung des Menschen zu erklären, zunächst mit einer Abfolge von Ereignissen konfrontiert, im Laufe derer sich die Affen zu den Menschen umwandelten. Dieser Prozeß wird normalerweise in erzählender Form geschildert. Zudem sind wir selbst der Gegenstand dieser Verwandlung, und da wir sehr ichbezogene Geschöpfe sind, finden wir Geschichten über uns allemal fesselnder als zum Beispiel Betrachtungen über Bindungsenergien aliphatischer Kohlenwasserstoffe oder die unterschiedlichen Möglichkeiten des Splicing bei Messenger-RNA-Molekülen.

Üblicherweise sind es vier Schlüsselereignisse, die von den Paläoanthropologen als entscheidend für den Ursprung des Menschen angesehen werden: das Herabsteigen von den Bäumen auf die Erde, der Erwerb des aufrechten Ganges, die Größenzunahme des Gehirns und das Entstehen von Kultur oder Zivilisation. Zumeist spielen alle vier Ereignisse in Abhandlungen über die Menschheitsentwicklung eine Rolle; unterschiedliche Auffassungen bestehen jedoch über ihre zeitliche Abfolge.

Henry Fairfield Osborn beispielsweise, der in den ersten Jahrzehnten dieses Jahrhunderts Direktor des American Museum of Natural History war, ging von der eben dargestellten Reihenfolge aus – dies entspricht im wesentlichen auch der Ansicht Darwins. Sir Arthur Keith dagegen, eine bedeutende Persönlichkeit der britischen Anthropologie in

1.5 Sir Grafton Elliot Smith.
Er ist ein führender britischer Anatom und Anthropologe des frühen 20. Jahrhunderts und schrieb oft in blühender Prosa über die menschliche Evolution; ein Textbeispiel zeigt Abbildung 1.6. (Mit freundlicher Genehmigung des University College, London.)

den zwanziger Jahren, war überzeugt, daß der aufrechte Gang sich zuerst entwickelt hatte und erst danach das Leben auf dem Boden folgte. Mit anderen Worten: Keiths äffischer Vorfahre fing an, auf zwei Beinen zu gehen, als er noch auf den Bäumen lebte, und ging erst danach zum Bodenleben über. Für Sir Grafton Elliot Smith, einen Zeitgenossen Keiths, war die Gehirnentwicklung das wegbereitende Ereignis. Sein Schüler Frederick Wood Jones war wie Elliot Smith der Meinung, die Größenzunahme des Gehirns und die Entwicklung des aufrechten Ganges hätten ihren Anfang genommen, als unsere Vorfahren noch auf den Bäumen lebten. Seiner Vorstellung nach sollte der aufrechte Gang jedoch der Gehirnentwicklung vorausgehen, statt ihr zu folgen. William King Gregory plädierte wie sein Kollege Osborn dafür, daß sich das Leben zuerst auf dem Boden entwickelte, im Gegensatz zu diesem vertrat er jedoch die Ansicht, die Kultur (der Werkzeuggebrauch) wäre vor einer nennenswerten Vergrößerung des Gehirns entstanden. Dererlei Vermutungen gab es noch viele.

Wir sehen also, wie hier vier geläufige Sachverhalte auf verschiedene Weise verknüpft wurden, jedesmal mit dem Anspruch, die Geschichte vom Ursprung des Menschen zu erzählen. Und „Erzählen" ist die zutreffende Umschreibung dieser Vorgehensweise. »Analysiert man die Art und Weise, in der Osborn, Keith und andere die Beziehungen zwischen besagten Schlüsselereignissen erklären, erkennt man deutlich die erzählende Struktur«, so Landau. »Es handelt sich allerdings um mehr als bloße Geschichten, es sind Anlehnungen an volkstümliche Heldensagen.« Landau bediente sich bei ihrer Analyse der paläoanthropologischen Literatur eines Systems, das der russische Literaturwissenschaftler Vladimir Propp 1925 aufgestellt hat. Dieses System aus Propps *Morphologie des Märchens* umfaßt 31 Stufen, welche die Grundelemente der Heldenmythen bilden. Landau reduzierte die Anzahl der Schritte auf neun, die Grundstruktur jedoch blieb die gleiche: Auftritt des Helden, seine Herausforderung, sein Triumph.

Im Falle unseres Ursprungs ist der Held jener Affe im Wald, der dazu „bestimmt" ist, zum Menschen zu werden: Das Klima verändert sich, die Wälder weichen zurück – der Held wird in die Savanne verstoßen, wo er sich neuen und schrecklichen Gefahren gegenüber sieht. Er nimmt den Kampf auf, um diese zu bewältigen. Dazu entwickelt er Intelligenz, Werkzeuggebrauch und anderes mehr; als er schließlich siegt, sieht er aus wie du und ich. »Wenn man die Literatur studiert, fallen einem nicht nur die Struktur, sondern auch die Sprache der Heldensagen sofort auf«, erklärt Landau.

Elliot Smith beispielsweise beschrieb »... die wunderbare Geschichte von den Reisen des Menschen auf dem Weg zu seinem höchsten Ziel ...« und »... den unaufhörlichen Kampf, den der Mensch führt, um seine Bestimmung zu erlangen«. Roy Chapman Andrews, ein Kollege von

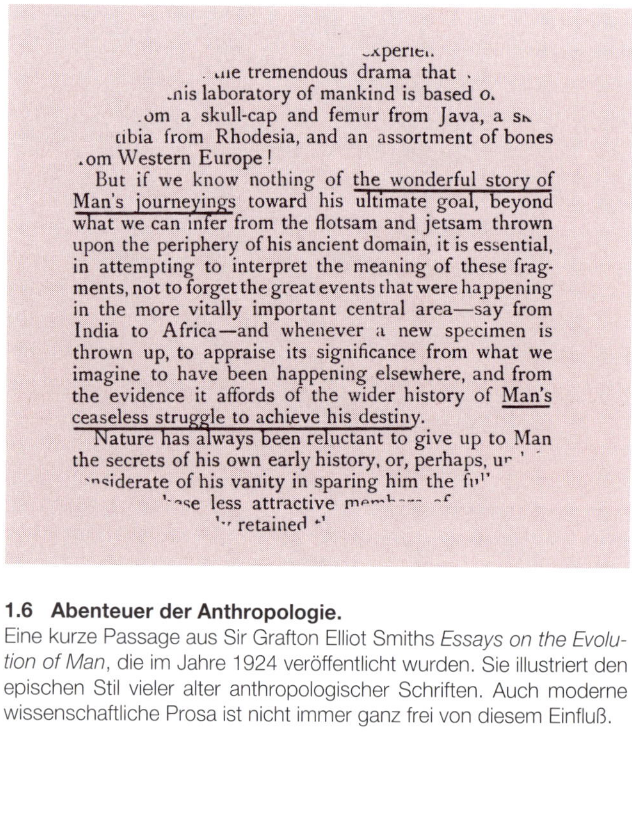
...xperie...
...e tremendous drama that ...
...is laboratory of mankind is based o...
...om a skull-cap and femur from Java, a sk...
tibia from Rhodesia, and an assortment of bones
...om Western Europe!
But if we know nothing of the wonderful story of Man's journeyings toward his ultimate goal, beyond what we can infer from the flotsam and jetsam thrown upon the periphery of his ancient domain, it is essential, in attempting to interpret the meaning of these fragments, not to forget the great events that were happening in the more vitally important central area—say from India to Africa—and whenever a new specimen is thrown up, to appraise its significance from what we imagine to have been happening elsewhere, and from the evidence it affords of the wider history of Man's ceaseless struggle to achieve his destiny.
Nature has always been reluctant to give up to Man the secrets of his own early history, or, perhaps, ur... ...nsiderate of his vanity in sparing him the fu... ...ose less attractive mem... ...retained ...

1.6 Abenteuer der Anthropologie.
Eine kurze Passage aus Sir Grafton Elliot Smiths *Essays on the Evolution of Man*, die im Jahre 1924 veröffentlicht wurden. Sie illustriert den epischen Stil vieler alter anthropologischer Schriften. Auch moderne wissenschaftliche Prosa ist nicht immer ganz frei von diesem Einfluß.

Osborn am American Museum of Natural History, schreibt über den Pioniergeist unseres Helden, »Eile war stets das Schrittmaß der menschlichen Evolution. Eile, um den ursprünglichen äffischen Stadien zu entrinnen, Körper, Hirn, Hände und Füße schneller zu verändern, als es je zuvor in der Schöpfungsgeschichte geschah. Eile, bis der Mensch jenen Punkt erreichte, als er das Land, die See und sogar die Lüfte erobern konnte, als er so endlich der Herrscher über die Erde wurde.«

Osborn selbst schrieb in ähnlichem Stil. »Warum hat das evolutionäre Schicksal Affen und Menschen letztlich so ungleich behandelt? Den einen beließ es im Dunkel des Dschungels, in dem er geboren war, dem anderen bereitete es einen glänzenden Auszug, der ihn zur Herrschaft über die Erde, das Meer und den Himmel führte.« In seinen Schriften spielt Osborn oft sogar wörtlich auf ein Drama an: »das große Drama der menschlichen Vorgeschichte …« oder »Prolog und die ersten Akte des menschlichen Dramas …« und ähnliche Wendungen mehr.

Natürlich kann man in solchen Worten auch von „der Eroberung des Landes durch die Reptilien“ oder „von der Eroberung der Lüfte durch die Vögel“ sprechen, um nur zwei Beispiele zu nennen. Derart bewegende Geschichten finden sich in Berichten über den Evolutionsablauf überaus häufig. Man braucht nur an das Lieblingsgeschöpf aller Kinder zu denken, den Dinosaurier. Die Tatsache jedoch, daß der Held der paläoanthropologischen Erzählung *Homo sapiens*, also wir selbst, ist, sorgt für den entscheidenden Unterschied. Obgleich die Dinosaurier als Herrscher des Landes zu ihrer Glanzzeit gepriesen werden, hat man nur den Menschen als unausweichliches Ergebnis der Evolution betrachtet, ja sogar als deren allerhöchstes Ziel, wie wir im letzten Abschnitt gesehen haben. Nicht jeder drückte das so deutlich aus wie Broom, aber die meisten Gelehrten verrieten ihre Gefühle durch die Heldenverehrung in ihren Schriften.

Diese Geschichten erzählen jedoch nicht nur vom glanzvollen Sieg unseres Helden, sondern vermitteln auch die moralische Botschaft, daß der Triumph ein hartes Ringen erfordert. »Der Kampf ums Dasein war hart und zeugte so in der Morgendämmerung unserer Geschichte [im Menschen] all jene erfinderischen und segensreichen Fähigkeiten, die ihn dazu trieben, hölzerne und später steinerne Waffen für die Jagd herzustellen und zu benutzen«, schrieb Osborn. »Diese zwang den „Menschen der Morgenröte“ dazu, kräftige Gliedmaßen für lange Fußmärsche, starke Lungen zum Laufen, eine rasche Auffassungsgabe und Schläue für die Jagd zu entwickeln.«

Aus der Sicht von Elliot Smith drängte es unsere Vorfahren »aus ihren Wäldern, um neue Nahrungsquellen aufzuspüren und neue Gegenden in der Ebene und auf Hügeln aufzusuchen, wo sie die Dinge fanden, die sie zum Leben brauchten«. Was die Strafe für Faulheit und Mangel an Einsatz war, mußte jedem klar ersichtlich sein; denn die Menschenaffen waren in dieser Falle gefangen: »Während der Mensch sich im Streit mit widrigen Lebensbedingun-

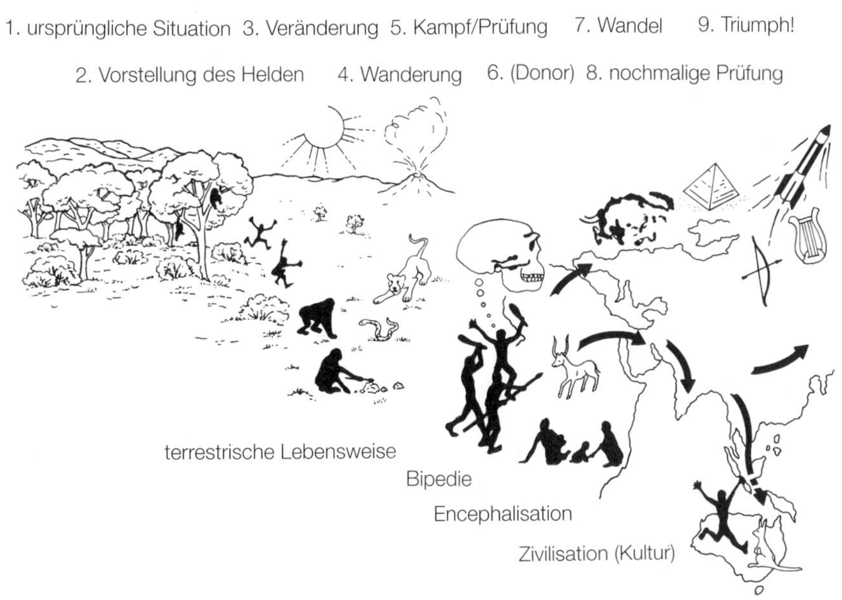

1.7 Heldenmythen.
Vergleichbar mit alten oder modernen Volksmärchen folgen Berichte über den Ursprung des Menschen oft dem Aufbau von Heldenmythen. Der Held (ein früher Menschenaffe) begibt sich auf eine Reise, während der er einer Reihe von Herausforderungen und Ereignissen gegenübersteht, die ihn schließlich zum Sieg (und damit zur Zivilisation) führen. Die Rekapitulation der Evolution jeder Spezies gleicht einem Märchen über eine Reihe von geschichtlichen Ereignissen: Im Falle von *Homo sapiens* sieht man die Ereignisse so, daß die Reise von Anfang an unvermeidlich war.

gen entwickelte, gaben die Vorfahren der Gorillas und Schimpansen im Kampf um eine intellektuelle Überlegenheit auf; sie waren mit ihrem Los zufrieden.«

Die Menschenaffen wurden also zu Zeiten von Elliot Smith, ja, noch bis vor kurzem, als Versager der Evolution angesehen, als im Wettkampf um die Fortentwicklung unterlegen. Auch die bis in die jüngste Zeit hinein akzeptierte Ansicht, die Merkmale der heutigen Menschenaffen seien entwicklungsgeschichtlich primitiv, die der Hominiden dagegen fortschrittlich, war lediglich eine etwas wissenschaftlichere Version des gleichen Themas.

Obwohl man heute in Berichten über den Ursprung des Menschen blumige Wendungen und verstecktes Moralisieren meist vermeidet, hat ein Element der erzählerischen Form überdauert. Dies ist die Darstellung der „Umwandlung vom Affen zum Menschen", als sei jeder Entwicklungsschritt gewissermaßen die Vorbereitung auf den nächsten. »Unsere Vorfahren wurden zu Zweibeinern, damit sie Werkzeuge und Waffen herstellen und einsetzen konnten ... Der Werkzeuggebrauch ermöglichte die Vergrößerung des Gehirns und das Entstehen von Sprache ... So wurden schließlich Beziehungen zwischen menschlichen Gesellschaften auf hohem geistigen Niveau möglich ...« Das ist sicher eine recht grobe Vereinfachung, aber diese Art des Argumentierens war zu Osborns Zeiten gang und gäbe und ist auch heute noch geläufig.

Warum ist das so? »Eine Geschichte zu erzählen, ist mehr als das Aneinanderreihen einzelner Episoden«, erklärt Landau. Außerdem müssen wir Zusammenhänge zwischen den einzelnen Ereignissen herstellen. Nehmen wir zum Beispiel jenen Moment, als unser Vorfahre „auf den Boden kam", jenen ersten und entscheidenden Schritt auf dem langen Weg, ein Mensch zu werden. Man kann sich leicht vorstellen, wie dieses Ereignis als der wagemutige Antritt einer langen Reise in die Zivilisation begriffen wird. Der wehrlose Affe sieht sich den mörderischen Gefahren der unbekannten Savanne gegenüber. »Das Herabsteigen auf den Boden hat nicht notwendigerweise etwas mit Übergang zu tun, obwohl es ein Ereignis von großer Tragweite war«, so Landau. »Es gewinnt diesen Wert erst durch unsere übergreifende Auffassung vom Ablauf der menschlichen Evolution.«

Wenn Evolution ständigen Fortschritt, andauernde vorprogrammierte Verbesserung bedeutete, könnte der Weg vom Affen zum Menschen eine Reihe neuartiger Anpassungen darstellen, von denen jede die Vorbedingung für die noch folgende wäre, zu der sie überleiten würde. So entsteht die Modellvorstellung von einer beständigen Weiterentwicklung in eine bestimmte Richtung. Wir haben heute den Vorteil, das (gegenwärtige) Endprodukt zu kennen; daher ist eine derartige Sichtweise verlockend. Denn wir wissen,

1.8 Verschiedene Ansichten der Geschichte des Menschen. Obgleich die „Reise des Menschen" nach der Meinung der Anthropologen die gleichen Ereignisse umfaßt – Übergang zum Bodenleben (Terrestrialität) zum aufrechten Gang (Bipedie), die Vergrößerung des Gehirns (Encephalisation) und das Erreichen von Kultur (Zivilisation) –, sahen die Wissenschaftler diese Schritte in unterschiedlichem zeitlichen Ablauf. Während beispielsweise Charles Darwin meinte, ein früher Affe wäre zuerst auf den Boden gekommen und hätte dann den aufrechten Gang angenommen, glaubte Sir Arthur Keith, der Affe hätte sich zweibeinig fortbewegt und erst danach die Bäume verlassen. (Mit freundlicher Genehmigung von Misia Landau, *American Scientist*.)

daß all diese Entwicklungsschritte tatsächlich stattgefunden haben. Dabei bleibt jedoch außer acht, daß sich die Evolution eher auf unstete, unvorhersehbare Weise vollzieht und das Anpassungsniveau sich oft abrupt ändert. Unsere heutige Welt ist so nur ein zufälliges Ergebnis unter zahllosen möglichen (siehe auch den übernächsten Abschnitt).

Beispielsweise können wir nicht folgern, daß der erste aufrecht gehende Affe zwangsläufig zum Werkzeugmacher werden mußte. Wenn wir uns auf unsere jetzigen archäologischen Kenntnisse verlassen können, liegen beide Ereignisse – das Entstehen des aufrechten Ganges und die Herstellung der ersten Steinwerkzeuge – mindestens 2,5 Millionen Jahre, wenn nicht noch weiter, auseinander. Eine weitere Million Jahre mußte vergehen, bevor sich das Gehirn – abermals recht abrupt – vergrößerte. Ebenso unvermittelt entstand eine Million Jahre später der anatomisch moderne Mensch. Obwohl man oft davon liest, daß unsere Vorfahren unausweichlich auf der Schiene ihrer stammesgeschichtlichen Entwicklung vorangetrieben wurden und so zwangsläufig im *Homo sapiens* mündeten, ist dies lediglich die Beschreibung dessen, was tatsächlich geschah. Die vielen nicht verwirklichten Möglichkeiten läßt diese Darstellung außer acht. Landau bemerkt dazu: »In den theoretischen Arbeiten über die menschliche Evolution zeigt sich die Tendenz, die Anfänge in bezug auf die Endpunkte zu definieren.«

Sprache gehört für die Paläoanthropologie zu den wichtigsten Werkzeugen. Sie dient dazu, Fossilfunde exakt zu beschreiben und die evolutionären Abläufe verständlich darzulegen. Zweifellos sollten Wissenschaftler ihren eigenen Formulierungen stets kritisch gegenüberstehen, da sie mit zahlreichen unausgesprochenen Vermutungen durchsetzt sind.

Gerade in der Paläoanthropologie, wo erzählende Darstellungen besonders leicht zu voreingenommenen Darstellungen verführen, ist es besonders wichtig, von Zeit zu Zeit das Was und Wie der Aussagen kritisch unter die Lupe zu nehmen.

Historische Ansichten

In der Diskussion über den Ursprung des Menschen ergaben sich in den letzten Jahren insbesondere dadurch wesentliche neue Ansätze, daß sich die wissenschaftliche Basis verbreiterte. Doch sind viele aktuelle Forschungsthemen tief in der Geschichte verwurzelt. Daher soll ein kurzer Abriß der Entwicklung der Paläoanthropologie in den vergangenen hundert Jahren die heutigen Forschungsansätze in ihren historischen Zusammenhang stellen.

Zwei Grundfragen haben die Paläoanthropologen in diesem Jahrhundert wiederholt beschäftigt. Zu bestimmten Zeiten erschien mal mehr die eine, mal mehr die andere wichtig, je nachdem, wie das wissenschaftliche Interesse hin und her wogte. Die erste Frage betrifft die Nähe der Verwandtschaft zwischen Menschen und Menschenaffen und die zweite den Grad des Menschseins der frühen Hominiden, unserer direkten Vorfahren.

Das Problem der Verwandtschaft zwischen uns und den Menschenaffen hat sich während der letzten hundert Jahre praktisch einmal im Kreis gedreht. Von der Zeit Darwins, Huxleys und Haeckels bis kurz nach der Jahrhundertwende galten die afrikanischen Menschenaffen als unsere nächsten Verwandten. Dem asiatischen Orang-Utan schrieben die Wissenschaftler keine so enge Beziehung zum Menschen zu wie dem Schimpansen und dem Gorilla. Seit etwa 1920 bis in die sechziger Jahre glaubte man an eine größere entwicklungsgeschichtliche Distanz zwischen Menschen und Menschenaffen. Letztere wurden als Gruppe eng verwandter Arten angesehen. Seit den sechziger Jahren hat sich die gängige Meinung jedoch wieder der Darwinschen Auffassung angenähert.

Parallel dazu änderte sich auch die Meinung darüber, wo die „Wiege der Menschheit" stand. Darwin setzte auf Afrika; in den ersten Jahrzehnten dieses Jahrhunderts rückte Asien in den Vordergrund, heute hat sich der Blick wieder nach Afrika gewandt.

Während sich also die Vorstellungen über die Beziehungen zwischen Menschenaffen und Menschen mit dem Rad der Geschichte wieder auf ihren Ausgangspunkt gedreht haben, unterlag auch die Auffassung vom Menschsein unserer Vorfahren einem Wandel, allerdings nur in einer Richtung. Genauer gesagt betrachteten in den vergangenen 20 Jahren die Paläoanthropologen die Hominiden – mit Ausnahme von *Homo sapiens* selbst – als immer menschenunähnlicher.

Nachdem das Werk Darwins der Evolution einen festen Platz im Geistesleben des 19. Jahrhunderts gesichert hatte, waren die Wissenschaftler gezwungen, den Ursprung des Menschen durch natürliche statt durch übernatürliche

Kräfte zu beschreiben. Noch wichtiger war, daß sie auch den besonderen Fähigkeiten Rechnung tragen mußten, welche die Menschheit offenbar vom Reich der Natur trennen. Darin bestand die Aufgabe – die Antwort auf diese Herausforderung sollte für lange Zeit das geistige Klima bestimmen.

In seinem Werk *Die Abstammung des Menschen* nannte Darwin jene Eigenschaften, die den Menschen augenscheinlich zu einem besonderen Wesen machen – Intelligenz, manuelle Geschicklichkeit und die Herstellung von Werkzeugen sowie eine aufrechte Körperhaltung. Er war überzeugt, daß jeder Affe, der nur ein wenig von all diesen Eigenschaften besäße, mit Sicherheit gegenüber anderen Affen im Vorteil wäre. Sobald der erste menschliche Vorfahre diesen evolutionären Weg beschritten hatte, wurde die Entstehung von *Homo sapiens* unvermeidlich – sie ergab sich aus dem beständigen Wirken der natürlichen Selektion. Anders ausgedrückt, den Ursprung des Menschen erklärte man mit den besonderen Eigenschaften des Menschen. Damit wurde der Ursprung der Hominiden zum Ursprung des Menschen. Diese Formel besaß eine verführerische Kraft, die noch bis vor kurzem wirkte.

Um die Jahrhundertwende gab es mehrere miteinander verflochtene wissenschaftliche Auseinandersetzungen. Eine dieser Diskussionen betraf die Reihenfolge, in der sich die wichtigsten anatomischen Veränderungen in der menschlichen Abstammungslinie ereignet hatten. Da gab es zum einen die Auffassung, der erste Schritt auf dem Weg zum Menschsein sei der Erwerb der aufrechten Fortbewegung gewesen. Andere glaubten, das Gehirn habe die entscheidende Rolle gespielt, und es habe sich so ein Wesen entwickelt, das, obschon intelligent, immer noch auf Bäumen lebte. In diesem geistigen Klima trieb im Jahre 1912 der Verfertiger der berühmten Piltdown-Fälschung – einer Chimäre, zusammengebastelt aus einem modernen Menschenschädel und einem Orang-Utan-Unterkiefer, die man auf alt getrimmt hatte, um sie wie Fossilfunde aussehen zu lassen – sein Spiel.

Das Piltdown-„Fossil“ schien nicht nur die vorrangige Stellung der Gehirnentwicklung zu bestätigen, sondern auch, daß der modernen *H. sapiens*-Form ähnliche Wesen schon zu einem sehr frühen Zeitpunkt der Menschheitsgeschichte existierten. Die augenfällige Bestätigung dieses zweiten Umstands – das hohe Alter des Menschen – wurde von dem bekannten britischen Anthropolgen Sir Arthur Keith und Henry Fairfield Osborn, dem Direktor des American Museum of Natural History, als wichtig erachtet, da dies ihre Theorien stützte. Als Folge der Piltdown-Affäre ordnete man den Neandertaler, einen der wenigen unumstrittenen Fossilien zur damaligen Zeit, nicht mehr der direkten Ahnenreihe des *Homo sapiens* zu; er war zeitlich jünger als Piltdown und doch primitiver.

Für Osborn war der Piltdown-Fund eine maßgebliche Bestätigung seiner Frühmenschen-Theorie, nach der die Menschheit auf den Hochebenen Zentralasiens und nicht im Urwald Afrikas entstanden sein sollte. Die gesamten zwanziger und dreißiger Jahre hindurch lag Osborn mit seinem Kollegen William King Gregory in einem beständigen, aber mit sportlicher Fairneß ausgetragenen Streit. Gregory focht tapfer in den Reihen der immer kleiner

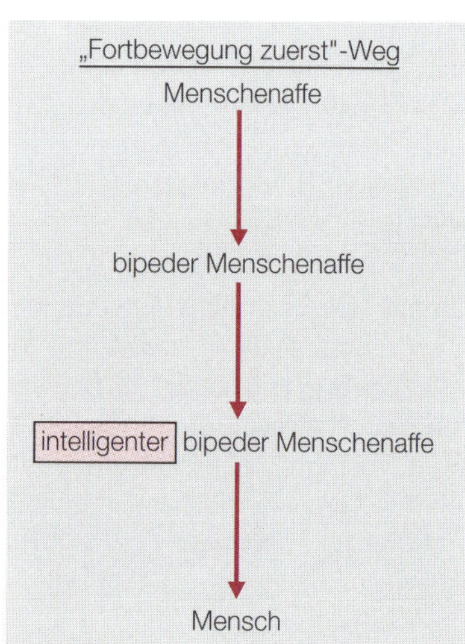

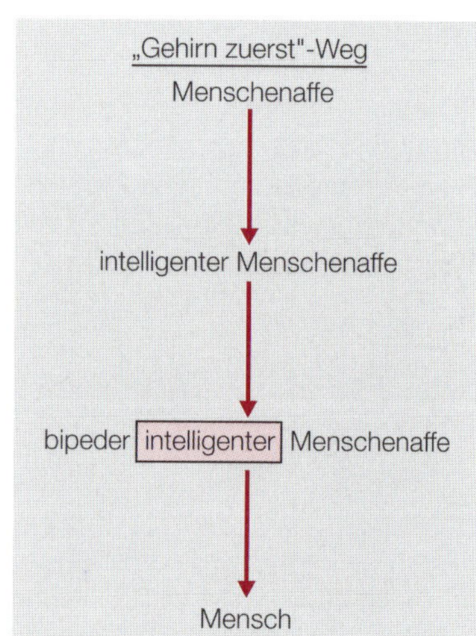

1.9 Widersprüchliche Ansichten.
Eine der hauptsächlichen Meinungsverschiedenheiten über die Geschichte der menschlichen Evolution war der Zeitpunkt der Expansion des Gehirns und die Rolle, die dieser Prozeß spielte. In den ersten Jahrzehnten des 20. Jahrhunderts gab es zwei einander widersprechende Ansichten über den Ursprung des Menschen. Die eine Hypothese betonte die vorrangige Entwicklung der Fortbewegung vor der Größenzunahme des Gehirns. Dagegen war Elliot Smith ein Verteter der Meinung, das Gehirn habe sich zuerst vergrößert (rechts); dies ebnete den Weg für die später als Schwindel entlarvte Akzeptanz des Piltdown.

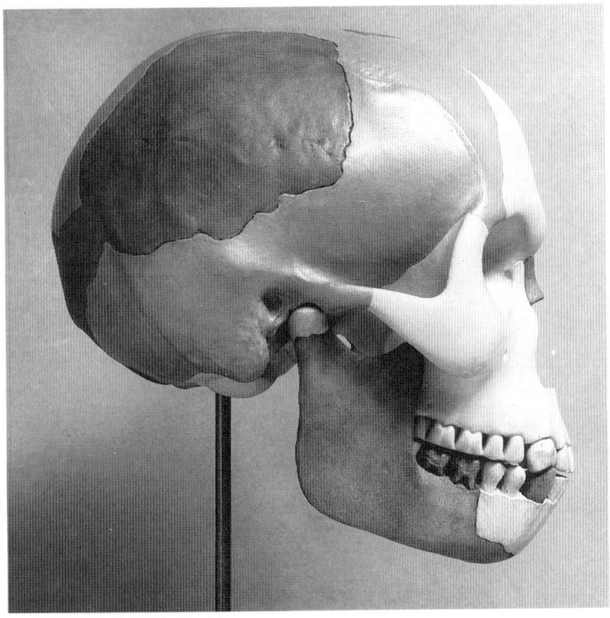

1.10 Der Piltdown-Schädel – eine fossile Chimäre.
Abguß der Piltdown-Rekonstruktion, basierend auf Unterkiefer, Eckzähnen und Schädelfragmenten (dunkel gefärbt). Die bereitwillige Akzeptanz der Piltdown-Fälschung – einer Chimäre aus einem menschlichen Schädel und dem Kiefer eines Orang-Utans – erklärt sich aus dem Festhalten des britischen Establishments an dem „Gehirn-zuerst"-Weg. (Mit freundlicher Genehmigung des American Museum of Natural History.)

werdenden Gefolgschaft von Darwin, Huxley und Haekkel, die für eine enge Verwandtschaft von Menschen und Menschenaffen, die Menschenaffen-Mensch-Theorie, eintrat.

Im Gegensatz zu Osborn, der sich nie klar dazu geäußert hatte, wie die frühesten Ahnen der Menschheit ausgesehen haben könnten, hatte sein Gesinnungsgenosse Frederick Wood Jones hierüber ganz genaue Vorstellungen. Wood Jones, ein britischer Anatom, deutete wesentliche Merkmale der Anatomie von Affen und Menschenaffen als Spezialisierungen, die in der Anatomie des Menschen vollständig fehlen. Im Jahre 1919 legte er seine Tarsioiden-Hypothese vor, welche die ältesten Vorfahren des Menschen sehr weit unten im Stammbaum der Primaten ansiedelte.

1.11 Eine Diskussion über den Piltdown-Schädel.
Hintere Reihe, von links nach rechts: F. G. Barlow, Grafton Elliot Smith, Charles Dawson und Arthur Smith Woodward. Vordere Reihe, von links nach rechts: A. S. Underwood, Arthur Keith (den Schädel untersuchend), W. P. Pycraft und Ray Lankester. Das Piltdown-Fossil wurde im Jahre 1912 entdeckt und 1953 als Schwindel entlarvt. Es paßte so gut zur Ansicht britischer Anthropologen über den Ursprung des Menschen, daß es unkritisch als echt anerkannt wurde. (Mit freundlicher Genehmigung des American Museum of Natural History.)

Folgte man Wood Jones' Meinung, läge der Ursprung der Menschen, bezogen auf heutige Erkenntnisse, etwa 50 bis 60 Millionen Jahre zurück, also nahe an dem Zeitpunkt, als die Primaten begannen, sich auseinanderzuentwickeln. Demgegenüber läge unser Ursprung nach der Vorstellung von Keith, wir wären aus einem frühen Menschenaffen hervorgegangen, vor etwa 30 Millionen Jahren.

Im Laufe der dreißiger und vierziger Jahre verloren die „menschenaffengegnerischen" Ansichten von Osborn und Wood Jones ihre Bedeutung, Gregorys Auffassung gewann dadurch allerdings nicht sofort entscheidenden Einfluß. Gregory plädierte für eine enge Verwandtschaft zwischen dem Menschen und afrikanischen Menschenaffen auf der Grundlage gemeinsamer anatomischer Merkmale. Andere Forscher dagegen, darunter Adolph H. Schultz und D.J. Morton, meinten, die Ähnlichkeiten zwischen dem Menschen und den heutigen Menschenaffen Afrikas seien das Ergebnis paralleler Evolution, obgleich die Menschen wohl von menschenaffenähnlichen Vorfahren abstammen. Diese Auffassung war noch während der sechziger Jahre vorherrschend und hatte einen bedeutenden Fürsprecher in Sir Wilfrid Le Gros Clark, dem damals bekanntesten britischen Primatenanatom. Die Menschen, so sein Argument, seien den ältesten Vertretern des Menschenaffengeschlechts entwachsen, als diese noch nicht die Spezialisierungen der heutigen afrikanischen Menschenaffen besaßen.

Während der fünfziger und sechziger Jahre wuchs die Zahl der Fossilbelege vorzeitlicher Menschenaffen erheblich an. Diese Funde schienen nicht einfach von älteren Versionen der heutigen Menschenaffen zu stammen, wie man bisher stillschweigend vorausgesetzt hatte. All jene Forscher, die an eine stammesgeschichtliche Verbindung zwischen Menschen und Menschenaffen glaubten, aber eine besondere Nähe des Menschen zu Schimpanse und Gorilla nicht akzeptieren wollten, mußten dadurch nicht sehr weit in der Entwicklungsgeschichte der Familie zurückgehen, um den Spezialisierungen der heutigen Arten „aus dem Weg zu gehen". Gleichzeitig mußten jene, die dafür plädierten, daß die Ähnlichkeiten zwischen afrikanischen Menschenaffen und Mensch auf gemeinsamer Abstammung und nicht auf paralleler Entwicklung beruhen, einer sehr späten Abzweigung einer selbständigen menschlichen Entwicklungslinie zustimmen. Ein herausragender Verfechter dieser Theorie war Sherwood Washburn von der University of California in Berkeley.

Elwyn Simons, damals an der Yale University, machte einen jener Funde der sechziger Jahre – eigentlich eine Wiederentdeckung –, die zu bestätigen schienen, daß die Ähnlichkeiten des Menschen mit Gorilla und Schimpanse das Ergebnis von Parallelevolution waren. *Ramapithecus*, ein affenähnliches Tier, das vor etwa 15 Millionen Jahren

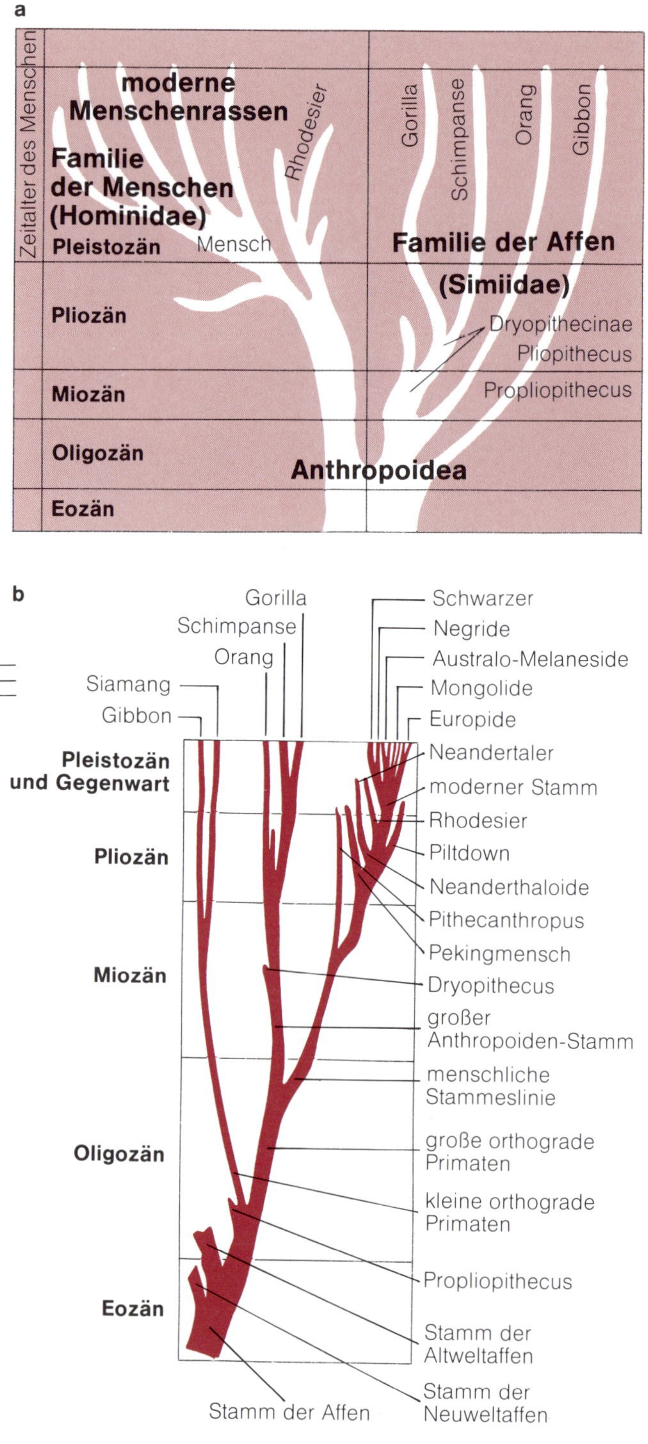

1.12 Zwei Stammbäume.
Henry Fairfield Osborns Ansicht der menschlichen Evolution von 1927 (a), die nicht von Gregory und McGregor geteilt wurde, zeigt eine sehr frühe Spaltung in Menschen und Menschenaffen. Auf der heutigen geologischen Zeitskala läge dies ungefähr 30 Millionen Jahre zurück. (b) zeigt Sir Arthur Keiths etwas ältere Widergabe. Er sieht die Mensch/Menschenaffen-Spaltung ebenfalls als sehr früh an. Auch hier verbinden lange Linien moderne Spezies mit angenommenen Vorfahren, eine Gewohnheit, die noch bis vor kurzem beibehalten wurde. Man beachte die sehr lange Geschichte der modernen Menschenrassen.

in Eurasien lebte, hatte Kiefer und Zähne, die offenbar zahlreiche Gemeinsamkeiten mit den Hominiden aufwiesen. Simons stellte *Ramapithecus* an den Beginn der menschlichen Entwicklungslinie. Damit schloß er, wie später auch sein Mitstreiter David Pilbeam, eine enge Verbindung von Mensch und afrikanischen Menschenaffen aus.

Die Auseinandersetzung um den Verwandtschaftsgrad von Mensch und Menschenaffen erfolgte vor dem Hintergrund einer Neubewertung der verwandtschaftlichen Beziehung zwischen den Menschenaffen selbst. G. E. Pilgrim hatte 1927 geäußert, man solle die Menschenaffen als von Natur aus zusammengehörige Gruppe behandeln, die aus evolutionärer Sicht vom Menschen recht weit entfernt sei. Diese Vorstellung gewann rasch Zuspruch und galt als die gängige Meinung, bis sie Morris Goodman von der Wayne State University im Jahre 1963 durch molekularbiologische Erkenntnisse ins Wanken brachte. Goodmans Arbeiten über Blut- und Serumproteine wiesen darauf hin, daß Mensch und afrikanische Menschenaffen stammesgeschichtlich zusammengehören, während sich der Orang-Utan von dieser Gruppe unterscheidet.

Das verschaffte der von Darwin, Huxley und Haeckel begründeten Haltung wieder neues Gewicht. Deren maßgeblichsten Verfechter waren zunächst Gregory und später Washburn. Jüngere molekularbiologische Forschungen und Fossilfunde scheinen tatsächlich die ursprünglich von Washburn geäußerte Auffassung zu bestätigen, der Beginn der menschlichen Entwicklungslinie liege nicht sehr weit, lediglich fünf bis zehn Millionen Jahre zurück. *Ramapithecus* galt nun nicht mehr als der erste Hominide, sondern nur als einer von vielen vorzeitlichen Menschenaffen.

Unterdessen wuchs die Anzahl der Funde fossiler Hominiden und der offensichtlich von ihnen hergestellten Steinwerkzeuge während der vierziger bis in die siebziger Jahre zunächst in Süd-, später auch in Ostafrika rapide an. Kultur – vor allem die Herstellung von Steinwerkzeugen und ihre Verwendung bei der Jagd und dem Zerlegen des Wildbrets – wurde zu einem vorherrschenden Interessensgebiet. Dies führte so weit, daß der Hominidenstatus zwangsläufig eine wildbeuterische Lebensweise einschließen sollte. Die Einstufung von Kultur als das ausschlaggebende Kennzeichen der Hominiden fand ihren weitestgehenden Ausdruck in der Ein-Arten-Hypothese, die in den sechziger Jahren vor allem C. Loring Brace von der University of Michigan propagierte.

Nach dieser Hypothese existierte zu jeder bestimmten Zeit nur jeweils eine Art der Hominiden. Demgemäß schritt die Menschheit in ihrer Geschichte durch beständige Fortentwicklung auf einem geraden Weg der Evolution nach oben. Die Grundlage für diese Überlegung bildete eine vermutete ökologische Gesetzmäßigkeit, das Prinzip des kompetitiven Ausschlusses. Kultur wurde in diesem Zusammenhang als derart gewaltiger Anpassungsmechanismus betrachtet, daß zwei kulturtragende Arten einfach nicht nebeneinander existieren konnten. Da aber die Hominiden definitionsgemäß über Kultur verfügten, konnte es zu jedem Zeitpunkt nur jeweils eine Hominidenspezies geben.

Die Ein-Arten-Hypothese brach Mitte der siebziger Jahre mit der Entdeckung wichtiger Fossilien in Kenia endgültig zusammen. Diese Funde belegen unbestreitbar die Koexistenz zweier höchst unterschiedlicher Hominidenarten. Die eine Spezies war *Homo erectus* mit einem großen Gehirn und offenbar ein Vorläufer von *Homo sapiens*, die andere

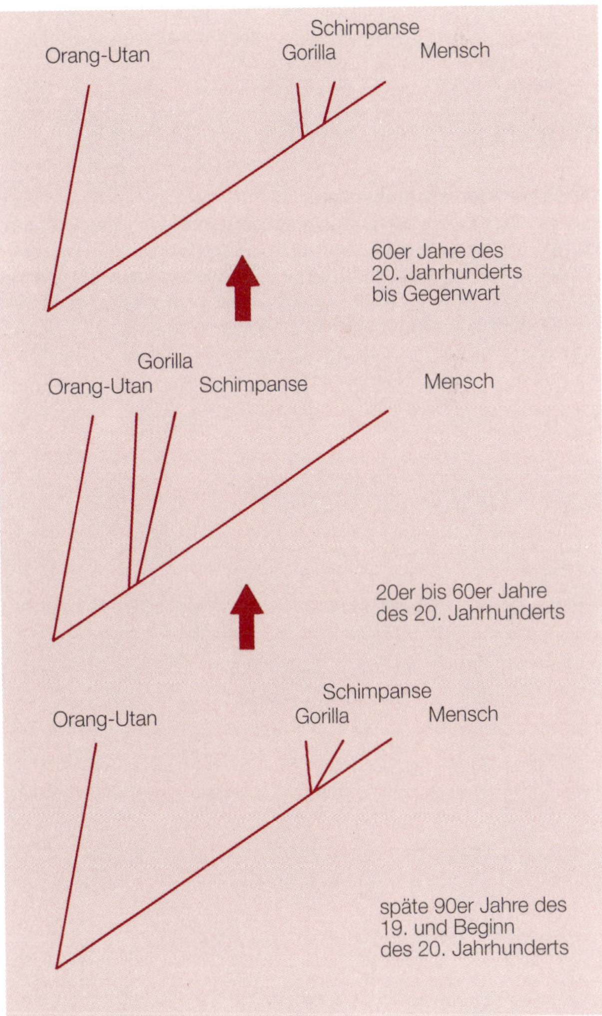

1.13 Der Wandel der Modelle.
Zwischen dem Anfang des 20. Jahrhunderts und heute haben die Vorstellungen über die Beziehungen zwischen Menschenaffen und Menschen einen vollen Kreis beschrieben.

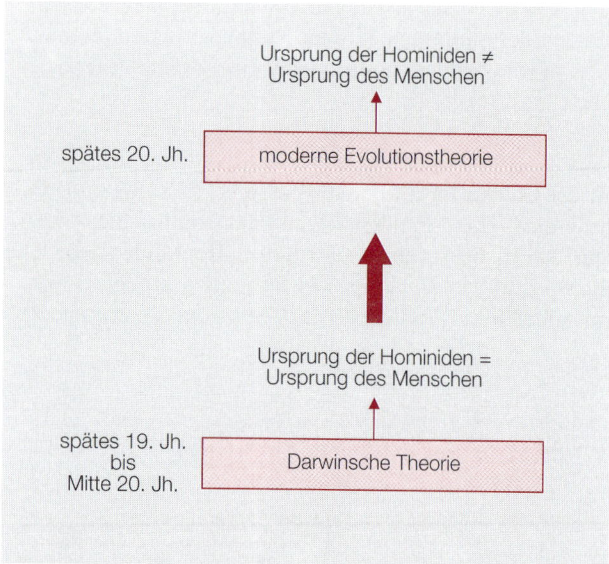

1.14 Hominiden als Menschen.
Wenn Anthropologen die Entwicklung der Hominiden betrachteten, sprachen sie häufig – und zwar noch bis vor kurzem – von menschenähnlichen Eigenschaften. Diese Gewohnheit kann bis Darwin zurückverfolgt werden. Heute hingegen sieht man die menschlichen Züge der Hominiden als recht junge Entwicklung an.

Australopithecus boisei, eine Art mit kleinem Gehirn, die schließlich ausstarb. Weitere Funde und Analysen legten den Schluß nahe, daß vor ungefähr zwei Millionen Jahren in Afrika mehrere Hominidenarten nebeneinander lebten, die mit Erfolg unterschiedliche ökologische Nischen nutzten. Damit schloß der Status eines Hominiden nicht notwendigerweise den Besitz von Kultur ein. Der Ursprung der Hominiden konnte demnach nicht länger mit dem Ursprung des Menschen gleichgesetzt werden.

Im Laufe des letzten Jahrzehnts erkannte man die Breite des Spektrums der Anpassungsmerkmale der Hominiden, die sogar den Gedanken an einen lediglich aufrecht gehenden Menschenaffen zuläßt. Die Abstammungslinie, die schließlich zu *Homo sapiens* führte, hat sich insgesamt gesehen als wesentlich weniger menschlich dargestellt. Die Vorstellung, unsere damaligen Vorfahren hätten schon ein wenig wie heutige Wildbeuter gelebt, wurde aufgegeben. An ihre Stelle ist die Idee von einem ziemlich ungewöhnlichen afrikanischen Menschenaffen getreten, der einige neuartige Lebensweisen angenommen hatte.

Die Anfänge der Hominiden sind damit nunmehr vollständig von denen des Menschen getrennt. Die Suche nach dem Ursprung der menschlichen Abstammungslinie bewegt sich heute unbestritten auf dem Gebiet der Verhaltensökologie. Die Fragen nach dem Ursprung der Hominiden müssen heute im Zusammenhang mit der Biologie der Primaten gestellt werden.

Moderne Evolutionstheorie

»Ich hatte zwei unterschiedliche Absichten im Blick; zum einen wollte ich zeigen, daß die Arten nicht jede für sich erschaffen wurden, zum anderen, daß die natürliche Selektion der Hauptantrieb der Veränderung war.« So kennzeichnet Darwin die Motive, die ihn leiteten, als er *Die Entstehung der Arten* schrieb. Das Buch erschien im November 1859 auf Englisch. Mit seiner ersten Absicht hatte er unmittelbaren Erfolg. Die zweite hatte es schwerer. Noch bis in die dreißiger Jahre unseres Jahrhunderts sahen viele Wissenschaftler die Selektion nicht als entscheidenden Motor der Evolution, und selbst heute gibt es lebhafte Auseinandersetzungen über das genaue Wirken der Evolutionsmechanismen.

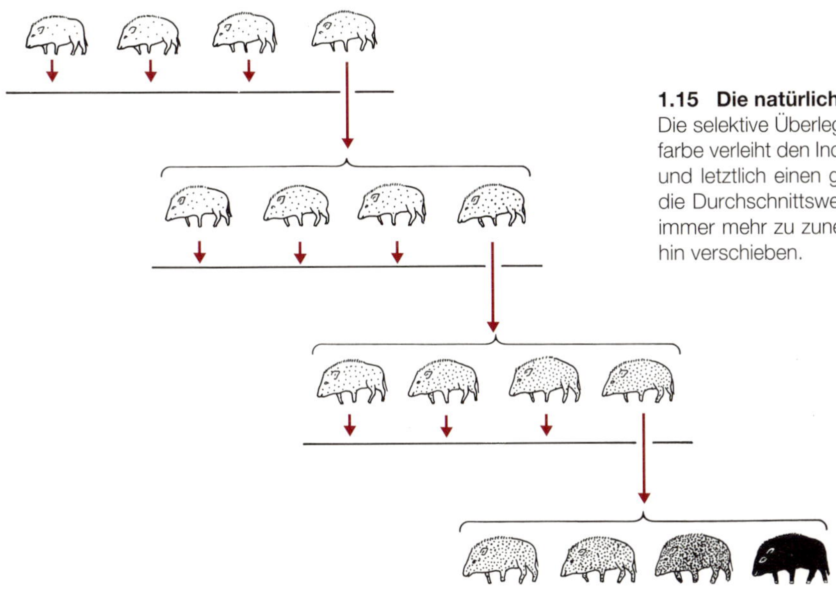

1.15 Die natürliche Auslese.
Die selektive Überlegenheit von größerem Körperbau und dunkler Fellfarbe verleiht den Individuen mit diesen Merkmalen längeres Überleben und letztlich einen größeren Fortpflanzungserfolg. Daher werden sich die Durchschnittswerte für diese Merkmale innerhalb einer Population immer mehr zu zunehmender Körpergröße und zu dunklerer Fellfarbe hin verschieben.

Mit dem Einschnitt, den Darwins Werk markiert, veränderte sich die Weltsicht der Biologen in zwei wesentlichen Punkten. Zum einen wich die Vorstellung einer geplanten Natur, wie sie die Naturphilosophie als Beleg für das Wirken Gottes verstand, dem Konzept der Anpassung. Des weiteren trat an die Stelle der Auffassung, in der Natur gebe es eine umfassende, bedeutungsvolle Ordnung, die „große Kette des Seins", der Begriff der Geschichtlichkeit. Die Ordnung, die wir beobachten, wird damit zum Ergebnis der Abstammung.

Eine Evolutionstheorie, die überzeugen will, muß das Phänomen der Anpassung erklären können. Das Bahnbrechende an Darwins neuen Ideen war das Konzept der natürlichen Selektion. Gleichzeitig mit Darwin entwickelte ein anderer britischer Naturforscher, Alfred Russell Wallace, ebenfalls diese Theorie. Das Prinzip der natürlichen Auslese umfaßt zwei entscheidende Schritte. Zunächst gibt es innerhalb jeder Population, also innerhalb jeder natürlichen Fortpflanzungsgemeinschaft – wie beispielsweise den Hirschen eines Waldes oder den Brachsen in einem See –, erbliche, phänotypische (die Realisierung der Erbanlagen betreffenden) Variationen. Das Ergebnis dieser Variationen sind dann im zweiten Schritt unterschiedliche Fortpflanzungserfolge.

Da alle Arten mehr Nachwuchs haben, als schließlich überlebt, führt jeder kleine Vorteil, den die Nachkommen eines bestimmten Individiums aufgrund eines ererbten Merkmals genießen, dazu, daß diese in der nächsten Generation stärker vertreten sind. Generation für Generation wird sich das Merkmal innerhalb der Population ausbreiten, die sich damit stammesgeschichtlich verändert.

Variation und Selektion wirken so in einem einfachen zweistufigen Prozeß. Den Schlüssel zu Darwins Vorstellung von der natürlichen Selektion liefert jedoch der Umstand, daß die Quelle der Variationen ungerichtet sein muß. Darwin sah in der natürlichen Auslese einen schöpferischen Vorgang, durch den die Anpassung Schritt für Schritt wächst. Dies funktioniert nur, wenn die Variation nicht in eine bestimmte Richtung gelenkt wird, sei es durch die Umwelt oder den Organismus selbst. (Letzteres ist die Grundannahme des Lamarckismus.) Die Auslese fördert sodann die Ausbreitung vorteilhafter Merkmale innerhalb dieser zufallsbedingten Variation. Wenn im Gegensatz dazu neue Umweltbedingungen günstige Variationen in einer Population auslösten, würde die nachfolgende Auslese lediglich die nichtangepaßten Individuen ausschalten.

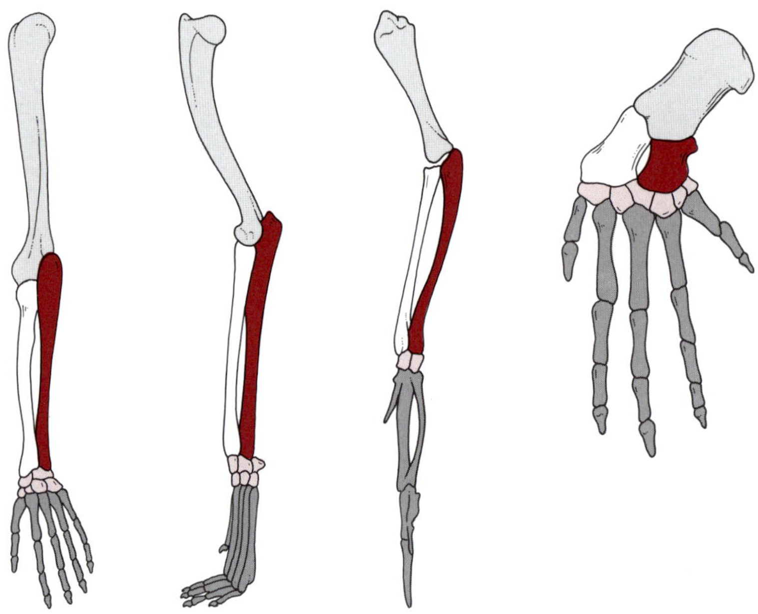

1.16 Das Prinzip der Homologie.
Die entwicklungsmäßige Entsprechung (durch Farben gekennzeichnet) der verschiedenen Knochen der Vordergliedmaßen von vier Wirbeltieren, ist als Homologie bekannt und war eines von Darwins Hauptargumenten für die Evolution. Im Gegensatz hierzu lassen sich der Flügel eines Vogels und der eines Schmetterlings – obwohl sie dieselbe Aufgabe erfüllen – nicht von derselben Grundstruktur ableiten. Sie sind Beispiele für analoge Entwicklungen.

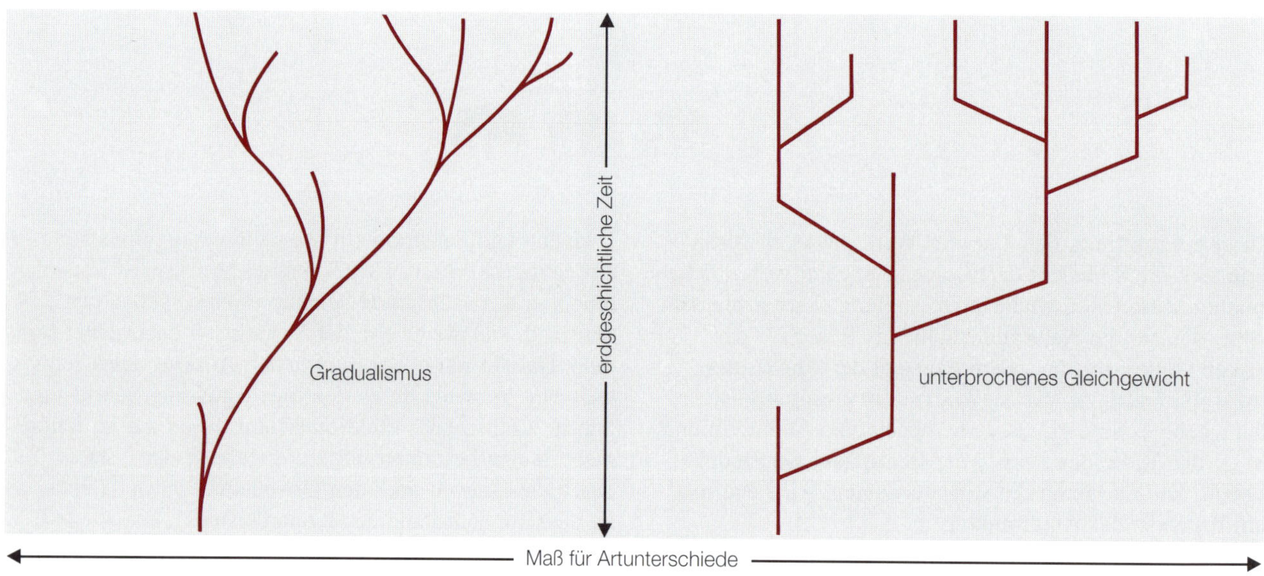

1.17 Zwei Möglichkeiten der Evolution – Gradualismus und unterbrochenes Gleichgewicht.
Der Gradualismus betrachtet Evolution als Prozeß, bei dem sich kleinere Änderungen über lange Zeiträume anhäufen. Unterbrochenes Gleichgewicht bedeutet im Gegensatz dazu, daß sich morphologische Änderungen in „kurzen" sprunghaften Wechseln konzentrierten, die normalerweise im Zusammenhang mit dem Ursprung einer neuen Spezies stehen. Evolution ist das Ergebnis einer Kombination dieser zwei Formen von Änderungen. Es wird jedoch intensiv darüber diskutiert, welche Möglichkeit die wichtigere ist.

Die Argumente Darwins konnten viele seiner Zeitgenossen nicht überzeugen. Dies lag zum großen Teil daran, daß es bis zur Jahrhundertwende keine angemessene Vererbungstheorie gab. Die erblich bedingte Variation wurde daher nicht vollständig verstanden. Außerdem erschien Darwins Botschaft zur damaligen Zeit schwer zu akzeptieren. Er wagte offenbar zu behaupten, die Evolution verlaufe ohne Absicht und damit ohne einem höheren Prinzip zu folgen. Darüber hinaus schien er sagen zu wollen, Leben trage nicht von vornherein den Fortschritt in sich und erklimme nicht automatisch Sprosse für Sprosse die Leiter der Verbesserungen. Stephen Jay Gould, Biologe an der Harvard University, formulierte es so: »Kein die Evolution betreffendes Mißverständnis ist weiter verbreitet als die Annahme, sie führe unausweichlich zu einer fortschreitenden Verbesserung der Lebewesen.«

Als um die Jahrhundertwende Gregor Mendels Arbeiten über die Vererbung wiederentdeckt wurden, war die Genetik oder Vererbungslehre geboren. Jetzt legte man großes Gewicht auf die Wirkung von Mutationen, die evolutionäre Veränderungen lenken sollten. Selektion erschien erneut lediglich als Mittel, um die Untauglichen zu eliminieren.

Um 1930 begann eine Art intellektueller Gezeitenwechsel. Man fing an, die Rolle der natürlichen Auslese höher zu bewerten. Allerdings brauchte dieser Sinneswandel ein ganzes Jahrzehnt. Dann hatten sich die Ansichten jedoch vollständig gewandelt. Eine neue Synthese war entstanden, welche die Aufmerksamkeit von Populationsgenetik, Naturgeschichte, Systematik, Paläontologie und Morphologie auf die natürliche Auslese lenkte. Für etwa 20 Jahre übte die „moderne Synthese" oder der Neodarwinismus seinen intellektuellen Reiz aus. Die Beziehung zwischen natürlicher Auslese und Anpassung erschien immer enger. Sowohl der langsam fortschreitende Charakter der Evolution durch natürliche Selektion als auch die ihre Anpassungen gestaltende Kraft fanden wachsende Beachtung.

In der Literatur jener Tage findet sich die Auffassung, die gesamte Evolution hätte sich kontinuierlich vollzogen. Dazu zählen fossil nachgewiesene Entwicklungen wie die Größenzunahme und Gestaltänderung der Pferde. Zudem herrschte die Meinung, jedwede Eigenschaft eines Lebewesens sei das Resultat von Anpassungsprozessen. In den siebziger Jahren kamen dann Zweifel auf, und zwar sowohl über die kontinuierliche Art und Weise der Veränderung als auch die Allgewalt der Anpassung.

Zunächst entdeckte man in vielen Populationen stärkere genetische Variationen, als unter strenger Selektion zu erwarten wäre. Offenbar sind noch andere Mechanismen am Werk, unter anderem die sogenannte neutrale Evolution. Darüber hinaus glaubten manche Kritiker des Neodarwinismus, langsamer, allmählicher Wandel sei über lange Zeit hinweg eher die Ausnahme als die Regel gewesen. Veränderungen hätten, so meinten sie vielfach, während – nach geologischen Maßstäben – kurzer Zeiträume stattgefunden, dagegen seien die Arten in der längsten Zeit ihrer Existenz unverändert – in Stasis – geblieben. (Die Phasen der Veränderung sollten beispielsweise etwa 50 000 Jahre währen, Stasis dagegen für vielleicht zwei Millionen Jahre vorherrschen.)

Nach dieser Ansicht waren langfristige Tendenzen der Evolution nicht die Folge kontinuierlicher Entwicklungen innerhalb bestimmter Entwicklungslinien – eine Auffassung, welche die Neodarwinisten vertreten. Sie sollten vielmehr durch häufiges „sprunghaftes" Entstehen von Arten mit Eigenschaften, die in der Richtung der evolutionären Tendenz liegen, zustande kommen. Diese Sicht des Evolutionsverlaufs, bekannt unter der Bezeichnung „unterbrochenes Gleichgewicht", wurde im Jahre 1972 von Niles Eldredge und Stephen Jay Gould begründet. Seitdem wird lebhaft über den Grad der Gültigkeit dieser Theorie diskutiert.

Während die konsequenten Neodarwinisten besonderes Gewicht auf die Kraft der natürlichen Selektion beim Entstehen von Anpassungen durch allmähliche Veränderung legen, schenken die Punktualisten den Beschränkungen, denen der Wandel unterlag, größere Beachtung. Letztere akzeptieren zwar die grundlegende Bedeutung der natürlichen Auslese, betonen jedoch, daß der Weg, den die Selektion einschlagen kann, durch die bereits vorhandenen und erblichen Formen eingeengt wird. Der französische Biologe François Jacob vertritt die Auffassung, die Evolution arbeite eher wie ein Kesselflicker, der mit dem auskommen müsse, was er vorfindet, als in der Art eines Ingenieurs, der jede Konstruktion mit einem Entwurf neu beginnen kann. Darüber hinaus haben Änderungen in der Gestalt eines Körperteiles meistens auch Änderungen anderer Körperteile zur Folge. Solche Prozesse haben mit Anpassung nichts zu tun.

Diese Einschränkungen gelten für die begrenzte Zahl an Wegen, die bei der Embryonalentwicklung eingeschlagen werden können, und zwar nicht nur auf allgemeiner Ebene (es gibt beispielsweise keine Tiere mit Rädern), sondern auch zu jedem Zeitpunkt in der Geschichte einer Entwicklungslinie. Den Neodarwinisten ist die Existenz dieser Beschränkungen durchaus bewußt. Sie messen ihnen bei ihrer Überbetonung der Selektion nur nicht genügend Bedeutung bei.

In demselben Zusammenhang wurde offensichtlich, daß keine direkte Beziehung zwischen genetischer Veränderung – Mutation – und dem Ausmaß ihrer phänotypischen Auswirkungen besteht. Durch die Mutation einer Base in dem Gen für ein Serumprotein mögen die physi-

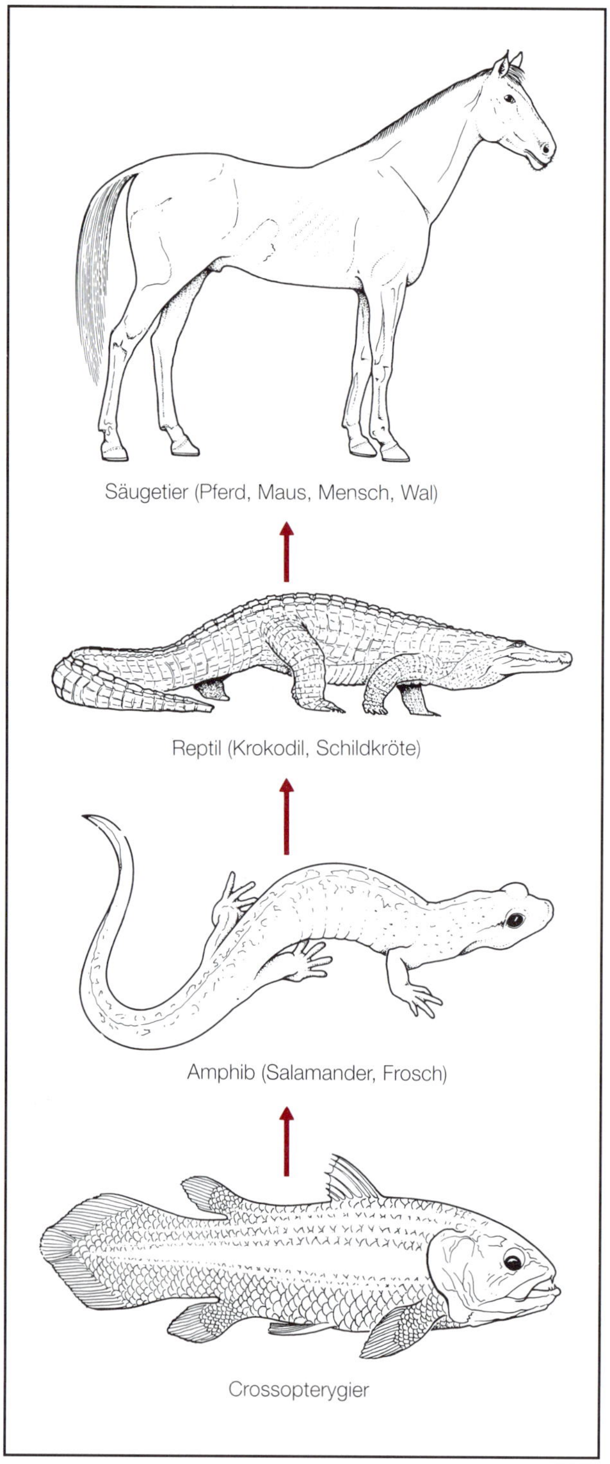

1.18 Das Prinzip des geschichtlichen Zwanges.
Evolution ist in vielen Dingen ein konservativer Prozeß. Die Erhaltung eines Körpers mit vier Extremitäten über lange Zeiträume und bei sehr unterschiedlichen Umweltbedingungen illustriert die Kraft des geschichtlichen Zwanges. Zum Beispiel hat das Pferd vier Beine, und zwar nicht nur, weil diese ein sehr effizientes Fortbewegungsmittel auf dem trockenen Land sind, sondern auch, weil seine Fischvorfahren ebenfalls vier Extremitätenansätze hatten.

kalisch-chemischen Eigenschaften des Blutes zwar geringfügig abweichen, auf die Anpassung wird dies jedoch keinen spürbaren Einfluß haben. Hingegen könnte eine ähnliche Mutation in einem anderen Gen, die den zeitlichen Ablauf der Embryonalentwicklung verändert, gewaltige Konsequenzen für das ausgereifte Lebewesen haben. Eine Verlangsamung der Embryonalentwicklung und eine gleichzeitige Verlängerung der Wachstumsphase waren offenbar wesentlich für das Entstehen des Menschen aus Menschenaffen. Diese Erscheinung wird Neotenie genannt.

Diese „Abkopplung“ des Ausmaßes von Mutationen vom Ausmaß phänotypischer Veränderungen hat weitreichende Auswirkungen auf die Möglichkeiten, von morphologischen auf genetische Unterschiede zu schließen.

Als Darwin *Die Entstehung der Arten* schrieb, begründete er den Umstand, daß „intermediäre Formen“ unter den Fossilfunden so selten sind, mit der außerordentlich geringen Zahl der Fossilien überhaupt; diese sind nur Momentaufnahmen, zwischen denen lange Zeiträume im Dunkeln bleiben. Die Theorie vom unterbrochenen Gleichgewicht liefert eine andere Interpretation, gleichwohl erkennt auch sie die geringe Zahl der Fossilfunde an. Stammesgeschichtliche Veränderungen vollziehen sich hiernach in geologisch gesehen kurzen Zeiträumen und in kleinen Randpopulationen. Vertreter dieser Gruppen werden sich daher nur selten unter den Fossilbelegen finden. Mit anderen Worten: Das Prinzip, das die Fossilien nahelegen – die Arten existieren in einer konstanten Form, die sich dann plötzlich verändert –, spiegelt die tatsächlichen Verhältnisse wider und hat ihre Ursache nicht in der ungenügenden Zahl der Fossilfunde.

Das Entstehen neuer Arten ist natürlich das zentrale Thema der Evolutionsbiologie. Deshalb sind hiermit zahlreiche Fragen verknüpft, von denen einige in direktem Zusammenhang mit der Auseinandersetzung zwischen Punktualisten und Gradualisten stehen. Dazu gehören beispielsweise die Fragen, durch welche Mechanismen sich neue Arten bilden und unter welchen Bedingungen ein solcher Prozeß stattfindet.

Es gibt zwei Modi der Artbildung, die phyletische Evolution und die Speziation. Bei der phyletischen Evolution verändert sich eine Art als Ganzes im Laufe der Zeit kontinuierlich, und zwar so stark, daß es schließlich gerechtfertigt ist, von einer neuen Spezies zu sprechen und die vorangehende als ausgestorben anzusehen. Im Falle der Speziation spaltet sich eine Subpopulation von einer Ausgangspopulation ab und weicht später so stark ab, daß sie zu einer neuen Art wird; die Mutterart existiert weiter. Die Speziation führt also zur Verzweigung: Gab es ursprünglich nur eine Art, so sind es nach der Speziation zwei. Grob gesagt, die Gradualisten legen mehr Gewicht auf die phyletische Evolution, die Punktualisten messen dagegen der Speziation mehr Bedeutung bei. Diese Trennung hat aber keinesfalls den Anspruch auf Ausschließlichkeit.

Die Speziation hat in der Geschichte des Lebens offenbar eine wichtige Rolle gespielt. Die Bildung neuer Arten glich nicht nur das fortwährende Aussterben aus, sondern kompensierte sogar Massensterben infolge erdgeschichtlicher Katastrophen. Die Vielfalt an Arten hat im Laufe der Zeit zugenommen. Heute schätzt man ihre Gesamtzahl auf 30 Millionen. Den größten Anteil stellen die Insekten, gefolgt von den Pflanzen. Die Vögel zählen ungefähr 8600, die Säugetiere nur 4000 Arten. Geschichtlich gesehen entspricht die Zahl der heute lebenden Arten etwa einem Prozent all derer, die jemals existiert haben. Eine Wirbellosenspezies existiert durchschnittlich etwa fünf bis zehn Millionen Jahre, eine Wirbeltierart dagegen nur ein bis zwei Millionen Jahre.

Die Bedingungen, die das Entstehen neuer Arten begünstigen, sind vielfältig: Dazu gehören sowohl Merkmale der ursprünglichen Mutterarten als auch Umweltfaktoren.

Welchen Einfluß die Populationsgröße auf das Entstehen neuer Arten hat, ist unter Evolutionsbiologen seit langem umstritten: Sind kleine Populationen evolutiven Veränderungen leichter zugänglich, da ihnen die genetische Trägheit abgeht, die großen, erfolgreichen Populationen eigen ist? Oder sind es vielmehr die großen Populationen, die sich wandeln, weil ihr Genpool und damit ihre Variationsmöglichkeiten so groß sind? Punktualisten bevorzugen die erste Interpretation, Gradualisten dagegen die zweite.

Niemand leugnet, daß aus kleinen Populationen neue Arten entstehen können, indem zum Beispiel einige wenige Individuen eine Insel besiedeln. Man bezeichnet dies als Gründereffekt. Die Neusiedler bringen nur einen Bruchteil der gesamten genetischen Variabilität der ursprünglichen Population mit. Da sie aber isoliert sind, sind

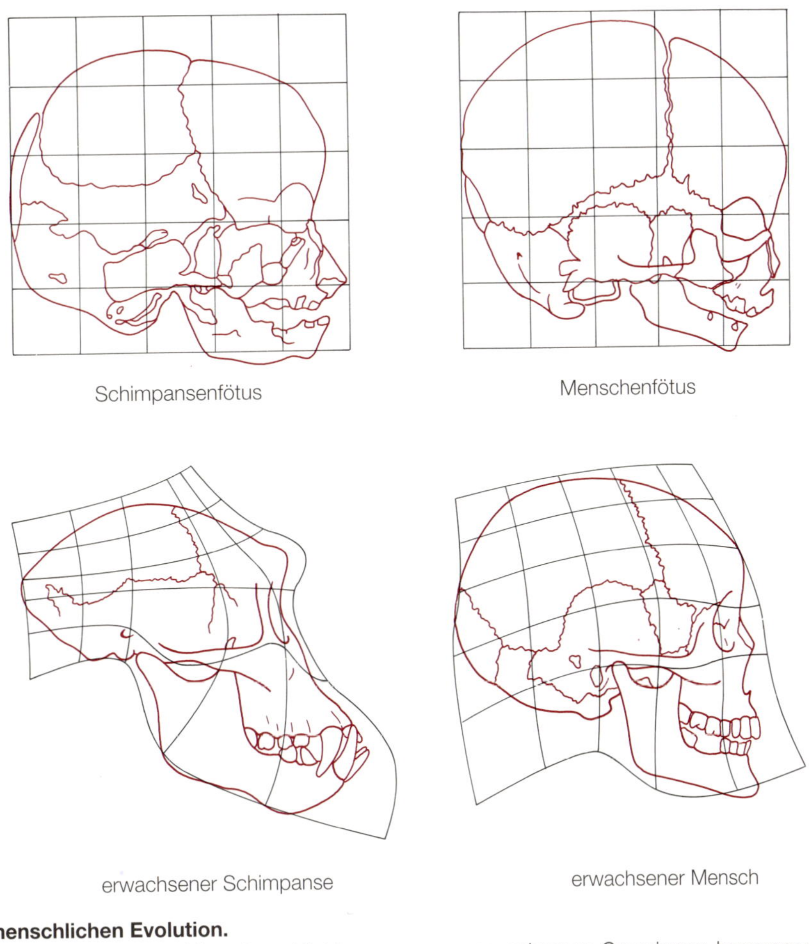

1.19 Neotenie in der menschlichen Evolution.
Obwohl die Form des Schädels bei Föten von Mensch und Schimpanse sehr ähnlich ist, hat die Verlangsamung der Entwicklung im Laufe der Evolution des Menschen ein völlig anderes Aussehen des Schädels von erwachsenen Organismen hervorgerufen, die besonders bei der Form des Gesichts und in der Größe des Hirnschädels auffällt. Die Änderungen des Gittermusters deuten die Wachstumsrichtung an.

sie zu höchst dramatischen Veränderungen fähig, die schließlich zu einer neuen Spezies führen. Gene, deren Häufigkeit in der Stammpopulation nur gering war, können in der Gründerpopulation zu maßgeblichen Faktoren werden. Ein ähnlicher Effekt kann sich ergeben, wenn sich die genetische Variabilität in einer ursprünglich zahlreichen Population, etwa durch eine Katastrophe, reduziert und danach viele neue Genkombinationen entstehen. Man bezeichnet dies als Flaschenhalseffekt oder Engpaß (im Englischen als *bottle neck effect*).

Kleine Populationen einer ansonsten weitverbreiteten Spezies können natürlich auch auf weniger dramatische Art entstehen, wenn beispielsweise eine Gruppe durch ein geographisches Hindernis, wie ein Gebirge oder einen Fluß, isoliert wird. Auch in diesem Fall entsteht das gleiche genetische Veränderungspotential, das unter Umständen zur Bildung neuer Arten führt. Die Frage ist nun, wie häufig sich solche Vorgänge ereignen, wenn man sie mit Selektionsprozessen vergleicht, die evolutive Veränderungen innerhalb großer Populationen auslösen, indem sie auf deren breites genetisches Spektrum wirken. Zur Zeit gibt es unter den Evolutionsbiologen zu diesem Thema keine einhellige Meinung.

Ein weiterer Faktor, der die Neubildung von Arten beeinflußt, ist der Typ der Anpassung einer Spezies. Wie Fossilfunde zeigen, neigen Arten, die unter hochspezialisierten Umwelt- und Ernährungsbedingungen leben, eher zur Artbildung als solche mit einem breiteren Spektrum an Anpassungen. Der Grund dafür liegt darin, daß Spezialisten durch jede Änderung der herrschenden Umweltbedingungen an ihre tolerierbaren Grenzen stoßen, was sowohl Artbildung als auch Aussterben begünstigen kann. Generalisten können dagegen wesentlich schwerwiegendere Veränderungen ihrer Lebensbedingungen verkraften; sie sterben daher nicht so schnell aus und neigen auch nicht zur häufigen Artenneubildung.

Fragen

- Führte der intellektuelle Hintergrund, den die „große Kette des Seins" lieferte, zwangsläufig zur Idee, daß sich die Arten entwickeln?
- Warum änderte sich der Platz, den man der Menschheit in der Natur zuwies, zwischen der vor- und nachdarwinistischen Ära kaum?
- Warum wurde der Fortschrittsgedanke solch ein fester Bestandteil evolutionären Denkens innerhalb der westlichen Philosophie, besonders in bezug auf die Entwicklung des Menschen?
- Erfordert die Evolution qualitativ neuer Eigenschaften qualitativ neue Erklärungen?
- Was bedeutet die Tatsache, daß die verschiedenen Paläoanthropologen zur Zeit Osborns zwar die gleichen Ereignisse bei der Entstehung des Menschen aus äffischen Vorfahren für richtig hielten, die Reihenfolge ihres Auftretens jedoch unterschiedlich bewerteten?
- Ist die Paläoanthropologie für die Zuhilfenahme von Heldenmythen besonders anfällig?
- Warum führen evolutionäre Szenarien im allgemeinen zu epischer Darstellung?
- In welchem Zusammenhang sah man in den Menschenaffen evolutionäre Fehlschläge?
- Warum waren die Erklärungen des Ursprungs des Menschen in der Zeit seit Darwin unmittelbar einleuchtend?
- Welche Auswirkungen haben die spärlichen Fossilfunde auf die Theorien über die Evolution des Menschen?
- War die Vorstellung, ähnliche anatomische Merkmale beim Menschen und bei den afrikanischen Menschenaffen hätten sich parallel entwickelt, eine vernünftige Erklärung?
- Warum war „Kultur" ein so herausragendens Thema bei den Erklärungen für den Ursprung des Menschen?
- Warum ist natürliche Auslese in bezug auf die Anpassung eine schöpferische Kraft?
- Was sagt uns das Vorhandensein nichtangepaßter Eigenschaften über die Natur des evolutionären Wandels?
- Welche Eigenschaften – außer einer engen adaptiven Nische – sind verantwortlich für Artbildung und Aussterben einer Art?
- Welche Erklärungen könnte es dafür geben, daß die Hominiden eine ungewöhnlich artenarme Gruppe sind?

2. Die Voraussetzungen für die Evolution des Menschen

Geologie und Klima – Motoren der Evolution

»Vermutlich ist der Schluß gerechtfertigt, daß wir, hätte es keine Klimaveränderungen gegeben, noch immer bei warmer Witterung ungestört in einem gemütlichen Wald säßen, genau wie damals im Miozän.« Diese spekulative Äußerung von C. K. Brain vom Transvaal-Museum in Pretoria (Südafrika), veranschaulicht die Auffassung, Umweltbedingungen, und vor allem deren Änderung, seien ein maßgeblicher Antrieb der menschlichen Evolution gewesen.

Seit Brains Überlegungen im Jahre 1981 hat sich eine wahrhafte Forschungsindustrie dafür gerüstet, diese Theorie zu überprüfen. Geologen, Klimatologen und Paläontologen führten ihre Erkenntnisse zusammen, und es beginnt sich heute aus diesen unterschiedlichen Daten ein klares Muster der Evolution abzuzeichnen. Kurz gesagt, Perioden mit weltweit drastisch sinkenden Temperaturen waren von massenhaftem Aussterben und dem Entstehen neuer Arten begleitet. Von diesem Schema der Evolution sind offenbar auch die Menschen nicht ausgenommen.

Der Neodarwinismus nahm stets an, daß den Umweltbedingungen eine zentrale Rolle in der Evolution zukommt: Unterschiedliche Umweltbedingungen erfordern eine unterschiedliche Anpassung. Die Umwelt einer Spezies setzt sich im Grunde aus zwei Elementen zusammen: der unbelebten Natur mit ihren Elementen sowie den anderen Arten, mit denen die Spezies in Beziehung tritt oder im „Kampf ums Dasein“ – um mit Darwins Worten zu sprechen – konkurriert.

Manche Evolutionsbiologen behaupten, auch ohne Änderungen der physikalischen Umwelt gäbe es einen beständigen Wandel der Organismen, vorangetrieben durch die Konkurrenz der Arten. Diese sogenannte Rote-Königin-Hypothese betrachtet den Wettbewerb zwischen den Individuen einer Art als Hauptantriebskraft der Evolution. Die meisten Forscher sehen jedoch in den physikalischen Umweltbedingungen eine bedeutende, wenn nicht gar die hauptsächliche Triebkraft evolutiven Wandels.

Veränderungen der äußeren Bedingungen haben die Geschichte des Lebens auf wenigstens drei teilweise voneinander abhängigen Ebenen beeinflußt. Diese sind der außerirdische Bereich, die weltweiten geographischen und geologischen Bedingungen sowie die regionalen Klimaverhältnisse.

Die Geologen wissen schon seit langem, daß die Erdgeschichte mit Massenvernichtungen gespickt ist. Die größte derartige Katastrophe ereignete sich am Ende des Perms vor etwa 220 Millionen Jahren. Sie bedeutete für ungefähr 95 Prozent der damals lebenden Arten den Untergang. Insgesamt kennt man heute fünf Perioden mit großem Massensterben und eine Reihe kleinerer, weniger gravierender Ereignisse. Manche Wissenschaftler vertreten die Auffassung, diese Katastrophen ereigneten sich regelmäßig im Abstand von etwa 27 Millionen Jahren; die letzte war vor 13 Millionen Jahren. Diese Hypothese der Periodizität von Katastrophen ist jedoch nach wie vor höchst umstritten.

In den vergangenen Jahren haben sich die Wissenschaftler ernsthaft mit dem Gedanken auseinandergesetzt, daß die Katastrophe, die beim Übergang von der Kreide zum Tertiär vor 65 Millionen Jahren das Zeitalter der Dinosaurier beendete, durch den Einschlag eines Kometen oder Asteroiden auf der Erde verursacht sein könnte. Nach Vorstellung mancher Forscher, die an ein periodisches Auftreten des massenhaften Aussterbens glauben, werden diese durch Zusammenstöße der Erde mit Kometen oder Asteroiden in regelmäßigen Abständen verursacht.

Was auch immer der Grund für Massensterben ist, die Auswirkungen sind verheerend. Mitunter werden ganze Gruppen von Organismen ausgelöscht, oder ihre Vielfalt wird entscheidend reduziert. Wenn sich die Natur von einer solchen Katastrophe wieder erholt, erleben viele Gruppen eine gewaltige Zunahme ihres Formenreichtums, begleitet von neuen Anpassungen. Die Ausbreitung der plazentalen Säugetiere nach der Katastrophe an der Wende Kreide/Tertiär ist dafür ein gutes Beispiel. Das Muster, dem die Geschichte des Lebens bei diesem Wiedererstarken folgt, wird dadurch bestimmt, welche Entwicklungslinien fortbestehen. Anscheinend sind die Auswirkungen großen Massensterbens so schwerwiegend, daß – abgesehen von wenigen Merkmalen, wie der weiten geographischen Verbreitung – das Überleben oder Aussterben bestimmter Gruppen eine reine Glücksfrage ist. So sei daran erinnert, daß viele Gruppen der plazentalen Säuger an der Grenze Kreide/Tertiär ausstarben und die Primaten einfach Glück hatten zu überleben.

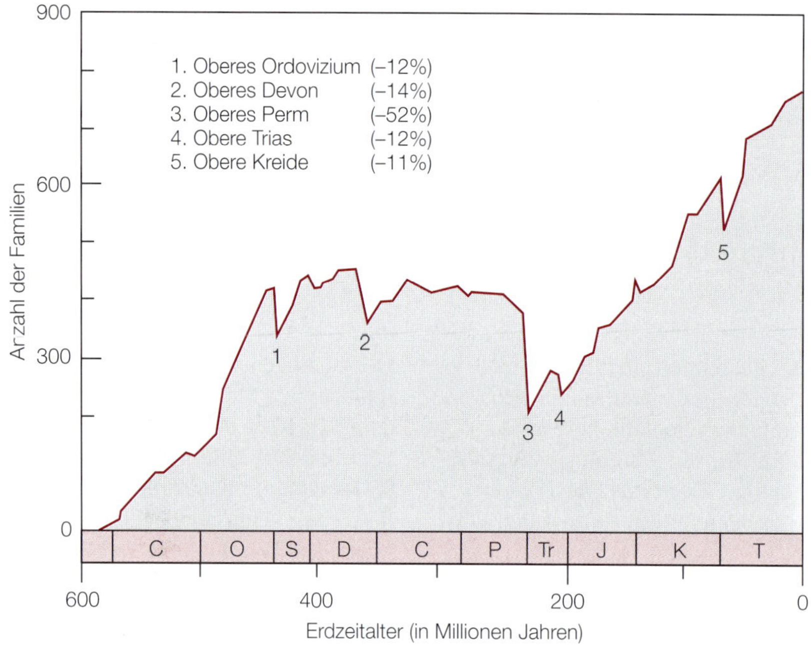

2.1 Der Verlauf der Erdgeschichte in Zyklen.
Seit dem Entstehen mehrzelliger Organismen im Oberen Präkambrium dokumentiert die Erdgeschichte einen ständigen Anstieg der Formenvielfalt, hier gezeigt an der Zunahme der Familien von marinen Wirbeltieren und Wirbellosen. Dieser Anstieg wurde durch eine Reihe von Ereignissen mit Massensterben (1 bis 5) unterbrochen, wodurch sich die Vielfalt wieder reduzierte, wie die Zahlen in Klammern zeigen. Jedem Aussterben folgte eine schnelle Ausbreitung neuer Organismen.

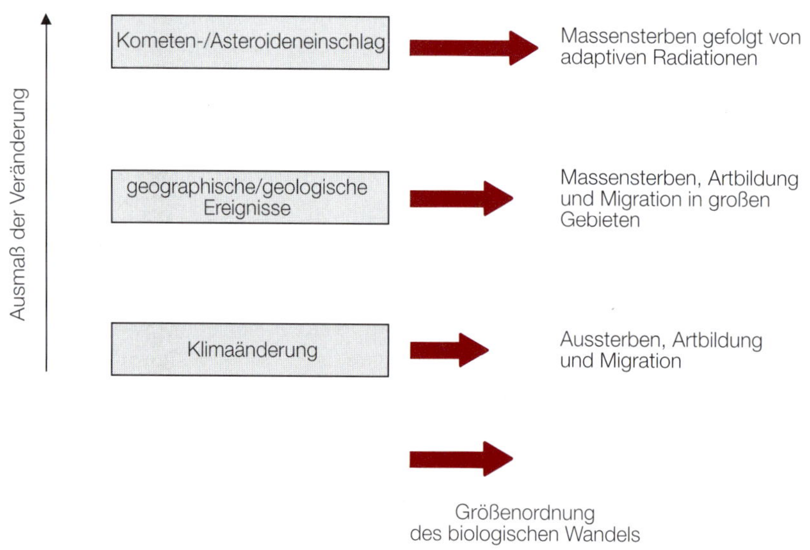

2.2 Größenordnungen des Wandels.
Lebensräume können sich durch äußere Einflüsse verändern, und zwar direkt durch das Klima, weniger direkt durch einen Wandel der Oberflächenformen und katastrophenartig durch Asteroiden- und Kometeneinschlag. Die häufigste Reaktion auf Änderungen des Lebensraumes ist die Migration oder Wanderung, wobei Pflanzen- und Tierarten ihrem Vorzugsklima folgen. In Abkühlungsphasen findet auf der Nordhalbkugel eine Wanderung in Richtung Süden statt, bei Erwärmung in Richtung Norden. Wenn die Zerstückelung eines Lebensraumes Wanderungen verhindert, sterben Arten aus oder bilden sich neue .

Zum zweiten Faktor gehören Umweltveränderungen durch die Tektonik, jene andauernde Bewegung von etwa einem Dutzend gewaltiger Platten, welche die Erdkruste bilden und auf denen die Kontinente ruhen. Lebenswelten, die einst zusammengehörten, wurden so getrennt und vorher unabhängige vereinigt.

Beispielsweise gehen die Affen der Alten und der Neuen Welt auf einen gemeinsamen Ursprung zurück. Sie folgten jedoch unterschiedlichen Pfaden der Evolution, als vor etwa 60 Millionen Jahren Afrika und Südamerika auseinanderdrifteten. Die Fülle der marsupialen Säuger Australiens (der Beuteltiere) entwickelte sich isoliert von den plazentalen Säugern. Der Inselkontinent hatte vor 50 Millionen Jahren den Kontakt mit den Landmassen der übrigen Welt verloren, noch bevor Plazentatiere einwandern konnten.

Demgegenüber trafen Lebewesen, die sich viele Millionen Jahre getrennt entwickelt hatten, aufeinander, als sich die beiden Teile Amerikas vor etwa drei Millionen Jahren vereinigten. Nachdem die beiden Kontinente Indien und Asien vor 45 Millionen Jahren miteinander verschmolzen, wanderten Arten in das jeweils andere Gebiet ein. Indiens fortdauernde Drift nach Norden führte zur Erhebung des Himalaya; dies rief weitere geographische und klimatische Veränderungen größeren Ausmaßes hervor. Als Afrika und Eurasien vor 18 Millionen Jahren in Kontakt traten, kam es auch hier zu einem Austausch von Tierarten: Menschenaffen gehörten zu den Spezies, die gen Norden zogen.

Wurden große Gebiete durch die Plattentektonik isoliert, veränderte sich die Umwelt und damit auch das evolutionäre Schicksal der hier lebenden Arten. Viel dramatischer jedoch waren die Auswirkungen der Verbindung vormals getrennter Landmassen. Der so entstandene Kontinent bot den Lebewesen neue Möglichkeiten, brachte durch neue Konkurrenzsituationen aber auch Gefahren mit sich. Manche Gruppen erweiterten ihre Artenvielfalt, wie die Menschenaffen, als sie aus Afrika auswanderten; andere dagegen starben aus, wie viele Säugetiere Südamerikas nach dem Kontakt mit der nordamerikanischen Tierwelt.

Die Plattentektonik beeinflußte die Evolution aber nicht nur, indem sie die Landmassen umverteilte, sie veränderte auch die Lebensräume auf den Kontinenten. Ein augenfälliges Beispiel dafür ereignete sich in Afrika. Einfach ausgedrückt war der Kontinent vor 20 Millionen Jahren von West nach Ost mit einem Gürtel tropischen Regenwaldes bedeckt. Heute jedoch ist Ostafrika ein Mosaik von Savannen und lichten Wäldern, das von dichtem Regenwald im Westen durch das ostafrikanische Grabensystem getrennt ist.

Ein kleinerer Bruch zwischen zwei tektonischen Platten erstreckt sich in Nord-Süd-Richtung unter Ostafrika. Dort wurde die Erdkruste zunächst, vor 15 Millionen Jahren, emporgewölbt, so daß sich die Gebiete durch gewaltige aufsteigende Lavamassen um bis zu 1000 Meter hoben, wobei die Zentren in der Nähe von Nairobi in Kenia und Addis Abeba in Äthiopien lagen. Die kontinentale Kruste war an dieser Stelle durch die sich trennenden Platten geschwächt und brach ein; es bildete sich ein langgezogener Graben, der sich über mehrere tausend Kilometer von Tansania im Süden bis nach Äthiopien im Norden erstreckt. Als Folge dieser Vorgänge geriet der Osten des afrikanischen Kontinents in den Regenschatten, was in dieser Region gravierende Veränderungen der Vegetation nach sich zog. Begleitet wurden diese tektonischen Vorgänge von weltweiten Abkühlungsphasen, wodurch sich die dichten Wälder zu offeneren Landschaften wandelten. Das Zusammenwirken all dieser Ereignisse muß die Evolution der frühen Hominiden ausgelöst haben, die vermutlich dort stattfand.

Das Klima beeinflußt als dritter Faktor die Umwelt der Lebewesen. Zum Beispiel sind die Nahrungsquellen, die eine Art nutzt, vom herrschenden Klima abhängig; so kann sich jede Veränderung auf die Lebensmöglichkeiten einer Art in einem bestimmten Gebiet auswirken. Für größere evolutionäre Veränderungen ist jedoch die Zusammensetzung des Lebensraumes als ganzem wichtiger als die Ressourcen alleine. Entsprechend vermag die Aufspaltung des Lebensraumes einer Art durch gravierende Klimaverschiebungen das Entstehen neuer Arten zu begünstigen oder auch zum Aussterben bestehender Formen zu führen (siehe Kapitel 1). Dies ist mit wenigen Worten die Grundlage der „Umwälzungshypothese", die Elisabeth Vrba von der Yale University formuliert hat.

Meistens reagieren Arten auf Klimaveränderungen, indem sie wandern. So folgen sie auf der Nordhalbkugel, wenn es kühler wird, ihren angestammten Lebensbedingungen nach Süden. Erwärmt sich das Klima, dann ziehen sie nach Norden. Wanderungsbewegungen sind jedoch nicht uneingeschränkt möglich. Ihnen stehen Hindernisse im Weg, die physischer – wie Gebirgszüge und Flußläufe – oder biologischer Natur – wie Mangel an Nahrung oder Wasser – sein können. In solchen Fällen spalten sich Populationen unter Umständen auf und werden gezwungen, mit neuen Umweltbedingungen fertigzuwerden. Ist der Wechsel zu schwerwiegend, wird die Art aussterben, verläuft er jedoch gemäßigt, entstehen vielleicht neue Arten.

Da die nördlichen Breiten in ausgeprägten Kälteperioden zu unwirtlich sind, bilden sich zu diesen Zeiten neue Arten vermutlich bevorzugt in äquatorialen Regionen. Entwicklungslinien in Afrika werden daher stärker von

Artneubildungen betroffen sein als solche in Eurasien. Vrba hält dazu fest: »Das Artenmuster der heutigen Bovidae [zu denen Rinder und Antilopen gehören] entspricht dieser Hypothese. In Afrika südlich der Sahara sind rund doppelt so viele endemische Arten beheimatet wie in Asien und Europa zusammen.« Abgesehen von anderweitigen Überlegungen ist es daher statistisch gesehen einfach wahrscheinlicher, daß die „Wiege der Menschheit" aufgrund der geographischen Lage in Afrika stand.

Nach der Umwälzungshypothese verlaufen Aussterben und Neubildung von Arten innerhalb einer Entwicklungslinie zeitgleich und stehen im Zusammenhang mit bedeutenderen Klimaveränderungen, vor allem mit Kälteperioden. Die Richtigkeit der Hypothese wird noch überprüft, die bisherigen Ergebnisse sprechen jedoch für sie. Man sucht heute nach größeren Klimaveränderungen sowie nach Schüben des Aussterbens und der Artneubildung, die sich durch Fossilfunde belegen lassen. Hat man solche schubweisen Ereignisse festgestellt, untersucht man, ob sie mit den Klimaveränderungen in Zusammenhang stehen. Wegen der oft bedauerlich geringen Zahl an Fossilfunden in kontinentalen Ablagerungen erhält man die besten Ergebnisse mit der Auswertung von alten Meeressedimenten.

Betrachten wir zunächst die Abfolge der Klimaperioden. Sie hinterließen ihre deutlichsten Spuren durch die Bildung polarer Eiskappen, die Hinweise für das Auftreten von Kaltzeiten liefern. Während der ersten Hälfte des Käno- oder Neozoikums (der Erdneuzeit), das vor 65 Millionen Jahren begann und die gesamte Entwicklungsgeschichte der Primaten einschließt, gab es offenbar keine polaren Eiskappen von nennenswerter Ausdehnung. Polareis größeren Ausmaßes zeigte sich zum ersten Mal vor 35 Millionen Jahren, als sich der Eisschild der Ostantarktis bildete. Die Arktis blieb noch eisfrei. Im nächsten Schritt bildete sich vor nicht ganz 15 Millionen Jahren die westantarktische Eiskalotte.

Die Antarktis war von diesem Zeitpunkt an offenbar ständig von Eis bedeckt, allerdings schwankte dessen Ausdehnung. Perioden stärkerer Vereisung gab es vor etwa fünf und vor 2,4 Millionen Jahren. Letztere war zwar von kurzer Dauer, aber sehr intensiv. Vor 2,4 Millionen Jahren traten auch in der Arktis die ersten nennenswerten Eisflächen auf. Ein weiterer Temperaturabfall führte vor 900 000 Jahren zu den pleistozänen Kaltzeiten.

Die vermutlich am besten dokumentierte Fossilgeschichte einer Gruppe von Festlandwirbeltieren ist die der afrikanischen Boviden mit verschiedenen Antilopen. Wesentlich dazu beigetragen hat Vrba. Die vorliegenden Daten erlauben keine Aussagen über mögliche stammesgeschichtliche Ereignisse während der Klimaveränderung vor 15 Millionen Jahren. Vor fünf, 2,4 und etwas weniger als einer Million Jahren finden sich jedoch ausgeprägte Höhepunkte des Aussterbens und der Neubildung von Arten. Die Ereignisse vor 2,4 Millionen Jahren waren besonders markant. Auch in Fossilfunden von Säugetieren aus Asien und Europa spiegelt sich die offensichtlich extreme klimatische Situation jener Zeit wider.

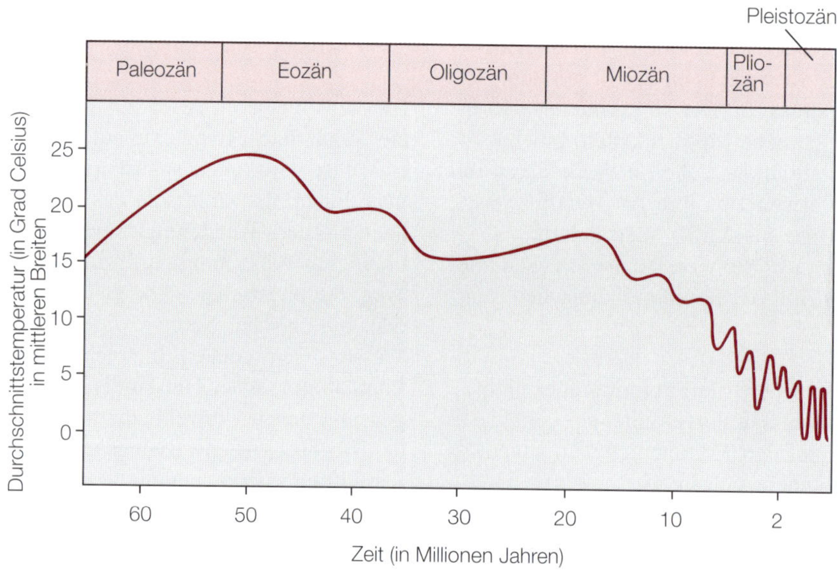

2.3 Weltweite Temperaturänderung.
Aus Gründen die man nicht vollkommen versteht, ist die globale Durchschnittstemperatur während der letzten 50 Millionen Jahre gesunken. Obgleich die Eiskappen an den Polen sich wahrscheinlich schon vor 30 Millionen Jahren begannen zu bilden, beeinflußten sie erst in den letzten zehn und besonders in den letzten fünf Millionen Jahren das Weltklima. Temperaturänderungen haben einen wichtigen Einfluß auf Migrationen und die Aufteilung von Lebensräumen.

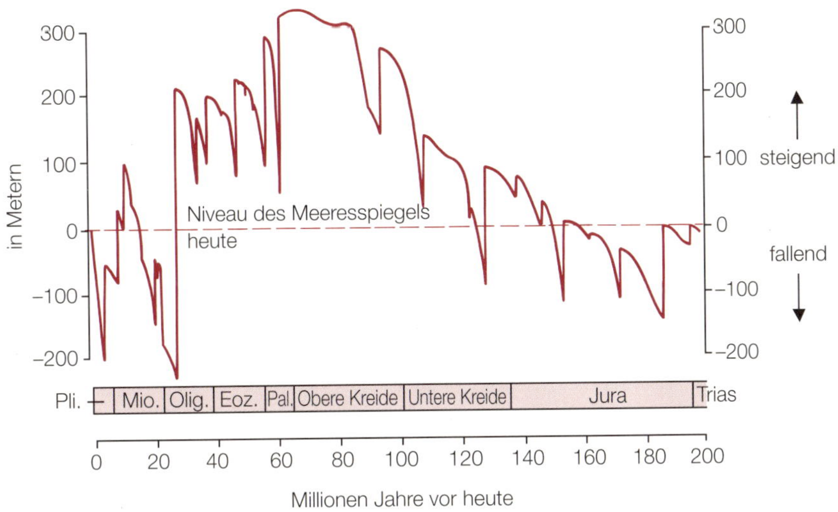

2.4 Schwankungen des Meeresspiegels.
Der Meeresspiegel hat sich während der vergangenen 200 Millionen Jahre wesentlich verändert. Er stieg an und fiel wieder ab, wobei dieser Zyklus von kurzen und schnellen Zyklen überlagert ist. Zumindest einige abrupte Senkungen des Meeresspiegels, insbesondere in jüngerer Zeit (seit 30 Millionen Jahren), sind mit einsetzender Vergletscherung zu korrelieren. (Mit freundlicher Genehmigung von P. R. Vail et al., AAPG.)

Wie sieht es nun bei den Hominoiden, einschließlich den Vorläufern des Menschen, aus? Während der Kälteperiode vor 15 Millionen Jahren scheint die Formenvielfalt der Hominoiden Afrikas und Eurasiens zugenommen zu haben. Damit verbunden war auch eine Erweiterung des Verbreitungsgebiets, nachdem sich die Landmassen Afrikas und Eurasiens vereinigt hatten. Diese Ereignisse lassen sich nur schwer im Sinne der Umwälzungshypothese deuten. Im Oberen Miozän, vor fünf bis acht Millionen Jahren, starben die Hominoiden in Eurasien aus. Zur gleichen Zeit vergrößerte sich der westantarktische Polareisschild, und es gibt Hinweise auf lokale Klimaveränderungen. Nach molekularbiologischen Erkenntnissen kam es während dieser Zeit zur Bildung der Entwicklungslinien von Hominiden und Schimpansen.

Die Klimaverschlechterung vor 2,4 Millionen Jahren liegt zeitlich gesehen nahe dem Ursprung der Zwergschimpansen. Den Berechnungen einiger Experten zufolge war dies genau der Zeitpunkt, an dem die Gattung *Homo* ihren Anfang nahm. Möglicherweise entstanden damals auch zwei Entwicklungslinien der robusten Australopithecinen; diese starben vor ungefähr einer Million Jahren aus. Fast gleichzeitig, vor 900 000 Jahren, kam es zu einer Kaltzeit. Damals verließen die ersten Hominiden Afrika.

Die Umwälzungshypothese läßt sich anhand der Stammesgeschichte der Hominiden nicht überprüfen. Dazu braucht man artenreiche Gruppen wie die Antilopen. Da man Klimaveränderungen offenbar tatsächlich mit Aussterben und Artentstehung einiger Säugergruppen parallelisieren

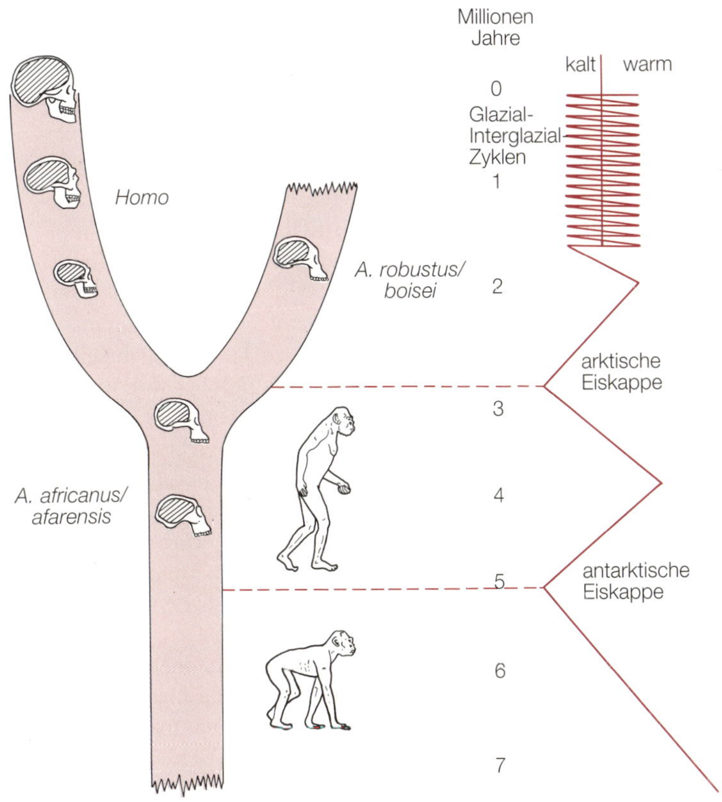

2.5 Klima und menschliche Evolution.
Schlüsselereignisse in der menschlichen Stammesgeschichte scheinen mit großen Kälteperioden vor fünf, 2,5 und 0,9 Millionen Jahren verbunden gewesen zu sein. C. K. Brains Schilderung der kausalen Zusammenhänge zwischen Klima und menschlicher Evolution im Jahre 1981 war ein wichtiger Stimulus für die Forschung auf diesem Gebiet. (Mit freundlicher Genehmigung von C. K. Brains.)

kann, vermag dies auch Licht auf die Artneubildung innerhalb der Hominiden zu werfen. Mit den bisher vorliegenden Daten läßt sich das mit einiger Wahrscheinlichkeit zumindest für die Klimaverschiebung vor 2,4 Millionen Jahren belegen. Für die Ereignisse vor fünf Millionen, 900 000 und 15 Millionen Jahren sind derartige Zusammenhänge mit abnehmender Sicherheit dokumentiert.

Systematik: Wer ist mit wem verwandt?

Schon seit Aristoteles' Zeiten haben Naturwissenschaftler die Lebewesen in Gruppen eingeteilt. Das Gerüst jenes Systems, das die Biologen noch heute benutzen, geht auf das Mitte des 18. Jahrhunderts veröffentlichte *Systema naturae* von Carl von Linné zurück. Wissenschaftliche Klassifikation und Systematik erlauben Biologen eine weitgehend eindeutige Verständigung. Darüber hinaus bestand aber stets noch der Anspruch, Lebewesen nicht nur irgendwie, sondern nach einem „natürlichen" System zu klassifizieren. Die Frage ist, wie dieses System aussehen soll.

Vor dem Erscheinen von Darwins Werk *Die Entstehung der Arten* im Jahre 1859 war die Klassifikation natürlich kein ausdrücklicher Spiegel der Evolution. Nach 1859 konnten die Biologen jedoch Klassifikationen unter Berücksichtigung der Stammesgeschichte entwickeln, wenn dies für eine vernünftige Gliederung angebracht schien. Darwin war der Ansicht, die Abstammungsforschung sei die einzige logische Grundlage der Klassifikation, da die Arten über gemeinsame Vorfahren miteinander verbunden sind. In den vergangenen Jahren entwickelte sich eine erstaunlich hitzige Debatte darüber, wie die Stammesgeschichte in der Systematik korrekt zu berücksichtigen sei: Sollte man besonderes Gewicht auf die Ergebnisse der Evolution, also auf Form und Ausmaß der Angepaßtheit legen, oder sollte die Systematik nur den Grad der Verwandtschaft zum Ausdruck bringen? Soweit es die Einordnung der Menschen und der Menschenaffen betrifft, ist diese Auseinandersetzung besonders heftig.

Klassifikationssysteme haben gewöhnlich einen hierarchischen Aufbau; dabei ist jede Kategorie auf einem bestimmten Niveau Bestandteil einer übergeordneten Kategorie. Sie beginnen bei den Arten (den Spezies) und gipfeln in den Reichen als höchster systematischer Ebene. Wir Menschen werden beispielsweise als Art *sapiens* in die Gattung *Homo* eingeordnet. Diese Gattung ist Teil der Ordnung Primates (Primaten oder Herrentiere), die zur Klasse Mammalia (Säugetiere) zählt. Diese wiederum gehört zum Stamm Vertebrata, den Wirbeltieren, die unter die Gesamtheit der Animalia, das Tierreich, fallen.

Gegenwärtig gibt es drei maßgebliche klassifikatorische Richtungen, die sich mit der Ordnung der Lebewesen beschäftigen: die numerische Taxonomie, die klassische oder evolutionäre Taxonomie und die Kladistik. Alle drei Methoden kamen in der Paläoanthropologie schon zur Anwendung. Zur Zeit gewinnt die Kladistik immer mehr Anhänger.

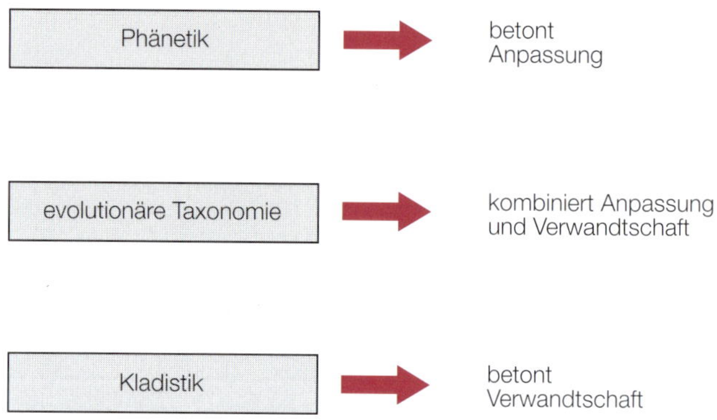

2.6 Methoden der taxonomischen Klassifizierung. Je nach Methode, die man einsetzt, um die Verwandtschaftsbeziehungen zwischen den Organismen zu beschreiben, werden unterschiedliche Aspekte betont. So beruhen die Stammbäume der Kladisten allein auf genealogischen Zusammenhängen. Demgegenüber betonen die numerischen Taxonomen die Aspekte der Ähnlichkeit zwischen den Lebewesen. Die evolutionäre Taxonomie beschreitet einen Mittelweg zwischen den beiden Extremen.

Die numerische Taxonomie gründet ihr hierarchisches System auf der Grundlage der Ähnlichkeit von Einzelmerkmalen – der Phänetik. Daher kann man dieser Richtung eine besondere Betonung der Anpassungen als Ergebnis der Evolution zuschreiben. Die Kladisten befassen sich demgegenüber ausschließlich mit dem Grad der Verwandtschaft – der Phylogenie – und lassen sich durch die Ergebnisse der Anpassung nicht beeinflussen. Die evolutionäre Taxonomie sucht einen Mittelweg, indem sie neben bloßer Verwandtschaft auch wesentliche Anpassungen berücksichtigt. Eine Richtung der Kladistik, der „transformierte Kladismus", schließt die Evolution als Grundlage der Klassifizierung ausdrücklich aus; dieser Ansatz soll uns hier aber nicht weiter beschäftigen.

Vollzöge sich Evolution in gleichförmigem Tempo, das heißt, würde sich eine Entwicklungslinie, nachdem sie sich in zwei Schwesterlinien aufgespalten hat, in beiden Richtungen morphologisch stetig fortentwickeln, dann wären phänetische und phylogenetische Entwicklungsmuster identisch. In der Regel verhält es sich aber anders. Bisweilen entfernen sich neue Formen sehr rasch vom Ausgangszustand, wobei sich immer mehr neue Eigenschaften ansammeln und so rasch große Unterschiede, vor allem von morphologischen Merkmalen, zwischen zwei

Schwesterarten auftreten. In anderen Fällen können Schwesterarten über große Zeiträume hinweg im Aussehen nahezu identisch bleiben, die genetischen Unterschiede dabei aber zunehmen. Infolge dieser ungleichen Evolutionsgeschwindigkeiten unterscheiden sich die Klassifikationssysteme der numerischen Taxonomie häufig von denen auf der Grundlage einer kladistischen Analyse.

Welchem System man den Vorzug gibt, wird zu einer Frage der Weltanschauung. Ordnet man nach dem Kriterium der gesamtmorphologischen Ähnlichkeit statt nach dem Verwandtschaftsgrad, mißt man der Anpassung größere Bedeutung zu. Welches System ist nun das „natürlichere"? Die Verfechter der numerischen Taxonomie behaupten, ihre Analyse sei völlig objektiv und jederzeit nachvollziehbar. Deshalb decke sie bedeutsame Muster der Natur auf. Die Kladisten vertreten den Standpunkt, die phylogenetische Hierarchie sei real, ob wir sie nun erkennen oder nicht. Es gäbe nur ein einziges Muster der phylogenetischen Verzweigung, und das bestünde in den Wegen, die die Evolution tatsächlich beschritt. Die Herausforderung besteht darin, aus morphologischen und anderen Informationen (zum Beispiel aus der Genetik, siehe den letzten Abschnitt in diesem Kapitel) dieses Muster zu erschließen.

Zur Morphologie einer Art gehören viele anatomische Merkmale, wie die Form der Knochen, die Muster der Muskelansätze, die Hautfarbe und andere mehr. Die numerische Taxonomie bemüht sich, so viele Merkmale wie möglich bei einer Gruppe von Arten miteinander zu vergleichen. Dieses Verfahren nennt man multivariate Cluster-Statistik; im Grunde genommen bildet man einen Mittelwert aller Einzelvergleiche. Je mehr Merkmale in die Analyse einbezogen werden, desto größere Objektivität schreibt man dem Verfahren zu. Aus den statistischen Unterschieden zwischen den Gruppen ergibt sich automatisch eine Hierarchie der Gesamtähnlichkeit. In der Praxis müssen sich die Taxonomen jedoch oft zwischen mehreren Einordnungsmöglichkeiten entscheiden. Dies verrät, daß die Methode weit weniger objektiv ist, als allgemein behauptet wird.

Im Gegensatz zu den Vertretern der numerischen Taxonomie verwenden Biologen, die evolutionäre Beziehungen zwischen den Arten nachweisen wollen, nicht alle verfügbaren Merkmale. Der Grund dafür ist, daß zwar viele, mehreren Arten gemeinsame Merkmale Ausdruck der gemeinsamen Abstammung und damit Homologien sind, manche aber das Ergebnis paralleler oder konvergenter Evolution und damit Analogien. Um Stammbäume zu erstellen, lassen sich nur homologe Merkmale benutzen, denn sie allein stellen Verbindungen zwischen verwandten Arten her (siehe Kapitel 1).

Evolutionsforscher müssen stets darauf achten, nicht in Fallen zu treten, die auf konvergenter Evolution beruhen, denn Analogien sind oftmals schwer zu erkennen. Konvergenzen können sich über viele Merkmale erstrecken und recht komplex sein. Beispielsweise entstanden bei plazentalen Säugern und bei Beuteltieren, die seit mehr als 60 Millionen Jahren getrennt sind, beinahe identische Raubtiere, wie der Tasmanische Beutelwolf und der eigentliche Wolf Europas und Asiens. Andererseits vollziehen sich solche Prozesse auch an kleinen Details, etwa im Bereich der Gebißanatomie. Dies ist für die Paläoanthropologen

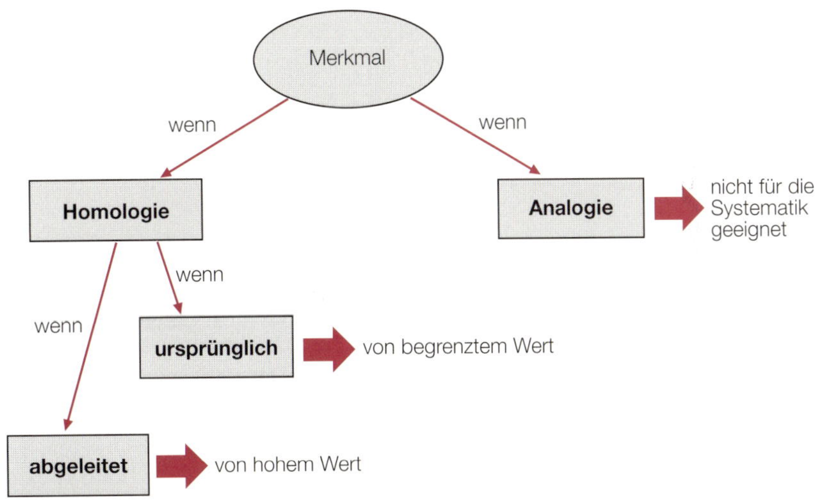

2.7 Erschließen von Verwandtschaften.
Genetische Verwandtschaft zwischen zwei Spezies kann nur erkannt werden, wenn man homologe – nicht analoge – Eigenschaften benutzt. Homologe Merkmale gibt es in zwei Formen: Sie sind ursprünglich oder abgeleitet. Ursprüngliche Merkmale sind für die Herleitung von Verwandtschaften nur eingeschränkt nutzbar, da sie bei allen Arten der untersuchten Gruppe vorkommen. Abgeleitete Merkmale sind demgegenüber der Schlüssel zu Verwandtschaften, da sie nur bei einigen Spezies der untersuchten Gruppe vorkommen und damit zur Differenzierung innerhalb der Gruppe genutzt werden können.

ein besonders interessantes, aber auch schwieriges Problem, da Zähne und Fragmente von Kiefern die häufigsten Fossilfunde der Hominoiden sind. Konvergenzen entstehen durch unabhängige Evolution zu einer ähnlichen Funktion.

Selbst wenn Merkmale mit ziemlicher Sicherheit als homolog einzuordnen sind, haben sie nicht alle die gleiche Aussagekraft, um mit ihrer Hilfe auf phylogenetische Beziehungen zu schließen. Bei jeder vergleichenden Untersuchung von Arten spricht man von ursprünglichen (primitiven) sowie von abgeleiteten homologen Merkmalen. Einzig die abgeleiteten Merkmale verbinden die Arten miteinander.

Ursprüngliche Merkmale sind solche, die schon die Vorfahren einer bestimmten Gruppe besaßen. So haben beispielsweise Paviane, Schimpansen und Menschen Fingernägel; dieses Merkmal kommt aber nicht bei diesen Arten allein vor, sie teilen es mit den Neuweltaffen und mit allen Halbaffen. Der Besitz von Fingernägeln ist für Paviane, Schimpansen und Menschen ein ursprüngliches Merkmal. Demgegenüber gibt es Dutzende von Eigenschaften, die nur bei Pavianen, Schimpansen und Menschen auftreten, bei den Neuwelt- und Halbaffen dagegen fehlen – das sind abgeleitete Merkmale der Catarrhini, der Altweltaffen. Zu dieser Unterordnung gehören die Menschenaffen und wir Menschen.

Offensichtlich ist die Entscheidung darüber, ob ein Merkmal als primitiv oder abgeleitet eingestuft wird, von der Ebene der Hierarchie abhängig, die man betrachtet. Der Besitz von Fingernägeln ist beispielsweise bei den Catarrhini ein ursprüngliches Merkmal, für die Primaten insgesamt jedoch ein abgeleitetes, das sie von den übrigen Säugetieren unterscheidet. Allgemein gesagt, wird ein abgeleitetes Merkmal auf einer bestimmten taxonomischen Ebene auf der nächsthöheren zum ursprünglichen. Die Art stellt dabei die unterste Stufe dar. Zu entscheiden, ob beim Vergleich von Arten ein Merkmal primitiv oder abgeleitet ist, heißt, seine *Polarität* zu bestimmen.

Um innerhalb einer Gruppe von Arten eine klare phylogenetische Beziehung herauszufinden, muß man somit abgeleitete Merkmale erkennen, also neue Eigenschaften, die Arten von ihren gemeinsamen Ahnen unterscheiden. Dies ist einfach ausgedrückt das Prinzip der Kladistik: Eine Gruppe von Arten mit gemeinsamen abgeleiteten Merk-

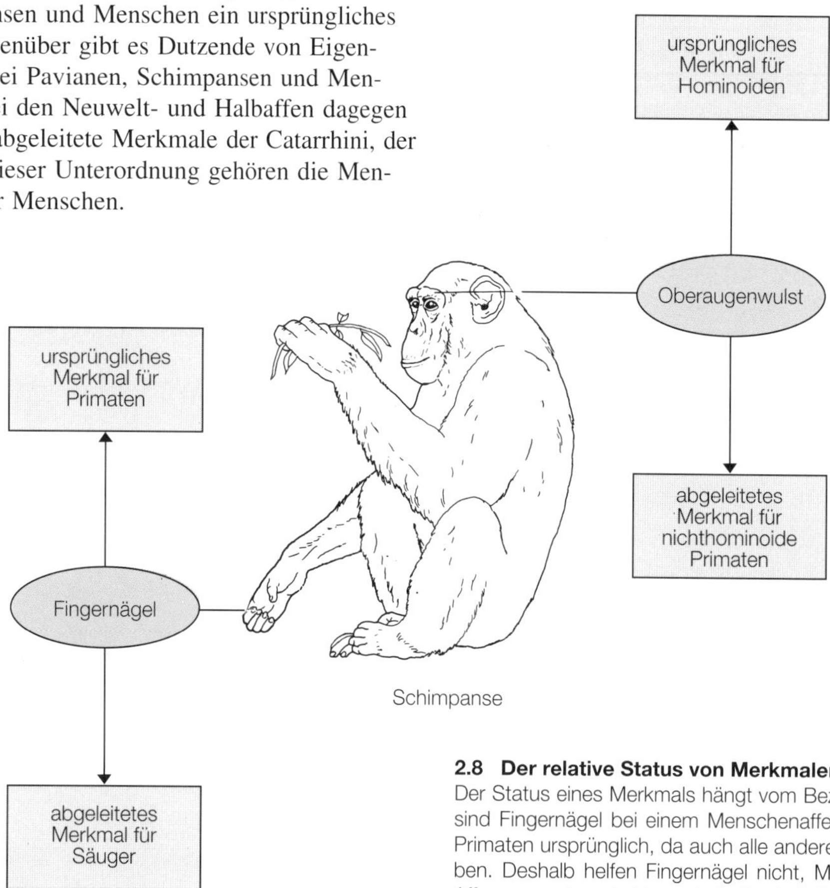

2.8 Der relative Status von Merkmalen.
Der Status eines Merkmals hängt vom Bezugspunkt ab. Zum Beispiel sind Fingernägel bei einem Menschenaffen im Verhältnis zu anderen Primaten ursprünglich, da auch alle anderen Primaten Fingernägel haben. Deshalb helfen Fingernägel nicht, Menschenaffen von niederen Affen zu unterscheiden. Jedoch sind Fingernägel ein abgeleitetes Merkmal der Primaten insgesamt, das allen anderen Säugern fehlt. Das zweite hier dargestellte Merkmal – der Oberaugenwulst – wird nur bei Hominoiden gefunden, nicht bei anderen Primaten, und ist deshalb abgeleitet: Dies unterscheidet Menschenaffen von niederen Affen. Bei Schimpansen wiederum ist der Oberaugenwulst – verglichen mit anderen Hominoiden – ursprünglich. Dieses Merkmal würde einen Schimpansen jedoch nicht von einem Gorilla unterscheiden.

malen, die sich aus einer einzigen Ahnenart entwickelt hat, wird monophyletische Gruppe oder Klade, eine graphische Darstellung, die diese Beziehungen veranschaulicht, Kladogramm genannt.

Dieser Ansatz wurde 1950 von dem deutschen Systematiker Willi Hennig entwickelt. In den vergangenen Jahren haben sich viele Paläoanthropologen entschlossen, auf diese Weise vorzugehen. Das Ergebnis ist eine Fachliteratur, die von kladistischen Analysen mit der dazugehörenden Terminologie und auch mit einigen wirklichen Zungenbrechern übersät ist. So heißen die gemeinsamen abgeleiteten Merkmale *Synapomorphien*, gemeinsame ursprüngliche Merkmale *Symplesiomorphien*. Ein abgeleitetes Merkmal, das andere Arten nicht besitzen, wird als *Autapomorphie* bezeichnet und konvergente Merkmale als *Homoplasien*.

Die Beziehungen zwischen Arten ermittelt man in zwei Schritten. Zunächst muß zwischen Homologien und Homoplasien unterschieden werden. Dazu bedarf es großer Aufmerksamkeit, um sich nicht von funktionell bedingten Konvergenzentwicklungen täuschen zu lassen. Im zweiten Schritt muß über die Polarität homologer Merkmale entschieden werden. Sind sie ursprünglich (plesiomorph) oder abgeleitet (apomorph)? Wie geht man dabei vor?

2.9 Evolution und morphologischer Wandel.
Wenn sich zwei Arten auseinanderentwickeln, können sie bei rascher Evolution morphologisch sehr verschieden werden. Ein Beispiel dafür ist der Unterschied zwischen Mensch und afrikanischen Menschenaffen. Erfolgen die Änderungen dagegen langsam, bleiben die Arten einander recht ähnlich. Ein Beispiel hierfür sind Schimpanse und Gorilla.

Angenommen, man würde den Knochenwulst oberhalb der Augenhöhlen untersuchen, der bei Schimpansen, Gorillas und innerhalb der menschlichen Entwicklungslinie, nicht aber bei Orang-Utans vorkommt. Ist der Oberaugenwulst damit eine Synapomorphie (ein gemeinsames abgeleitetes Merkmal), welche die drei genannten Arten zu einer monophyletischen Gruppe verbindet? Könnte es sich nicht auch um eine Symplesiomorphie, um eine gemeinsame ursprüngliche Eigenschaft der Hominoiden handeln, die der Orang-Utan nicht mehr besitzt? Die Antwort ergibt sich, wenn man die systematische Leiter tiefer hinabsteigt und weiter entfernte Arten einbezieht. Dies bezeichnet man als Außengruppenvergleich. Im vorliegenden Fall würde man also beispielsweise Gibbons oder auch Altweltaffen berücksichtigen. Bei den Altweltaffen fehlt der Oberaugenwulst, und damit ist bewiesen, daß es sich tatsächlich um eine Synapomorphie der Menschen und afrikanischen Menschenaffen handelt, die nach den genannten Kriterien also eine monophyletische Gruppe oder Klade bilden.

Niemand möchte jedoch ein solches Urteil auf der Grundlage eines einzigen Merkmals fällen. In den meisten Untersuchungen berücksichtigt man daher mehrere Merkmale. Wie bedeutsam die Einbeziehung vieler Eigenschaften ist, wird dadurch erhärtet, daß eine Merkmalsgruppe oft auf ein bestimmtes Verwandtschaftsmuster hinweist, während eine zweite Gruppe ein anderes nahelegt. Die kladistische Analyse der Beziehungen unter den Hominoiden bildet hier keine Ausnahme. Diese offensichtliche Konfusion legt den Schluß nahe, daß anatomische Merkmale häufig nur schwer einzuschätzen und zu interpretieren sind.

Beispielsweise stufte vor wenigen Jahren eine kladistische Untersuchung der Hominoiden Gorillas, Schimpansen und Orang-Utans in eine monophyletische Gruppe und den Menschen in eine eigene Klade ein. Eine andere Untersuchung vereinte Orang-Utans und Menschen und bildete eine zweite Gruppe aus Schimpansen und Gorillas. Die meisten kladistischen Untersuchungen stellen jedoch Schimpansen, Gorillas und Menschen in eine monophyletische Gruppe und grenzen die Orang-Utans davon ab (vergleiche Abbildung 2.11) – allerdings wird diese Auffassung nicht allzu bestimmt vertreten und nicht von allen Wissenschaftlern geteilt.

Reich Animalia
Stamm Chordata
Klasse Mammalia
Ordnung Primates
Familie Hominidae
Gattung Homo
Art sapiens

2.10 Systematik des Menschen.
Traditionell wurden die Menschen als die einzige Spezies in die Gattung *Homo* gestellt, die allein der Familie Hominidae angehörte. Diese vollständige Abgrenzung von den afrikanischen Menschenaffen, die in der Familie Pongidae mit dem Orang-Utan zusammengefaßt waren, nahm man aufgrund der sehr unterschiedlichen Anpassungsmerkmale von Menschen und Menschenaffen vor. Heute jedoch bevorzugt man vielfach eine andere Gliederung (siehe Abbildung 2.11).

Nehmen wir nun an, dieses stammesgeschichtliche Muster würde stimmen (molekularbiologische Erkenntnisse, die gegen Ende dieses Kapitels vorgestellt werden, stützen es auch), sollte die formale Klassifikation dem dann nicht Rechnung tragen? Traditionsgemäß werden die Menschen und ihre direkten Vorfahren zur Familie Hominidae gerechnet, während die afrikanischen Menschenaffen und die Orang-Utans die Familie der Pongidae bilden. Eine solche Einordnung reflektiert natürlich die gesamtmorphologische Ähnlichkeit, denn die Menschen haben sich in erheblichem Maße von den Menschenaffen fortentwickelt. Sie läßt aber die Phylogenie im eigentlichen Sinne außer acht.

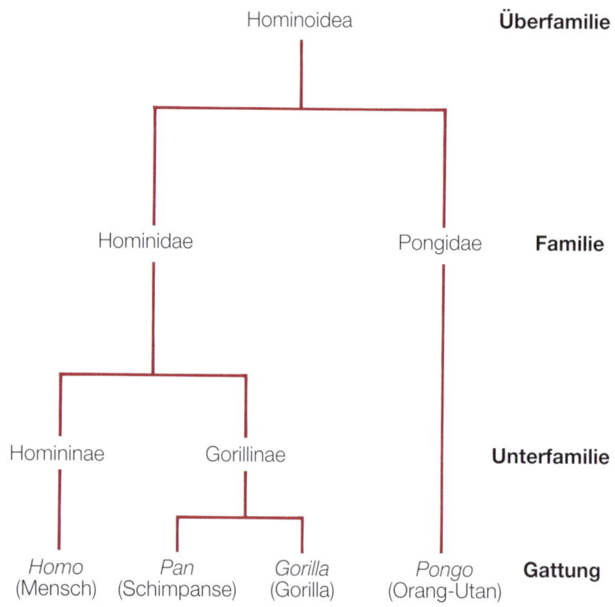

2.11 Moderne Einordnung des Menschen in der Taxonomie. Eine Klassifikation, die streng die evolutionären Beziehungen innerhalb der Hominoiden berücksichtigt, stellt Menschen und afrikanische Menschenaffen in die gleiche Familie, in die Hominidae. Der Orang-Utan ist die einzige Art in der Familie Pongidae. Menschen und afrikanische Menschenaffen sind zwei verschiedenen Unterfamilien zugeordnet.

Eine Möglichkeit, die Phylogenie bei der Klassifikation genauer zu berücksichtigen, hat Lawrence Martin von der State University of New York in Stony Brook vor kurzem vorgeschlagen: Die afrikanischen Menschenaffen sollten neben den Menschen zu den Hominidae gezählt werden und die Orang-Utans allein die Familie der Pongidae bilden. Martin zieht jedoch eine andere Deutung vor, welche die enge stammesgeschichtliche Beziehung zwischen Menschen, Schimpansen und Gorillas noch stärker betont. Er rechnet bei dieser Alternative auch die Orang-Utans zur Familie der Hominidae. Innerhalb der Hominiden erhalten die einzelnen Gruppen den Status von Unterfamilien (zum Vergleich: Die Familie der Cercopithecidae umfaßt 13 Gattungen Altweltaffen).

Nach kladistischen Maßstäben dürfte dies zutreffen, numerische und evolutionäre Taxonomen sträuben sich jedoch dagegen. Sie wenden ein, diese Art der Klassifikation berücksichtige nicht genügend die gewaltigen ökologischen Veränderungen, die sich in der Entwicklung der Hominiden im Vergleich zu ihren Vettern, den Menschenaffen, ereigneten. Sie halten daher eigene Familien für Menschen einerseits und Menschenaffen andererseits für angemessen. Wie schon in Kapitel 1 erwähnt, hat Julian Huxley 1958 sogar geäußert, die Menschen verdienten aufgrund ihrer intellektuellen und psychologischen Entwicklung, die sie von den Tieren abhebt, ein eigenes Reich, die *Psychozoa.*

Die unterschiedlichen Klassifikationsphilosophien werden wohl noch lange zu Auseinandersetzungen über die korrekte Gliederung der Hominoiden in Gattungen, Unterfamilien, Familien und so weiter führen.

Begräbniswissenschaft

Fossile und archäologische Funde sind die wesentlichen Belegstücke zur Rekonstruktion der Geschichte des Menschen. Kann man diesen Belegen nicht einigermaßen vertrauen, wird der gesamte Rekonstruktionsversuch möglicherweise wertlos, so überzeugend er auch scheinen mag. Neuerdings gibt es starke Bestrebungen, die mannigfaltigen Prozesse zu verstehen, die auf Knochen und Steinwerkzeuge einwirken, wenn diese abgelagert werden. Die Taphonomie, wie diese Wissenschaft heißt, hat enthüllt, daß die Überbleibsel der Vorgeschichte für den Unaufmerksamen mit Schlingen und Fallen gespickt sind.

In einer pessimistischen Stimmung soll ein Taphonomiespezialist einmal geäußert haben, weil zahllose Faktoren falsche Spuren in die Ablagerungen legen, seien die Chancen, die Vergangenheit richtig zu rekonstruieren, praktisch gleich Null. Im allgemeinen ist die Stimmung aber optimistischer. Man ist überzeugt, die spezifischen Probleme der Taphonomie Schritt für Schritt lösen zu können. Immer sorgfältigere Untersuchungen des prähistorischen Fundgutes, neuentwickelte, raffinierte Experimente und Vergleichsbeobachtungen an modernem Material erlauben, die Belege der Geschichte des Menschen mit der nötigen Verläßlichkeit zu studieren.

Der Tod in der Wildnis ist ein komplexer Prozeß, der zahllose Ereignisse nach sich zieht. Zunächst finden viele Tiere ihr Ende zwischen den Zähnen eines Raubtieres, anstatt friedlich im Schlaf dahinzuscheiden. Hat das Raubtier seine Mahlzeit beendet, kommen die Aasfresser, im heutigen Afrika beispielsweise Hyänen, Schakale oder

Geier. Der Kadaver ist bald von Fleisch und Sehnen befreit, und die weicheren Teile des Skeletts, wie Wirbel oder Fingerknochen, sind zwischen kräftigen Kiefern zermahlen. Die restlichen Knochen trocknen rasch unter der heißen Sonne. Schon jetzt verliert das Skelett oft seinen natürlichen Zusammenhalt; Hyänen reißen Gliedmaßen und andere Körperteile ab, um sie in Ruhe in ihrem dämmrigen Bau zu verzehren. Vorüberziehende Herden grasender Tiere verändern das Skelett noch weiter: Hunderte von Hufen verschleppen und zertreten die immer zerbrechlicher werdenden Knochen. Beispielsweise dürften die Überreste eines Zebras bereits wenige Monate nach dessen Tod über eine Fläche von mehreren hundert Quadratmetern verstreut sein, und ein großer Teil des Skeletts wird vermutlich fehlen. Einige der Knochen können in der Tat Kilometer entfernt in einem Hyänenbau vermodern. Andere werden durch die ständig über sie hinwegtrampelnden Hufe zu winzigen Bruchstücken aufgelöst oder tief in den Boden hineingedrückt. Nur die härtesten Teile des Skeletts, wie Unterkiefer und Zähne, bleiben unversehrt.

Weil ein solches Schicksal die meisten Tiere der Wildnis erwartet, überrascht es nicht, daß es sich bei großangekündigten Funden früher Hominiden zumeist um guterhaltene Kiefer, vielleicht auch einmal um einen Armknochen handelt. Nur selten findet man einen kompletten Schädel. Das besterhaltene bisher ausgegrabene Skelett eines frühen Hominiden ist die berühmte „Lucy". Insgesamt repräsentieren ihre zerbrochenen, drei Millionen Jahre alten Knochen gerade 40 Prozent des ursprünglichen Skeletts. Doch ist kein anderer Fund auch nur annähernd so vollständig.

Um zu fossilisieren, muß ein Knochen zunächst begraben werden, am besten in feinkörnigem alkalischem (kalkhaltigem) Boden möglichst bald nach dem Tod. Die meisten Fossilien von Hominiden fand man in der Nähe vorzeitlicher Flüsse und Seen, einerseits, weil unsere Vorfahren stark vom Wasser abhängig waren, andererseits, weil dort das Bodenmilieu für die Fossilisation am günstigsten ist.

Die Kräfte, die einen Knochen begraben, können ihn auch wieder ans Tageslicht bringen. Ein Beispiel dafür sind die Schlammschichten eines sanft dahinströmenden Flusses, dessen Bett sich im Laufe der Jahrtausende in der Stromebene verlagert. Dabei sind die Knochen wiederum Kräften ausgesetzt, die sie sortieren. Leichtere werden über weitere Entfernungen transportiert und bleiben vielleicht erst dort liegen, wo sich die Strömung abschwächt, schwerere Knochen werden dagegen oft nur ein kleines Stück weitergetragen. Anna K. Behrensmeyer, eine führende Taphonomiespezialistin, bezeichnet das Transportieren und Sortieren von Knochen durch fließende Gewässer als einen der wichtigsten taphonomischen Einflüsse überhaupt. Abschürfungen, die entstehen, wenn Knochen über den Grund eines Flusses rollen, belegen diesen Prozeß genauso wie die charakteristische Schichtung von Materialien nach ihrer Größe, die sich im Bereich langsamer Strömung in einem vorzeitlichen Flußbett abgelagert haben. Von hominiden Überresten bleibt nach diesem Strömungstransport oft nur eine Ansammlung Hunderter Zähne und wenig anderes. Die Forscher, die am Unterlauf des Omo in Äthiopien arbeiten, wissen das nur allzu gut.

Viele fossile Hominiden wurden aus den steinharten Breccien einiger südafrikanischer Höhlen geborgen. Damals glaubte man, sie hätten in den Höhlen gelebt. Die Knochen anderer Tiere, die man zusammen mit ihnen fand, hielt man für Nahrungsreste, welche die Hominiden in die Höhlen gebracht hätten, um sie in Sicherheit zu verzehren. Darüber hinaus galten die Brüche und Löcher, die fast alle Überreste aufweisen, als Resultate gewalttätiger Auseinandersetzungen zwischen ihnen. Die südafrikanischen Höhlen sind in vielerlei Hinsicht eines der kompliziertesten taphonomischen Probleme überhaupt. In Jahren geduldiger Arbeit hat eine Gruppe von Forschern, vor allem C. K. Brain, mit den alten Vorstellungen aufgeräumt und sich ein Stück weiter der Wahrheit genähert.

Die meisten Knochenansammlungen waren ziemlich sicher die Reste von Raubtiermahlzeiten, die sich in den Höhlen über lange Zeit angehäuft hatten. Die Skelettfragmente, die man fand, entsprechen den Überbleibseln, die zu erwarten sind, wenn Raubtiere die weicheren Bestandteile gefressen haben. Beschädigungen, die an den Hominidenschädeln festgestellt wurden, sind einfach durch Steine und Knochen entstanden, die durch den Druck der anwachsenden Höhlensedimente in sie hineingepreßt wurden. Welche Zeitspanne diese faszinierenden Ablagerungen genau repräsentieren, läßt sich schwer bestimmen, ist jedoch, wie bei vielen taphonomischen Untersuchungen, eine Schlüsselfrage.

Ein Forschungsgebiet, in dem taphonomischen Untersuchungen in den vergangenen Jahren entscheidende Bedeutung beizumessen war, sind prähistorische Ansammlungen von Knochen und Steinen – mit anderen Worten, möglicherweise alte bewohnte Plätze. Einige der bekanntesten und ältesten Funde stammen aus den untersten Schichten der Olduwaischlucht in Tansania und werden auf ein Alter von fast zwei Millionen Jahren geschätzt. Die vielen zerbrochenen Knochen und abgeschlagenen Steine wurden lange als Zeichen wildbeuterischer Aktivitäten angesehen, wie man sie noch heute in technisch wenig entwickelten Gesellschaften findet. Die Häufigkeit dieser Stätten scheint zudem mit der Zeit zuzunehmen. Dies erweckt den Eindruck einer ununterbrochenen Spur aufschlußreicher Hinterlassenschaften, die vorzeitliche und heutige Menschen durch eine gemeinsame Lebensweise verbindet.

In einigen Fällen haben jedoch sorgfältige taphonomische Untersuchungen der geologischen Rahmenbedingungen sowie der Knochen und Steinfunde gezeigt, daß die vermeintlichen Wohnplätze durch von Flüssen zusammengeschwemmtes Material zustande kamen, das sich an Orten geringer Strömungsgeschwindigkeit abgelagert hatte. Die Ansammlungen von Steinen und Knochen sind keine archäologische Fundstätte, sondern bilden ein hydrologisches Durcheinander. Selbst wenn solche Funde sich nicht als hydrologische Produkte herausstellen, besteht immer noch die Aufgabe zu ermitteln, wie die verschiedenen Materialien in die Fundstätte gelangten und ob und wie sie zueinander in Beziehung stehen. Insbesondere ist zu fragen, ob frühe Hominiden die Steine verwendeten, um damit Tierkadaver zu zerlegen.

Die Taphonomen haben die verschiedenen Stadien untersucht, die ein Knochen durchläuft, wenn er Wind und Wetter ausgesetzt ist. Diese Verwitterung läßt sich in ihrem zeitlichen Ablauf festlegen. Daher kann man anhand des Verwitterungsgrades eines fossilen Knochens feststellen, wie lange er an der Oberfläche lag, bevor er in den Boden gelangte. Wendet man dies auf die Fundorte von Olduwai an, stellt sich heraus, daß sich die Knochenansammlungen oft über einen Zeitraum von fünf bis zehn Jahren bildeten. Wie man demgegenüber von heutigen Wildbeutern weiß, bleiben sie immer nur kurzzeitig an ihren Wohnplätzen.

Einige Forscher entdeckten in den späten siebziger und frühen achtziger Jahren bei einem geringen Prozentsatz der Olduwai-Knochen Oberflächenspuren, die offenbar von Steinwerkzeugen herrühren. Auch wenn die Fundstätten keine typischen Wohnplätze von Jägern und Sammlern waren, scheint es eine Verbindung zwischen Steinen und Knochen zu geben: Die Hominiden verzehrten mit großer Sicherheit Fleisch. Über das Verteilungsmuster der Schnittspuren auf den Knochen gewinnen die Wissenschaftler eine Vorstellung davon, ob die Spuren beim Zerlegen eines Kadavers oder beim Entfernen von Fleisch und Haut von den Knochen entstanden. Im ersten Fall findet man die Spuren mehr in Gelenknähe, im zweiten häufiger am Schaft der Röhrenknochen.

Die Herkunft der Spuren auf Knochen zu ergründen, ist eine wichtige Aufgabe der Taphonomen. Raubtiere, die einen Knochen abnagen, oder Stachelschweine, die ihn anknabbern, drücken ihm ihre jeweiligen Zeichen auf; in ähnlicher Weise vermögen dies auch Sandkörner. Wie Anna K. Behrensmeyer und zwei ihrer Kollegen von der Smithsonian Institution in Washington 1984 berichtet haben, entstehen an Knochen, die in sandigen Boden hineingetreten werden, Abschürfungen; sie sind von tatsächlichen Schnittspuren praktisch nicht zu unterscheiden. »Auch mikroskopische Kennzeichen einzelner Spuren

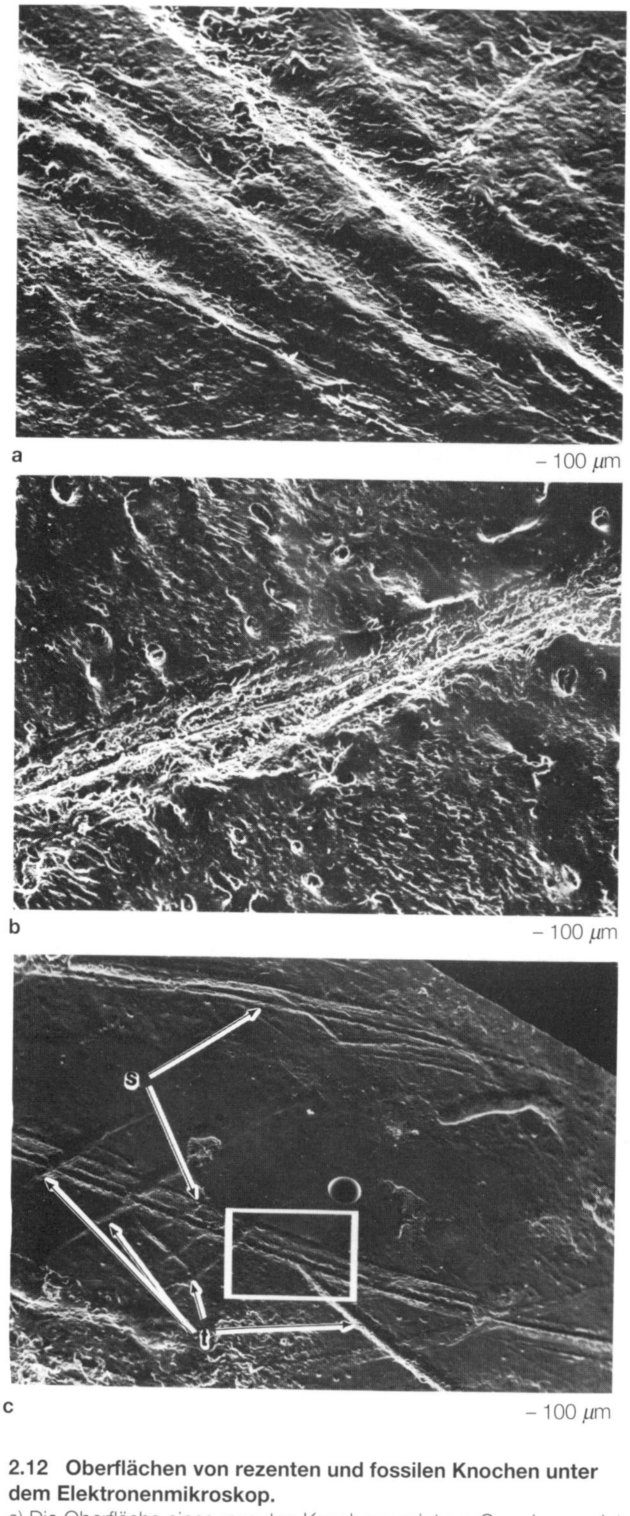

2.12 Oberflächen von rezenten und fossilen Knochen unter dem Elektronenmikroskop.
a) Die Oberfläche eines rezenten Knochens zeigt am Grund gerundete Rinnen, die von einer Hyäne herrühren. b) Ein scharfer Steinsplitter hinterläßt eine V-förmige Rinne an der Oberfläche. c) Dieser fossile Knochen aus der Olduwaischlucht trägt Spuren, die von Raubtieren stammen (t), und Kratzer, die Steinsplitter hinterlassen haben (Kasten und (s)). In diesem Fall traten die von Hominiden verursachten Spuren zuerst auf, dann erst folgten die der Aasfresser. (Mit freundlicher Genehmigung von Pat Shipman und Richard Potts.)

allein erlauben es nicht, Werkzeuggebrauch gegenüber Trittwirkungen abzugrenzen«, warnen Behrensmeyer und ihre Kollegen. »Wenn man solche Hinweise jedoch mit anderen Kriterien verbindet, die sich auf den Fundzusammenhang beziehen (beispielsweise auf das Muster mehrerer Spuren und deren Verteilung auf dem Knochen), dann müßte es möglich sein, zwischen diesen beiden Prozessen zumindest in einigen der für das Verhalten der frühen Hominiden aussagekräftigen Fällen zu unterscheiden.« Wie die Taphonomie also zeigt, gibt es außer Unachtsamkeit noch weitere Fehlermöglichkeiten beim Deuten der Spuren der Vorgeschichte.

Das Primatenerbe

Homo sapiens ist eine von insgesamt 185 heute lebenden Arten der Ordnung Primates. In der Klasse der Säugetiere unterscheidet man 22 rezente Ordnungen, darunter neben den Primaten Fledermäuse, Nager, Raubtiere, Elefanten und Beuteltiere. Genau wie wir vieles von unseren Eltern geerbt haben, gleichermaßen aber auch durch unsere eigene Erfahrung geformt werden, so verhält es sich mit den Arten innerhalb einer Ordnung. Jede Spezies erbt viele Merkmale und Verhaltensweisen, welche die Ordnung im ganzen kennzeichnen, ist aber für sich betrachtet einzigartig. Sie ist das Ergebnis ihrer eigenen Evolutionsgeschichte.

Matt Cartmill von der Duke University sagt über die Anthropologie: »Daß wir eine geschichtliche Erklärung dafür liefern, wie und warum die Menschen so wurden, wie sie sind, ist vermutlich der größte Dienst, den unsere Wissenschaft der Menschheit leistet.« Ein Verständnis unseres Primatenerbes ist der Ausgangspunkt dafür, diesen historischen Abriß zu verfassen. In diesem Abschnitt wollen wir uns anschauen, was es hinsichtlich Anatomie und Verhalten heißt, ein Primat zu sein.

Das Studium der Primaten, die Primatologie, hat sich in den letzten Jahren vor allem aus zwei Gründen wesentlich gewandelt. Zum einen hat man die Ökologie (die wissenschaftlich gesehen selbst noch in den Kinderschuhen steckt) in die Primatenforschung einbezogen – damit läßt sich die Biologie der Primaten im Rahmen eines größeren ökologischen Zusammenhangs betrachten. Zum zweiten bietet die Soziobiologie die Möglichkeit, bessere Einblicke in die Evolution des Sozialverhaltens zu gewinnen. Primaten zeichnen sich dadurch aus, daß sie ausgesprochen soziale Tiere sind. Die moderne Primatologie verspricht daher, für die Verhaltensökologie eine der größten Herausforderungen zu werden.

Die heutigen Primaten lassen sich in vier Gruppen unterteilen: in die Strepsirhini, zu der Lemuren, Loris und Buschbabies (Galagos) gehören; die Platyrrhini oder

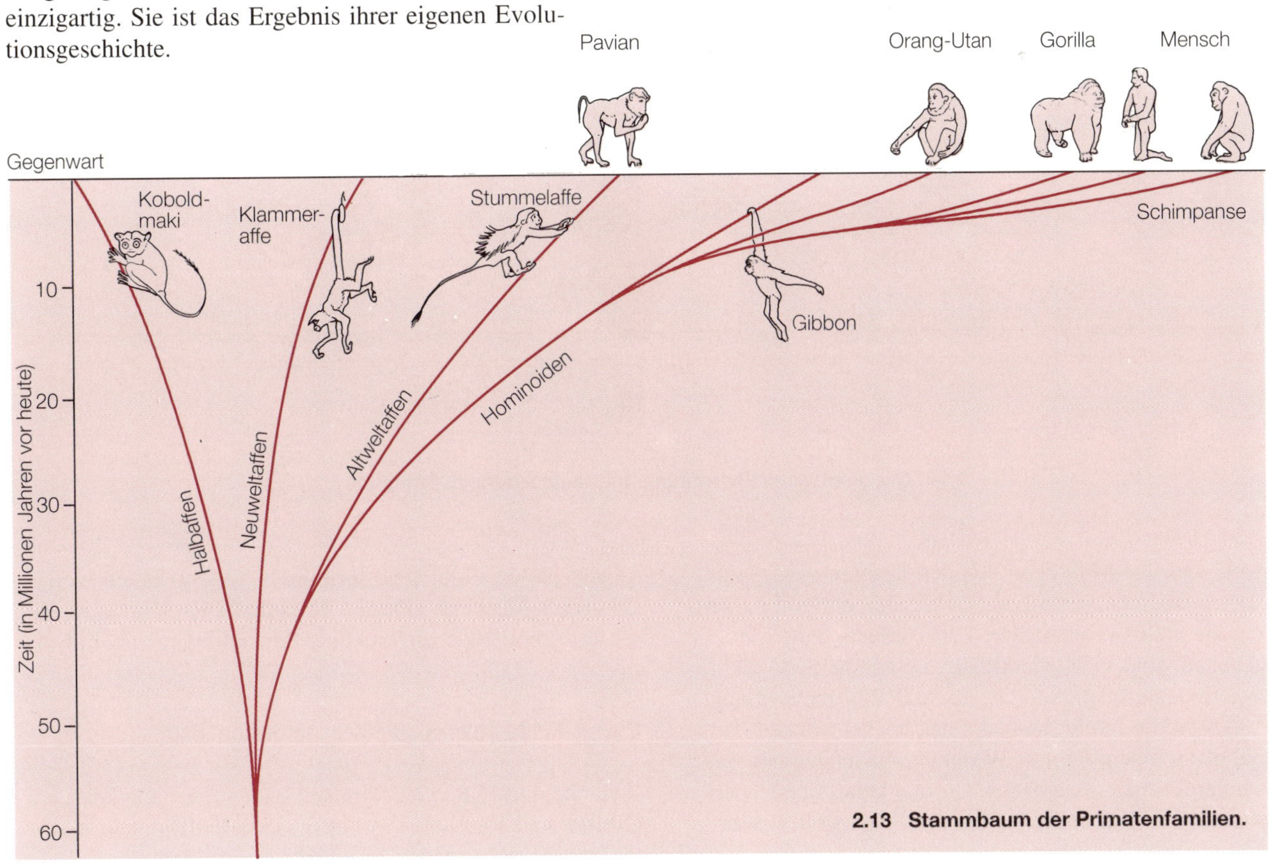

2.13 Stammbaum der Primatenfamilien.

Neuweltaffen wie Krallenaffen, Klammeraffen oder Brüllaffen; die Catarrhini oder Altweltaffen mit Makaken, Pavianen und Nasenaffen sowie die Hominoidea mit Menschenaffen und Menschen. Die Strepsirhini werden auch als Prosimiae oder Halbaffen bezeichnet. Affen und Menschenaffen nennt man hingegen oft Anthropoiden. Von den 185 lebenden Primatenspezies kommen 28, die Lemuren, auf Madagaskar vor. In Mittel- und Südamerika, Afrika und Asien leben jeweils etwa 50 Arten. In Nordamerika, Europa und Australien gibt es keine heimische, gegenwärtig noch lebende Art der Primaten.

Die heutigen Primatenarten variieren erheblich in ihrer Größe. Sie reicht vom winzigen Mauslemur, der gerade 80 Gramm wiegt, bis zum tausendmal größeren Gorilla. Doch unabhängig von ihrer Größe sind Primaten vor allem Tiere der Tropen, insbesondere des tropischen Regenwaldes. Dort leben 80 Prozent der Arten, obwohl die Primaten auch in allen anderen tropischen Lebensräumen vorkommen – von den Regenwäldern über offenes Waldland, Busch und Savanne bis zur Halbwüste. Einige Altweltaffen und ein Menschenaffe, der Berggorilla, leben in gemäßigten oder gar subalpinen Gegenden. Einzigartig innerhalb der Ordnung ist *Homo sapiens* hinsichtlich seiner außerordentlich großen geographischen Verbreitung und seiner Fähigkeit, unter extrem unterschiedlichen Umweltbedingungen zu leben.

Wie sich erstaunlicherweise herausgestellt hat, ist diese Frage, die eigentlich eine Definition des Begriffs Primat verlangt, nur schwer treffend zu beantworten. »In der Fachliteratur zur Primatenevolution findet sich sehr häufig die Auffassung, den Primaten fehlten jene klaren kennzeichnenden Merkmale, wie man sie bei anderen plazentalen Säugern findet«, stellt Robert Martin vom Anthropologischen Institut in Zürich fest. Nach Martins Auffassung rührt diese Schwierigkeit daher, daß man übermäßig »Merkmale des Skeletts betonte, die an Fossilfunden feststellbar sind«. Betrachtet man statt dessen die heute lebenden Primaten unter allen Aspekten ihrer Anatomie und ihres Verhaltens, läßt sich eine Definition formulieren, die auf durchgängige oder zumindest nahezu universelle Merkmale baut.

Martins Definition beginnt mit dem Satz: »Primaten sind typischerweise baumlebende Bewohner tropischer und subtropischer Waldbiotope.« Er fährt fort mit der Beschreibung von Merkmalen der Hand- und Fußanatomie, der allgemeinen Fortbewegungsweise, Sehleistung, Intelligenz und der Anatomie ihrer Fortpflanzungsorgane, von Kennzeichen der Lebensgeschichte, beispielsweise der Lebenserwartung und des Fortpflanzungsverhaltens, sowie der Zahnstruktur. Insgesamt beschreibt die Definition Arten, die eine recht spezielle Nische der Welt bewohnen. Der Anthropologe Alison Jolly von der Rockefeller Uni-

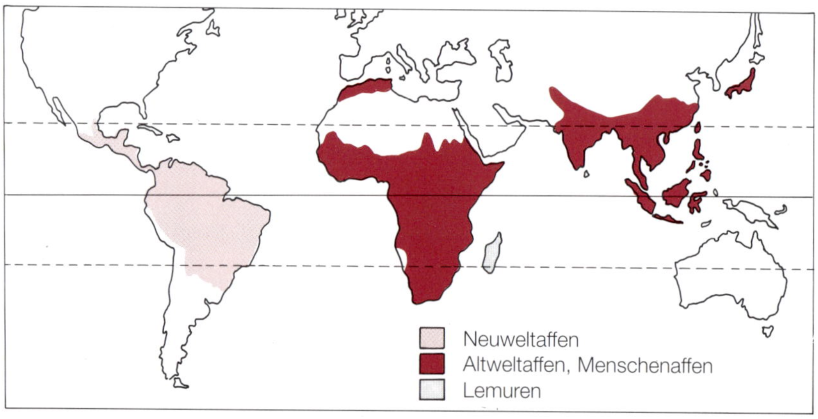

2.14 Geographische Verbreitung der heute lebenden Primaten.

Obwohl sich die Menschen von den in ihren angestammten Lebensräumen verwurzelten Primaten entfernt haben, indem sie völlig verschiedene Lebensräume der Erde besiedelten, sind viele Merkmale, die anscheinend für unsere Einzigartigkeit sprechen, wie der aufrechte Gang, die ausgeprägte Intelligenz oder das hochentwickelte Sozialleben, eigentlich nur Weiterentwicklungen dessen, was einen Primaten kennzeichnet, und keine trennenden Eigenschaften. Wir sollten daher die Frage stellen, was es bedeutet, ein Primat zu sein.

versity hat es kürzlich so formuliert: »Wenn es ein wesentliches Merkmal gibt, das Primaten auszeichnet, ist es die fortschreitende Entwicklung der Intelligenz als Lebensprinzip.«

Einige Schlüsselelemente der Definition sind:

– Hände und Füße von Primaten haben die Fähigkeit zum Greifen und sind daher mit opponierbaren Daumen und Großzehen ausgestattet. Die Menschen bilden hier eine

Ausnahme; ihre Füße haben die Greiffähigkeit zugunsten einer Standfläche verloren, die im Dienst des gewohnheitsmäßigen, aufrechten Ganges steht. Finger und Zehen haben Nägel statt Krallen, und die Finger- und Zehenballen bilden eine große Fläche und sind gefurcht. Dies vermindert die Gefahr des Abgleitens von den Bäumen und verstärkt den Tastsinn.

– Die Fortbewegung der Primaten wird von den Hinterextremitäten beherrscht, gleich, ob es sich um das Springklammern der kleinen Arten, das vierfüßige Laufen der größeren Affen oder das Schwinghangeln der Menschenaffen handelt. Der Körperschwerpunkt liegt stets nahe den Hinterbeinen. Dies führt zum charakteristischen diagonalen Gang, bei dem das Vorderbein der einen Seite gleichzeitig mit dem Hinterbein der anderen Seite bewegt wird. Die Lage des Körperschwerpunktes hat auch zur Folge, daß der Körper sich häufig in relativ aufrechter Position befindet. Dadurch erforderte der Übergang zur Zweibeinigkeit des Menschen eine weniger gravierende anatomische Veränderung, als man sich gemeinhin vorstellt.

– Das Sehvermögen der Primaten ist besonders gut entwickelt, während der Geruchssinn sich zurückgebildet hat. Die Augen aller Primaten sind nach vorne gerichtet, was sie besser als andere Säugetiere zum räumlichen Sehen befähigt. Einige tagaktive Primaten sind farbtüchtig; aber darin unterscheiden sie sich nicht von vielen anderen Wirbeltieren. Das Verlagern der Augen an die Vorderseite des Kopfes und die Rückbildung des Geruchssinnes führten zu einer kürzeren Schnauze.

– Damit einher ging eine Reduzierung der Zahl der Schneide- und Vorbackenzähne von ursprünglich beiderseits drei Schneidezähnen (Incisivi), einem Eckzahn (Caninus), vier Vorbacken- (Prämolaren) und drei Backenzähnen (Molaren) (Formel 3 1 4 3) zu maximal zwei Schneide- und drei Vorbackenzähnen (Formel 2 1 3 3). Strepsirhinen und Neuweltaffen folgen diesem Schema; Altweltaffen und Hominiden haben einen Prämolaren weniger.

– Die Gehirne von Primaten sind größer als die anderer Säugetierordnungen. Dies beruht teilweise auf ihrer hohen

2.15 Bewegungsarten der Primaten.
Der niedere Affe (rechts oben) geht quadruped, das heißt auf vier Füßen, während der Gibbon (links oben) ein fähiger Schwinghangler ist (er schwingt wie ein Pendel von Ast zu Ast). Der Orang-Utan (Mitte links) ist ebenfalls an das Baumleben angepaßt, aber ein vierhändiger Kletterer. Der Gorilla (unten links) ist wie der Schimpanse ein Knöchelgänger, der statt der flachen Hand, wie bei niederen Affen üblich, nur die Knöchel aufsetzt. Der Koboldmaki (im Vordergrund) bewegt sich durch Klammern und Springen. Der Hominide (rechts) ist bereits vollständig zum aufrechten Gang übergegangen. Die Greifhände und die nach vorn gerichteten Augen sind Kennzeichen der Primaten. (Mit freundlicher Genehmigung von John Gurche, Maitland Edey.)

Sehtüchtigkeit, ist aber auch Ausdruck einer größeren „Intelligenz". Beide Merkmale sind bei Lemuren, Loris und den übrigen Strepsirhinen weniger gut entwickelt als bei Affen und Menschenaffen. Mit dieser Encephalisation veränderte sich die Lebensgeschichte. Tiere mit im Verhältnis zum Körper großem Gehirn haben meist eine hohe Lebenserwartung und eine niedrige Fortpflanzungsrate.

– Die Tragzeit großer Mütter ist lang; die Zahl ihrer Jungen pro Wurf klein, meist wird nur eines geboren. Die Neugeborenen kommen wenig entwickelt auf die Welt, die Geschlechtsreife wird relativ spät erreicht, und der Zeitraum zwischen zwei Geburten ist lang. »Primaten sind, kurz gesagt, an eine langsame Fortpflanzung angepaßt«, bemerkt Martin.

Sehen wir uns in unserem physischen Erscheinungsbild und Verhaltensrepertoire als Tiere, dann trifft diese weitgefaßte Definition auch auf uns zu – abgesehen davon, daß wir nicht auf Bäumen leben. Ein Libero wäre zum Beispiel nicht in der Lage, hinter seinen Angreifern zu stehen und einen präzisen langen Paß zu spielen, wenn er kein Primat wäre. Fortbewegung vor allem mit Hilfe der hinteren Gliedmaßen, Greiffähigkeit, Hände mit gutem Tastsinn, räumliches Sehen und Intelligenz – alles dies ist für uns notwendig, und alles sind Kennzeichen der Primaten. Bei einem Blick in die Geschichte heißt das für Entwicklung von Kultur: Als die Hominiden die ersten Steinwerkzeuge herstellten, „erfanden" sie nicht die „Kultur" in dem Sinn, wie dieser Vorgang gemeinhin verstanden wird; sie wandten sich mit der ihnen als Primaten eigenen Fertigkeit lediglich einer neuen Aufgabe zu. Genauso ist unsere starke Gehirnentwicklung lediglich die Fortführung eines typischen Primatenmerkmals, auch wenn *Homo sapiens* selbst nach Primatenstandards mit geistigen Fähigkeiten besonders gut ausgestattet ist.

Wir werden später auf diese Themen zurückkommen, insbesondere auf die Fragen des Lebensablaufs und der Gehirnentwicklung (siehe Kapitel 3 und 8). Hier wollen wir uns mit der Frage beschäftigen, wie die Primaten zu dem wurden, was sie heute sind, und wie die Nachfahren einer zahlenmäßig kleinen Säugetierart den oben beschriebenen Merkmalskomplex entwickelten.

Den ersten systematischen Versuch, die Unterschiede zwischen den Primaten und den übrigen Säugetieren zu erfassen, unternahmen zu Anfang des 20. Jahrhunderts die britischen Anatomen Grafton Elliot Smith und Frederick Wood Jones. Die vorzeitlichen Primaten und damit auch die Menschen unterscheiden sich von anderen Säugern, so ihre Argumentation, weil sie an ein Leben auf den Bäumen angepaßt waren. Ihre Greifhände und -füße ermöglichten hier eine überlegene Fortbewegung, und gutes Sehen ist für das Leben zwischen Blättern und Ästen wichtiger als ein scharfer Geruchssinn.

Cartmill schrieb dagegen: »Die Arborealitätstheorie bot breite Angriffsfläche für ein auf der Hand liegendes Gegenargument: Den meisten baumlebenden Säugetieren, wie Opossums, Spitzhörnchen, Palmenrollern und Eichhörnchen, fehlen die kurze Schnauze, die eng beieinanderliegenden Augen, der zurückgebildete Geruchssinn und das große Gehirn – Merkmale, die vom Baumleben angeblich so sehr begünstigt werden.«

Die britischen Anthropologen verteidigten ihre Theorie mit Vehemenz durch findige, aber oft widersprüchliche Argumentationslinien. In den fünfziger Jahren war es schließlich wiederum ein Brite, der berühmte Forscher Sir Wilfrid Le Gros Clark, der die Arborealitätstheorie modifizierte und erweiterte. So wurde die Hypothese noch weitere zwei Jahrzehnte akzeptiert, bevor Cartmill sie 1972 endgültig zu Fall brachte.

Bei der Überprüfung der Arborealitätstheorie Anfang der siebziger Jahre bediente sich Cartmill der vergleichenden Analyse, einer der wirksamsten Methoden der Biologie. »Wenn eine fortschreitende Anpassung an das Baumleben einen spitzhörnchenähnlichen Ahnen in einen höheren Primaten verwandelte, müßten die Merkmale der Primaten für die Fortbewegung und Ernährung auf den Bäumen besser geeignet sein als die ihrer Vorfahren«, überlegte Cartmill. Anders ausgedrückt, wenn Primaten wirklich die an das Baumleben bestangepaßten Lebewesen sind, wären sie in ihrem luftigen Lebensraum behender als andere Baumtiere. »Diese Erwartung bestätigt sich nicht in Studien an baumlebenden Nichtprimaten.« Beispielsweise kommen Eichhörnchen in den Bäumen hervorragend zurecht und sind trotz auseinanderliegender Augen, langer Schnauze und fehlender Greifhände den Primaten in vielen Fähigkeiten überlegen. »Es zeigt sich deutlich, daß eine erfolgreiche Existenz auf Bäumen ohne die Anpassungen der Primaten möglich ist«, lautet die Schlußfolgerung Cartmills.

Wenn die eng beieinanderliegenden Augen und die Greifhände also keine Anpassung an das Baumleben waren, wozu dienten sie dann? Wieder half Cartmills vergleichender Ansatz bei der Suche nach einer Antwort. Er fand sie in der „Anvisieren-Jagd-Hypothese", die grob formuliert besagt, der Merkmalskomplex der Primaten sei eine Anpassung ihrer kleinen Vorfahren an die Jagd auf Insekten, die mit den Händen erbeutet wurden.

Cartmill suchte bei einer Reihe anderer Arten nach einzelnen Elementen der Primatenmerkmale. Beispielsweise verfügen Chamäleons über zum Greifen befähigte Hinterfüße, die ihnen Halt geben, wenn sie sich Insekten als Beute auf dünnen Zweigen nähern. Manche südamerikanischen Beutelratten nutzen ihre Hinterfüße ähnlich, wenn sie ihre Beute mit der Hand oder dem Mund fangen. Nach vorne gerückte Augen finden sich bei vielen räuberisch lebenden Tieren, die in der Lage sein müssen, Entfernungen genau abzuschätzen, wie Katzen, Eulen und Habichte.

»Die meisten der für die Primaten typischen Merkmale lassen sich dementsprechend als Konvergenzentwicklungen der Primaten mit Chamäleons und einigen kleinen baumbewohnenden Beuteltieren (in bezug auf Hände und Füße) sowie mit den Katzen (in bezug auf deren Sehapparat) deuten«, folgerte Cartmill. »Dies bedeutet, daß sich der letzte gemeinsame Vorfahre der heute lebenden Primaten ..., im wesentlichen von Insekten und anderer Beute ernährte, die er in den insektenreichen Wipfeln und im Unterholz der tropischen Wälder visuell ausmachte und mit den Händen erbeutete.« Der letzte gemeinsame Primatenvorfahre hätte sich also ebenso ernährt wie heutige Koboldmakis, Mauslemuren und einige Loris. Diese Tiere sollten wir aber nicht als lebende Fossilien betrachten, denn sie sind, wie die Menschen, das Ergebnis einer 60 Millionen Jahre währenden Evolution. Nur leben sie immer noch in der gleichen ökologischen Nische wie ihre Vorfahren.

Die heutigen Primaten zeigen keine einheitliche Ernährungsweise. Insekten, Baumsäfte, Früchte, Blätter, Eier und sogar andere Primaten, all das findet sich auf dem Speiseplan der einen oder anderen Primatenspezies, und die meisten Arten beschränken sich nicht auf eine Sorte Nahrung. Wovon sich eine Art vorwiegend ernährt, ist abhängig von ihrer Körpergröße. Kleine Arten haben wegen ihrer hohen Stoffwechselrate im Verhältnis zu ihrem Körpergewicht einen hohen Energiebedarf. Sie benötigen daher Nahrung in kleinen energiereichen Portionen. Beispielsweise sind Blätter ganz einfach zu groß und erfordern einen zu aufwendigen Verdauungsprozeß, um kleinen Primaten zu nutzen. Aufgrund ihres verhältnismäßig niedrigen Energiebedarfs genießen größere Arten den Luxus, ihre Ernährung mit voluminöseren, weniger gehaltvollen Nahrungsmitteln bestreiten zu können, die gewöhnlich reichlicher vorhanden sind. Die bevorzugte Nahrung von den kleinen Arten sind, vereinfacht gesagt, Insekten und Baumsäfte, die der großen Blattwerk; zu beiden Gruppen gehören Fruchtfresser.

In diesem Schema gibt es jedoch ein großes Maß an Variation. Richard betont: »Nahezu alle Primaten, ungeachtet ihrer Größe, decken einen Teil ihres Energiebedarfs durch Früchte, die eine leicht verfügbare Quelle einfacher Zucker darstellen.« Die grundlegenden Verhältnisse werden, wie sie sagt, davon bestimmt, »wie [die Primaten] für den Rest der erforderlichen Energie aufkommen und wie sie ihren Eiweißbedarf decken«. Hier wirkt sich die Körpergröße entscheidend aus; ihretwegen sind das Grundnahrungsmittel der Buschbabies Insekten und das der Gorillas Blätter.

Irgendeine Spezies, die zum Ahnen der Primaten wurde, überstand das Massensterben vor 65 Millionen Jahren, welches das Ende des Zeitalters der Reptilien bedeutete, unter denen die Dinosaurier am bekanntesten sind. Schon früh im folgenden Zeitalter der Säugetiere erschienen vor 50 Millionen Jahren „Primaten im heutigen Sinn", die während ihrer adaptiven Radiation, der Anpassung an unterschiedliche Lebensbedingungen, ihr Spektrum der Körpergröße und Ernährungsweise erweiterten. Die heutigen 185 Arten sind das Ergebnis dieser Radiation. Insgesamt entstanden vermutlich etwa 6000 Arten. Die bekannten Fossilfunde gewähren lediglich einen winzigen Einblick in diese Ausbreitung; sie gestatten bestenfalls eine schemenhafte Vorstellung, in der sich je nach Auffassung zwischen 60 und 180 fossile Arten unterscheiden lassen. Heute übertreffen die niederen Affen die Menschenaffen um das Zehnfache an Arten.

Als besonders auffälliges Merkmal läßt sich bei diesem Evolutionsverlauf erkennen, daß vor 20 Millionen Jahren genau umgekehrte Verhältnisse vorlagen: Das Miozän war das Zeitalter der Menschenaffen.

Ein Blick auf die Molekularbiologie

Die Evolution jeder lebenden Art ist in ihren Genen nachzulesen. Prinzipiell müßte es daher möglich sein, die Stammesgeschichte der Spezies zu erkennen und deren Stammbäume zu konstruieren, indem man sich direkt oder indirekt Zugang zur genetischen Information verschafft und diese zwischen verwandten Arten vergleicht. Die molekularbiologische Anthropologie liefert in zweierlei Hinsicht wichtige Aufschlüsse, zum einen durch Hinweise auf die Form des Stammbaumes der Hominoiden, der die Verwandtschaftsverhältnisse aufzeigt, zum anderen durch Erkenntnisse über die Länge der Äste, welche die Zeitdauer angeben, während der sich Arten unabhängig voneinander aus gemeinsamen Ahnen entwickelten. Letzteres ist unter dem Begriff molekulare Uhr bekannt.

Molekularbiologische und anatomische Erkenntnisse über Verwandtschaftsverhältnisse, die den Anthropologen üblicherweise die Grundlagen zur Rekonstruktion von Stammbäumen liefern, haben schon oft hitzige Debatten, ja sogar offenen Zwist entfacht. Der Grund ist, daß die auf diesen unabhängigen Wegen gewonnenen Schlüsse häufig etwas widersprüchlich waren, und zwar sowohl hinsichtlich der Verzweigungsmuster der Stammbäume als auch der Länge ihrer Äste. In den vergangenen Jahren entwickelte sich jedoch ein neues Klima der Zusammenarbeit. Nun fragen die Forscher danach, was diese Widersprüche über die Natur der verschiedenen Erkenntniswege aussagen.

Emile Zuckerkandl und Linus Pauling wiesen 1962 als erste darauf hin, daß molekularbiologische Erkenntnisse, die vor allem auf der Untersuchung von Proteinen basieren, ein wertvolles Hilfsmittel zur Rekonstruktion von Stammbäumen sein können. Ihre Anregung fußte auf der Annahme, in zwei taxonomischen Gruppen häuften sich seit deren Trennung vom gemeinsamen Vorfahren Mutationen mit konstanter Geschwindigkeit an. Je länger die beiden Gruppen getrennt sind, desto mehr Unterschiede werden sie in ihren Genen aufweisen.

Wie Zuckerkandl und Pauling erkannten, sammeln nicht alle Gene Mutationen mit derselben Geschwindigkeit an. Dies liegt an unterschiedlichen Beschränkungen der natürlichen Selektion. Die molekulare Uhr tickt also nicht für jedes Gen gleich schnell, doch trotzdem regelmäßig. Jedenfalls nahm man das an. Ob die molekulare Uhr tatsächlich – von Zufallsschwankungen abgesehen – gleichmäßig läuft oder statt dessen innerhalb der Entwicklungslinien und von einer Linie zur anderen verschieden

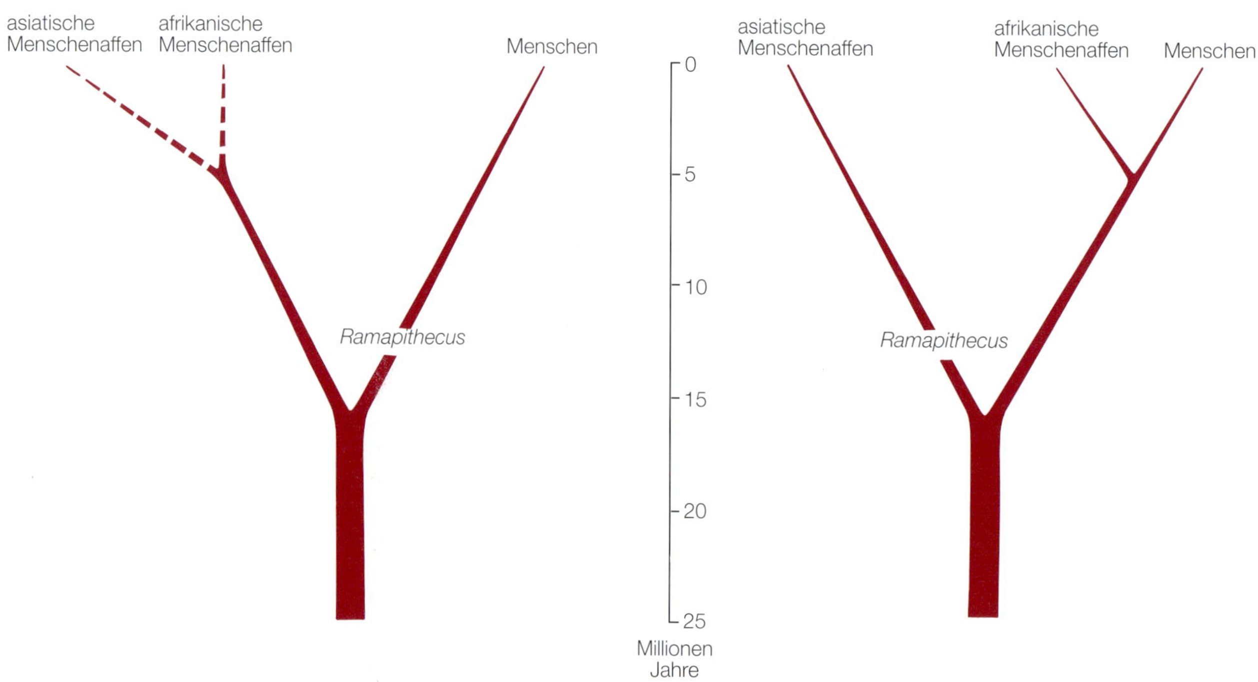

2.16 Vorstellungen möglicher Verzweigungsmuster. Sie zeigen links die Überlegungen vor Einbeziehung molekularbiologischer Untersuchungen, rechts sind die Ergebnisse daraus berücksichtigt. Ursprünglich hielt man die asiatischen und afrikanischen Menschenaffen für eng verwandt (a); die Hominiden sollten sich vor 15 Millionen Jahren von den Affen abgespaltet haben, da man *Ramapithecus* als frühen Hominiden einordnete. Molekularbiologische Untersuchungen ergaben, daß sich die asiatischen Menschenaffen schon früh von den afrikanischen trennten; letztere spalteten sich jedoch erst in jüngster Zeit (vor etwa fünf Millionen Jahren) von den Hominiden ab. Damit ist *Ramapithecus* kein Hominide, da er bereits vor der Verzweigung in afrikanische Menschenaffen und Hominiden lebte (b).

schnell geht, wird nach wie vor kontrovers diskutiert. Wegen dieser Unsicherheit ist es unerläßlich, alle Daten, die zur molekularbiologischen Zeitmessung herangezogen werden sollen, dem sogenannten „Geschwindigkeitstest" zu unterziehen. Fällt der Test positiv aus, lassen sich aus den Daten Form – und möglicherweise die zeitliche Abfolge – eines Stammbaumes herleiten.

Der Wegbereiter der modernen anthropologischen Molekularbiologie war Morris Goodman von der Wayne State University. Er veröffentlichte 1963 die Ergebnisse eines Vergleichs von Bluteiweißen (oder -proteinen) zwischen Mensch und Pongiden. Zu jener Zeit betrachteten die Anthropologen die drei Menschenaffen – Schimpansen, Gorilla und Orang-Utan – als monophyletische Gruppe, von der sich die Menschen genetisch um einiges entfernt hatten. Dieses Bild hatte man in den vierziger und fünfziger Jahren entwickelt; es stand der älteren auf Darwin und Huxley zurückgehenden Annahme entgegen, die Menschen seien mit den afrikanischen Menschenaffen eng verwandt, während der asiatische Menschenaffe etwas abseits stünde. Goodmans immunologische Untersuchung sprach jedoch deutlich für die Auffassung Darwins und Huxleys und bestätigte damit nicht die damalige anthropologische Lehrmeinung. Dies führte erstmals zu Zwistigkeiten zwischen molekularbiologisch und anthropologisch orientierten Wissenschaftlern.

Der nächste Konflikt bahnte sich vier Jahre später an. Allan Wilson und Vincent Sarich an der University of California in Berkeley legten 1967 Untersuchungsergebnisse im Sinne von Goodmans Stammbaumvorstellung vor. Sie benutzten zur Messung der genetischen Abstände immunologisch nachgewiesene Unterschiede der Blutproteine. Damit gelangten sie zu dem Ergebnis, die menschliche Linie habe sich von den afrikanischen Menschenaffen vor etwa fünf Millionen Jahren abgespalten. Die Zahl ergab sich aus dem Vergleich der genetischen Unterschiede der beiden in Frage stehenden Gruppen mit ihrem Unterschied zu einer verwandten Art, deren Ursprung aufgrund geologischer Erkenntnisse feststand. Diese Gruppe, nach der die Altersschätzung „geeicht" wurde, waren die niederen Altweltaffen; deren Ursprung wurde auf 30 Millionen Jahre vor unserer Zeit angesetzt. Die genetische Distanz zwischen Menschen und afrikanischen Menschenaffen betrug etwa ein Sechstel im Vergleich zu den niederen Altweltaffen; auf die Zeit umgerechnet ergaben sich so fünf Millionen Jahre. Dieses Prinzip, die Zeitskala mit Fossilfunden zu kalibrieren, wendet man bei allen Berechnungen molekularer Uhren an.

Die Anthropologen vermuteten zu jener Zeit, die Trennung der Menschen von den Menschenaffen hätte sich vor 15 bis 30 Millionen Jahren ereignet. Diese Annahme gründete sich auf den vermeintlichen Hominidenstatus des

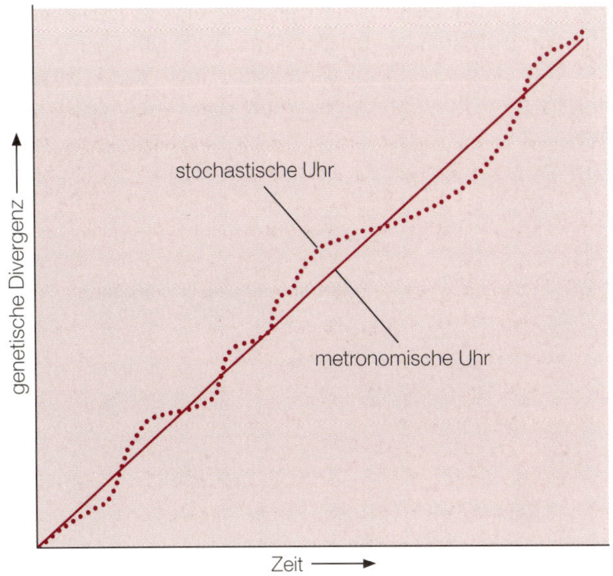

2.17 Die molekulare Uhr.
Würden Mutationen mit völlig konstanter Geschwindigkeit auftreten, hätten die Biologen Zugang zu einer vollkommen „metronomischen" molekularen Uhr. Tatsächlich ändert sich jedoch die Mutationsrate in jeder einzelnen Region der DNA im Laufe der Zeit. Daher gibt es nur eine „stochastische" molekulare Uhr. Berücksichtigt man die Unterschiede zwischen verschiedenen DNA-Bereichen, gleichen sich diese Schwankungen aus. Es ergibt sich eine gute „Durchschnittsuhr". Da man bei der DNA-Hybridisierung die gesamte DNA zweier verwandter Arten miteinander vergleicht, kann man Schwankungen der Mutationsrate einzelner Gene vernachlässigen.

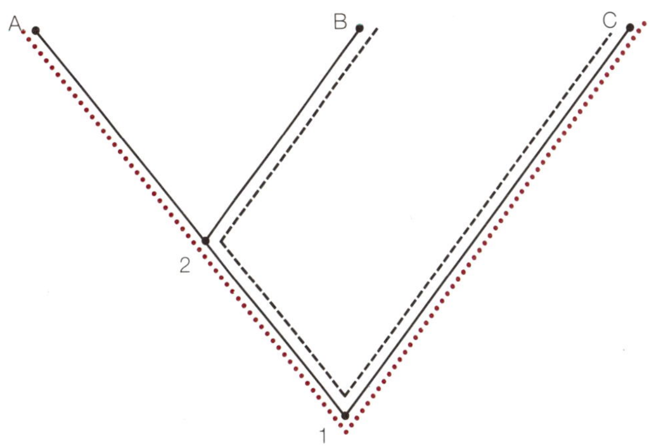

2.18 Der Mutationsratentest.
Das Diagramm zeigt zwei stammesgeschichtliche Ereignisse. Bei 1 spaltet sich eine Art, wodurch die neue Art C sowie eine zweite Linie entstehen. Diese zweite Linie trennt sich am Punkt 2. So entstehen die Arten A und B. Der Test setzt voraus, daß die Evolutionsgeschwindigkeit in allen Linien gleich ist. Damit muß die genetische Distanz von A und C (punktierte Linie) die gleiche sein wie diejenige zwischen den Arten B und C (gestrichelte Linie). Wenn sich jedoch in Linie B die Mutationsrate verlangsamt, dann wäre die genetische Distanz zwischen B und C kürzer als zwischen A und C.

Ramapithecus, dessen fossile Überreste man in Pakistan und an anderen Fundstätten der Alten Welt geborgen hatte. Das Datum von fünf Millionen Jahren, das Wilson und Sarich ins Spiel brachten, wurde daher nicht ernst genommen.

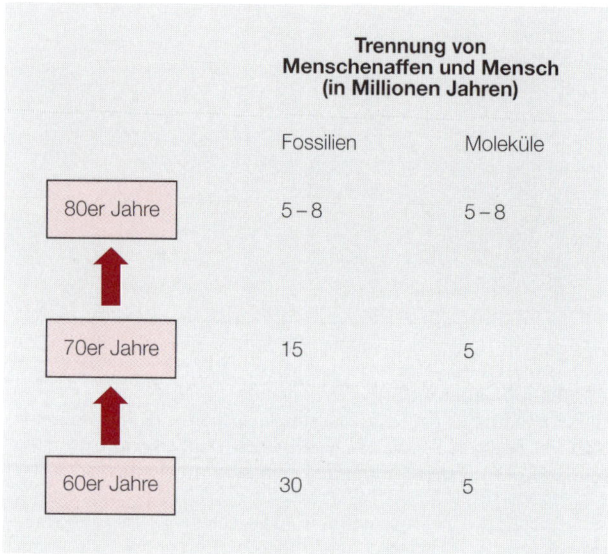

2.19 Konvergierende Beweise.
Im Laufe der letzten drei Jahrzehnte wurde der auf Fossilfunden beruhende Zeitpunkt der Trennung von Menschenaffen und Mensch immer später veranschlagt; seit 1981 stimmt er mit den molekularbiologischen Erkenntnissen überein.

Während der folgenden 15 Jahre erstellte man auf unterschiedlichen Wegen verschiedene molekularbiologische Zeitskalen. Neben immunologischen Vergleichen stammten sie aus der elektrophoretischen Trennung von Proteinen, der Analyse der Aminosäuresequenz einzelner Eiweißmoleküle, der Kartierung von Genabschnitten mit Hilfe von Restriktionsenzymen und der Sequenzanalyse von DNA (der Erbsubstanz der Zellen) aus Mitochondrien und Zellkernen sowie aus DNA-DNA-Hybridisierungen. Fast ausnahmslos sprachen diese Untersuchungen dafür, die Menschen mit den afrikanischen Menschenaffen einer Gruppe zuzuordnen und den Orang-Utan einer zweiten. Obwohl die genauen Zahlen schwankten, gaben alle molekularbiologischen Arbeiten den Zeitpunkt der Trennung der Linie des Menschen von jener der Pongiden mit ungefähr fünf Millionen Jahren an. Doch widersetzten sich die meisten Anthropologen trotz alledem den sich daraus ergebenden Schlußfolgerungen.

Ein Stimmungswandel vollzog sich erst Anfang der achtziger Jahre nach der Entdeckung und Beschreibung zweier fossiler Gesichtsschädel von *Sivapithecus* aus Pakistan und der Türkei, einer Gattung, die *Ramapithecus* nahesteht. Die wichtigste Bedeutung dieser Funde lag darin, daß *Ramapithecus* nicht länger als Hominide gelten konnte. Nachdem *Ramapithecus* aus der Reihe der möglichen Hominiden ausgeschieden war, akzeptierte auch die anthropologische Gemeinschaft, die menschliche Linie hätte sich von den afrikanischen Menschenaffen eher vor fünf als vor 15 Millionen Jahren abgespalten.

Der Stammbaum der Hominoiden, wie er sich aus den Anfang der achtziger Jahre verfügbaren molekularbiologischen Erkenntnissen ableiten ließ, sah also folgendermaßen aus: Vor etwa 20 Millionen Jahren spalteten sich die Gibbons ab, vor etwa 15 Millionen Jahren die Orang-Utans. Menschen, Schimpansen und Gorillas trennten sich schließlich auf unbekannte Weise vor fünf Millionen Jahren. Da die Aufspaltung einer Linie in drei Richtungen biologisch unwahrscheinlich ist, hieß das in diesem Fall, daß hier zwei Artspaltungsvorgänge so eng beieinander lagen, daß sie mit keiner der zur Verfügung stehenden Methoden verläßlich auseinanderzuhalten waren.

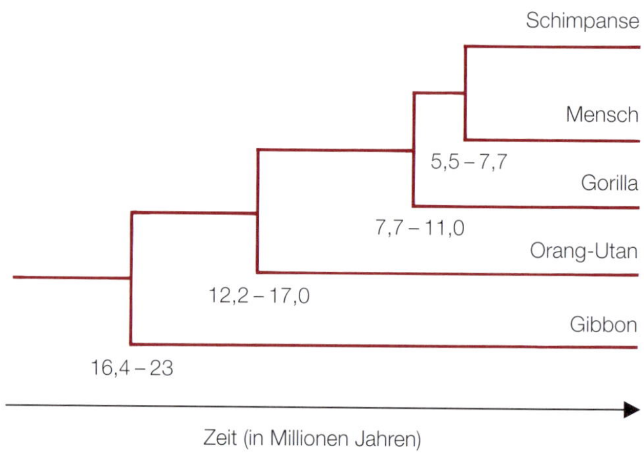

2.20 Ein auf molekularbiologischen Daten beruhender Stammbaum.
Ergebnisse von DNA-Hybridisierungen liefern Daten zu den evolutionären Ursprüngen der Hominoiden. Auch mit anderen genetischen Methoden erhält man heute einen vergleichbaren Stammbaum, kein anderer zeigt aber eine so große Zeitspanne zwischen der Abspaltung der Gorillas und jener der Schimpansen von der menschlichen Linie.

Unterdessen hatten die meisten Morphologen schon seit den sechziger Jahren die Existenz einer systematischen Kategorie mit Mensch und afrikanischen Menschenaffen akzeptiert, in der Schimpansen und Gorilla wiederum eine monophyletische Gruppe bildeten. Die Molekularbiologen erwarteten daher, daß sich ihre Ergebnisse bestätigen würden und die gemeinsamen Vorfahren von Mensch und afrikanischen Menschenaffen sich einerseits auf das Menschengeschlecht zu und andererseits in Richtung auf die gemeinsame Stammsippe von Schimpansen und Gorilla hin entwickelt hätten.

Doch sorgten Charles Sibley und Jon Ahlquist, die damals an der Yale University arbeiteten, 1984 für einige Überraschung, als sie die Ergebnisse von DNA-DNA-Hybridisierungsexperimenten vorlegten; ihre Untersuchungen sprachen stark dafür, daß die Schimpansen näher mit dem Menschen verwandt sind als mit dem Gorilla. Sie kamen zu dem Schluß, die Gorillas hätten sich vor etwa acht bis zehn Millionen Jahren von den gemeinsamen Vorfahren der Menschen und Menschenaffen getrennt. Ein Vorläufer von Menschen und Schimpansen sollte dann noch kurzzeitig weiter existieren, vor 6,3 bis 7,7 Millionen Jahren hätten sich aber zwei gesonderte Entwicklungslinien gebildet.

Die Methode der DNA-DNA-Hybridisierung vergleicht sehr effektiv das gesamte Genom einer Art, das gesamte Erbmaterial, mit dem einer anderen. Jeder Unterschied zwischen den beiden Genomen führt zur unvollständigen Rekombination, das heißt Zusammenlagerung der beiden DNA-Stränge unter experimentellen Bedingungen. Der Anteil nichtgebundener DNA läßt sich bestimmen, und man kann so die genetische Distanz ermitteln. Die Technik ist beim Vergleich ganzer Genome besonders aussagekräftig. Das menschliche Genom zählt ohne die zahlreichen sich wiederholenden Sequenzen, die im Experiment entfernt werden, etwa zwei Milliarden Basenpaare. Obwohl die Methode nicht genau belegen kann, inwiefern sich die DNA der beiden zu vergleichenden Arten unterscheidet, ist sie prinzipiell in der Lage, eigentlich jeden einzelnen Basenaustausch zu erkennen. Ihre Verläßlichkeit in der Praxis wird jedoch von einigen Forschern in Frage gestellt. Spezielle Zweifel bestehen zudem an einigen Ergebnissen von Sibley und Ahlquist.

Dessen ungeachtet sprachen jedoch mehr als die Hälfte der über zehn molekularbiologischen Arbeiten, die hierzu in den darauffolgenden vier Jahren veröffentlicht wurden, für die enge Beziehung von Mensch und Schimpansen. Sibley und Ahlquist verdreifachten die Datenmenge aus DNA-DNA-Hybridisierungsversuchen und konnten ihre ursprüngliche Vermutung in einer Veröffentlichung aus dem Jahre 1987 trotz etwas anderer Zeitangaben untermauern. Jeffrey Powell von der Yale University hat dieses Ergebnis inzwischen durch eigene DNA-DNA-Hybridisierungsexperimente bestätigt.

Das vielleicht wichtigste molekularbiologische Forschungsergebnis ist die Aufklärung der DNA-Sequenz einer 7100 Basenpaare langen Region des β-Globin-Gens der Hominoiden, die Goodman und seine Mitarbeiter im Jahre 1987 vorlegten. Dies war die längste bekannte DNA-Sequenz, die zu Vergleichszwecken zur Verfügung stand. Nach Ansicht einiger Theoretiker übertraf sie die für einen aussagekräftigen Schluß auf phylogenetische Zusammenhänge nötige Größe erheblich. Mit der Sequenzanalyse läßt sich jede kleinste Veränderung der DNA genau feststellen. Indem man versucht, den kürzestmöglichen Weg zurück zur vermutlich letzten gemeinsamen DNA-Sequenz zu verfolgen, kann man einen Stammbaum erstellen. Anhand dieser sogenannten „Methode der wenigsten Schritte" halten Goodman und seine Mitarbeiter eine Verbindung von Mensch und Schimpansen für dreimal wahrscheinlicher als von Schimpansen und Gorilla.

Unterdessen sammelten die Anthropologen weitere anatomische Belege für die Beziehungen innerhalb der Hominoiden. Ein Wissenschaftler kam wie seine Kollegen in den vierziger und fünfziger Jahren zu dem Schluß, die Menschenaffen bildeten eine monophyletische Gruppe, und schloß eine engere Verwandtschaft der Menschen mit Schimpansen und Gorillas aus. Ein anderer vermutete, die Menschen seien am engsten mit den Orang-Utans verwandt und weniger mit den afrikanischen Menschenaffen. Die meisten Anthropologen vertraten jedoch die Vorstellung einer Mensch-Gorilla-Schimpansen-Gruppe, innerhalb der Gorilla und Schimpanse am engsten miteinander verwandt seien. In einer kladistischen Analyse kam beispielsweise Lawrence Martin von der State University of New York in Stony Brook zu dem Schluß, daß zwei große Merkmalskomplexe allein die beiden afrikanischen Menschenaffen verbinden, nämlich der Knöchelgang – bei dieser Fortbewegungsweise setzen die Affen nur die Fingerknöchel auf – und die besondere Entwicklung und Struktur des Zahnschmelzes der Molaren.

Peter Andrews vom British Museum for Natural History schloß sich kürzlich der Meinung von Martin an und legte eine weitere kladistische Untersuchung vor, die sich sowohl auf morphologische als auch auf molekularbiologische Daten stützt. Bei der kladistischen Analyse molekularbiologischer Daten mußten sich Martin und Andrews allerdings auf wenige Ergebnisse, insbesondere Aminosäure- und DNA-Sequenzen, beschränken. Die Resultate von DNA-DNA-Hybridisierungsexperimenten, vergleichenden immunologischen Untersuchungen und Proteinelektrophoresen bleiben der kladistischen Analyse verschlossen, da sich nicht exakt feststellen läßt, was sich zwischen den jeweiligen Molekülen konkret veränderte; diese Methoden liefern daher lediglich ein Maß für die genetische Distanz, weisen jedoch nicht auf Merkmale hin, deren Polarität beurteilt werden kann (siehe den zweiten Abschnitt in diesem Kapitel).

Die Schlußfolgerungen von Andrews und Martin sind hochinteressant und verwirrend zugleich. Obgleich beispielsweise die kladistische Analyse morphologischer Daten auf eine enge Verwandtschaft von Gorilla und Schimpansen hinweist, steht eine Mensch-Gorilla-Schimpansen-Gruppe aus dieser Sicht auf relativ schwachen Füßen. Dagegen sprechen molekularbiologische Erkenntnisse für eben diese stammesgeschichtliche Beziehung, wobei Mensch und Schimpansen als besonders nah verwandt eingestuft werden. Eine Gruppe von Daten, entweder die molekularbiologischen oder die anatomischen, wird offenbar in irgendeiner Weise falsch interpretiert. Andrews und Martin stellten fest, daß Schimpansen, Gorillas und Menschen in den molekularbiologischen Untersuchungen – welches Stammbaumschema man auch immer betrachtet – ein erstaunlich hohes Maß an Parallelevolution (Homoplasie) aufweisen. Dieses Phänomen übertrifft den Grad an Parallelentwicklung beträchtlich, der aufgrund der Statistik zu erwarten wäre. Die Ursache dieser Zusammenhänge liegt zur Zeit noch im dunkeln.

Wenn Mensch und Schimpansen tatsächlich so nah verwandt sind, hat dies Konsequenzen für die Merkmale des gemeinsamen Vorfahren von Mensch und Menschenaffen, insbesondere hinsichtlich dessen Fortbewegungsweise. Die Vorstellung, Schimpansen und Gorillas hätten den Knöchelgang unabhängig voneinander aus einer nicht auf den Fingerknöcheln gehenden Vorfahrenform entwickelt, ist für viele anatomisch orientierte Anthropologen unannehmbar. Sie meinen, es sei höchst unwahrscheinlich, daß sich eine solche Vielzahl zusammenhängender anatomischer Anpassungen zweimal entwickelt habe.

Die zweite Möglichkeit, daß der gemeinsame Vorfahre des Menschen und der afrikanischen Menschenaffen ein Knöchelgänger war und dieses Merkmal in der Hominidenlinie dann verlorenging, ist ebenso schwer zu akzeptieren. Die meisten Wissenschaftler, die sich hiermit beschäftigt haben, fanden keine Hinweise auf einen Knöchelgang in der Anatomie lebender oder fossiler Hominiden. Wenn der Mensch aber tatsächlich, wie es die molekularbiologischen Daten zu belegen scheinen, besonders eng mit den Schimpansen verwandt ist, muß eine der beiden Hypothesen zutreffen. Es ist für die vergleichende Anatomie eine große Herausforderung, dieses Problem zu lösen. Erwähnt werden muß aber auch, daß ein Morphologe, Colin Groves von der Australian National University, die Verbindung von Mensch und Schimpansen aufgrund seiner anatomischen Untersuchungen bestätigt sieht.

Wie wir im zweiten Abschnitt dieses Kapitels gesehen haben, werden die Menschen und ihre unmittelbaren Vorfahren in den traditionellen anthropologischen Arbeiten üblicherweise in der Familie Hominidae zusammengefaßt, denen die drei Menschenaffenarten als Familie der Pongidae gegenüberstehen. In seinem 1963 erschienenen Werk stellte Goodman diese Auffassung in Frage. Er vertrat die Meinung, der Mensch bildete mit Schimpansen und Gorilla eine natürliche Gruppe. Daher sollten diese drei gemeinsam der Familie Hominidae zugerechnet werden; die Pongiden hätten damit nur noch den Orang-Utan als einzigen Vertreter. Unter dem Eindruck der molekularbiologischen Erkenntnisse der letzten Jahre fordert Goodman nun sogar, daß sich in der Klassifikation eine noch engere Verwandtschaft von Mensch und afrikanischen Affen widerspiegeln sollte. Mensch, Schimpansen und Gorilla müßten zur Unterfamilie Homininae gehören und der Orang-Utan als einzige Art zur Unterfamilie der Ponginae. Beide Unterfamilien zusammen würden dann die Familie der Hominidae bilden.

Ähnliche Überlegungen stellten auch einige Anthropologen an, darunter Andrews und Martin, die allerdings in einigen Punkten anderer Meinung sind. Die meisten ihrer Fachkollegen sträuben sich jedoch offenbar dagegen, den Menschen mit irgendeiner heute lebenden Affenart in eine Familie, geschweige denn in eine Unterfamilie zu zwängen. Ihr Widerwille entspringt der Auffassung von der besonderen Stellung des *Homo sapiens*. Im Kern dreht sich diese Auseinandersetzung um die Frage, ob Klassifikationen mehr der Abstammung oder mehr der Anpassung Rechnung tragen sollten.

Fragen

- Unter welchen besonderen Umständen könnte der Konkurrenzkampf zwischen Arten zu konstanten evolutionären Veränderungen führen?
- Was sagt das Muster des Massenaussterbens über die Evolution des Lebens auf der Erde aus?
- Welche Faunentypen sollten zusammen mit dem Erscheinen von Hominiden in Ostafrika gegen Ende des Miozäns entstanden sein?
- Welche Art von Daten würde die Umwälzungshypothese widerlegen?
- Warum unterscheiden sich phänetische und phylogenetische Muster zumeist voneinander?
- Welche Methode ergibt das „natürlichere" System: die numerische Taxonomie oder die Kladistik?
- Warum sind abgeleitete Merkmale der Schlüssel zur Rekonstruktion von Stammbäumen?
- Wie wichtig ist eine Einordnung in Hierarchien beim Beschreiben von Klassifikationen?
- Was bedeutet die Tatsache, daß die große Mehrheit fossiler Hominidenfunde aus Sedimenten stammen, die in Wassernähe, etwa Flüssen und Seen, abgelagert wurden?
- Warum fehlt die fossile Überlieferung afrikanischer Menschenaffen aus den vergangenen fünf Millionen Jahren, während die hominiden Belege aus dieser Zeit relativ gut sind?
- Fossile Fragmente von nahezu 500 Hominiden aus der Zeit vor einer bis vier Millionen Jahren gehörten vermutlich vier Arten an; sie wurden in der Region um den Turkanasee in Kenia ausgegraben. Welchen Prozentsatz der ursprünglichen Bevölkerung repräsentiert diese Zahl?
- Welches ist der wichtigste Faktor, der das Schicksal eines Fossils bestimmt?
- Welche allgemeinen phylogenetischen Tendenzen haben die Primaten mit den anderen Säugetierordnungen gemein?
- Was kann man aus der Tatsache lernen, daß unter den heutigen Affen in der Alten Welt die Artenzahl der niederen Affen zehnmal größer ist als die der Menschenaffen?
- Welche Schlüsseladaption teilt der Mensch mit nichtmenschlichen Primaten?
- Wie stark unterscheidet sich der aufrechte Gang von der Fortbewegungsweise bei niederen Affen und Menschenaffen?
- Tickt die molekulare Uhr bei unterschiedlichen Entwicklungslinien verschieden schnell?
- Welche relative Bedeutung kommen Distanzmaßen und Merkmalszuständen bei molekularbiologischen Daten zu?
- Was ergibt sich aus den einander widersprechenden Schlußfolgerungen zwischen molekularbiologischen und morphologischen Daten über die Beziehung des Menschen zu den afrikanischen Menschenaffen?
- Wie sollte die Verwandtschaft zwischen Menschenaffen und Menschen in einer formalen Klassifikation dargestellt werden?

3. Menschen als Tiere

3.1 Unterschied in der Körpergröße.
Gorilla und Mausmaki repräsentieren den größten und kleinsten Primaten. Die Weibchen der Arten wiegen 83 Kilogramm beziehungsweise 80 Gramm. Solche Unterschiede in der Körpergröße haben einen großen Einfluß auf die Sozial- und Verhaltensökologie einer Art. Einer der auffälligsten Unterschiede ist die Zahl der Nachkommen: Der weibliche Mausmaki kann in einer Zeit, in der ein weiblicher Gorilla gerade ein Junges austrägt, zur Geschlechtsreife gelangen und theoretisch bis zu zehn Millionen Nachkommen hinterlassen.

Körper, Gehirn und Energie

Die Vorstellungen zur Evolution des Menschen wurden gemeinhin von den geistigen und handwerklichen Fähigkeiten beherrscht, die unsere Vorfahren mit ihren großen Gehirnen auszeichnen sollten. Tatsächlich verhält es sich so, wie der Anthropologe Robert Foley kürzlich betonte: »Viele Aspekte der menschlichen Evolution lassen sich über die Ursachen und Wirkungen der Zunahme der Körpergröße erklären.«

An dieser Stelle wollen wir den Einfluß der Größe von Körper und Gehirn auf die Variablen der Lebensgeschichte und die Verhaltensökologie untersuchen. Dabei werden wir sehen, warum die Hominiden mit ihrer Körpergröße so viel bessere Möglichkeiten, beispielsweise hinsichtlich Ernährung, Größe des Lebensraumes, Sozialleben und ihrem vergrößerten Gehirn, haben als etwa die winzigen Mausmakis.

Im Jahre 1978 grenzte der Ökologe Henry Horn von der Princeton University die ökologischen Möglichkeiten durch folgende Fragen ein: »Im Wettkampf des Lebens setzt ein Tier seine Nachkommen einer mehr oder weniger gefährlichen Umwelt aus. Es hat sein Spiel dann gewonnen, wenn genügend Nachkommen am Leben bleiben, um eine weitere Runde zu spielen. Was ist nun die geeignete Taktik, um in diesem Spiel zu siegen? Wie groß muß die Zahl der Nachkommen sein? Mit welchem Alter soll das Tier seine ersten Kinder gebären? Sollen sie in einem einzigen großen Wurf oder über eine lange Lebensspanne verteilt zur Welt kommen? Sollen die Jungen eines Wurfes wenige, dafür aber widerstandsfähig, oder lieber viele, aber anfällig sein? Sollen die Eltern sich um ihren Nachwuchs kümmern oder lieber für sich selbst sorgen, damit sie weiterleben und weitere Junge haben können? Sollen die Nachkommen in einer Familie aufwachsen oder diese schon früh verlassen, um auf sich selbst gestellt ihr Glück zu versuchen?«

Als Antwort auf diese Probleme hat sich im Tierreich eine riesige Palette von Strategien entwickelt. Sie reicht von Arten wie den Austern, die Millionen von Nachkommen in die Welt setzen und ihnen nicht die geringste elterliche Fürsorge zuteil werden lassen, bis zu solchen wie den Elefanten, die in ihrem ganzen Leben vielleicht eine Handvoll Junge haben, die einzeln geboren werden und um die sie sich intensiv und ausgiebig kümmern. Im ersten Fall ist das Vermehrungspotential eines jeden Individuums enorm, wenngleich ein Großteil der Nachkommen unter den herrschenden Umweltbedingungen normalerweise stirbt, im zweiten Fall dagegen gering.

Die Säuger sind durch die ihnen eigene Natur in den möglichen Lebensmustern eingeschränkt: Säugetiermütter können nur eine begrenzte Zahl von Nachkommen aufziehen, bedingt durch Schwangerschaft und Stillzeit. Nichtsdestoweniger ist die Fortpflanzungs- oder Reproduktionsrate oft recht hoch, wenn über mehrere Jahre hinweg jährlich mehr als ein Junges großgezogen werden.

In der Ordnung der Primaten ist die Fortpflanzungsrate im Vergleich zu den übrigen Säugetieren vergleichsweise niedrig. Die Nachkommenschaft beschränkt sich bei den meisten Arten auf ein Junges pro Jahr. Die Populationsbiologen bezeichnen dies als *K*-selektiert – Arten mit einer hohen Fortpflanzungsrate unterliegen dagegen der sogenannten *r*-Selektion. Unter den Primaten ist die *K*-Selektion beim Menschen am stärksten ausgeprägt.

Erfolg im Sinne Darwins wird oft schlicht an der Fortpflanzungsrate gemessen, die von mehreren voneinander abhängigen Lebensfaktoren bestimmt wird. Dazu gehören das Alter, in dem die Fortpflanzungsfähigkeit erreicht wird, die Tragzeit, die Zahl der Jungen in einem Wurf, die Dauer der Stillzeit, der Zeitraum zwischen den Geburten und die Lebenserwartung.

Einige Arten führen ein „rasches" Leben. Sie werfen früh und haben eine geringe Lebenserwartung. Solche Tiere bringen nach kurzer Tragzeit viele Junge zur Welt und entwöhnen sie früh. Damit erreichen sie eine potentiell hohe Reproduktionsrate. Andere Arten führen dagegen ein „langsames" Leben. Sie erreichen erst spät die Geschlechtsreife und leben länger; sie gebären nach einer ausgedehnten Schwangerschaft ein einziges Junges und stillen es lange. Ihre potentielle Fortpflanzungsrate ist also gering.

Das beste Indiz für das Lebenstempo einer Art ist ihre Körpergröße. Bei kleinen Tieren ist es hoch, bei großen niedrig. Weil die potentielle Fortpflanzungsrate kleiner, kurzlebiger Tiere am höchsten ist, könnte man meinen, alle Lebewesen sollten klein sein. Es gibt jedoch große Tiere, und somit müssen mit deren Größe irgendwelche Vorteile verbunden sein, welche die verminderte Fortpflanzungsrate aufwiegen.

Solche Vorteile könnten für ein Raubtier in einem großen Angebot von Beutetieren liegen, für ein potentielles Beutetier dagegen in besseren Verteidigungsmöglichkeiten. Ein weiterer Vorzug großer Tiere besteht darin, daß sie sich von qualitativ weniger wertvollen Nahrungsmitteln ernähren können; der Energiegrundbedarf wächst gegenüber dem Körpergewicht nur mit einem Faktor von 0,75. Anders gesagt, der Engergiebedarf *pro Kilogramm Körpergewicht* nimmt mit steigendem Gewicht ab: Dieser Zusammenhang ist als Kleiber-Kurve bekannt. Entsprechend müssen sich Mausmakis von energiereichen Insekten und Würmern ernähren, während Gorillas von wenig energiehaltigem Blattwerk leben können. Ein weiterer Vorteil größerer Tiere liegt in einer wirkungsvolleren Wärmeregulation. Solche positiven Seiten lassen sich noch mehr finden.

Dieser zumeist enge Zusammenhang zwischen Körpergröße und verschiedenen Lebensfaktoren wird durch einige grundlegende geometrische und bioenergetische Gesetzmäßigkeiten bedingt. Infolgedessen läßt sich für eine bestimmte Zunahme des Körpergewichts mit einiger Sicherheit die entsprechende Verlängerung der Tragdauer, die Zeit der Geschlechtsreife und so fort vorhersagen. Für jeden lebensbestimmenden Faktor kann man in Abhängigkeit vom Körpergewicht in doppeltlogarithmischer Darstellung eine Gerade zeichnen. Die Steigung dieser Geraden (der Exponent der Kleiber-Gleichung) – zum Beispiel

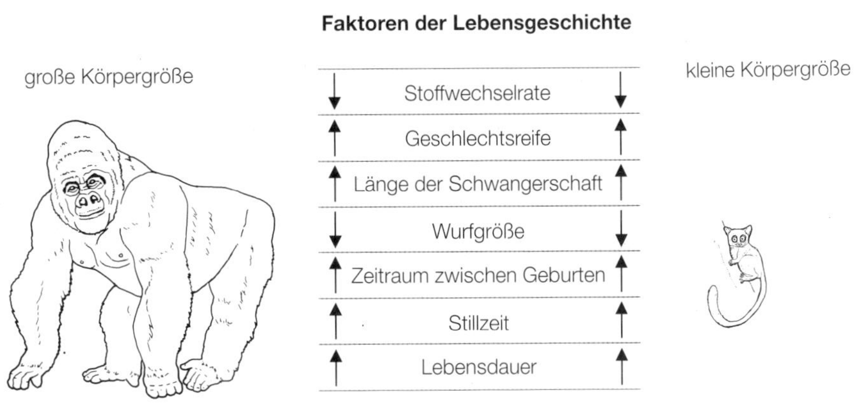

3.2 Faktoren der Lebensgeschichte.
Die Körpergröße beeinflußt, wie hier dargestellt, viele Bereiche der Lebensgeschichte. Zum Beispiel erreicht ein großer Primat ein hohes Lebensalter, erreicht spät die Geschlechtsreife, hat eine lange Schwangerschaft und Stillzeit und eine große Spanne zwischen den Würfen; Würfe sind jedoch klein (meist ein Junges), und der Grundumsatz ist ebenfalls gering.

0,75 für den Energiegrundbedarf, 0,37 für das Geburtsintervall bei Primaten oder 0,65 für das Entwöhnungsalter – bezeichnet das Verhältnis der jeweiligen Variablen zur Körpergröße. Diese Diagramme eliminieren den Einfluß der Körpergröße im Artvergleich.

Wenn allgemeine Naturgesetze und Konstruktionsregeln alles wären, was den Lebensfaktoren zugrunde läge, dann wären die Arten hinsichtlich des Körpergewichts einander äquivalent. Für jede lebensbestimmende Variable würden alle anderen Daten auf den entsprechenden Geraden liegen. Tatsächlich jedoch liegen einzelne Werte oft oberhalb oder unterhalb davon. Verschiedene Tiere haben also erheblich voneinander abweichende Lebensgeschichten. Diese Variation verrät die Anpassungsstrategien von Arten oder – besser gesagt – von untereinander verwandten Artengruppen.

In den vergangenen Jahren erkannten einige Forscher, daß auch die Gehirngröße mit zahlreichen Lebensfaktoren eng verknüpft ist und in mancher Hinsicht noch viel enger als die Körpergröße.

Bei den Säugetieren gibt es zwei grundlegende Entwicklungswege, die Spät- und die Frühreife. Spätreifende Arten bringen ausgesprochen unreife Junge zur Welt, die nicht in der Lage sind, sich selbständig zu ernähren oder für sich selbst zu sorgen. Frühreifende Arten sind dagegen bei der Geburt schon recht weit entwickelt und können sich bis zu einem gewissen Grad selbst erhalten.

Zu den lebensgeschichtlichen Größen, die mit diesen beiden Entwicklungswegen zusammenhängen, gehört die Schwangerschaftsdauer. Bei spätreifenden Arten ist sie kurz, die Hirngröße der Neugeborenen gering. Bei frühreifenden Arten verhält es sich umgekehrt: Nach relativ langer Tragzeit kommen Junge mit einem großen Gehirn zur Welt. Es gibt jedoch keinen durchgängigen Unterschied zwischen spätreifenden und frühreifenden Spezies hinsichtlich der Gehirngröße der Erwachsenen. Die Primaten sind eigentlich frühreifende Arten. *Homo sapiens* bildet jedoch eine Ausnahme. Er hat sekundär spätreifende Merkmale entwickelt und gleichzeitig ein ungewöhnlich großes Gehirn (siehe Kapitel 8).

Neben der Unterscheidung zwischen eiliger und gemächlicher Lebensweise entsprechend der absoluten Körpergröße kann eine Art auch für ihre jeweilige Körpergröße ein zu schnelles oder zu langsames Leben führen. Diese Abweichungen wurden gemeinhin im Sinne der klassischen *r*- und *K*-Selektionstheorie erklärt. Danach begünstigen Lebensräume mit instabilem Nahrungsvorkommen (Fülle wechselt mit Mangel) *r*-Selektion, also schnelle Lebensweise und hohe Fortpflanzungsraten. Stabile Lebensräume (die praktisch bis an ihre Kapazitätsgrenze genutzt werden

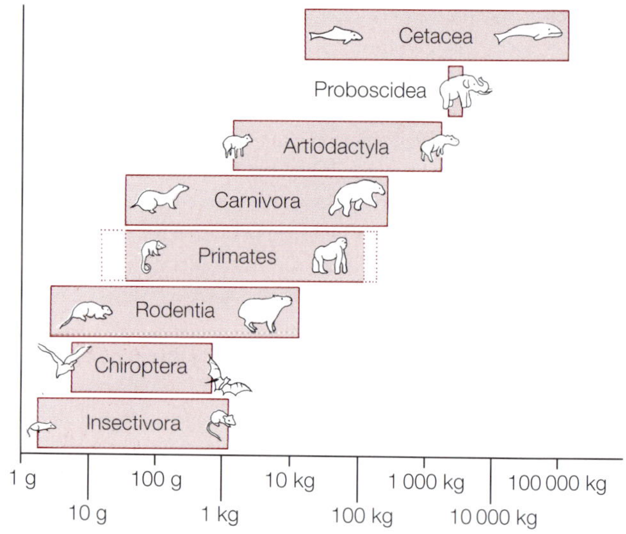

3.3 Körpergrößenvergleich.
Insgesamt gesehen sind die Primaten nur mittelgroße Säuger. Trotzdem ist die Biologie der Hominoiden die Biologie großer Säugetiere. Die meisten Säugerspezies gehören zu den Rodentia (den Nagetieren), den Chiroptera (den Fledermäusen) und den Insectivora (den Insektenfressern) mit vorwiegend kleinen Arten.

und in denen deshalb ein scharfer Wettbewerb herrscht) fördern dagegen *K*-Selektion: langsames Lebenstempo und niedrige Vermehrungsrate.

Wie bereits erwähnt, sind die Primaten unter den Säugetieren auf der Skala der Selektion am *K*-Ende angesiedelt. Jedoch sind manche Primatenspezies weniger stark *K*-selektiert als andere. Caroline Ross hat beispielsweise vor kurzem gezeigt, daß Primaten, die unter schlecht vorhersehbaren Lebensbedingungen existieren, kurzlebiger sind als solche in stabiler Umwelt, wenn man sich auf die Körpergröße bezieht.

Ein zweiter Faktor, der darüber bestimmt, ob eine Art für ihre Körpergröße relativ kurz oder lang lebt, wurde kürzlich von Paul Harvey und Daniel Promislow entdeckt. Wie die beiden Wissenschaftler in einem Vergleich von 48 Säugetierarten herausfanden, »haben jene Arten, die eine über der Erwartung liegende Sterblichkeit aufweisen, auch kürzere Tragzeiten, kleinere Neugeborene, größere Würfe sowie kürzere Entwöhnungs- und Reifezeiten«. Mit anderen Worten, Arten, die unter einer hohen Sterblichkeit leiden, leben kurz. »Der Grund dafür ist, daß Tiere von Arten mit einer höheren Mortalität mit geringerer Wahrscheinlichkeit die nächste Paarungszeit erleben und darauf selektiert sind, den Preis für die frühzeitige Fortpflanzung zu zahlen.«

Tabelle 3.1: Kennzeichen der *r*- und *K*-Selektion.

	r-Selektion	*K*-Selektion
Umweltbedingungen	variabel, schwankend und/oder nicht vorhersagbar	meistens konstant und/oder vorhersagbar; weniger schwankend
Mortalität	• oft katastrophenähnlich, nicht gerichtet, dichteunabhängig • hohe juvenile Mortalität	• stärker gerichtet, dichteabhängig • relativ konstante Sterberate
Populationsgröße	• schwankend, nicht im Gleichgewicht • meistens unterhalb der Kapazitätsgrenze der Umwelt • leere ökologische Nischen, jedes Jahr Neukolonisation	• nahezu konstant, im Gleichgewicht • an der Kapazitätsgrenze der Umwelt • keine Neukolonisation notwendig
inner- und zwischenartliche Konkurrenz	gering	stark
Selektionsvorteile	• schnelle Entwicklung • hohe maximale Wachstumsrate r_{max} • einmalige Fortpflanzung • geringe Körpergröße, zahlreiche kleine Nachkommen	• langsame Entwicklung • große Wettbewerbsfähigkeit • späte, aber mehrmalige Fortpflanzung • größere Körpergröße, wenige große Nachkommen
Lebenserwartung	kurz, im allgemeinen weniger als ein Jahr	länger, meist länger als ein Jahr
Selektion führt zu	Produktivität	Effizienz

Bedeutet also die ausgesprochen langsame Lebensweise des *Homo sapiens*, daß sich seine Vorfahren durch eine sehr niedrige Sterblichkeit auszeichneten?

Geht man von der Tatsache aus, daß die meisten Säugetiere kleiner als 32 Zentimeter sind, muß man die Hominiden – auch die kleinen alten Arten – als Großsäuger einstufen. *Australopithecus afarensis*, die früheste bekannte Hominidenart, war 1,00 bis 1,70 Meter groß und 30 bis 65 Kilogramm schwer (die Weibchen waren erheblich kleiner und leichter als die Männchen). Diese Größenverhältnisse hielten sich bis zur Entstehung des *Homo erectus* vor 1,5 Millionen Jahren; er erreichte eine Größe bis zu 1,80 Metern, wobei die Unterschiede zwischen den Geschlechtern wesentlich geringer waren.

Kennt man die allgemeinen Körperproportionen und die vermutliche Körpergröße, kann man auf lebensbestimmende Faktoren dieser frühen Hominiden schließen. In solche Überlegungen geht natürlich auch das Wissen über den einzigen heute lebenden Hominiden, *Homo sapiens*, ein. Die Hominiden hatten mit ziemlicher Sicherheit ein – gemessen an den lebensgeschichtlich bedeutsamen Variablen – langsames Leben. Einige dieser Maße wurden jedoch durch die gewaltige Größenzunahme des Gehirns verzerrt (siehe Kapitel 8).

Außerdem lassen sich, wie Robert Foley vor kurzem zeigte, einige verhaltensökologische Merkmale ausmachen, die für größere Tiere kennzeichnend sind. Beispielsweise könnten die Ernährungsgrundlage der Hominiden recht breit und ihre Reviere groß sein. Dazu käme eine hohe Mobilität. Verglichen mit kleinen Primaten wäre die Räuber-Beute-Beziehung verändert. Ihre Wärmeregulation wäre effektiver. Das Sozialleben erhielte größere Bedeutung, was die Gehirnentwicklung zu fördern vermag.

Die Untersuchung der Lebensstrategien hat also gezeigt, daß Körper- und Gehirngröße, Umweltvariabilität und Sterblichkeit den Lebensrhythmus einer Art entscheidend prägen. Vieles in der Evolution des Menschen wird daher verständlich, wenn wir uns einen großgewachsenen Hominoiden vorstellen, der eine gesicherte und vermutlich auf breiter Grundlage stehende Nahrungsversorgung besaß. Technische Errungenschaften dürften zu dieser Stabilität beigetragen haben, weil sie eine bessere Nutzung tierischer und pflanzlicher Nahrungsquellen ermöglichten und so die Ernährungsgrundlage zusätzlich verbreiterten. Eine Abnahme der Mortalität, möglicherweise durch eine verbesserte Abwehr von Räubern, dürfte die Langlebigkeit ebenfalls begünstigt haben. Der Selektionsdruck aber, der zu einer Zunahme der Körpergröße führte, ist noch nicht aufgedeckt.

Körper, Verhalten und Sozialstruktur

Die meisten Primaten sind gesellige Tiere, die in Gruppen von zwei bis 200 Individuen leben. Unabhängig von ihrer Größe ist jede dieser Gruppen Zentrum wichtiger biologischer Tätigkeiten, wie Nahrungssuche, Aufzucht der Jungen oder Verteidigung gegen Raubtiere. Der Verband ist zudem Schauplatz ausgeprägter sozialer Interaktionen, die vordergründig wenig mit den praktischen Erfordernissen des Lebens zu tun haben. Beim Menschen nennen wir dies den Prozeß der Sozialisation, also das Eingehen und Auseinanderbrechen von Freundschaften und Bündnissen (siehe Kapitel 8). Größe, Zusammensetzung und Aktivität der Gruppen bestimmen das Sozialgefüge einer Art.

Tierisches Verhalten ist weitaus vielfältiger als beispielsweise Anatomie oder Physiologie. So kann eine Ordnung, wie die der Primaten, eine erstaunliche Bandbreite an Sozialstrukturen aufweisen. Beispielsweise können selbst nah verwandte Arten ein recht unterschiedliches alltägliches Sozialleben aufweisen. Im vorhergehenden Abschnitt haben wir gesehen, wie die Körpergröße in vielerlei Hinsicht die Lebensweise einer Art beeinflußt. Sie läßt sich jedoch nicht mit der Sozialstruktur in Beziehung setzen. Selbst wenn wir nur die Menschenaffen, die größten nichtmenschlichen Primaten betrachten, finden wir nahezu dasselbe Spektrum an Sozialstrukturen wie bei den gesamten übrigen Primaten.

Da wir selbst hochsoziale Geschöpfe sind, mag es seltsam erscheinen, wenn wir fragen, warum Tiere überhaupt in Gruppen leben. Es ist jedoch eine sehr sinnvolle biologische Frage, da das Zusammenleben einen hohen Preis hat. Beispielsweise muß ein allein lebendes Tier seine Nahrung nicht mit anderen teilen, in einer Gruppe herrscht dagegen ständige Konkurrenz um alle Dinge. Ebensowenig laufen Einzelgänger Gefahr, sich mit Krankheiten zu infizieren, die sich in Gemeinschaften epidemieartig ausbreiten, da größere Gruppen Krankheitserregern einen günstigen Nährboden bieten. Einzeltiere sind darüber hinaus für Raubtiere weit schwieriger auszumachen als eine große Gruppe. Leicht lassen sich weitere Nachteile aufzählen. Da die meisten Primaten aber in Verbänden leben, müssen die Vorteile dieses Verhaltens seine Nachteile ausgleichen.

In diesem Abschnitt wollen wir die Vorzüge, das heißt die Ursachen des Gruppenlebens behandeln. Außerdem werden wir einige Konsequenzen dieser Lebensweise untersuchen, wie sich die Individuen, ungeachtet der Nachteile, in Verhalten und Anatomie den unterschiedlichen Formen von Sozialstruktur angepaßt haben.

Um einen Eindruck von einigen wichtigen sozialorganisatorischen Einzelheiten zu vermitteln und deren Vielfalt innerhalb der Primaten zu zeigen, wollen wir zunächst das Sozialleben der Menschenaffen, Siamang und Gibbon sowie Orang-Utan, Schimpanse und Gorilla, betrachten.

Die Gibbons und Siamangs sind unter den Menschenaffen die kleinsten und werden bisweilen auch als kleine Menschenaffen bezeichnet. Sie leben in den Wäldern Südostasiens. Die soziale Grundstruktur beider baumlebender Akrobaten ähnelt sich weitgehend: Ein monogames Paar lebt zusammen mit bis zu drei von ihm abhängigen Jungen. Gibbons leben territorial und ernähren sich von Früchten und Blattwerk. Sobald die Jungen geschlechtsreif sind, verlassen sie die Gruppe, in der sie geboren wurden, und bauen eventuell eine eigene auf, indem sie sich mit einem jungen erwachsenen Tier des anderen Geschlechts zusammentun. Die Männchen und Weibchen sind ausgewachsen nahezu gleich groß. Gibbons sind ein gutes Beispiel für lebenslange Monogamie.

Der andere asiatische Menschenaffe, der Orang-Utan, ist viel größer als der Gibbon und führt ein ganz anderes Leben, obwohl auch er ein Baumbewohner ist. Bei den Orang-Utans bildet ein alleinlebendes Weibchen mit seinen Jungen eine Kerngruppe. Diese Mutter-Kind-Gruppe bewohnt ein ziemlich genau festgelegtes Gebiet, das sich mit den Revieren von einer oder mehreren anderen Mutter-Kind-Gruppen überlappt. Das Orang-Männchen ist dagegen ein rechter Einzelgänger. Es lebt in einem ausgedehnten Territorium, in dem die Gebiete mehrerer Weibchen liegen und mit denen es sich paart. Die Männchen verteidigen ihre Territorien gegen das Eindringen anderer Geschlechtsgenossen und sind etwa doppelt so groß wie die Weibchen. Das Paarungssystem ist daher wie ein lockerer Harem organisiert, wobei sich ein Männchen mit mehreren Weibchen paart. Der Fachbegriff hierfür lautet Polygynie.

Die Gorillas, die größten Menschenaffen, leben in den Wäldern Zentral- und Westafrikas. Ihr Paarungssystem ähnelt dem des Orang-Utans, sie leben ebenfalls polygyn; recht deutliche Unterschiede gibt es jedoch in der Ökologie und Sozialstruktur dieser Art. Als vorwiegend bodenlebende Tiere ernähren sie sich von nährstoffarmem Blattwerk und Kräutern, die sie zwar im Überfluß, aber an weit verstreut liegenden Plätzen finden, und leben in festen Gruppen von zwei bis 20 Individuen. Ein erwachsenes Männchen – der Silberrücken – hat als einziger das Recht, sich mit den geschlechtsreifen Weibchen zu paaren, deren Nachwuchs ebenfalls in der Gruppe lebt. Zwischen den erwachsenen Männchen kommt es zu Auseinandersetzungen um die Vorherrschaft in der Gruppe. Trotzdem wechseln Weibchen, insbesondere junge Tiere, offenbar aus eigener freier Entscheidung, von einer Gruppe in eine andere. Neue Trupps entstehen, wenn ein solitär lebender Silberrücken solche Weibchen anlockt. Wie bei den Orang-Utans sind auch männliche Gorillas doppelt so groß wie die Weibchen.

Schimpansen sind dagegen Allesfresser, die sich sowohl am Boden als auch auf Bäumen aufhalten. Sie leben in vergleichsweise lockeren Gemeinschaften von 15 bis 80 Individuen. Diese Gruppen bestehen aus geschlechtsreifen Männchen und Weibchen sowie deren Nachwuchs. Anders als Steppenpaviane, die in festen Gruppen von erwachsenen Männchen und Weibchen und deren Jungen mit bisweilen mehr als 200 Tieren leben, bestehen die Gemeinschaften der Schimpansen nur in gelegentlichen Kontakten von Männchen und Weibchen. Die Kerngruppe bei den Schimpansen bildet ein Weibchen mit seinen

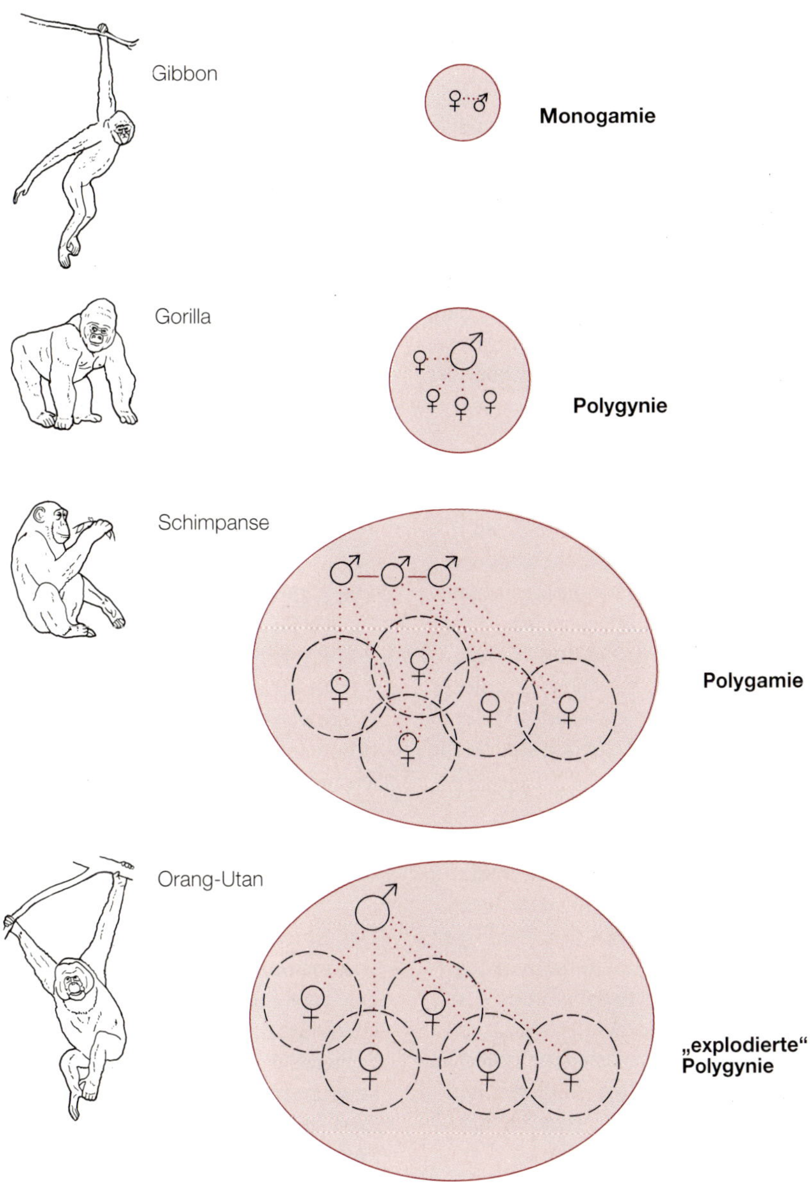

3.4 Die Sozialstruktur der Hominoiden.
Die Bandbreite der Sozialorganisation bei Menschenaffen ist insgesamt vergleichbar mit jener der Anthropoiden. Gibbons sind monogam, es treten keine Größenunterschiede zwischen Männchen und Weibchen auf. Bei den Gorillas kontrolliert ein einzelnes Männchen eine Gruppe von Weibchen (und ihren Nachwuchs): Das nennt man Polygynie. Ein Orang-Utan-Männchen beschützt ebenfalls eine Gruppe von Weibchen (mit ihrem Nachwuchs), doch die Weibchen leben nicht als Gruppe, sondern verteilen sich über ein großes Gebiet: Dies wird manchmal „explodierte“ Polygynie genannt. Bei den Schimpansen kooperieren verwandte Männchen miteinander, um eine über ein großes Areal verbreitete Gruppe von Weibchen (und ihren Nachwuchs) zu schützen; dies ist ein Beispiel für Polygamie.

Jungen, die oftmals isoliert, manchmal aber auch zusammen mit anderen Weibchen und deren Jungen leben. Jedes Weibchen verfügt über ein Kernareal, das sich mit dem eines oder mehrerer anderer Weibchen überlappt. Im Gegensatz zu den Orang-Utans können einzelne Schimpansenmännchen nicht die exklusive Kontrolle über die Gebiete mehrerer Weibchen innehaben. Statt dessen verteidigen die Männchen einer Gruppe das gemeinschaftliche Gebiet gegen die Männchen der Nachbartrupps. Schimpansen leben ohne feste Partnerbindung: Befindet sich ein Weibchen in der Brunst, im Östrus, kopuliert es mit mehreren Männchen. Diese Sozialstruktur bezeichnet man daher als Polygamie.

Ein Hauptkennzeichen der Sozialstruktur der Schimpansen liegt darin, daß – anders als bei den meisten polygamen Primatengesellschaften – die Männchen in der Gruppe bleiben, in der sie geboren wurden, während junge erwachsene Weibchen in andere Verbände wechseln. Oft werden sie sogar regelrecht entführt. Die erwachsenen Männchen, die gemeinsam ihre Gruppe verteidigen, sind daher relativ eng miteinander verwandt. Die Schimpansenmännchen sind in der Regel 25 bis 30 Prozent größer als die Weibchen.

Bei den Menschenaffen finden wir also Monogamie, Polygynie und Polygamie (Polyandrie – der Fall, daß ein Weibchen allein über mehrere erwachsene Männchen verfügt – kommt bei den Menschenaffen nicht vor). Zu den Fragen, die dieses Spektrum von Formen des Gemeinschaftslebens aufwirft, gehören die folgenden: Wie groß ist eine soziale Gruppe? Wie ist das Verhältnis von erwachsenen Weibchen zu Männchen? Welches Geschlecht in einer Gruppe ist näher miteinander verwandt? Welcher Größenunterschied besteht zwischen Weibchen und Männchen einer Art?

Die Tatsache, daß es unter den Primaten insgesamt und den Menschenaffen im besonderen ein so weites Spektrum an Sozialstrukturen gibt, spricht sicher dafür, daß ihnen sehr verwickelte Prozesse zugrunde liegen. Für jede Spezies muß es eine bestimmte Art des Zusammenwirkens ihres grundlegenden stammesgeschichtlichen Erbes – also ihrer Anatomie und Physiologie – mit Schlüsselfaktoren ihrer Umwelt geben. Damit sollten verschiedene Arten auf dieselben Umweltfaktoren unterschiedlich reagieren und so wenigstens einen Teil der zu beobachtenden Vielfalt hervorbringen. Was aber spielt noch eine Rolle?

»Es gibt keine übereinstimmende Meinung darüber, wie sich die Sozialstruktur der Primaten entwickelt.« Diese Feststellung traf vor kurzem Richard Wrangham von der University of Michigan. »Eine Reihe von Gründen legt jedoch nahe, daß ökologischen Einflüssen die Hauptrolle für Artunterschiede im Sozialverhalten zukommt.« Ökologische Einflüsse waren in der Tat für mehr als zwei Jahrzehnte eine beliebte Quelle für Erklärungen. Das Problem ist, so Wrangham, daß »wir nicht genau wissen, welche ökologischen Zwänge wirklich bedeutsam sind oder welche Bereiche des Soziallebens sie am unmittelbarsten beeinflussen und wie dies geschieht«.

Eine der häufigsten Erklärungen für den Vorteil des Gruppenlebens ist die Abwehr von Räubern. Zwar ist die Gruppe auffälliger als ein Einzeltier, doch kann sie wachsamer (mehr Augen und Ohren) und besser gerüstet (mehr Zähne) sein. Eine wirkungsvolle Verteidigung gegen Feinde wurde bei vielen gruppenlebenden Primaten tatsächlich beobachtet.

Sicherlich leben bodenlebende Arten, die von Raubtieren stärker bedroht sind als baumlebende Tiere, in größeren Gruppen mit üblicherweise mehr Männchen, die zudem meist über große gefährliche Eckzähne verfügen. Für den Ursprung jeder dieser Faktoren lassen sich jedoch ebenso schlüssige Erklärungen vorbringen, die mit der Verteidigung gegen Raubtiere nichts zu tun haben. Vielleicht haben bodenlebende Primaten diese Merkmale aus ganz anderen Gründen entwickelt, obwohl die einmal entstandenen Eigenschaften tatsächlich einen wirksamen Schutz vor Angreifern bieten. Die Abwehr von Räubern könnte in gewisser Weise eine Folge, aber nicht die eigentliche Ursache des Gruppenlebens sein.

Die Nahrungsverteilung wurde ebenfalls als auslösender Faktor für die Sozialorganisation genannt. Eine Gruppe vermag beispielsweise beim Auffinden einzelner Futterstellen erfolgreicher zu sein. Wenn diese von territorialen Arten verteidigt werden können, wird ihre Größe die optimale Gruppenstärke beeinflussen. Erst vor kurzem hat Wrangham eine Theorie der Sozialstruktur vorgestellt, die Nahrungsverteilung als Schlüsselelement einschließt. Der Blickwinkel dieses Modells unterscheidet sich jedoch von dem früherer Vorstellungen.

Das Modell untersucht den evolutionären Zusammenhang von männlichem und weiblichem Verhalten und nimmt an, daß »der Selektionsdruck auf das weibliche Verhalten letztendlich die Auswirkungen ökologischer Variablen auf Sozialstrukturen bestimmt«. Mit anderen Worten, unabhängig von dem ökologischen Gefüge, in dem eine Art lebt, ist das Verhalten der Weibchen entscheidend für das Sozialsystem, das sich innerhalb der Art entwickelt.

Der Fortpflanzungserfolg weiblicher Primaten wird wie bei allen Säugetieren von der Zahl der Nachkommen bestimmt, die sie erfolgreich aufziehen können. Dabei ist der Zugang zu erwachsenen Männchen meist kein begrenzender Faktor, die Verfügbarkeit von Nahrung dagegen durchaus. Männliche Primaten – wie 97 Prozent aller männlichen Säugetiere überhaupt – lassen ihren Nachkommen keine elterliche Fürsorge angedeihen. Der Fortpflanzungserfolg der Männchen wird daher vom erfolgreichen Werben um geschlechtsreife Weibchen bestimmt.

Bei der großen Mehrheit der Primatengesellschaften bleiben die Weibchen in ihrer angestammten Gruppe, während die Männchen diese verlassen. Alle Versuche zu erklären, warum Primaten überhaupt in Gruppen leben, müssen auch diese Asymmetrie verständlich machen. Hypothesen, die bestimmte Typen von Lebensräumen in einen Zusammenhang mit bestimmten Sozialstrukturen brachten, geben hierauf keine befriedigende Antwort. Wranghams Modell dagegen bietet folgende Erklärung: Wenn das Nahrungsangebot gewöhnlich nur für ein Weibchen und dessen Nachkommen ausreicht, suchen sie allein nach Futter, wie bei den Weibchen der Orang-Utans und Schimpansen zumeist üblich. Sind in größeren Gebieten die Nahrungsressourcen jedoch ausreichend vorhanden, können dort mehrere Weibchen mit ihren Jungen leben. Teilen der Nahrungsquellen mit anderen Artgenossen führt zu einer größeren Konkurrenz innerhalb der Gruppe und durch die damit verbundenen aggressiven Begegnungen zu einem Verlust an Zeit und Energie. Nach Wranghams Vorstellung wird dieser Preis der Konkurrenz innerhalb des Verbands durch die Vorteile aufgewogen, die sich aus der Kooperation mit den übrigen Gruppenmitgliedern ergeben, wenn sie gemeinsam versuchen, andere Trupps bei Auseinandersetzungen um den Zugang zu Nahrungsquellen auszustechen. Die Zusammenarbeit ist von größtem Vorteil, wenn sie unter Verwandten stattfindet. Seinen Verwandten zu helfen, heißt nämlich, sich selbst zu helfen, da Verwandte einen hohen Anteil gemeinsamer Gene besitzen.

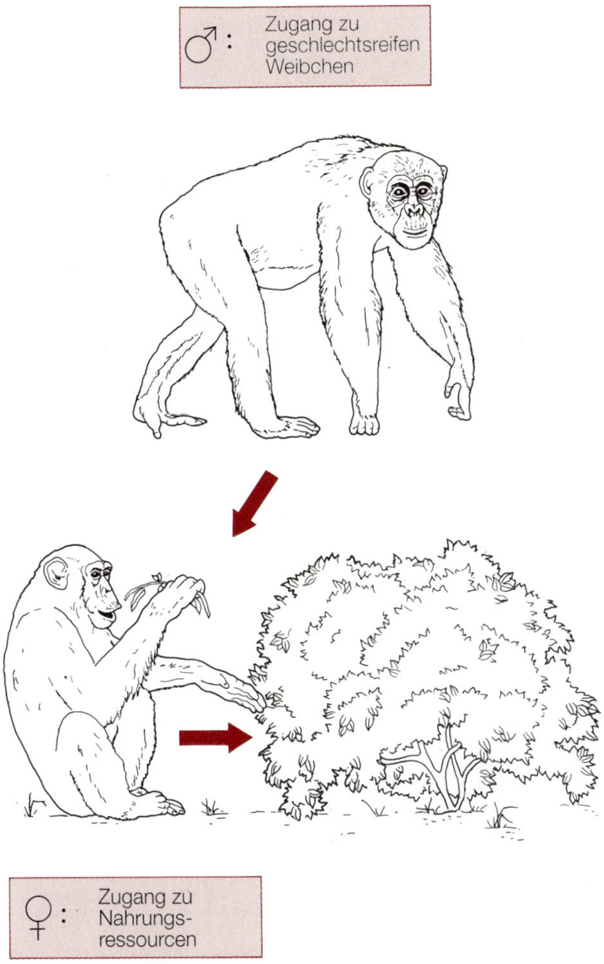

3.5 Unterschiedliche Fortpflanzungsstrategien.
Für einen weiblichen Primaten ist die Erreichbarkeit von Nahrungsressourcen die Variable, die letztendlich seinen Reproduktionserfolg bestimmt. Im Gegensatz dazu wird der Fortpflanzungserfolg eines Männchens durch seinen Zugang zu geschlechtsreifen Weibchen begrenzt. Dieser Unterschied beeinflußt die allgemeine Sozialstruktur der Primaten entscheidend.

Beutet eine Art einzelne Futterstellen aus, die sich verteidigen lassen, werden sich Sozialgruppen mit mehreren Weibchen herausbilden, in denen die weiblichen Tiere untereinander eng verwandt sind. In der Anthropologie bezeichnet man solche Gruppen als *matrilokal*, bei nichtmenschlichen Primaten ist der Begriff weibchengebunden besser. Wie passen die Männchen in dieses Bild? Wenn die Nahrungsvorkommen in einem Gebiet relativ dicht gestreut sind, so daß eine Weibchengruppe sie allesamt gemeinsam verteidigen kann, sind die Männchen eigentlich überflüssig, und es entsteht gewöhnlich ein unimaskulines Sozialsystem, das heißt Reviere mit einzelnen Männchen. Ist Territorialität jedoch unmöglich und eine Zunahme der Gruppengröße kein entscheidendes Problem, dann finden sich oft mehrere erwachsene Männchen in einem Verband. Tatsächlich können weitere Männchen sogar bei gelegentlichen feindseligen Auseinandersetzungen mit anderen Gruppen von Nutzen sein. In solchen Fällen bildet sich ein multimaskulines System.

In nicht weibchengebundenen Gemeinschaften, wie jenen der Schimpansen und Orang-Utans, deren Nahrungsquellen sich nicht an zu verteidigenden Plätzen konzentrieren und wo die Weibchen meist alleine sind, hängt die Verteilung der Männchen davon ab, ob sie ein Gruppenterritorium allein verteidigen können oder die Unterstützung weiterer Männchen benötigen. Bei den Orang-Utans ist die Verteidigung der Gruppe durch ein einziges Männchen möglich, bei den Schimpansen dagegen müssen mehrere zusammenarbeiten. Auch hier ist die Kooperation unter Verwandten am effektivsten, und so haben die Schimpansen ein multimaskulines Sozialgefüge entwickelt, in dem nicht die Männchen, sondern die Weibchen in andere Gruppen überwechseln, sobald sie die Geschlechtsreife erreichen.

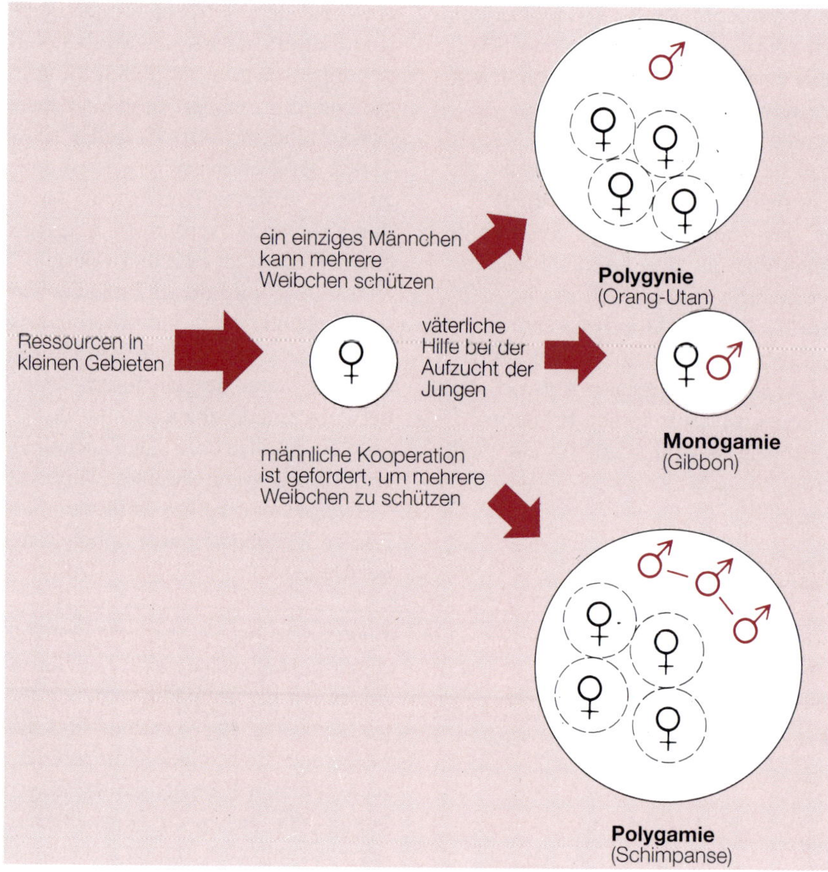

3.6 Sozialordnung bei kleinen Futterstellen. Wenn so wenig Futter an einer Stelle vorkommt, daß sich davon nicht mehr als ein erwachsenes Individuum ernähren kann, werden die Weibchen einzeln (zusammen mit ihren Nachkommen) auf die Nahrungssuche gehen. Kann ein Männchen eine „Gruppe" solcher einzelnen Weibchen verteidigen, entsteht eine polygyne Sozialstruktur, wie es beim Orang-Utan der Fall ist. Kann ein Männchen nur ein Weibchen verteidigen oder ist väterliche Hilfe beim Aufziehen des Nachwuchses erforderlich, wird sich Monogamie entwickeln, wie beim Gibbon. Wenn eine Weibchengruppe nur von mehreren Männchen verteidigt werden kann, dann wird ein Verband verwandter Männchen mehrere nichtverwandte Weibchen beschützen, wie beim Schimpansen.

Eine mögliche Folge des Sozialgefüges der Primaten ist ihre Körpergröße, insbesondere der Unterschied zwischen Männchen und Weibchen; dies bezeichnet man als Geschlechtsdimorphismus bei der Körpergröße. Männliche Primaten müssen mit ihren Geschlechtsgenossen oft um den Zugang zu brünstigen Weibchen kämpfen. Je größer sie sind, desto eher haben sie Erfolg. Allein aus diesem Grund wird die Körpergröße bei Arten mit Konkurrenz unter den männlichen Tieren wahrscheinlich zunehmen. Auch andere Merkmale, die bei den Machtkämpfen eine Rolle spielen, beispielsweise die Eckzähne, können so bei den Männchen übertrieben groß werden.

Sicherlich trifft es zu, daß bei monogamen Arten, wo es wenig bis keine Konkurrenz zwischen den Männchen gibt, Männchen und Weibchen gewöhnlich gleich groß sind. Ebenso richtig ist, daß alle Arten mit nennenswertem Geschlechtsdimorphismus in einem gewissen Grad Polygynie zeigen. Auch übergroße Eckzähne finden sich bei den Männchen polygyner Spezies. Dies ist jedoch keine einfache Gleichung; denn es gibt keinen direkten Zusammenhang zwischen dem Grad der Polygynie und dem Grad des geschlechtsbezogenen Unterschieds in der Körpergröße. Arten, bei denen die Männchen einen Harem von zehn Weibchen kontrollieren, zeigen nämlich nicht unbedingt stärker ausgeprägte körperliche Dimorphismen als solche, bei denen ein Männchen nur zwei Weibchen hat.

Obwohl die Vorstellung, der Geschlechtsdimorphismus hinsichtlich der Körpergröße habe seinen Ursprung in Auseinandersetzungen der Männchen um die Weibchen, bei den Biologen sehr beliebt ist, gibt es auch andere Erklärungen. Die einfachste ist, die Männchen seien deshalb groß und bewehrt, damit sie Räuber wirkungsvoll abwehren können. Bei dieser Überlegung zeigt sich jedoch das alte Problem des Zirkelschlusses. Eine andere Deutung geht davon aus, Männchen und Weibchen seien

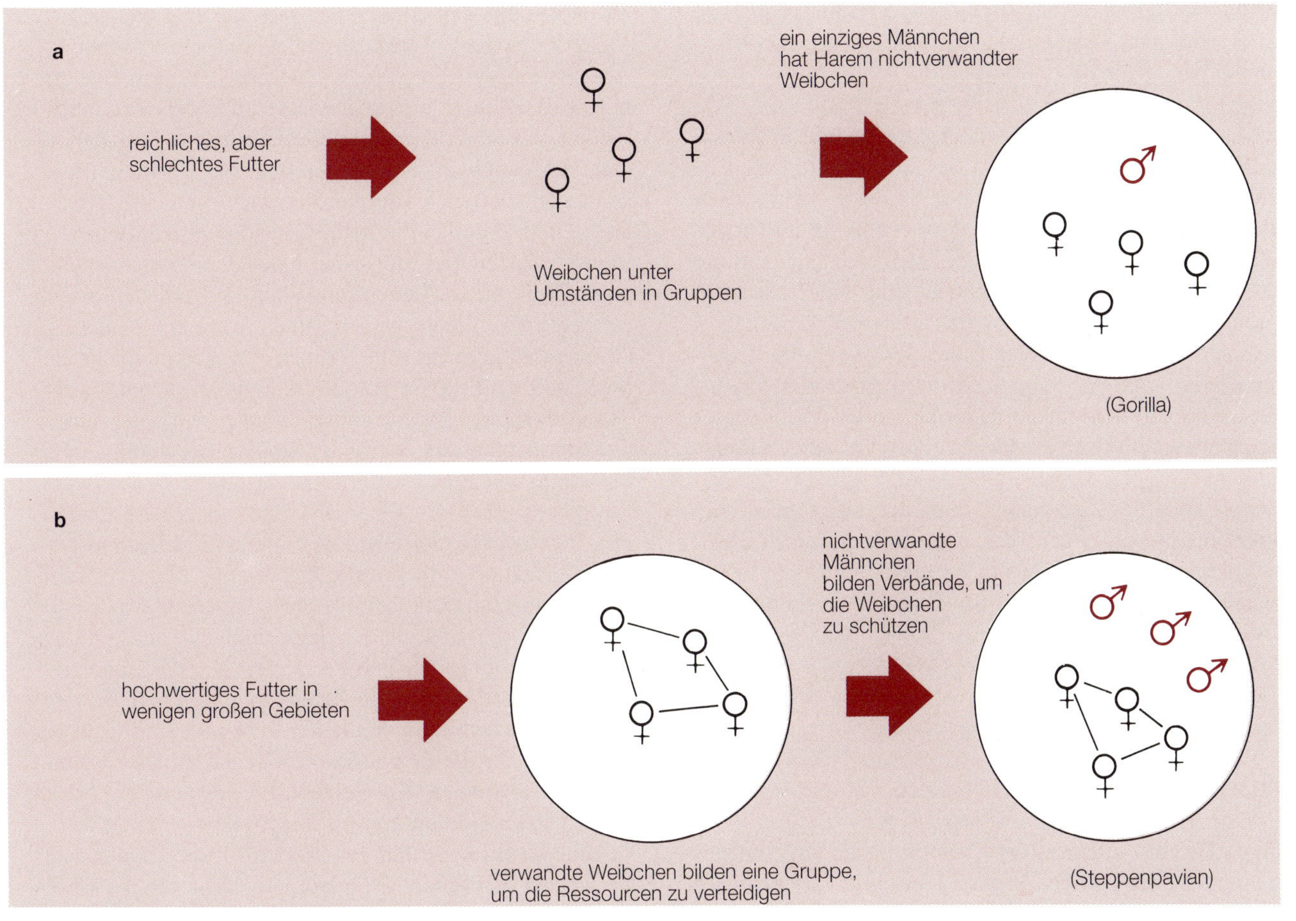

3.7 Verteidigung bei großen Nahrungsgebieten.
Bei (a) ist Futter geringer Qualität weit verbreitet, die Weibchen sammeln Nahrung einzeln oder in Gruppen (die Individuen sind nicht verwandt). Ein Männchen kann in der Lage sein, einen Harem zu gründen, wie es der Gorilla macht. Bei (b) ist qualitativ hochwertiges Futter in großen, aber selten vorkommenden Gebieten vorhanden. Verwandte Weibchen bilden hier eine Gruppe, die das Futter verteidigt. Verbände können sich unter nichtverwandten Männchen bilden, welche die Weibchen von anderen Männchen abschirmen, wie bei den Steppenpavianen.

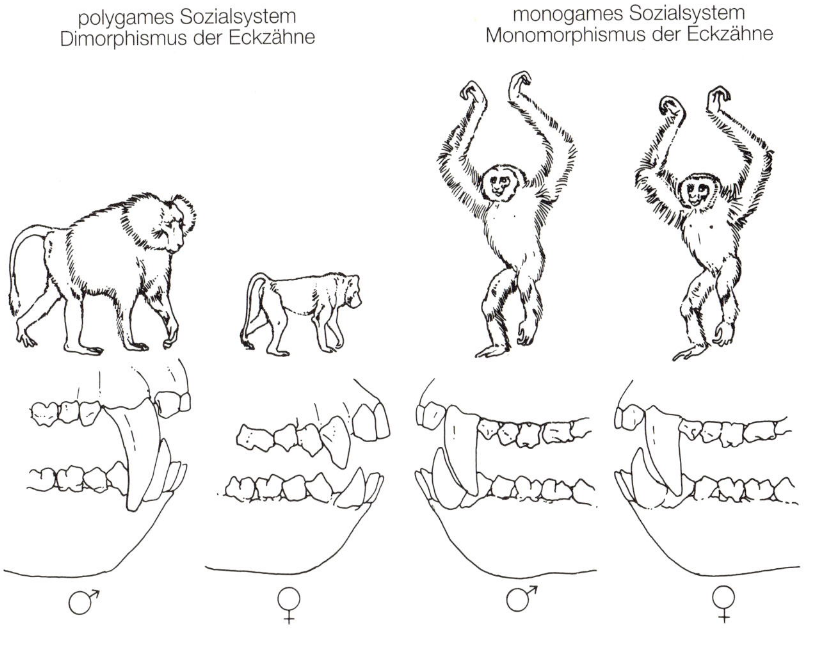

3.8 Geschlechtsdimorphismus bei Zähnen und Körpergröße.
In polygynen Sozialsystemen sind die Männchen typischerweise größer als die Weibchen. Dies gilt auch für die Eckzähne, hier dargestellt am Beispiel der Paviane. Im Gegensatz dazu sind bei monogamen Spezies (wie hier am Beispiel der Gibbons gezeigt) Körpergröße und Größe der Eckzähne normalerweise bei beiden Geschlechtern sehr ähnlich. (Mit freundlicher Genehmigung von John Fleagle, Academic Press.)

verschieden groß, um unterschiedliche Nahrungsquellen zu nutzen und damit eine direkte Konkurrenz um die Ressourcen zu vermeiden.

Robert Martin vom Anthropologischen Institut in Zürich mahnt hier zur Vorsicht. Er ist der Auffassung, unsere Erklärungsversuche seien möglicherweise zu sehr auf die Männchen konzentriert und man versuche nur zu verstehen, warum die Körpergröße der Männchen zugenommen habe. Die Größenunterschiede seien aber vielleicht dadurch entstanden, daß die Weibchen kleiner wurden. »Kleinere Weibchen können früher Junge bekommen«, schreibt er, »und der Selektionsvorteil einer früheren Gebärfähigkeit könnte zumindest bei einigen Säugetieren die Entwicklung des Geschlechtsdimorphismus erklären«.

Obwohl man das Zusammenwirken der Arten mit ihren unterschiedlichen Lebensbedingungen immer noch nicht vollständig versteht, erscheint zumindest eines klar: Das Sozialverhalten einer Art ist das Ergebnis verschiedener Ursachen und Wirkungen, die auftreten, wenn Individuen sich zusammentun, um in Gruppen zu leben.

Modelle der Primaten

Einige Gelehrte meinen, die Evolution habe uns Menschen so weit von den übrigen Primaten entfernt, daß wir durch das Studium nichtmenschlicher Primaten nur wenig über uns selbst erfahren können. Natürlich gibt es eine beträchtliche Kluft zwischen dem Verhaltensrepertoire des *Homo sapiens* und dem unserer engsten genetischen Verwandten, den afrikanischen Menschenaffen. Wie jedoch Robert Foley von der Cambridge University kürzlich deutlich machte, muß diese Lücke bis zu einem gewissen Grad vom Verhaltensrepertoire unserer Vorfahren, den verschiedenen ausgestorbenen Hominidenarten, ausgefüllt worden sein. Daher ist es gerechtfertigt, jede verfügbare Information über die Verhaltensökologie der lebenden Primaten einzusetzen, um daraus Erkenntnisse über das Verhalten unserer Ahnen abzuleiten.

Beispielsweise ist es wichtig, etwas über das Sozialgefüge des letzten gemeinsamen Vorfahren von Hominiden und Menschenaffen sowie der frühen Hominiden selbst zu wissen: Lebten sie in Gruppen, und wenn ja, wie groß waren sie, und wie war das Verhältnis von erwachsenen Männchen zu erwachsenen Weibchen? Außerdem müssen wir uns vergegenwärtigen, daß wir mit dem Sammelbegriff „frühe Hominiden" mindestens ein halbes Dutzend Arten meinen. Wenn uns die Verhaltensbeobachtungen an heutigen Menschenaffen etwas lehren, dann die Tatsache, daß wir bei verschiedenen Hominidenspezies unterschiedliche Formen der Sozialstruktur erwarten dürfen.

Moderne Primaten können auf verschiedene Weise als Modelle für die Lebensgewohnheiten ausgestorbener Arten herangezogen werden. Zunächst läßt sich eine Art mit offensichtlich grundlegenden Hominidenmerkmalen suchen, um anschließend Lehren aus ihrem Verhalten zu ziehen, die sich auf Hominiden übertragen lassen. Man kann sich aber auch von der Stammesgeschichte leiten lassen und lediglich die heute lebenden afrikanischen Menschenaffen und Menschen unter dem Gesichtspunkt betrachten, ob sie Gemeinsamkeiten im Verhalten zeigen, die bereits bei einem gemeinsamen Vorfahren beider Gruppen aufgetreten sein könnten. Da sich nunmehr ein Verständnis für die Verhaltensökologie abzeichnet (siehe den vorhergehenden Abschnitt), können wir sogar aus Grundprinzipien die Sozialorganisation der hominiden Vorfahren ableiten.

Der erste Ansatz, der einen bestimmten Primaten als Modell sucht, hat die längste Geschichte. Mehrere Arten wurden im Laufe der Zeit als das geeignetste Modell erwogen. Dazu gehören der Steppenpavian, der Schimpanse und neuerdings der Zwergschimpanse oder Bonobo. Obgleich die Paviane keine Menschenaffen und mit den Hominiden nur relativ weitläufig verwandt sind, galten sie als Vorbild für die Sozialstruktur der frühen Hominiden. Denn sie bewohnen den gleichen Lebensraum, die Savanne. Mit ihren Horden von bis zu 200 Tieren boten die Paviane so ein augenfälliges Modell für die Gemeinschaften unserer Vorfahren. Eine Horde besteht aus erwachsenen Weibchen mit ihren Jungen, die Weibchen sind untereinander oft verwandt. Dazu kommen zahlreiche erwachsene Männchen, die nicht miteinander verwandt sind und über gewaltige, bedrohliche Eckzähne verfügen. Mit anderen Worten, dies ist eine multimaskuline, weibchengebundene Sozialorganisation.

Dieses Bild war so eindrucksvoll und die Erforschung der Paviane so fortgeschritten, daß Shirley Strum, die selbst das Verhalten dieser Tiere studiert, kürzlich meinte: »Das „Pavianmodell" hatte einen übermächtigen Einfluß auf unsere Vorstellungen über die Primaten.«

Der Schimpanse wurde gleichfalls als Modell des letzten gemeinsamen Vorfahren und der frühen Hominiden benutzt. Und zwar aus gutem Grund: Der Schimpanse ist die uns genetisch am nächsten stehende Art. Eine Hauptschwierigkeit war hierbei, wie bei allen artbezogenen Modellen, die „Falle der Gegenwart". Ebenso wie ausge-

3.9 Eine Reihe von Kandidaten für das Primatenmodell. Bestimmte Arten haben zu verschiedenen Zeiten als Modell für die Evolution der frühen Hominiden gedient, so der Zwergschimpanse oder Bonobo (oben links), der Schimpanse (oben rechts), der Steppenpavian und der Löwe (ein soziallebendes Raubtier).

storbene Arten in ihrer Anatomie einzigartig sind und nicht nur bloße Varianten der rezenten Arten, ist auch ihr Verhalten vermutlich ohne Entsprechung in der heutigen Welt. Gibt man dem Schimpansenmodell den Vorzug, »wird eine Menschen-Menschenaffen-Dichotomie geschaffen«, so Richard Potts, Anthropologe an der Smithsonian Institution in Washington. »Plaziert man die frühen Hominiden in ein Schimpansen-Menschen-Kontinuum, entsteht das Problem, daß dann einzigartige Anpassungen außerhalb dieses Kontinuums übersehen werden.«

Potts betont, daß das Gebiß der frühen Hominidengattung *Australopithecus* mit Backenzähnen, die von einer dicken Schmelzschicht überzogen und in Kiefern eingebettet sind, weder dem der Schimpansen noch dem der Menschen ähnelt. »Mit diesem Aspekt der Zahnstrukturen liegt *Australopithecus* also nicht innerhalb des angenommenen Kontinuums.«

Der jüngste Vertreter der Primatenmodelle ist der Zwergschimpanse, der 1978 von Adrienne Zihlman, John Cronin, Vincent Sarich und Douglas Cramer herangezogen wurde. Randall Susman von der New York State University in Stony Brook ist ebenfalls ein Anhänger dieses Modells. Zwergschimpansen, die heute auf ein kleines Gebiet in Zaire beschränkt vorkommen, zeigen in ihren generellen Körperproportionen eine auffallende Ähnlichkeit mit dem ältesten bekannten Hominiden, mit *Australopithecus afarensis*. Diese Menschenaffen mit wissenschaftlichem Namen *Pan paniscus* sind daher als Modell besser geeignet als der echte Schimpanse *Pan troglodytes*. Nichtsdestoweniger müssen wir uns stets vergegenwärtigen, daß selbst nah verwandte Arten gänzlich verschiedene Sozialstrukturen aufweisen können, wenn sie unterschiedliche Lebensräume bewohnen.

Neben den Modellen der Primaten als Hominidenvorfahren wurden auch soziallebende Raubtiere gelegentlich als aufschlußreich erachtet. Den Ansatz bildete dabei eine mutmaßliche Verhaltensanalogie, die gemeinsame Jagd. Da eine Kooperation beim Jagen von den Hominiden jedoch wohl relativ spät entwickelt wurde (siehe Kapitel 5), ist der Wert dieses Modells beschränkt.

Die zweite Methode, der phylogenetische Vergleich, geht wesentlich vorsichtiger vor. Ihr Ziel ist es lediglich, gemeinsame grundlegende Verhaltensmerkmale von Menschenaffen und Menschen herauszufinden. Dieser Ansatz folgt dem von Richard Wrangham von der University of Michigan kürzlich formulierten Leitgedanken: »Wenn [ein Verhaltenszug] bei allen vier Arten auftritt, ist es wahrscheinlich (aber nicht sicher), daß dieser bereits bei dem gemeinsamen Ahnen vorhanden war, denn sonst hätte er sich zumindest zweimal entwickeln müssen. Wenn die vier Arten sich in einer bestimmten Verhaltensweise unterscheiden, lassen sich über den gemeinsamen Vorfahren keine Aussagen treffen.«

Wrangham untersuchte 14 Verhaltensmerkmale, wie soziale Gruppenstruktur, Beziehungen zwischen Männchen und Weibchen, aggressive Kontakte zwischen den Gruppen und so fort. Acht dieser Merkmale fand er bei Gorillas, den beiden Schimpansenarten und den Menschen. In den übrigen sechs unterscheiden sich die vier Spezies. Daraus schließt Wrangham, daß der gemeinsame Ahn der Hominiden und afrikanischen Menschenaffen »gemeinhin ein enggeknüpftes Sozialgefüge besaß, die Beziehungen zwischen den Gruppen durch die Feindseligkeit der Männchen geprägt waren und mit überfallartigen Angriffen einhergingen, die Weibchen exogam waren und untereinander keine Verbände bildeten und die Männchen mit mehr als einem Weibchen sexuelle Kontakte unterhielten«.

Diese Vorfahrengrundausstattung, wie sie Wrangham nannte, bildet lediglich ein Fundament, auf dem sich vorzeitliches Sozialverhalten rekonstruieren läßt. Sie scheint aber in jedem Fall die Vorstellung auszuschließen, die Owen Lovejoy 1981 äußerte: Er hält den ältesten bekannten Hominiden *Australopithecus afarensis* für monogam und friedfertig.

Die dritte Methode, nämlich eine Sozialorganisation anhand von Grundprinzipien der Verhaltensökologie zu rekonstruieren, ist die neueste und vielversprechendste. Von Robert Foley mit großer Sorgfalt entwickelt, versucht sie den Spielraum der Sozialstrukturen zu ergründen, die den Hominidenvorfahren zur Verfügung gestanden haben könnten, und dann zu überlegen, wie sich diese vielleicht verändert haben, als sich die Lebensumstände wandelten.

Bei diesen Untersuchungen geht es darum, welche ökologischen Möglichkeiten einer Art durch die Phylogenie eingeschränkt werden. Genau wie die Anatomie der Vorfahren dem Weg der nachfolgenden Evolution Grenzen setzt, gilt dies auch für deren Sozialstruktur. Daß sich beispielsweise aus einer multimaskulinen, nicht weibchengebundenen Struktur eine multimaskuline, aber weibchengebundene Struktur entwickelt, ist höchst unwahrscheinlich, da die nötigen Zwischenschritte unter den herrschenden Bedingungen ungeeignet wären. Mit anderen Worten, ein ökologisch bedingter Wandel der Sozialstruktur kann nur auf bestimmte Weise vor sich gehen. Kennt man also die Sozialorganisation eines Vorfahren, läßt sich die von den ökologischen Bedingungen bestimmte soziale Veränderung vorhersagen, da nur wenige Wege dafür zur Verfügung stehen.

Tabelle 3.2: Sozialorganisation der Vorfahren und Verwandten des Menschen. Unter Zuhilfenahme verschiedener Modelle ist es möglich, jene Verhaltensaspekte zu bestimmen, die bei den Vorfahren aufgetreten sein dürften. Bei jedem der 14 Punkte stellt sich die Frage, ob ein bestimmtes Verhaltensmuster bei *allen* modernen afrikanischen Menschenaffen existiert. Wenn ja, dann dürfte dieses Verhalten auch bei dem gemeinsamen Vorfahren unter den Hominiden aufgetreten sein. (Mit freundlicher Genehmigung von Richard Wrangham.)

Methode	phylogenetischer Vergleich	Schimpansen-modell	Schimpansen-modell	Verhaltens-ökologie	Verhaltens-ökologie
Art	gemeinsamer Vorfahre	später Prähominide	frühester Hominide	frühester Hominide	früher Hominide
1 geschlossener Sozialverband	ja	-	ja	ja	-
2 Zusammensetzung eines Verbands	?	instabil	instabil	stabil	instabil
3 Weibchen manchmal allein	?	ja	ja	nein	ja
4 Männchen manchmal allein	ja	ja	ja	nein	ja
5 Weibchen paart sich außerhalb der Gruppe	ja	-	ja	nein	-
6 Verbände von Weibchen	nein	-	nein	ja	-
7 Männchen paaren sich nur innerhalb des Verbands	?	vielfach	ja	nein	ja
8 Verbände von Männchen	?	-	ja	-	-
9 Männchen leben in fester Partnerbeziehung	nein	nein	nein	nein	-
10 Länge der Partnerbindung	?	kurz	kurz	kurz	lang
11 feindliche Zusammenstöße zwischen Gruppen	ja	nein	ja	-	-
12 Männchen aktiv bei Zusammenstößen zwischen Gruppen	ja	-	ja	-	-
13 Anpirschen und Angreifen	ja	-	-	-	-
14 Territorialverteidigung	?	-	?	-	-

Die Hominiden müssen wir natürlich im Zusammenhang mit den Menschenaffen, vor allem mit deren afrikanischen Vertretern betrachten. Die Sozialstrukturen der Menschenaffen variieren beträchtlich. Das reicht von einzellebenden Individuen bei den Orang-Utans über die monogamen Familien der Gibbons bis zu den Gruppen mit einem Männchen und wenigen nichtverwandten Weibchen der Gorillas und den vielschichtigen, von Brüchen und Zusammenschlüssen geprägten Gemeinschaften der Schimpansen. »Trotz dieser Vielfalt sind diese Sozialstrukturen ... zahlenmäßig begrenzt und aus evolutionärer Sicht eng miteinander verwandt«, stellte Foley kürzlich gemeinsam mit Phyllis Lee, ebenfalls von der Cambridge University, fest. Im deutlichen Gegensatz zur Sozialorganisation der niederen Affen gibt es bei den Menschenaffen nie eine Kerngruppe miteinander verwandter Weibchen.

Nach Foleys und Lees Ansicht ähnelte die Sozialstruktur der Vorläufer von Menschenaffen und Hominiden am ehesten jener der Gorillas. Gegen Ende des Miozäns vor etwa zehn Millionen Jahren resultierte ein stetig kühler werdendes Klima in einer Abnahme der Waldbedeckung. In Ostafrika entwickelte sich ein trockenerer und recht abwechslungsreicher Lebensraum. Dies führte dazu, daß die Nahrung nun über größere Gebiete verbreitet vorkam. Eine solche ökologische Veränderung würde die Evolution einer schimpansenähnlichen Sozialstruktur begünstigen, also von Gemeinschaften lose verbundener Weibchen und deren Jungen, die von genetisch miteinander verwandten Männchen gegenüber Männchen anderer Gruppen verteidigt werden.

»Das Entstehen der Hominiden läßt sich als Teil der Radiation der afrikanischen Hominoiden begreifen, wobei sich unter bestimmten ökologischen Bedingungen zunehmend engere Bündnisse unter männlichen Verwandten bildeten«, so Foley und Lee. Da die Klimaverschlechterung anhielt, gingen auch die ökologischen Veränderungen weiter. »Offensichtlich fördern diese Umweltverhältnisse bei Primaten unter anderem die Bildung größerer Gruppen, und zwar zum einen als Reaktion auf eine stärkere Bedrohung durch Raubtiere, zum anderen aufgrund der vermehrt nur stellenweise vorkommenden Nahrungsressourcen.« Die Wege, die der Evolution im Rahmen des vorliegenden Modells zur Verfügung stehen, »deuten darauf hin, daß sich größere soziale Gruppen eher auf den Bündnissen verwandter Männchen aufbauen als auf miteinander verwandten Weibchen«.

Vor diesem Hintergrund äußern Foley und Lee die Vermutung, daß »die Sozialorganisation der frühen Australopithecinen höchstwahrscheinlich ... aus geschlechtlich gemischten Gruppen bestand, wobei die Männchen durch ein Geflecht von Verwandtschaftsbeziehungen verbunden waren. Die Weibchen, die gezwungen waren, in einem großen Gebiet nach der weitverstreuten und auf bestimmte Jahreszeiten beschränkte Nahrung zu suchen und sich angesichts der Bedrohung durch Räuber zusammenzutun, dürften dann entweder feste Verbindungen mit einigen Männchen oder mit der gesamten Gruppe der verbündeten Männchen eingegangen sein.«

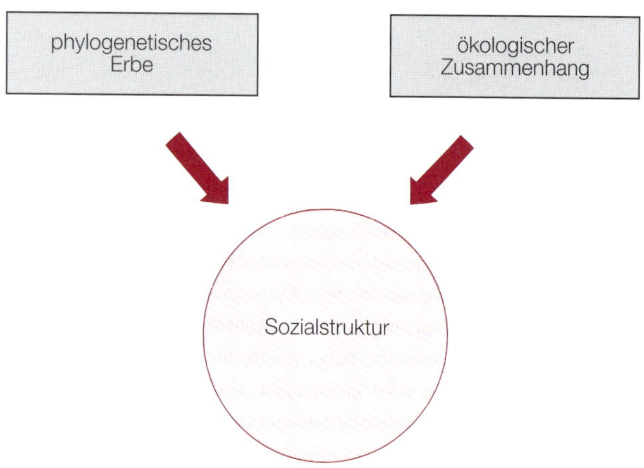

3.10 Einflüsse auf die Sozialorganisation.
Die Sozialstruktur einer Art ergibt sich aus der Wechselwirkung von stammesgeschichtlich ererbten Eigenschaften – Körpergröße beispielsweise – mit der Umwelt, in der sie lebt. Spezies mit unterschiedlichen genetischen Voraussetzungen können unter den gleichen Umweltbedingungen verschiedene Sozialstrukturen zeigen.

Obwohl dieses gesellschaftliche Paket auf die damals herrschenden Umweltbedingungen passen könnte, deckt es sich nicht mit dem Fossilfund des ersten heute bekannten Hominiden, zumindest nicht nach dessen gegenwärtiger Auslegung. Bei diesem Hominiden, *Australopithecus afarensis*, war der Geschlechtsunterschied in der Körpergröße angeblich so extrem wie bei den Orang-Utans. Dimorphismus von diesem Ausmaß wird üblicherweise mit einem außerordentlich harten Kampf der Männchen bei der Werbung um ein Weibchen gedeutet. Sind die Männchen in diesen Sozialgruppen aber eng miteinander verwandt, wie Foley und Lee annehmen, sollte man eher Kooperation erwarten und nicht erbitterten Streit. Entweder läßt das Modell etwas unberücksichtigt, oder die Fossilien, die zur Zeit als *Australopithecus afarensis* angesehen werden, repräsentieren in Wirklichkeit zwei Arten mit jeweils weit geringerem Geschlechtsunterschied.

Innerhalb der Hominiden, die vor drei bis einer Million Jahren lebten, entwickelten sich morphologische Unterschiede, die vermutlich unterschiedliche Formen der Lebensweise widerspiegeln. Das eine Extrem bildeten die robusten Australopithecinen, deren Nahrung offenbar aus harten, rauhen, wenig gehaltvollen Pflanzen bestand. Diese Nahrung kommt üblicherweise in großen, weit auseinanderliegenden Gebieten vor. »Als Auswirkung auf die Sozioökologie der Hominidenvorfahren ist zu erwarten ..., daß sich die männlichen Verwandtschaftsbande innerhalb einer wenig strukturierten großen Gruppe oder einer mit möglicherweise fließenden Grenzen lockern«, schreiben Foley und Lee. Verstärkte Konkurrenz unter den Männchen wäre die Folge, die möglicherweise mit einem geschlechtsbedingten Unterschied der Körpergröße einhergeht.

Das andere Extrem bildet *Homo erectus*, der über ein größeres Gehirn verfügte und über einen stark zurückgebildeten Kauapparat. Er war mit denselben Existenzproblemen in den tropischen Savannen konfrontiert wie die robusten Australopithecinen, nämlich trotz jahreszeitlicher Schwankungen eine sichere Versorgung mit Nahrung zu erreichen; dieser Hominide schlug jedoch eine andere Überlebensstrategie ein. Statt sich von minderwertigen Pflanzen zu ernähren, steigerte er den Verzehr von Fleisch, einer nur stellenweise vorkommenden, aber hochwertigen Nahrungsquelle.

»Die Gründe für den Fleischverzehr sind ökologischer Natur«, schreiben Foley und Lee, »dies hatte Konsequenzen für die Verbreitung und die Sozialstruktur der Hominiden.« Eine war der stark vergrößerte Aktionsradius und die damit verbundene Länge der täglich zu bewältigenden Strecken, die es den Männchen außerordentlich schwer machten, die Weibchen unmittelbar zu verteidigen. »Als Reaktion ließe sich eine Verteidigung der Ressourcen durch territorialen Ausschluß vorhersagen; in Anbetracht der Größe des betroffenen Gebiets wird dies eher zu Allianzen unter den Männchen führen als zur Verteidigung durch einzelne. Dieses Verhalten stärkt die Verwandtschaftsbindungen als ein Mittel, mit Kontakten und starker Konkurrenz zwischen den Gruppen fertigzuwerden.«

Neben Veränderungen, die von dieser Lebensstrategie herrührten, sah sich *Homo* einer weiteren bedeutsamen Neuerung gegenüber – den Folgen des vergrößerten Gehirns. Das Gebären und Aufziehen von Nachkommen mit einem großen Gehirn ist energetisch gesehen teuer. Ab einem bestimmten Punkt wird es für die Mutter zu aufwendig, allein für die Jungen zu sorgen, und es werden beide Elternteile in die Aufzucht mit einbezogen. »Das hätte eine Zunahme der Häufigkeit, Intensität und Stabilität der Beziehungen zwischen den Geschlechtern zur Folge«, so Foley und Lee. Ist das der Beginn der Kernfamilie, die für unsere westliche Gesellschaft so typisch ist? Nein, denn diese ist bei den Menschen eigentlich eine ziemlich ungewöhnliche Gesellschaftsform. Eine Untersuchung der Bandbreite der Sozialstrukturen der heutigen Gesellschaften zeigte, daß 74 Prozent polygyn sind.

Der Geschlechtsdimorphismus des heutigen Menschen in der Körpergröße um 20 Prozent weist statt auf Monogamie auf einen gewissen Grad männlicher Konkurrenz in unserer jüngeren Vergangenheit hin. Der Umstand, daß männliche Föten im Uterus besser versorgt sind als weibliche, was zu einem durchschnittlich höheren Geburtsgewicht von Knaben führt, verträgt sich ebenfalls mit der Vorstellung des Wettbewerbs unter den Männern. Ein weiterer Faktor ist die Größe der Hoden, ein Maßstab subtiler Konkurrenz in multimaskulinen Gruppen. Beispielsweise leben Schimpansen in promiskuitiven, multimaskulinen Gruppen. Ein Männchen kann seine Genossen dadurch ausstechen, daß es mehr Spermien produziert. Gorillas und Orang-Utans sind dieser Art von Wettbewerb nicht ausgesetzt. Ihre Hoden sind klein.

Was ist nun mit *Homo sapiens*? Auch beim Menschen sind die Hoden klein und schließen so offenbar Konkurrenz in promiskuitiven, multimaskulinen Gruppen aus. Monogamie ist anscheinend ebenfalls ausgeschlossen, womit Polygynie verbleibt. Wie Robert Martin und Robert May jedoch vor kurzem kritisch anmerkten, sind »diese überkommenen biologischen Grundlagen heute von ungewöhnlich starken sozioökonomischen Determinanten überlagert«.

Fragen

- Wo stößt die Beurteilung des Fortpflanzungserfolgs als einfaches Maß nach Darwin für den Erfolg einer Art an ihre Grenzen?
- Welche Strategie ist ab einer bestimmten Körpergröße risikoreicher: langsam oder schnell zu leben?
- Primaten als Gruppe haben ein doppelt so großes Hirn wie andere Säugetiere: Wie könnte sich dies entwickelt haben?
- Könnten die ersten Hominiden im tropischen Regenwald entstanden sein?
- Warum war das Verteidigen gegen Räuber eine so populäre Erklärung für die Gruppenbildung bei Primaten?
- Unter welchen Umständen könnten männliche Primaten sich gezwungen sehen, beim Aufziehen ihrer Nachkommen zu helfen?
- Wenn das Kooperieren mit Verwandten indirekt den eigenen Genen nutzt, welchen Vorteil könnte die Kooperation von Nichtverwandten in einer sozialen Gruppe haben?
- Welche anatomischen Anhaltspunkte könnten Untersuchungen des Sozialsystems lebender Arten für Fossilfunde, beispielsweise früher Hominiden, geben?
- Warum nimmt man an, daß ausgestorbene Arten höchstwahrscheinlich ihre besonderen Verhaltensweisen hatten?
- Warum sind „Erstprinzip“-Methoden für das Erschließen des Sozialverhaltens von Vorfahren zumeist schwieriger, jedoch informativer als Einzelspeziesmodelle?
- Wie bedeutend sind vermutlich Beschränkungen der phylogenetischen Entwicklungsmöglichkeiten angesichts sich schnell ändernder Umweltbedingungen?
- Welche Konsequenzen hat es, wenn ein männlicher Primat einen Teil der elterlichen Fürsorge übernimmt, indem er sich um die Nahrungsversorgung kümmert?

4. Die Anfänge der Hominiden

Die Vorläufer der Hominiden

Die Menschen gehören zur Unterordnung der Catarrhini, die niedere Altweltaffen (Überfamilie Cercopithecoidea) und Menschenaffen (Überfamilie Hominoidea) umfaßt. Sie werden gemeinsam mit den Menschenaffen zu den Hominoidea gezählt. Die Catarrhini entstanden offenbar in Afrika. Die evolutive Trennung von Cercopithecoiden und Menschenaffen vollzog sich vor etwa 20 bis 30 Millionen Jahren. Die menschliche Linie entstand vor ungefähr fünf bis zehn Millionen Jahren. In diesem Abschnitt wollen wir uns in erster Linie mit den frühen Menschenaffen beschäftigen, jener Gruppe, aus der die Menschen hervorgingen.

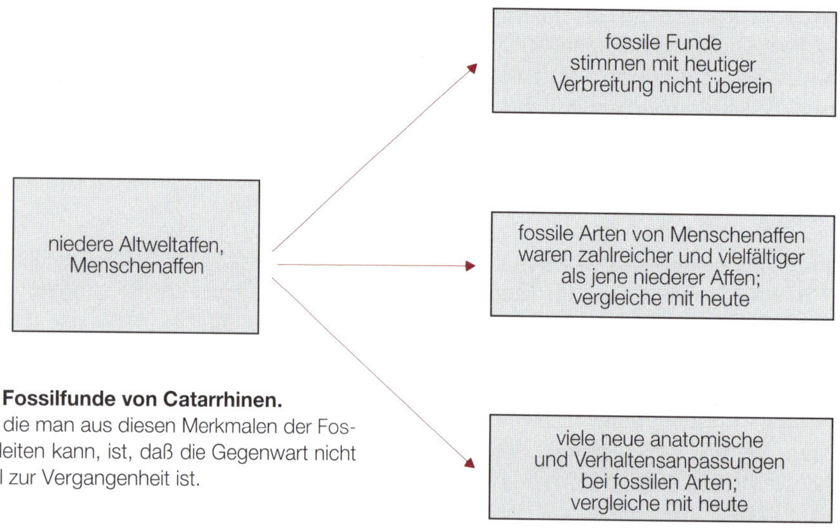

4.1 Hauptmerkmale der Fossilfunde von Catarrhinen. Die wesentliche Erkenntnis, die man aus diesen Merkmalen der Fossilfunde von Altweltaffen ableiten kann, ist, daß die Gegenwart nicht immer ein direkter Schlüssel zur Vergangenheit ist.

Drei Kernpunkte fallen bei jeder Betrachtung der Evolution der Catarrhinen auf.

– Die Fossilbelege der Gruppe überlappen sich geographisch zum größten Teil nicht mit dem Gebiet, in dem die Catarrhinen heute am häufigsten vorkommen. Die älteren Funde konzentrieren sich nämlich auf Nordafrika und Eurasien, einige stammen auch aus Ostafrika. Heute leben die meisten Catarrhinen in den Wäldern Südostasiens und Afrikas südlich der Sahara. In diesen Verbreitungsmustern spiegelt sich möglicherweise ein tatsächlicher Wandel im Laufe der Geschichte dieser Gruppe wider. Es kann aber auch sein, daß durch eine ungleiche Erhaltung der Fossilien ein falsches Bild entsteht; denn in Waldgebieten erhalten sich üblicherweise kaum Fossilien.

– Unter den heutigen Catarrhinen übertreffen die niederen Altweltaffen die Menschenaffen bei weitem, sowohl an Individuen als auch an Artenzahl. Den 15 Gattungen und 65 Arten der Cercopithecoiden stehen fünf Gattungen mit lediglich zwölf Arten der Hominoiden gegenüber. In der Frühgeschichte der Gruppe stellte sich die Lage genau umgekehrt dar. Die Menschenaffen waren damals in Arten- und Individuenzahl erheblich zahlreicher als die niederen Affen.

– Die alten Menschenaffen waren nicht bloß etwas primitivere Versionen der heutigen Arten, sondern durch Merkmale gekennzeichnet, die zum Teil menschenaffenartig, zum Teil eher den Cercopitheciden ähnlich waren und zu einem weiteren Teil bei heutigen großen Primaten unbekannt sind. Aufgrund dieser anatomischen Besonderheiten sollten die alten Menschenaffen auch in ihrem Verhalten, was Fortbewegung und Ernährungsweise anging, andersartig gewesen sein. Somit ist es ausgesprochen schwierig, Aussagen über das Aussehen und Verhalten verschiedener Ahnen zu machen. Dies gilt auch für den Vorfahren der menschlichen Abstammungslinie.

Wenn die gegenwärtig bekannten Fossilien die Geschichte der Catarrhinen einigermaßen verläßlich widerspiegeln, sind eine Reihe von allgemeinen Entwicklungstrends in der Körper- und Gehirngröße sowie in der Fortbewegungsweise und den Ernährungsgewohnheiten erkennbar.

Solche Trends finden wir bei den meisten Gruppen, die eine adaptive Radiation durchmachen.

An erster Stelle steht hier eine Zunahme der Körpergröße in der gesamten Gruppe, die in einigen Abstammungslinien, vor allem unter den Menschenaffen, besonders markant ist. Des weiteren übertreffen die Catarrhinen die Halbaffen in ihrer relativen Gehirngröße. Zum dritten erweitert sich die ursprüngliche ökologische Nische quadrupeder, arborealer Frugivoren, also vierbeiniger, baumbewohnender Tiere, die sich vornehmlich von Früchten ernähren: Die Fortbewegungsweise wird durch Schwinghangeln bei den Menschenaffen und Terrestrialität bei verschiedenen Affen ergänzt. Ernährung durch Blattwerk (Folivorie) gewinnt eine wachsende Bedeutung innerhalb der gesamten Gruppe, vor allem bei den niederen Affen.

Die heute vorliegende Fossildokumentation ist zwangsläufig unvollständig. Dies zeigt die kürzlich gemachte Entdeckung zweier Gattungen urtümlicher Menschenaffen aus dem Mittelmiozän in Ostafrika sehr eindrucksvoll. Unsere Vorstellung von der Vielfalt der miozänen Menschenaffen muß erweitert werden. Daß neue Fossilfunde unser Bild vom grundlegenden Anpassungsmuster der Gruppe verändern werden, ist wenig wahrscheinlich.

Die ältesten bekannten Fossilbelege der Altweltanthropoiden stammen aus der Provinz Fayum in Ägypten. Diese Gegend, heute ein arider unwirtlicher Landstrich, war vor 35 Millionen Jahren ein Flickwerk von Flußauen und Wäldern. Während der mehr als zwei Jahrzehnte dauernden Ausgrabungen hat der Paläontologe Elwyn Simons von der Duke University mit seinen Mitarbeitern dort Überreste von ungefähr sechs Primatengattungen entdeckt. Die Schätzungen des Körpergewichts reichen von 300 Gramm für die kleinste Gattung *Qatrania* bis zu sechs Kilogramm für die größte Gattung *Aegyptopithecus*. In den meisten Fällen ernährten sich die Primaten von Fayum offenbar von Früchten.

Obwohl eine der hier gefundenen Arten – *Aegyptopithecus zeuxis* – lange Zeit als früher Menschenaffe angesehen wurde, nimmt man heute an, mit Hilfe der Fayum-Primaten lasse sich der Zeitpunkt, als sich die anthropoide Stammgruppe in niedere Altweltaffen und Menschenaffen trennte, weiter vordatieren. *Aegyptopithecus* oder ähnliche Formen, wie sein Zeitgenosse *Propliopithecus*, könnten Vertreter dieser Stammgruppe gewesen sein. Einige Experten halten es gar für möglich, daß *Aegyptopithecus* und die anderen Primaten aus Fayum Vertreter der Anthropoiden zu einer Zeit gewesen sein könnten, bevor sich die Neuweltaffen von den Altweltaffen trennten.

Simons zufolge war *Aegyptopithecus* »ein nicht spezialisierter baumlebender Quadrupede ohne irgendwelche Anzeichen für eine Neigung zum Schwinghangeln oder aufrechten Gehen«. Vom Verhalten her ist unter den heute lebenden Affen *Alouatta*, der Brüllaffe der Neuen Welt, *Aegyptopithecus* am nächsten. »Diese Ähnlichkeit geht auf vergleichbare Anpassungen und nicht auf genetische Nähe zurück«, betont Simons.

Erst vor kurzem zeigte sich durch die rasch zunehmende Zahl der Fossilfunde aus Fayum, daß zumindest bei drei Arten der Gattungen *Aegyptopithecus*, *Propliopithecus* und *Apidium* ein deutlicher Größenunterschied zwischen Männchen und Weibchen besteht. Geht man von den Verhältnissen bei modernen Arten aus, könnte dieser Geschlechtsdimorphismus, der insbesondere an Kiefer und Zähnen zutage tritt – sie sind bei Männchen erheblich größer als bei Weibchen –, auf bestimmte Sozialstrukturen hindeuten (siehe Kapitel 3). Die Größe der Männchen könnte zum Beispiel mit Konkurrenz unter den Männchen bei der Werbung um Weibchen innerhalb eines polygynen Systems zusammenhängen.

Zwischen der Zeit von Fayum – die Fossilien waren vor etwa 32 bis 37 Millionen Jahren, im Oberen Oligozän, abgelagert worden – und dem Unteren Miozän vor etwa 17 bis 23 Millionen Jahren klafft hinsichtlich der Funde von Catarrhinen eine praktisch vollständige Lücke. Dieses Zeitalter führt uns nun nach Ostafrika, wo wir Belege

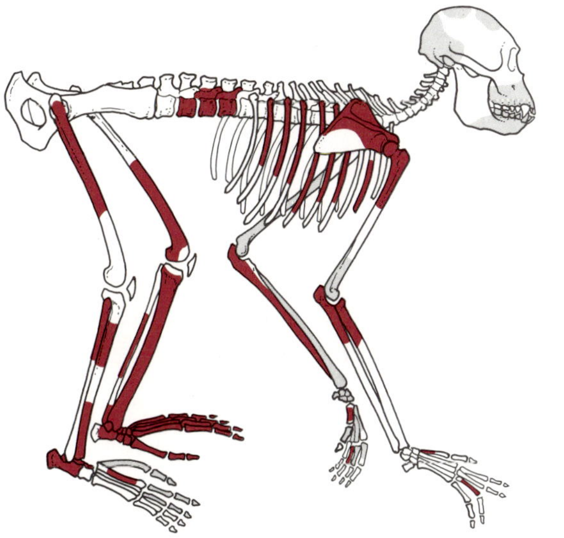

KNM-RU 2036

4.2 *Proconsul africanus.*
Diese Rekonstruktion basiert auf fossilen Funden von Mary Leakey aus dem Jahre 1959 (blau) und auf Skeletteilen der Sammlung des Nairobi-Museums, die von Alan Walker und Martin Pickford im Jahre 1980 zusammengetragen wurden (grau). Das Individuum, ein junges Weibchen, lebte vor etwa 18 Millionen Jahren, hat die Merkmale eines modernen niederen Affen (der lange Rumpf, die Arme und Handknochen) sowie eines modernen Menschenaffen (die Schulter, Ellenbogen, Schädel- und Zahnmerkmale). (Mit freundlicher Genehmigung von Alan Walker.)

einer fossilen Menschenaffengruppe finden, deren bedeutendster Vertreter *Proconsul* ist. Dieses Tier lebte vor etwa 18 Millionen Jahren, ernährte sich von Früchten und wies einen ausgeprägten Geschlechtsdimorphismus auf. Zugleich finden wir hier die ersten Spuren niederer Altweltaffen.

Die ungewöhnlich umfangreichen Skelettreste des *Proconsuls* aus Westkenia liefern ein eindrucksvolles Beispiel für die „mosaikhafte" anatomische Natur der frühen Menschenaffen. »Das Skelett der Vordergliedmaßen ähnelt im Bereich der Schulter- und Ellenbogenregion auf bemerkenswerte Weise dem der Menschenaffen«, so Alan Walker von der Johns Hopkins University. »Die Arm- und Handknochen dagegen sehen eher aus wie bei verschiedenen niederen Affen. Für die Hintergliedmaßen trifft das Gegenteil zu: Im Gegensatz zur Hüftregion ähneln die Knochen von Fuß und Unterschenkel sehr denen der Menschenaffen.« Die Lendenwirbel sind ebenfalls interessant, sie haben eher Ähnlichkeit mit Gibbons als mit Cercopithecoiden oder großen Menschenaffen.

4.3. Rusinga Island im Jungmiozän.
Diese Gemeinschaft von Menschenaffen vor 18 Millionen Jahren illustriert Aspekte der Artenvielfalt, aus denen später die Merkmale der Affen hervorgingen. Oben links ist *Proconsul africanus* dargestellt, oben rechts *Dendropithecus macinnesi*, in der Mitte *Limnopithecus legetet*, unten *Proconsul nyanzae*. (Mit freundlicher Genehmigung von John Fleagle, Academic Press.

Diese anatomischen Verhältnisse weisen auf eine Mischung primitiv äffischer und menschenaffenähnlicher Elemente in der Fortbewegungsweise hin, eine Kombination von vierbeinigem Laufen und Springen sowie senkrechtem Klettern und Schwinghangeln. Die Merkmalskombination ist auch eine eindringliche Warnung gegen die vorschnelle Deutung unvollständiger Fossilfunde. Wären die Arm- und Handknochen die einzigen bekannten Stücke von *Proconsul*, dann würde man ihn sicherlich für einen niederen Affen halten. Stützte sich die Untersuchung nur auf Fuß und Unterschenkel oder auf Schulter und Ellbogen, dann würde man an einen Menschenaffen denken.

Das Untere Miozän war ein Zeitalter wachsender Vielfalt unter den urtümlichen Menschenaffen; es lebten damals mindestens sechs Gattungen und mehr als doppelt so viele Arten. Diese frühen Menschenaffen blieben bis vor ungefähr 18 Millionen Jahren auf Afrika beschränkt, als der Kontinent sich abermals mit Eurasien vereinte. Diese Tiere gehörten zu den vielen afrikanischen Arten, die am Faunenaustausch zwischen den beiden großen Landmassen beteiligt waren. Weil hierbei neue Gegenden besiedelt wurden, nahm auch die Vielfalt der Formen weiter zu. Etwa zu dieser Zeit trennte sich die Linie, aus der vermutlich die heutigen Gibbons hervorgingen, von der ursprünglichen Stammgruppe der Hominoiden.

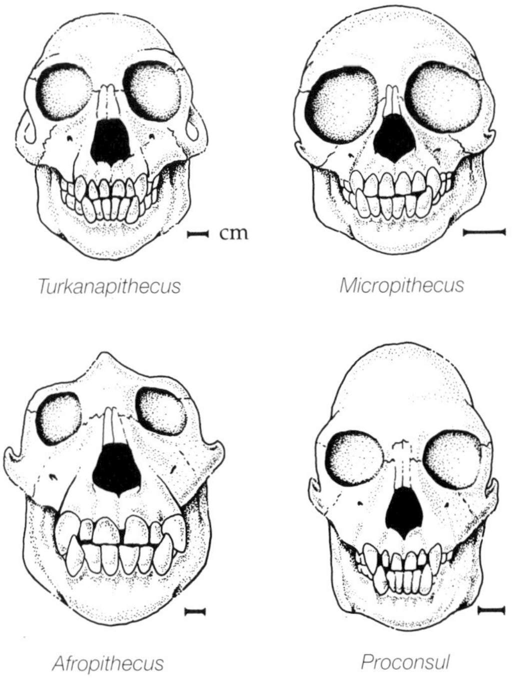

4.4 Menschenaffen des Miozäns.
Diese Gesichter afrikanischer Menschenaffen – einige sind 18 Millionen Jahre alt – illustrieren die morphologische Vielfalt innerhalb der miozänen Menschenaffen. (Mit freundlicher Genehmigung von John Fleagle, Academic Press.)

Die meisten fossilen Hominoiden des Mittel- und Obermiozäns (vor acht bis 17 Millionen Jahren) stammen aus Eurasien; allerdings verbessert sich die Fundsituation in Ostafrika zur Zeit erheblich. Die Auseinandersetzung darüber, wie dieses vielfältige Artensortiment taxonomisch sinnvoll eingeordnet werden sollte, geht hin und her. Vor einem Jahrzehnt war es üblich, Stammbäume zu veröffentlichen, in denen voller Zuversicht moderne Hominoiden mit fossilen Arten aus dem Mittelmiozän in Verbindung gebracht wurden. Ununterbrochene Linien verbanden lange Zeiträume, obwohl Fossilbelege für die dazwischenliegenden Abschnitte eigentlich in keinem Fall vorhanden waren. Heute sind die Forscher vorsichtiger. Sie erkennen an, daß man nur einen einzigen rezenten Hominoiden, den Orang-Utan, relativ sicher mit einem Menschenaffen des Mittelmiozäns, mit *Sivapithecus*, in Verbindung bringen kann.

Bis vor kurzem gliederten einige Forscher die Hominoiden des Mittelmiozäns in zwei Gruppen, die „Dryomorphen" und die „Sivamorphen". Diese Einteilung gründete sich vor allem auf Merkmale von Kiefern und Zähnen. Die Dryomorphen wurden nach verschiedenen Vertretern der Gattung *Dryopithecus* benannt, die in Europa lebten. Wegen ihres Kauapparats nahm man an, sie seien den heutigen Menschenaffen recht ähnlich gewesen. Deswegen wurden sie auch als „dentale Menschenaffen" bezeichnet. Die Sivamorphen, benannt nach verschiedenen eurasischen Arten der Gattung *Sivapithecus*, faßte man wegen ihrer kräftigeren Kiefer und Zähne mit dicker Schmelzschicht zu einer eigenen Gruppe zusammen. Schätzungen des Körpergewichts für die einzelnen *Sivapithecus*-Arten reichen von 20 bis 90 Kilogramm. Sie zeigten einen ausgeprägten Sexualdimorphismus.

Obwohl über das Rumpf- oder Postcranialskelett von *Sivapithecus* weniger bekannt ist als über das von *Proconsul*, läßt sich die Fortbewegungsweise der Gattung doch mit Sicherheit als menschenähnlich beschreiben, wenngleich sich ein nach heutigen Maßstäben eindeutiges Merkmal nicht findet. Was *Sivapithecus* offenbar mit den Orang-Utans verbindet, sind einige gemeinsame abgeleitete Homologien – Synapomorphien – im unteren Gesichts- und Gaumenbereich. Pilbeam betont aber ausdrücklich: »*Sivapithecus* ist kein Orang-Utan, und genausowenig ist der Orang-Utan ein lebendes Fossil.« Von den gemeinsamen Gesichtsmerkmalen abgesehen, scheint sich der Orang-Utan in einem langen Zeitraum sehr weit von seinen mittelmiozänen Verwandten fortentwickelt zu haben.

Weitere Sivamorphe sind *Gigantopithecus*, ein riesiger bodenlebender asiatischer Menschenaffe, der vermutlich über 150 Kilogramm schwer war, oder *Kenyapithecus*, der in Afrika lebte. Bis vor kurzem hatte man auch die Arten

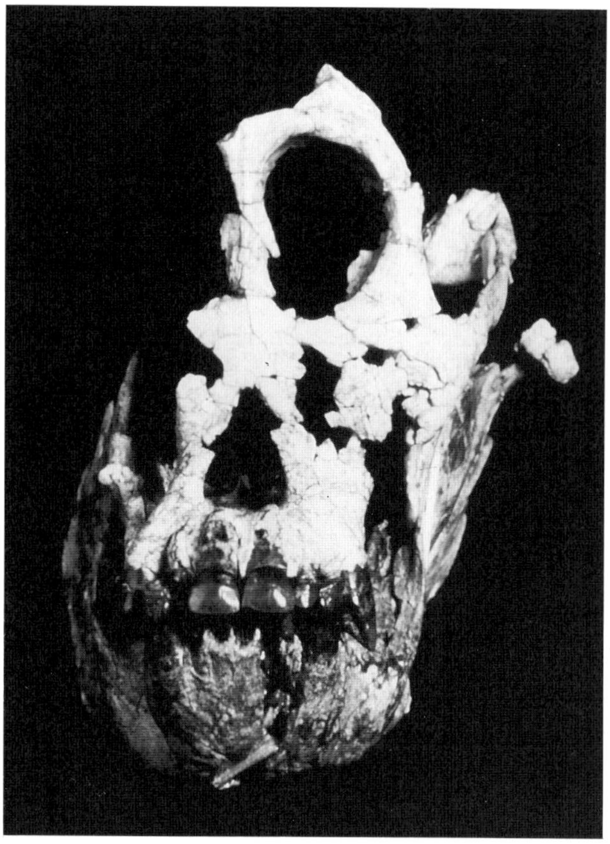

4.5 *Sivapithecus.*
Dieser acht Millionen Jahre alte Vertreter von *Sivapithecus indicus* stammt vom Potwar-Plateau in Pakistan. Das Tier hatte etwa die Größe eines Schimpansen, aber das Gesicht eines Orang-Utans. Er fraß weiche Früchte (was sich an der Abnutzung der Zähne nachweisen läßt) und lebte wahrscheinlich hauptsächlich auf Bäumen. (Mit freundlicher Genehmigung von David Pilbeam.)

der eurasischen Gattung *Ramapithecus* dieser Gruppe zugerechnet. Viele Forscher glauben jedoch heute, diese Gattung sei identisch mit *Sivapithecus*.

Wie sich nunmehr herausstellt, ist die schöne Unterteilung in Sivamorphe und Dryomorphe für das Mittelmiozän eine künstliche Vereinfachung. Zum Beispiel ist der Merkmalskomplex von kräftigen Zähnen und dickem Zahnschmelz, der für die Sivamorphen typisch sein sollte, viel komplizierter, als man sich vorgestellt hatte. Offensichtlich ist die Gruppe erheblich heterogener. »Sie bilden keine natürliche Gruppe«, schreiben Pilbeam und sein Kollege Jay Kelly. Diese Einschätzung gilt ebenso für die Dryomorphen.

Das facettenreiche Bild von der Evolution der Hominoiden während des Miozäns offenbart sich nun als eine Folge von schubweisen adaptiven Radiationen, die jeweils etwa zwei bis drei Millionen Jahre dauerten. Stammesgeschichtliche Verbindungen innerhalb eines einzelnen Zeitabschnitts oder vertikal über die gesamte Zeit aufzuzeigen, wird daher angesichts der lückenhaften Funde zu einem gewagten, wenn nicht gar unmöglichen Unterfangen. In Anbetracht der gewaltigen Fossillücke, die vor den ersten Hominidenfunden klafft, und der noch größeren Spanne ohne Funde vor den heutigen afrikanischen Menschenaffen bleibt jede Vermutung über die Identität des Vorfahren der Hominoiden eben eine Vermutung. Viele erwarten ihn unter den bisherigen Sivamorphen.

Seit den frühen sechziger Jahren nahm *Ramapithecus* über zwei Jahrzehnte hinweg eine Sonderstellung in der Paläoanthropologie ein. Er wurde von vielen Forschern als der erste Hominide angesehen. Demnach lägen die Ursprünge der Menschen vor mindestens 15 Millionen Jahren. Zu den Merkmalen, von denen man glaubte, sie stellten eine Verbindung von *Ramapithecus* zu den Hominiden her, zählt der kräftige Kiefer mit den großen, von einer dicken Schmelzschicht bedeckten Backenzähnen. Diese Merkmalskombination hielt man für eine Spezialisierung der Hominiden. Mehrere Entwicklungen trafen zusammen, um *Ramapithecus* seinen vermeintlichen Hominidenstatus zu nehmen.

Erstens legten Erkenntnisse der Molekularbiologie nahe, daß die Entstehung der Hominiden eher vor fünf Millionen als vor 15 Millionen Jahren anzusiedeln ist (siehe Kapitel 2). Zweitens stellte sich dicker Zahnschmelz als ein primitives Merkmal und nicht als Spezialisierung heraus. Die Dicke der Schmelzschicht ist überdies ein erheblich komplexeres Merkmal, als man bisher angenommen hatte (siehe den übernächsten Abschnitt in diesem Kapitel). Drittens war der unbestrittene Hominide *Australopithecus afarensis* in vielerlei Hinsicht einem Menschenaffen ähnlicher als *Ramapithecus*. Doch lebte er vor etwa drei Millionen Jahren und damit lange nach *Ramapithecus*. Viertens entdeckte man Anfang der achtziger Jahre, daß *Sivapithecus* mit dem Orang-Utan verwandt war – für viele das überzeugendste Argument.

Der dem vierten Punkt zugrundeliegende Gedankengang ist folgender: Man weiß, daß *Ramapithecus* eng mit *Sivapithecus* verwandt ist. Wenn also *Sivapithecus* mit dem Orang-Utan verwandt ist, muß dies auch auf *Ramapithecus* zutreffen. Die Hominiden dagegen sind bekanntermaßen mit den afrikanischen Menschenaffen, also Schimpansen und Gorilla, eng verwandt, und nicht mit dem asiatischen Orang-Utan. Folglich kann *Ramapithecus* kein Hominide sein.

Daher betrachtete man *Ramapithecus* nicht länger als Hominiden und bald auch nicht mehr als eigenständige Gattung; diese ging in der Gattung *Sivapithecus* auf. Nun stellt sich jedoch die Frage, von wem sich die Hominiden dann herleiten.

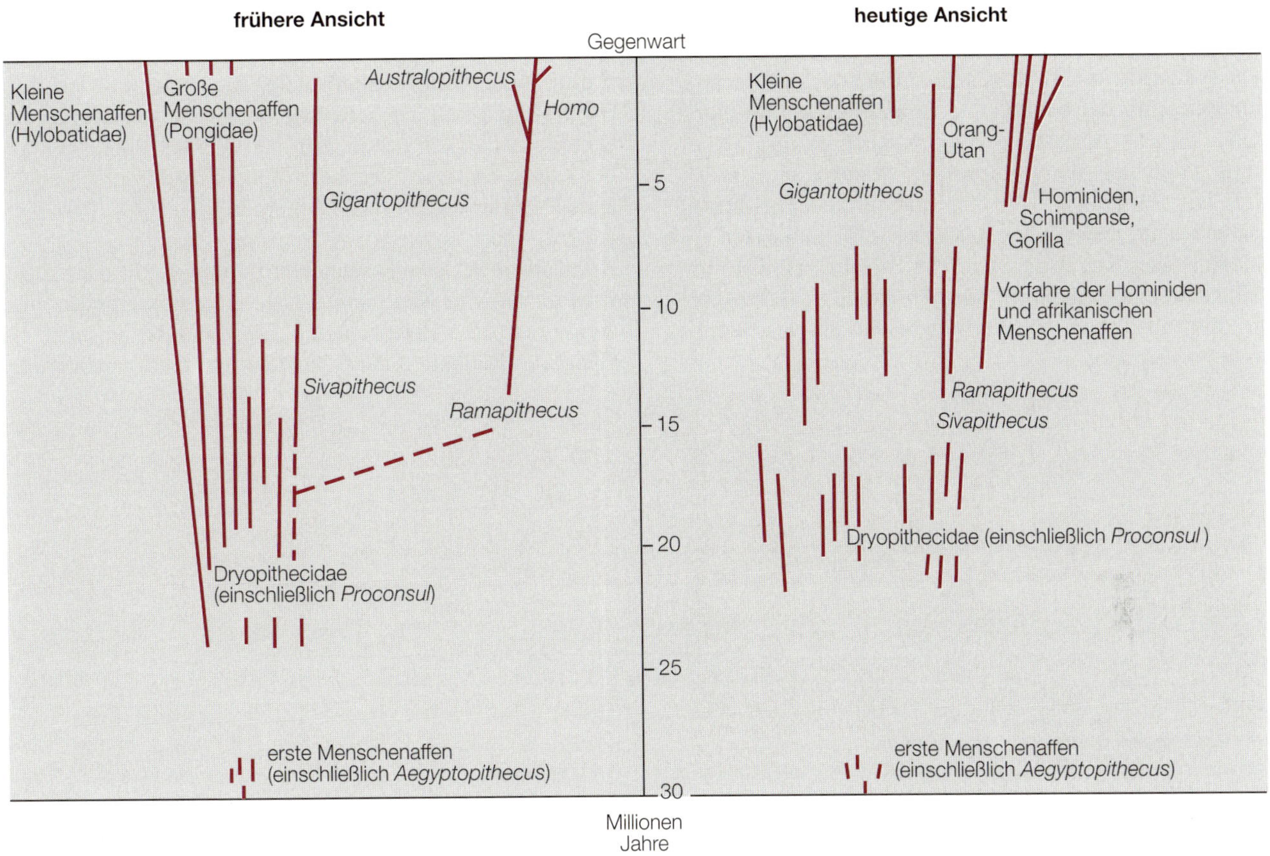

4.6 Wandel in den Vorstellungen über die Vorfahren der Hominoiden.
Früher betrachtete man die Entwicklung der Hominoiden als stufenartiges Muster, wovon sich *Ramapithecus*, als erster Hominide, vor 15 Millionen Jahren abgespalten haben soll. Zwischen Hominiden und Menschenaffen wurde eine große Lücke gesehen. Die Geschichte der Hominoiden sieht man heute als komplizierte buschartige Struktur. *Ramapithecus* wird nicht mehr als erster Hominide genannt, und die Lücke zwischen Hominiden und Menschenaffen, besonders der afrikanischen Menschenaffen, wurde geschlossen.

Aus der Zeit vor etwa vier bis sieben Millionen Jahren gibt es praktisch keine Fossilfunde von Hominoiden, weder in Afrika noch in Eurasien. In diesem Zeitraum schrumpfte die Vielfalt der Hominoiden, der Menschenaffen, während die der Cercopithecoiden, der niederen Altweltaffen, erheblich zunahm. Wenn man aber einen Fossilbeweis für den direkten Vorläufer der Hominiden fände, wie sollte er aussehen? Jenes Geschöpf wäre natürlich auch der direkte Vorfahre der Schimpansen und Gorillas.

»Was die Zähne betrifft«, vermutet David Pilbeam, »zeigte er einen Sexualdimorphismus in den Eckzähnen und stark dimorphe, mit dickem Schmelz überzogene Backenzähne.« Er war mit ziemlicher Sicherheit überwiegend ein Fruchtfresser. Der Geschlechtsdimorphismus weitete sich auf die Körpergröße aus. »Die Weibchen wogen etwa 30 Kilogramm, die Männchen ungefähr das Doppelte.« All das macht eine polygyne Sozialstruktur für diese Tiere wahrscheinlich. Ihr Körperbau dürfte dem eines gemeinen Hominoiden entsprochen haben. »Arme und Beine waren lang, die Brust breit. Ein Problem ist die Lendenregion: Hatte der Protohominide sechs Lendenwirbel wie die frühen Hominiden, fünf wie die Gibbons oder drei bis vier wie die großen Menschenaffen?«

Zweifellos reden wir von einem vorwiegend baumbewohnenden Tier, das dem Schimpansen recht ähnlich war. Wie aber bewegte es sich auf dem Boden? Wenn die jüngsten molekularbiologischen Erkenntnisse, die den Menschen in eine besonders enge Verwandtschaft zum Schimpansen stellen, zutreffen (siehe Kapitel 2), dann könnten Protohominide und Protoschimpanse, wie die heutigen Schimpansen und Gorillas, Knöchelgänger gewesen sein. Pilbeam drückt es so aus: »Der Knöchelgang könnte zu seinem Haltungsrepertoire gehört haben.« Auf jeden Fall mußte die Fortbewegungsweise des letzten gemeinsamen Vorfahren von Hominiden und Schimpansen ebenso leicht zum klassischen Knöchelgang wie zum aufrechten Gang führen können.

Der Schritt zum aufrechten Gang

»Die menschliche Art zu gehen ist eine riskante Sache«, bemerkte einst der britische Anthropologe John Napier. »Ohne eine auf Bruchteile von Sekunden genaue Abstimmung würde der Mensch unweigerlich der Länge nach hinfallen. Im Grunde bewegt er sich mit jedem Schritt, den er macht, am Rande eines Sturzes.« Die meisten anatomischen Anpassungen an die Bipedie – sowohl im Skelettbereich als auch im Muskelsystem – , stehen im Zusammenhang mit dem Gleichgewicht, um den besagten Sturz zu vermeiden.

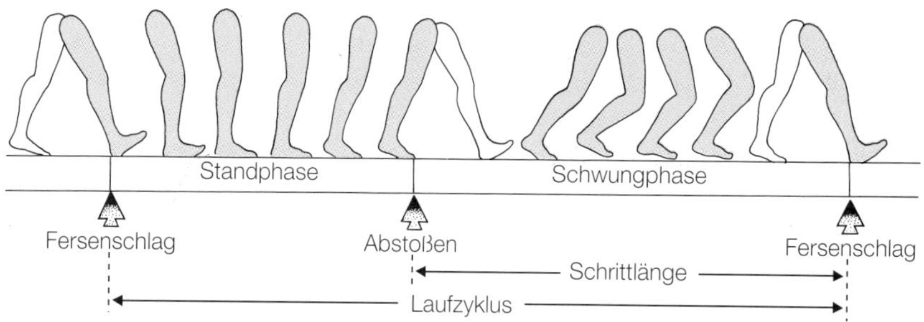

4.7 Phasen des Ganges auf zwei Beinen. Das aufrechte Gehen des Menschen verlangt einen fließenden Wechsel zwischen der Stand- und der Schwungphase jedes Beines. Entscheidende Merkmale sind das Abstoßen mit dem großen Zeh zu Beginn der Schwungphase und der Fersenschlag am Anfang der Standphase. (Mit freundlicher Genehmigung von John Napier.)

Obwohl *Homo sapiens* nicht der einzige Primat ist, der auf zwei Beinen geht – Schimpansen und Gibbons machen dies des öfteren, wenn es die Umstände erfordern –, ist er der einzige, der dies gewohnheitsmäßig und mit schreitendem Gang tut. Die Seltenheit des aufrechten Ganges unter den Primaten und den Säugetieren insgesamt hat zu der Annahme geführt, Zweibeinigkeit sei unzweckmäßig und ihr Entstehen daher unwahrscheinlich. Aus diesem Grund haben Anthropologen häufig nach „speziellen", das heißt essentiell menschlichen, Erklärungen für die Entwicklung des aufrechten Ganges gesucht.

Eng verbunden damit ist die höchst heimtückische Auffassung, die Hände des Affen seien – durch den aufrechten Gang – frei geworden und er könnte so Gegenstände, etwa Werkzeuge oder Waffen, tragen. Diese Vorstellung besitzt eine solche Kraft, daß es oft schwierig war, sich der Auffassung zu entziehen, der aufrechte Gang hätte sich entwickelt, *um* die Hände frei zu machen.

Ganz abgesehen von der hier zutage tretenden anthropozentrischen Sicht, die, wie wir in Kapitel 1 gesehen haben, die hominiden Wurzeln häufig mit den menschlichen gleichsetzt, mag die „Freie-Hand-Hypothese" ein gutes Beispiel für die möglichen Gefahren sein, die sich auftun, wenn man den Ursprung von Strukturen oder Funktionen an ihrem heutigen Nutzen mißt und damit zu erklären sucht. Das menschliche Hirn hat sich sicher nicht entwickelt, damit Menschen Symphonien komponieren oder Trefferquoten von Baseballspielen berechnen können. Zwar könnte sich der aufrechte Gang durchaus wegen der Vorteile entwickelt haben, mit den frei gewordenen Händen Dinge zu tragen und herzustellen, doch müssen auch andere Erklärungen erwogen werden.

Als Kernstück der menschlichen Evolution gilt häufig der Erwerb von vier Neuerungen gegenüber den grundlegenden hominoiden Eigenschaften. Dies sind der aufrechte Gang, die Reduktion der Schneide- und die Vergrößerung der Backenzähne, die Ausbildung einer materiellen Kultur und eine erhebliche Zunahme des Gehirnvolumens. Fossilfunde und archäologische Belege weisen allerdings darauf hin, daß sich diese Neuerungen in deutlichen Zeitabständen während der gesamten Hominidenevolution gebildet haben. Anders ausgedrückt, es zeigt sich das Muster einer mosaikartigen Evolution.

Die Herstellung von Steinwerkzeugen begann anscheinend gleichzeitig mit der signifikanten Vergrößerung des Gehirns vor etwa 2,5 Millionen Jahren. Die ältesten bislang bekannten Hominidenfossilien stammen aus Äthiopien sowie Tansania und sind etwa eine Million Jahre älter. Sie sind deutlich an den aufrechten Gang angepaßt. Daneben zeigen sie ein Zahnmuster, das zwar das eines Hominiden ist, jedoch deutlich menschenaffenähnliche Züge aufweist. Nach den heutigen Schätzungen lebten diese Geschöpfe der Art *Australopithecus afarensis* etwa drei Millionen Jahre nach der Abspaltung der Hominidenlinie, die vor 6,5 Millionen Jahren vermutet wird.

Damit könnte die erste Spezies der Hominiden – gesetzt den Fall, daß *Australopithecus afarensis* einen hominiden Vorgänger hatte – in jeder Hinsicht den Menschenaffen ähnlich gewesen sein, von der Anpassung an den aufrechten Gang einmal abgesehen. Träfe dies zu, wäre die Bipedie die ursprünglichste hominide Adaption.

In diesem Abschnitt wollen wir uns mit einigen biomechanischen Aspekten des aufrechten Ganges beschäftigen, mit dem ökologischen Kontext, in dem er sich vielleicht entwickelte, und mit Hypothesen, die diesen Evolutionsschritt versuchen zu erklären.

Der schreitende Gang des Menschen umfaßt den fließenden Ablauf einer ganzen Reihe von Phasen, die in der Schwung- beziehungsweise Standphase zusammengefaßt werden. Die Beine werden abwechselnd bewegt. Das in der Schwungphase befindliche Bein stößt sich mit der Kraft der großen Zehe ab, schwingt in leicht angewinkelter Haltung unter dem Körper durch; es wird gestreckt, sobald der Fuß mit der Ferse zuerst erneut Bodenkontakt aufnimmt (Fersenschlag). Danach bleibt das Bein gestreckt und bildet die Stütze für den Körper – dies ist die Standphase –, während das andere Bein die Schwungphase durchläuft. Der Körper ist dabei nach vorne gebeugt. Diese Phasen wiederholen sich ständig.

Der aufrechte Gang von Menschen und Schimpansen unterscheidet sich vor allem in zwei Punkten:

– Die Schimpansen können ihre Kniegelenke nicht durchdrücken, also in der Standphase das Bein nicht strecken. Damit muß viel Muskelkraft aufgewendet werden, um den Körper zu stützen. Versuchen Sie einmal, mit leicht gebeugten Knien zu stehen, und Sie wissen, was das bedeutet. Das menschliche Knie kann in gestreckter Haltung während der Standphase „verriegelt" werden, wodurch die Kraft, die nötig ist, um das Gewicht des Körpers zu halten, auf ein Minimum reduziert wird. Die ständig gebeugten Knie des Schimpansen bringen es auch mit sich, daß keine Stoßkraft der großen Zehe und kein Fersenschlag in der Schwungphase möglich sind.

– In jeder Schwungphase muß der Körperschwerpunkt zum stützenden Bein hin verlagert werden. Andernfalls würde man seitwärts kippen. Der Tendenz des Körpers, nach der ungestützten Seite wegzukippen, wird durch Kontraktion der seitlichen Gesäßmuskulatur (der glutealen Abduktoren) auf der Seite des Standbeines begegnet. Da beim Menschen der Oberschenkel zum Knie hin geneigt ist (Valguswinkel), befinden sich die Füße in Ruhestellung normalerweise nahe der Körpermittellinie. Daher muß der Körperschwerpunkt bei jeder Phase des Gehens nicht allzuweit seitwärts verlagert werden.

Der Oberschenkelknochen der Schimpansen ist weniger nach innen geneigt als beim Menschen. Entsprechend stehen die Füße normalerweise weit auseinander. Auch die Hüftabduktoren sind nicht so stark entwickelt. Während des zweibeinigen Ganges ist das Tier daher gezwungen, seinen Rumpf bei jedem Schritt weit von einer Seite auf die andere zu verlagern, um den Schwerpunkt über das Standbein zu bringen. Dieser charakteristische Watschelgang wird noch dadurch verstärkt, daß bei Schimpansen der Körperschwerpunkt in bezug auf das Hüftgelenk höher liegt als beim Menschen.

Die Anatomie der Schimpansen ist ein Kompromiß zwischen der Anpassung an das Baumklettern und das Bodenleben (mit der Bewegung im Knöchelgang). Die menschliche Anatomie ist eine vollständige Anpassung an das Leben auf dem Boden. Wie wir noch sehen werden, haben diese Unterschiede Auswirkungen auf die Effizienz des Energieeinsatzes.

Es überrascht nicht, daß der menschlichen Bipedie weitreichende anatomische Anpassungen zugrunde liegen. Dazu gehören die folgenden Merkmale: eine im unteren Teil gebogene Wirbelsäule, ein kürzeres und breiteres Becken sowie ein schrägstehender Oberschenkel, der von Muskeln mit nunmehr neuen Aufgaben gehalten und bewegt wird. Hinzu kommen längere Beine, vergrößerte Gelenkoberflächen, ein streckfähiges Kniegelenk und ein Fußgewölbe, die große Zehe ist in eine Reihe mit den übrigen Zehen gerückt. In Anbetracht dieser markanten Unterschiede mag man sich fragen, wie ein vierbeiniger Affe die evolutionären Veränderungen auf dem Boden durchgemacht hat, die ihn zu einem vollentwickelten Zweibeiner werden ließen.

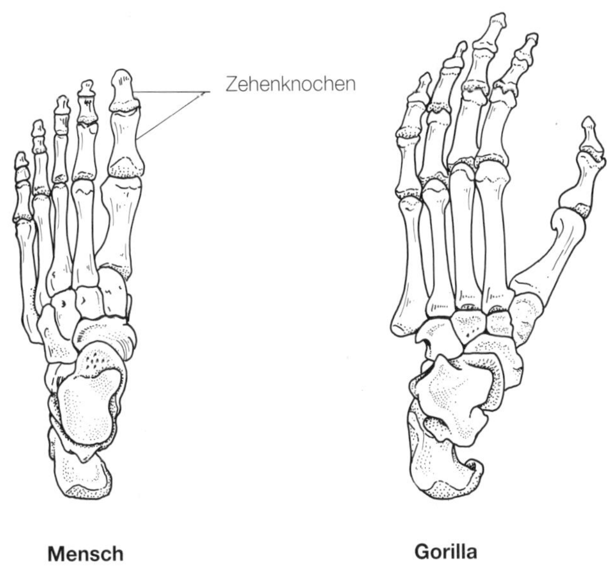

4.8 Anatomie des Fußes.
Der menschliche Fuß ist als Sohle an den aufrechten Gang angepaßt; dagegen handelt es sich beim Fuß des Gorillas stärker um ein Greiforgan. Ein entscheidender Unterschied ist auch die Beziehung des großen Zehes zu den übrigen Zehen des Fußes: Beim Menschen ist er parallel zu den anderen ausgerichtet, bei den Menschenaffen opponierbar. Die Fußknochen des frühesten bekannten Hominiden, *Australopithecus afarensis*, zeigten alle Anzeichen der Anpassung an den aufrechten Gang. Da die Zehenknochen gekrümmt sind, ist anzunehmen, daß diese Wesen gelegentlich kletterten.

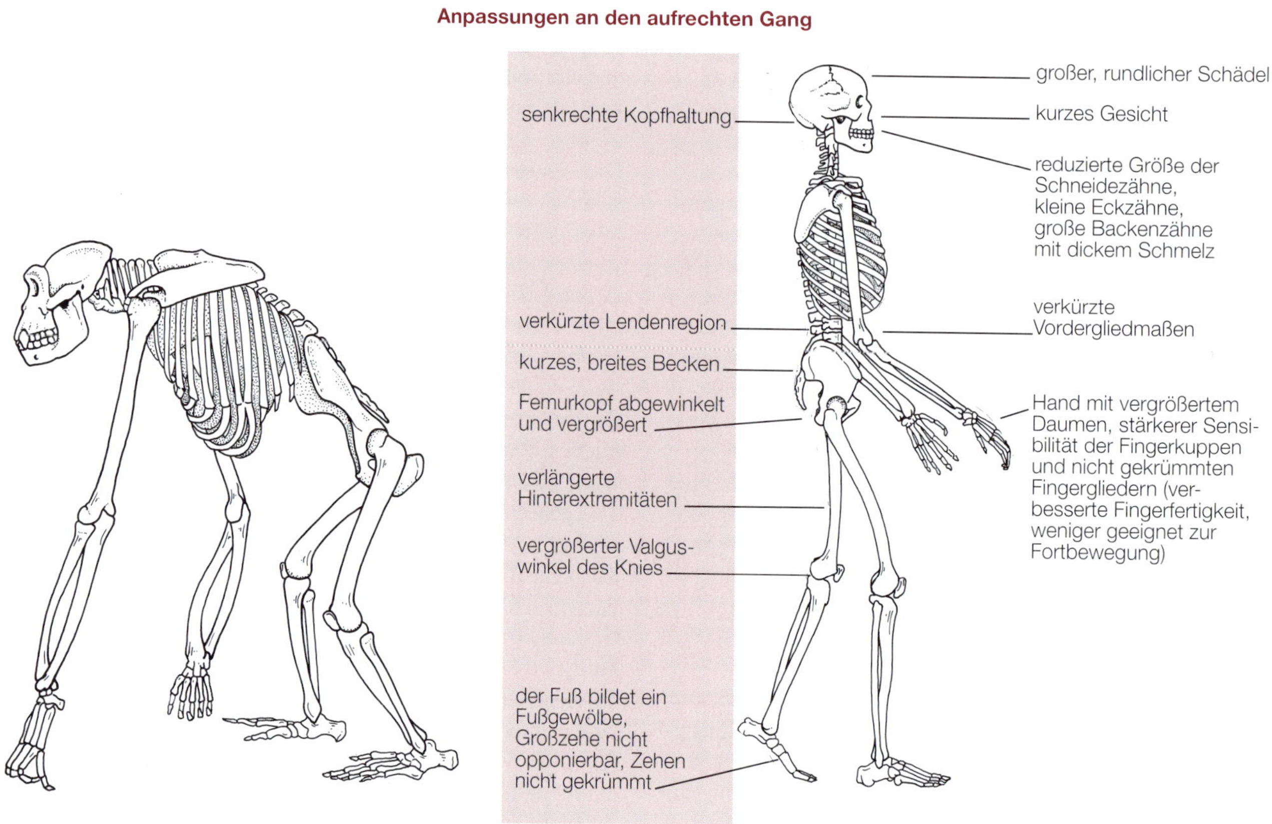

4.9 Vergleich der Skelette.
Der Menschenaffe links ist ein Vierfüßer mit Knöchelgang, wie man es beim Gorilla und Schimpansen beobachtet. Der aufrecht gehende Mensch rechts zeigt dagegen einige anatomische Unterschiede. Die Anthropologen sind geteilter Meinung, ob der gemeinsame Vorfahre von Mensch und afrikanischen Menschenaffen ein Knöchelgänger war.

Die dafür erforderliche Entwicklung hing natürlich von der Fortbewegungsweise des unmittelbaren Vorfahren der Hominiden ab. Vielleicht war dieser Vorfahre ein Knöchelgänger, ähnlich den Schimpansen, oder aber weit mehr an ein Baumleben angepaßt. Auf jeden Fall war der Übergang vom Vierbeiner zum Zweibeiner keine so drastische Veränderung gewesen, wie es auf den ersten Blick erscheinen mag.

»Alle Primaten, bis auf möglicherweise ein oder zwei Ausnahmen, können aufrecht *sitzen*, viele auch aufrecht *stehen*, ohne die Arme zu Hilfe zu nehmen, und einige sogar aufrecht *gehen«*, schreibt Napier. »Mit anderen Worten, wir dürfen die aufrechte Haltung des Menschen nicht so sehr als eine allein menschliche Eigenschaft betrachten, sondern als Ausdruck eines alten evolutionären Trends der Primaten ..., dessen beherrschendes Thema eine aufrechte Körperhaltung ist.« Dieser Trend reicht vom vertikalen Klammern und Springen der Halbaffen über die Vierfüßigkeit von niederen und Menschenaffen

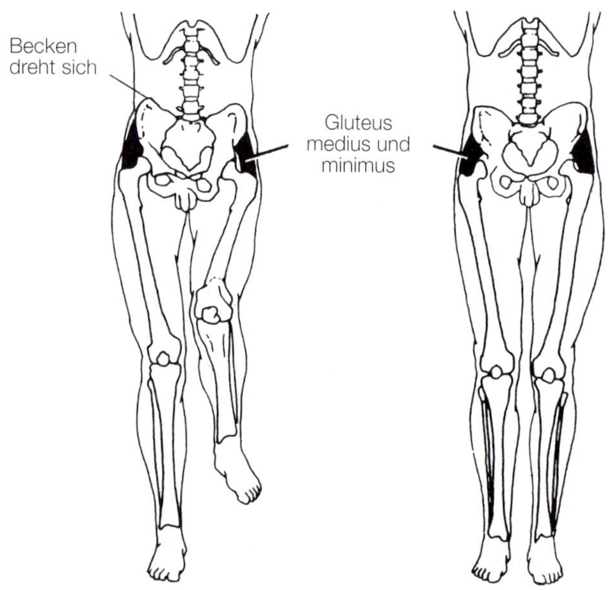

4.10 Die Beckenbewegung beim Gehen.
Die Muskeln Gluteus medius und minimus verbinden den Femur (Oberschenkelknochen) mit dem Becken. Sie kontrahieren beim Gehen im Bereich des Standbeines, um ein seitliches Wegkippen des ungestützten Beines zu verhindern. Trotzdem bleibt das Becken während des Gehens beweglich. (Mit freundlicher Genehmigung von David Pilbeam.)

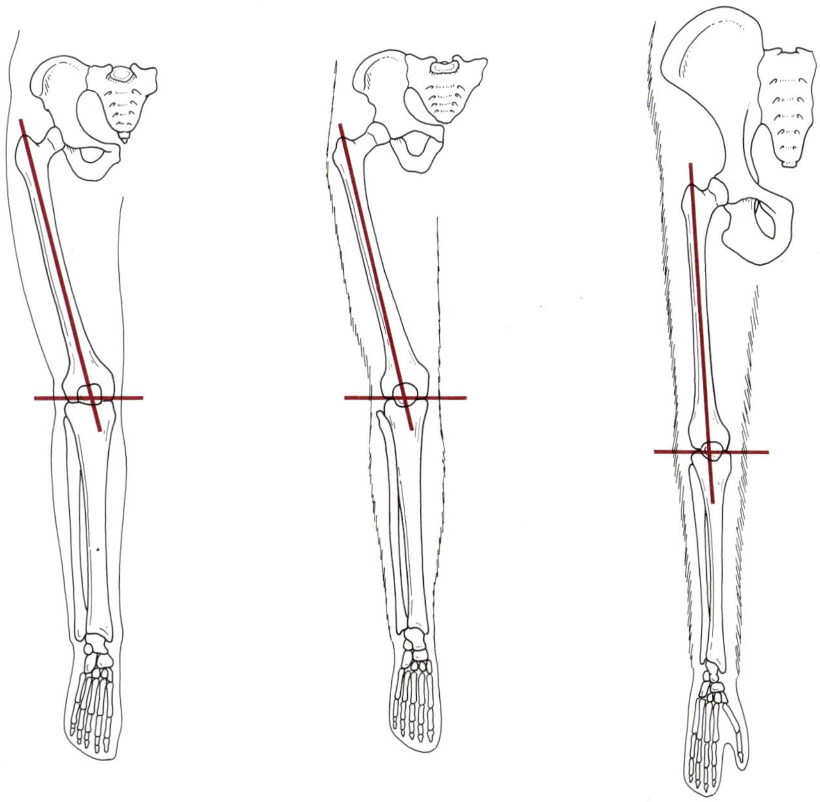

4.11 Unterschiedliche Valguswinkel beim Menschen, Menschenaffen und *Australopithecus afarensis*.
Der Winkel, der durch die Stellung des Femurs zum Knie gebildet wird, der Valguswinkel, ist entscheidend für den aufrechten Gang. Aufgrund des Winkels vom Oberschenkel beim Menschen kann der Fuß während des Gehens unter den Körperschwerpunkt gesetzt werden. Dagegen „watschelt" ein Menschenaffe aufgrund des abweichenden Valguswinkels während des aufrechten Ganges. Der Valguswinkel von *Australopithecus afarensis* ist menschenähnlich und verdeutlicht damit dessen Fähigkeit zum aufrechten Gang. Zu beachten ist außerdem die menschenähnliche Form des Beckens von *A. afarensis*. (Mit freundlicher Genehmigung von Luba Gudtz.)

bis zum Schwinghangeln der Hominoiden. So vollzog sich die Verwandlung nicht von einem echten Vierbeiner, wie einem Hund oder Pferd, zu einem echten Zweibeiner. Dieser Punkt ist bedeutsam, wenn wir die evolutionären Zwänge einschätzen wollen, die eventuell beim Ursprung der Hominiden wirksam waren.

Die ältesten Hominidenfossilien fand man in Ostafrika in einer Umgebung, die vor 3,5 Millionen Jahren ein Mosaik aus dichten Wäldern, lichten Baum- und Buschsavannen war, gewöhnlich in der Nähe von Wasser. Falls dieses Bild real ist und nicht einfach durch die Ablagerungsumstände vorgetäuscht wird, entwickelten sich die ersten Hominiden unter diesen oder ähnlichen ökologischen Bedingungen. Der beschriebene Lebensraum ist offener als jener, der für heute lebende oder ausgestorbene große Hominoiden typisch ist. Die vielfach übliche Vorstellung, unsere Vorfahren wären aus dem dichten Wald in die offene Savanne geschritten, erscheint daher etwas weit hergeholt.

Wie wir bereits gesehen haben (Kapitel 1), setzte Darwin den Ursprung der Hominiden mit dem Ursprung des Menschen gleich. Er plädierte für eine evolutionäre Verbindung von aufrechtem Gang, materieller Kultur, modifizierter Zahnstruktur und verbesserter Intelligenz. Für Darwin und viele nach ihm war der aufrechte Gang die Voraussetzung für die Entwicklung von Kultur. »… Hände und Arme hätten kaum die Vollkommenheit erreicht, Waffen herzustellen oder gezielt Steine oder Speere zu schleudern …, solange sie gewohnheitsmäßig zur Fortbewegung gebraucht wurden und das ganze Körpergewicht zu tragen hatten.«

Als sich in den sechziger Jahren die Ansicht „der Mensch, der Jäger" durchsetzte, entdeckte man einen weiteren Vorzug der Bipedie. Der aufrechte Gang des Menschen ist zwar energetisch aufwendiger als der von Vierbeinern und verurteilt uns auch zu einem niedrigen Tempo, doch verfügt der Mensch dabei über eine erhebliche Ausdauer. Diese braucht er zum Verfolgen und Erlegen der Jagdbeu-

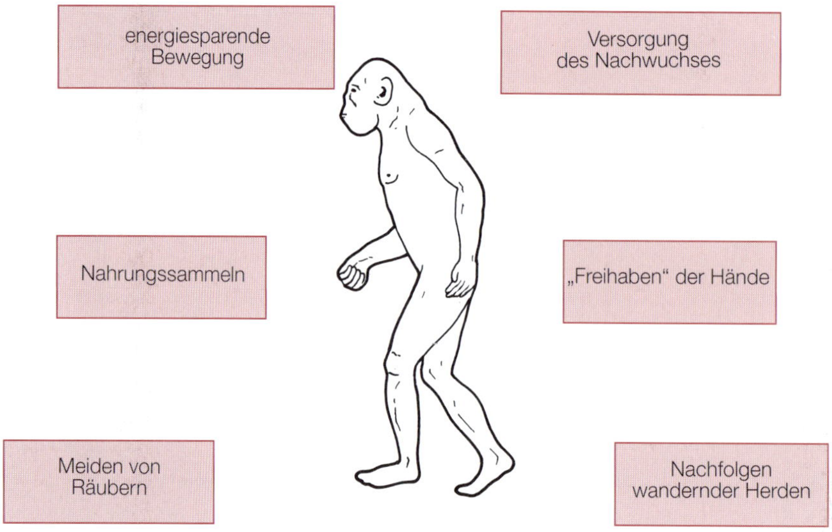

4.12 Hypothesen zur Entwicklung des aufrechten Ganges. Die evolutionären Ursachen des charakteristischen Merkmals der Hominiden, des aufrechten Ganges, sind seit langem schon Mittelpunkt von Spekulationen. Einige Vorstellungen sind hier genannt.

te. Nachdem kürzlich das Bild vom „Jäger Mensch" durch den „Aasfresser Mensch" verdrängt wurde (siehe Kapitel 5), entstand die Vorstellung, die ausdauernde Fortbewegung, die durch die Zweibeinigkeit möglich wurde, versetzte die Menschen in die Lage, wandernden Herden zu folgen. So konnten sie sich gelegentlich der Kadaver unglücklicher Jung- oder schwächlicher Alttiere bemächtigen.

Diesen Hypothesen steht jedoch entgegen, daß nicht nur Steinwerkzeuge, die erforderlich sind, um Tierkadaver zu zerlegen, erst etwa vier Millionen Jahre nach dem Erscheinen der frühesten Hominiden auftauchen, sondern auch deren Gebiß keine Hinweise auf regelmäßigen Fleischverzehr zeigt. Im Gegenteil, die Ernährung der Hominiden war, bis vor etwa 1,5 Millionen Jahren *Homo erectus* erschien, hauptsächlich vegetarisch geprägt. Das zeigen mikroskopisch sichtbare Abschliffmuster von Zahnoberflächen.

Andere Erklärungen für das Entstehen des aufrechten Ganges berücksichtigen folgende Punkte: eine gegenüber Vierbeinern verbesserte Verhütung von Gefahren durch Raubtiere, da man auf zwei Beinen die offene Ebene weiter überblickt, warnen und drohen kann; eine veränderte Ernährungsweise, indem auch Samen verzehrt werden; und das Tragen von Gegenständen. Letzteres tauchte in den vergangenen Jahren in zwei Hypothesen auf, die eine ist die von der „Sammlerin Frau", die andere die vom „Ernährer Mann".

Die Hypothese von der „Sammlerin Frau" war eine offene Herausforderung des stark an männlichen Werten orientierten Modells vom „Jäger Mensch". Die erstmals Anfang der siebziger Jahre formulierte These verlagerte die vermuteten evolutionären Errungenschaften von den Männern auf die Frauen. »Pflanzen, nicht Fleisch, bildeten die Nahrungsgrundlage, und Pflanzen, nicht Fleisch, waren Gegenstand technischer Neuerungen und Ausgangspunkt neuer sozialer Verhaltensweisen«, erläutert Adrienne Zihlman, Anthropologin an der University of California in Santa Cruz und herausragende Vertreterin der Hypothese „Frau, die Sammlerin".

In dieser Hypothese werden die sozialen Bindungen zwischen den Weibchen und ihren Jungen betont, während die Männchen sozial recht abseits gestellt sind. Ein solches System bildet ein Kontinuum mit den Sozialstrukturen der meisten anderen großen Primaten (siehe Kapitel 3). Das evolutionär Neue war, daß die Weibchen der Hominiden, da sie in einer offeneren Umgebung lebten als andere Hominoiden, bei der Nahrungssuche beträchtliche Strecken zurücklegen und bisweilen Holzgeräte benutzen mußten, um an unterirdische Pflanzenteile zu gelangen. Die Nahrung teilten sie mit ihren Kindern. Da sie bei der Nahrungssuche sowohl die Kinder als auch das Sammelgut häufig bei sich trugen, bot der aufrechte Gang einen Selektionsvorteil.

Die „Sammlerin Frau"-Hypothese ist konservativer als die Vorstellung „der Mensch, der Jäger"; denn sie sieht in den ersten Hominiden grundsätzlich noch Menschenaffen statt bereits weitgehend Menschen. Sie richtet ihr Hauptaugenmerk auf das Tragen von Gegenständen, insbesondere von Nahrungsmitteln, die auch für die Kinder bestimmt sind.

Die zweite neue Hypothese, die sich auf die Notwendigkeit des Tragens von Gegenständen konzentriert, ist jene vom „Mann, der Ernährer". Hiernach sammeln Männer die Nahrung und bringen sie zu einem Lagerplatz, wo sie mit Frauen und Jungen, besonders mit ihren eigenen, geteilt wird. Das von Owen Lovejoy von der Kent State University im Jahre 1981 vorgestellte Modell spricht sich für Paarbindung und sexuelle Treue zwischen den Partnern aus. Das Männchen leistet hierbei einen gewichtigen Beitrag zur Nahrungsversorgung.

Nach Lovejoys Meinung hätte diese Versorgungspraxis den Effekt, daß sich die Weibchen in kürzeren Abständen fortpflanzen können. Sie hätten somit einen Selektionsvorteil gegenüber anderen großen Hominoiden, die sich mit einer gefährlich niedrigen Rate vermehren. Dieses System kann nur funktionieren, wenn ein Männchen hinreichend sicher ist, daß die Jungen, bei deren Aufzucht es hilft, auch seine eigenen sind. Damit werden Partnerbindung und sexuelle Treue erforderlich.

Lovejoys Hypothese erregte zwar große Aufmerksamkeit, doch wurde sie scharf kritisiert. Eine Kritik wandte sich gegen die Berechnung, die zeigen sollte, große Hominoiden besäßen einen Fortpflanzungsnachteil gegenüber den Menschen. Eine andere wies darauf hin, daß der erhebliche Geschlechtsdimorphismus der ersten Hominiden hinsichtlich ihrer Körpergröße schwer mit Monogamie zu vereinbaren sei – nach allem, was man über Partner und Sozialstrukturen von Primaten weiß (siehe Kapitel 3).

Die einfachste und daher wissenschaftlich attraktivste Erklärung der Bipedie, die in den vergangenen Jahren vorgestellt wurde, stammt von Henry McHenry und Peter Rodman an der University of California in Davis. Ihrer Meinung nach hat sich der aufrechte Gang nicht im Rahmen einer Veränderung der *Qualität* der Nahrung oder der Sozialstruktur entwickelt, sondern lediglich als Reaktion auf eine veränderte *Verteilung* bestehender Nahrungsquellen. Insbesondere waren in den offeneren Gebieten des Oberen Miozäns die Nahrungsvorkommen der Hominoiden über ein größeres Gebiet verstreut. Ihre Nutzung erforderte daher eine energetisch günstigere Form des Umherziehens. So entwickelte sich der aufrechte Gang. Nach dieser Hypothese ging es bei der Evolution der Bipedie allein um die Effizienz der Fortbewegung im Zusammenhang mit der Nahrungssuche und um nichts anderes.

Die Idee stützt sich auf wenige einfache Belege. Zunächst ist der aufrechte Gang des Menschen nur bei hoher Geschwindigkeit energetisch weniger günstig als die herkömmliche vierbeinige Fortbewegung. Im Schrittempo ist Zweibeinigkeit aber genausogut oder sogar besser. Außerdem schneiden Schimpansen, wenn sie sich auf dem Boden bewegen, energetisch etwa 50 Prozent schlechter ab als gewöhnliche Vierbeiner. Dies trifft sowohl für ihren Knöchelgang als auch für ihren aufrechten Gang zu. »Daher gab es«, schreiben McHenry und Rodman, »keinen energetischen Rubikon, der die vierfüßigen Hominoiden von den zweibeinigen Hominiden trennte.«

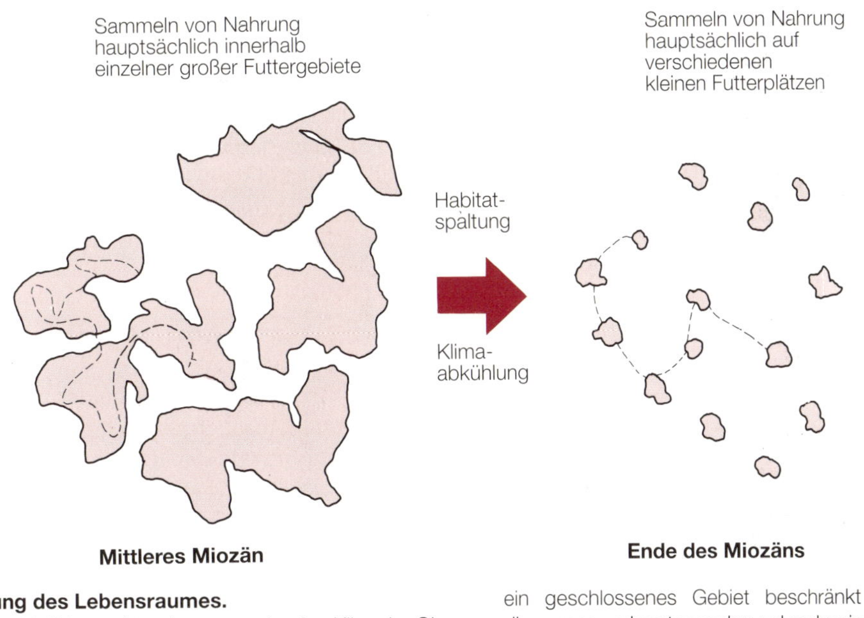

4.13 Veränderung des Lebensraumes. Mit dem zunehmend kühler und trockener werdenden Klima im Oberen Miozän schrumpfte das nahezu geschlossene Waldgebiet Ostafrikas zu einzelnen kleinen Wäldern. So mußte die Suche nach Futter vor allem in einzelnen kleinen Arealen erfolgen und konnte nicht mehr auf ein geschlossenes Gebiet beschränkt bleiben. Diese Lebensbedingungen verlangten mehr und mehr ein tägliches Wandern, wodurch ein Selektionsdruck zu einer effizienteren Fortbewegung entstand. Unter solchen Verhältnissen könnte sich der aufrechte Gang entwickelt haben.

Damit sich der aufrechte Gang entwickeln konnte, mußte es also lediglich einen Selektionsdruck für eine energetisch effizientere Fortbewegungsweise geben. Weitverstreut vorkommende Nahrungsquellen könnten für einen derartigen Selektionsdruck gesorgt haben. Mit anderen Worten, der aufrechte Gang war »die Möglichkeit eines Menschenaffen, dort zu leben, wo ein Menschenaffe nicht leben konnte«, so Rodman und McHenry. »Es ist nicht notwendig, besondere Gründe, wie Werkzeuggebrauch oder die Fähigkeit, etwas zu tragen, anzuführen, um das Entstehen des aufrechten Ganges der Menschen zu erklären, obwohl die Vorderextremitäten, die nicht mehr für die Fortbewegung gebraucht werden, beim Gehen sicherlich zusätzliche Vorzüge boten.«

Kiefer und Zähne

Kieferknochen, insbesondere Unterkiefer, und Zähne sind die häufigsten Fossilfunde. Der Grund liegt darin, daß Kiefer und Zähne verglichen mit den meisten übrigen Bestandteilen des Skeletts sehr kompakt (und Zähne zudem sehr hart) sind. Dadurch erhöht sich die Wahrscheinlichkeit, daß sie lange genug Bestand haben, um zu fossilisieren.

Da das Gebiß eines Tieres normalerweise sein wichtigstes Werkzeug zum Aufschließen der Nahrung ist, können wir aus der Art der Bezahnung einer Spezies wertvolle Schlüsse auf deren Ernährung und Verhalten ziehen. Im großen und ganzen ist der Zahnapparat evolutionär konservativ, und drastische Veränderungen sind selten. Beispielsweise behielt das Gebiß von Menschen und Menschenaffen mehr oder weniger die 20 Millionen Jahre alte Grundstruktur der Hominoiden. Darüber hinaus entwickeln verschiedene Arten unter ähnlichen Selektionsbedingungen, etwa bei vergleichbaren Ernährungsgewohnheiten, rein oberflächlich betrachtet ähnliche Merkmale der Zahnstruktur. Ein solches Charakteristikum ist, wie wir noch sehen werden, die Schmelzdicke. Ähnliche Gebisse können daher von Arten mit einem sehr unterschiedlichen biologischen Repertoire stammen.

In diesem Abschnitt wollen wir uns mit vier Aspekten der Bezahnung der Hominoiden beschäftigen: Zunächst mit der allgemeinen Struktur der Kiefer und Zähne, dann mit dem Durchbruchschema, drittens mit Merkmalen des Zahnschmelzes und zuletzt mit Hinweisen auf die Ernährung, die man anhand von mikroskopisch sichtbaren Spuren auf den Zahnoberflächen erhält.

Die wohl offensichtlichste Tendenz in der Entwicklung des Kiefers und des Gesichts unter den Primaten ist die Verkürzung der Schnauze und die Verlängerung des Gesichtsschädels. Das Spektrum reicht von der spitzen Schnauze des Koboldmakis bis zum flachen Gesicht von *Homo sapiens*. Bei diesem Wandel rückte der Kiefer immer weiter unter den Hirnschädel. Dadurch wurde der Winkel des Unterkiefers stetig verkleinert, bis dieser eine L-Form annahm, wie wir sie heute beim Menschen sehen. Funktionell vollzog sich der Wandel von der „Insektenfalle“ der Halbaffen zur „Getreidemühle“ der Hominoiden. Die Effizienz des Mahlens nimmt zu, je kleiner der Abstand zwischen dem Drehpunkt des Kiefergelenks und der Zahnreihe wird. Die Hominiden kommen dem Optimum dabei am nächsten.

Das Gebiß der Anthropoiden der Alten Welt umfaßt insgesamt 32 Zähne. Auf jeder Seite von Ober- und Unterkiefer gibt es zwei Schneidezähne (die Incisivi), einen Eckzahn (Caninus), zwei Vorbackenzähne (die Prämolaren) und drei Backenzähne (die Molaren). (Die Neuweltaffen haben in jedem Quadranten einen Prämolaren mehr, also 36 Zähne insgesamt.) Die Form des modernen Menschenaffengebisses ist in etwa rechteckig, die Zähne beim Menschen hingegen sind bogenförmig angeordnet. Einer der auffälligsten Unterschiede ist jedoch, daß die Eckzähne der Menschenaffen spitz zulaufen, leicht klingenförmig gebogen sind und weit über die Zahnreihe überstehen. Die Canini der Männchen sind erheblich größer als die der Weibchen – ein Geschlechtsdimorphismus, der wichtige Konsequenzen für das Verhalten hat (siehe Kapitel 3). Bei geschlossenem Maul ragen sie in Lücken, sogenannte Diastemata, die in den beiden Zahnreihen klaffen, und zwar zwischen dem äußeren Schneidezahn und dem Eckzahn im Oberkiefer und dem Eckzahn und dem ersten Prämolaren im Unterkiefer. Wegen der Größe der Eckzähne ist der geschlossene Kiefer eines Menschenaffen regelrecht verriegelt. Seitliche Bewegungen sind nicht möglich. Die Eckzähne der Menschen sind dagegen sowohl bei Männern als auch bei Frauen klein und überragen die übrige Zahnreihe kaum; entsprechend gibt es in den Zahnreihen keine Diastemata. So wird eine seitliche mahlende Bewegung möglich, was ein besseres Zermahlen von Körnern erlaubt.

Beim ersten bekannten Hominiden, dem 3,5 Millionen Jahre alten *Australopithecus afarensis* (siehe nächsten Abschnitt), waren die Eckzähne immer noch relativ groß und menschenaffenähnlich. Sie zeigten einen erheblichen Sexualdimorphismus. Innerhalb von einer Million Jahren wurden die Eckzähne verschiedener Hominidenspezies allmählich kleiner und flacher. Nun sahen sie den Schneidezähnen sehr ähnlich (siehe Kapitel 5).

Die oberen Schneidezähne von Menschenaffen sind groß und schaufelförmig. Dadurch eignen sie sich gut zum Verzehren von Früchten. Die menschlichen Schneidezähne sind kleiner, stehen nahezu senkrecht und bilden mit den

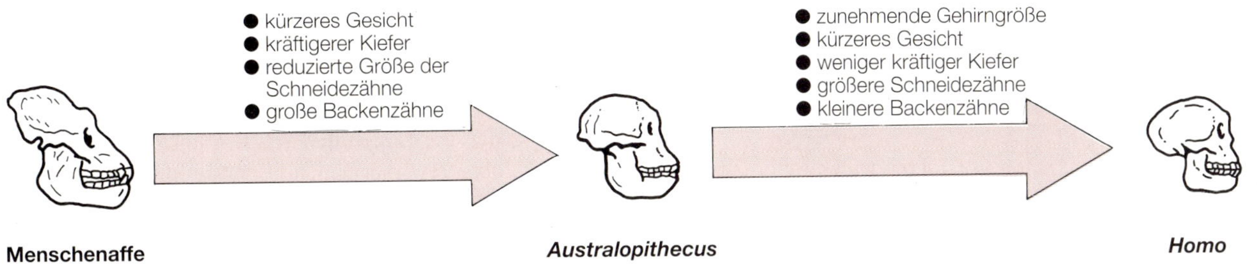

4.14 Evolutionäre Tendenzen im Bau des Gebisses.
Der Übergang vom Menschenaffen zu *Australopithecus* und von *Australopithecus* zu *Homo* beinhaltet einige kontinuierliche und einige weniger gleichmäßige Änderungen. Zum Beispiel verkürzte sich das Gesicht im Laufe der Hominidenevolution immer mehr, während die Robustheit des Kiefers zuerst zu- und dann abnahm. Die Größenzunahme der Backenzähne und die Größenabnahme der Schneidezähne, die bei der Entwicklung von Menschenaffen zu *Australopithecus* stattfand, drehte sich mit der Entstehung von *Homo* um.

kleinen flachen Eckzähnen eine Schneidekante gegenüber der unteren Zahnreihe.

Für die Menschenaffen charakteristisch ist der einhöckrige erste Prämolar, insbesondere der untere, an dem der mächtige obere Eckzahn entlanggleitet. Deren Molaren sind größer als die Prämolaren und tragen hohe spitze Höcker. Die zwei Prämolaren der Menschen sind dagegen gleichgestaltet und etwas „molarisiert". Die Molaren selbst sind groß, vergleichsweise flach und haben niedrige abgerundete Höcker. Diese Merkmale sind bei einigen frühen Hominiden übertrieben ausgeprägt (siehe Kapitel 5).

Der Zahnapparat der Hominiden kann somit insgesamt als Weiterentwicklung in Richtung auf eine immer bessere Funktion des Zermahlens angesehen werden.

Das Muster des Durchbruchs der bleibenden Zähne ist ebenso wie dessen zeitlicher Verlauf für heutige Menschenaffen und Menschen jeweils charakteristisch. Erst kürzlich haben Anthropologen diesen Aspekt des menschlichen Gebisses erörtert. Insbesondere haben sie sich gefragt, wie sich die frühen Hominiden in dieses Bild einfügen. Entsprachen sie in dieser Hinsicht eher den Menschen oder den Menschenaffen? Obwohl diese Frage

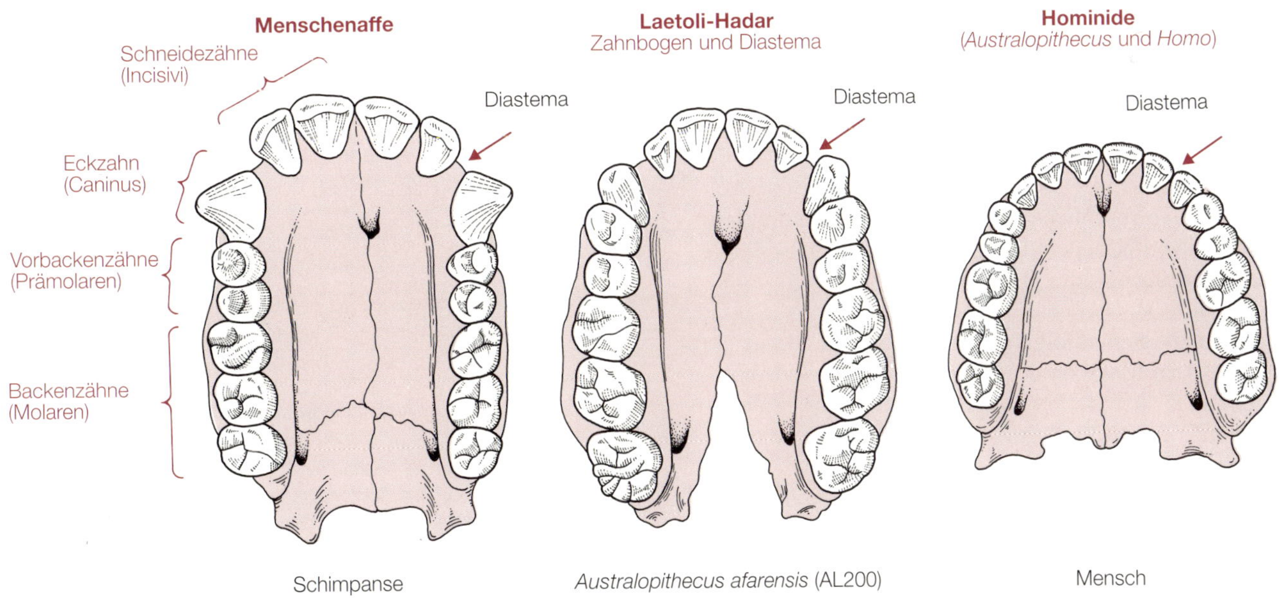

4.15 Vergleich der Bezahnung im Oberkiefer von einem Menschenaffen, einem Menschen und *Australopithecus afarensis*.
Die Bezahnung von *A. afarensis* ist eine Mischung aus Merkmalen von Hominiden und Menschenaffen. Die Incisiven sind, wie bei den Menschenaffen, relativ groß; bei 45 Prozent der Individuen besteht eine Lücke – ein Diastema – zwischen Caninus und Incisivus; sie ist untypisch für jüngere Hominiden. Die Caninen sind nicht so groß wie bei den Menschenaffen, aber auch nicht so klein wie bei einigen jüngeren Hominiden. Die Prämolaren sind primitiver als bei den jüngeren Hominiden. Demgegenüber sind die Molaren sehr hominidenähnlich und zeigen gewöhnlich stark abgenutzte Höcker. Die Zähne erscheinen daher relativ flach. Die Backenzähne liegen bei diesem Exemplar, wie bei Menschenaffen, in einer Linie. Nur der letzte Molar dreht sich etwas nach innen und gibt somit der Reihe eine gewisse Rundung. Die Hominidenzahnreihen späterer Taxa sind im allgemeinen, wie hier gezeigt, gebogen. (Mit freundlicher Genehmigung von Luba Gudtz.)

noch nicht vollständig beantwortet ist, spricht einiges dafür, daß sich die Zahnentwicklung der Hominiden, insbesondere ihr zeitlicher Ablauf, lange sehr menschenaffenähnlich vollzog.

Bei Menschenaffen finden wir folgendes Durchbruchschema: M1 I1 I2 M2 P3 P4 C M3. Bei Menschen dagegen: M1 I1 I2 P3 C P4 M2 M3. Der wesentliche Unterschied ist, daß bei den Menschenaffen der Eckzahn nach dem zweiten Molaren durchbricht, während er beim Menschen davor erscheint. Im Zusammenhang mit der verlängerten Kindheit der Hominiden ist jedoch auch der Zeitraum größer, in dem die Zähne durchbrechen. Bei Menschenaffen erscheint der erste Molar mit etwa 3,3 Jahren, der zweite mit 6,6 und der dritte mit 10,5 Jahren, bei Menschen dagegen mit sechs, zwölf und 18 Jahren.

Ist in einem menschlichen Gebiß gerade der erste Molar durchgebrochen, so weiß man, daß das Kind etwa sechs Jahre alt ist, bei einem Menschenaffen dagegen wäre das Individuum erst etwa drei Jahre alt. Finden wir nun den Kiefer eines frühen Hominiden in diesem Entwicklungsstadium, dann müssen wir uns die Frage stellen, ob diese Person nun drei oder sechs Jahre alt war? Der Zufall wollte es, daß der erste entdeckte Australopithecine – das Kind von Taung, *Australopithecus africanus* – sich genau in diesem Entwicklungsstadium befand.

Die Anthropologin Holly Smith von der University of Michigan hat vor kurzem die Zahndurchbruchmuster mehrerer fossiler Hominiden untersucht und gefolgert, daß die meisten der frühen Arten eindeutig menschenaffenähnlich gewesen sind. Bei *Homo erectus*, jener Art, die vor etwa 1,5 Millionen bis 400 000 Jahren lebte, zeigten sich keine eindeutigen Ergebnisse, jedoch klare äffische Anklänge. Das menschliche Entwicklungsmuster fand sich erst bei einem Neandertalerkind, das vor etwa 60 000 Jahren gestorben war.

Holly Smiths Schlußfolgerungen werden von dem Anthropologen Alan Mann an der University of Pennsylvania angezweifelt, der vor zehn Jahren geäußert hatte, alle Hominiden folgten dem menschlichen Entwicklungsmuster. Holly Smith erhielt aber Ende 1987 Unterstützung durch Glenn Conroy und Michael Vannier von der Washington University School of Medicine, die das Ergebnis einer computertomographischen Untersuchung des Taungschädels veröffentlichten. Beide konnten so die noch nicht durchgebrochenen Zähne im Kieferknochen erkennen. Aus ihrer Untersuchung schlossen sie, der Zahndurchbruch sei in einem den Menschenaffen entsprechenden Muster erfolgt.

In diese Debatte griffen zwei Forscher vom University College in London ein, die behaupteten, das exakte Alter eines Zahnes durch Abzählen der Zahnschmelzlinien – Striae Retzius – bestimmen zu können. Dies wird zwar keineswegs allgemein anerkannt, doch sind die beiden Wissenschaftler Timothy Bromage und Christopher Dean überzeugt, daß die Linien den wöchentlichen Zuwachs darstellen, also gewissermaßen ein anthropologisches Gegenstück zu den Jahresringen von Bäumen sind.

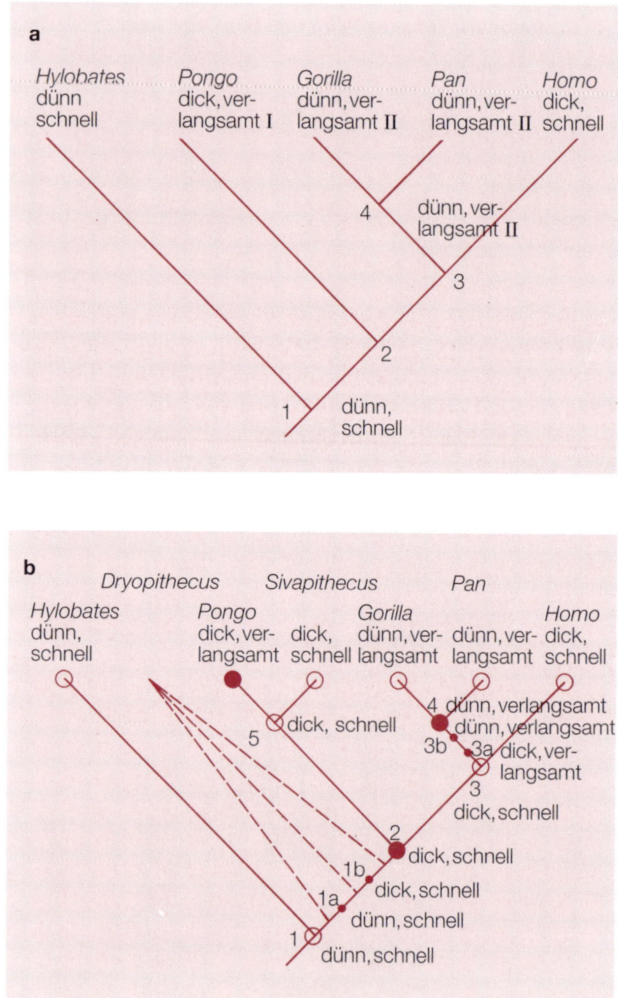

4.16 Muster der Zahnschmelzbildung.
Ursprünglich unterschied man nur zwei Formen des Zahnschmelzes: dünn, wie bei den Menschenaffen, und dick, wie bei den Hominiden. Die Situation ist jedoch komplizierter. Zum Beispiel kann eine dünne Schmelzschicht schnell gebildet werden wie bei *Hylobates* oder langsam wie bei *Gorilla* und *Pan* (a). Genauso kann sich ein dicker Zahnschmelz schnell wie bei *Homo* oder langsam wie bei *Pongo* entwickeln. Wenn man die Einzelheiten der verschiedenen Schmelzbildungen und ihre evolutionären Übergänge untersucht, ist es möglich, einen Stammbaum zu entwickeln, der Zwischenformen aufzeigt und Stellen angibt, wo die fossilen Arten hinpassen könnten (b). Geschlossene Kreise an Abzweigungen weisen auf eine weitere Entwicklung gegenüber der vorhergehenden Abzweigung hin. Offene Kreise an Abzweigungen markieren Zustände, die gegenüber vorhergehenden Verhältnissen primitiv geblieben sind. (Mit freundlicher Genehmigung von Lawrence Martin, *Nature*.)

Bromage und Dean wandten ihr Verfahren bei einer Reihe von Fossilien der Australopithecinen und einigen frühen Exemplaren der Gattung *Homo* an. Dabei ergaben sich Altersdaten, die etwa die Hälfte bis zwei Drittel des Alters ausmachten, würde man der Zahnentwicklung einen menschlichen Standard zugrunde legen.

Wenn Smith, Bromage und Dean Recht haben, folgte die Zahnentwicklung der Hominiden bis vor kurzem einem eindeutig menschenaffenähnlichen Muster. Das ist für die Dauer der Kinderfürsorge von Bedeutung: Verlängert sich diese Zeit, was notwendig wird, wenn das Gehirn nach der Geburt noch erheblich wächst (siehe Kapitel 8), führt dies auch zu einem wesentlich intensiveren Sozialleben. Die Erkenntnisse über die Zahnentwicklung weisen darauf hin, daß dieser Prozeß bei *Homo erectus* eingesetzt haben könnte. Dies steht im Einklang mit den Befunden über die Zunahme der Gehirngröße.

Die relative Dicke des Zahnschmelzes hat in der Anthropologie eine wichtige Rolle gespielt. Vor kurzem hat man jedoch entdeckt, daß dieses Merkmal erheblich komplexer ist als bisher angenommen. Die Zähne der heutigen Menschen sind ebenso wie die der bekannten fossilen Hominiden von einer dicken Schmelzschicht umgeben. Die afrikanischen Menschenaffen besitzen dagegen einen dünnen Schmelz. Dicker Zahnschmelz wurde daher als „fortschrittliches“ oder abgeleitetes Merkmal angesehen; dies war für die Auffassung bedeutsam, *Ramapithecus* sei der erste Hominide gewesen (siehe den vorigen Abschnitt). Dünner Zahnschmelz hingegen wurde als primitives Merkmal betrachtet. Er galt als Anpassung an die Ernährung mit Früchten, dicker Schmelz als Reaktion auf das Zerkleinern harter Pflanzennahrung.

Diese Unterscheidung von dickem und dünnem Schmelz ist jedoch irreführend, wie der Anthropologe Lawrence Martin von der State University of New York feststellte. Die Dicke einer Schmelzschicht hängt von zwei Faktoren ab: zum einen von der Geschwindigkeit, mit der sie abgelagert wird, und zum zweiten von der Zeitdauer, innerhalb der sich die Ablagerung vollzieht.

Zahnschmelz kann sich rasch ablagern, und es entsteht so ein charakteristisches Muster der Zahnschmelzprismen – ein für die Hominoiden primitiver Zustand. Langsame Ablagerung ist für die Hominoiden ein abgeleitetes Merkmal. Bei Gibbons etwa sorgt ein kurzer Ablagerungsschub schnell für eine dünne Schmelzkappe. Wenn die Ablagerung nach diesem Muster länger andauert, bildet sich eine dicke Schmelzschicht, wie bei den Menschen. Schimpansen und Gorillas haben wie die Gibbons eine dünne Schmelzschicht. Die Ablagerung vollzieht sich jedoch in zwei Stufen. 60 Prozent des Zahnschmelzes bilden sich schnell, danach folgt ein abrupter Übergang zur langsamen Ablagerung. Martin nennt dieses Entwicklungsmuster „dünnes, langsames Wachstum“. Somit ist dieser Prozeß sowohl bei der Individualentwicklung als auch in der Stammesgeschichte vom dünnen, schnellen Wachstum der Schmelzschicht der Gibbons zu unterscheiden.

Auch bei den Orang-Utans mit einer Schmelzschicht mittlerer Stärke vollzieht sich der Ablagerungsprozeß in zwei Stufen, stimmt jedoch mit der Schmelzbildung bei den afrikanischen Menschenaffen nicht überein. Nach der ersten schnellen Phase, in der 80 Prozent der Gesamtdicke erreicht werden, sinkt die Geschwindigkeit für die Ablagerung der nächsten 200 Mikrometer auf 2,5 Mikrometer pro Tag ab und verlangsamt sich während der letzten 50 Mikrometer weiter, so daß die Geschwindigkeit der Schmelzbildung bei den afrikanischen Menschenaffen erreicht wird. (Ein Mikrometer entspricht einem Tausendstel Millimeter.) So entsteht ein phylogenetisches Bild, in das sich der fossile Menschenaffe *Sivapithecus* wunderbar einfügt. Es zeigte sich, daß diese Gattung, die vor acht bis 15 Millionen Jahren in Eurasien lebte und die als *Ramapithecus* bekannten Formen einschließt, wie der Mensch einen dicken, schnell gebildeten Zahnschmelz besitzt. Von der Anatomie seines Gesichts her gilt *Sivapithecus* als dem Orang-Utan verwandt.

Zum primitiven ursprünglichen Zahnmuster der Hominoiden gehört also dünner Zahnschmelz, der sich schnell bildet, wie er sich heute bei den Gibbons zeigt. Eine Verlängerung des Ablagerungsprozesses führte zum dicken, schnell gebildeten Zahnschmelz, den wir bei *Sivapithecus* und den Menschen finden. Dieser Zustand ist also abgeleitet. Beim Orang-Utan vollzog sich eine sekundäre Verlangsamung. Das noch kompliziertere, langsam gebildete und dünnere Muster der afrikanischen Menschenaffen scheint dagegen das am weitesten abgeleitete Entwicklungsmuster zu sein. Nach Martins Vorstellung deutet dieses Schimpansen und Gorillas gemeinsame Muster der Schmelzbildung darauf hin, daß sie von einem gemeinsamen Vorfahren abstammen statt von unabhängigen Ahnen, wie dies einige molekularbiologische Erkenntnisse nahelegen (siehe Kapitel 2).

Über die Oberfläche des Zahnschmelzes kommt ein Tier mit seiner Nahrung als erstes in Berührung, und diese hinterläßt wenigstens zum Teil ihre Spuren. Mit einem Rasterelektronenmikroskop hat Alan Walker von der Johns Hopkins Medical School Bilder von einer Reihe typischer Zahnabschliffmuster erstellt, beispielsweise von grasenden Tieren, solchen, die sich von hartem Laub und Gestrüpp ernähren, Fruchtfressern und knochenzermalmenden Raubtieren. In einer Serie vergleichender Untersuchungen scheinen sich alle frühen Hominiden in die Frugivoren (die Fruchtfresser) einzufügen, gemeinsam mit den heute lebenden Schimpansen und Orang-Utans. Bei diesen

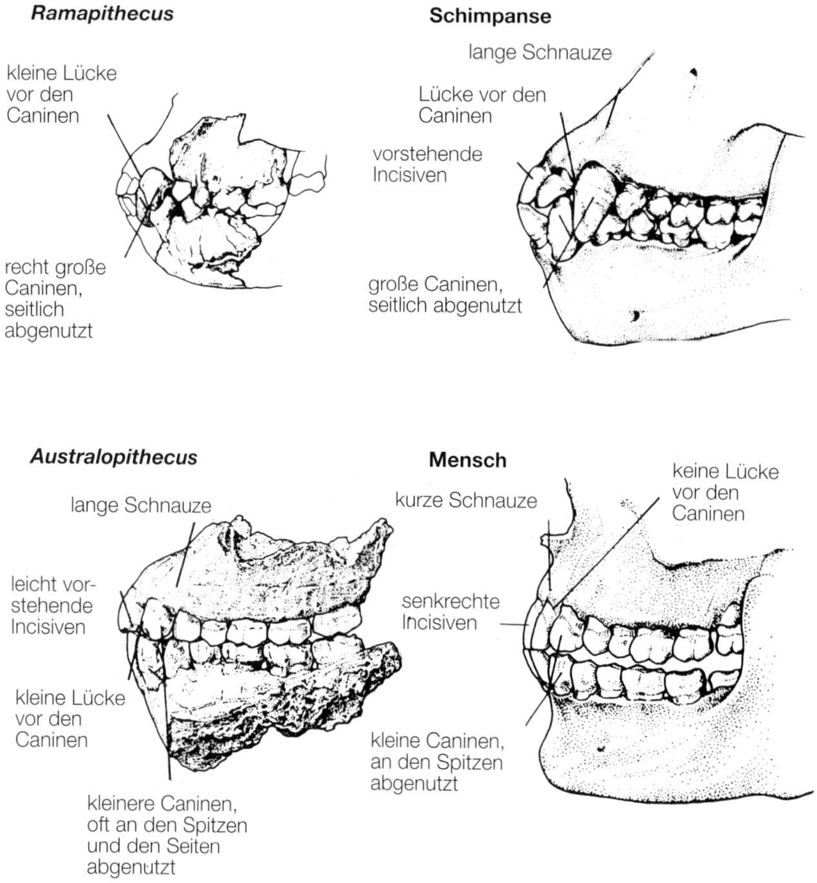

4.17 Zahnmerkmale.
Die Abbildung zeigt einige der Hauptkennzeichen von *Ramapithecus*, einem Schimpansen, *Australopithecus afarensis* und *Homo sapiens*. (Aus *Our Fossils Ourselves*, mit freundlicher Genehmigung des British Museums for Natural History.)

Tieren ist die Zahnoberfläche relativ glatt mit nur wenigen in die Schmelzoberfläche eingeprägten Grübchen und Kratzern.

Ein erheblicher Unterschied zeigt sich jedoch bei *Homo erectus*, dessen Zahnschmelz stark zerfurcht und zerkratzt ist. Dieses Muster gleicht demjenigen, das die Zähne einer Kreuzung zwischen Hyäne (einem knochenzermalmenden Fleischfresser) und Schwein (einem wühlenden Allesfresser) zeigen sollten. Obwohl wir noch nicht genau wissen, was dies für die Ernährung von *Homo erectus* bedeutet, weisen solche Zahnabschliffmuster doch auf einen relativ abrupten Wandel in der Lebensweise der Hominiden zu diesem Zeitpunkt der Vorgeschichte hin. Wie wir in Kapitel 6 sehen werden, kann *Homo erectus* eine ganze Reihe von Errungenschaften in der Phylogenie der Hominiden für sich beanspruchen: ein erheblich vergrößertes Gehirn, die Abnahme des Größenunterschieds zwischen den Geschlechtern, das gezielte Herstellen von Werkzeugen, den Einsatz des Feuers sowie den Aufbruch aus Afrika in andere Kontinente.

Somit sind Zähne – wenngleich die Aussagen darüber natürlich auch ihre Grenzen haben – geeignet, uns Erkenntnisse über die Geschichte der Hominiden zu liefern, die weit mehr Informationen beinhalten als nur jene, womit sich unsere Vorfahren den Magen füllten.

Die ersten Hominiden

Die älteste Hominidenspezies, die wir kennen, ist *Australopithecus afarensis*. Von ihm stammen die wichtigsten Funde aus Hadar in Äthiopien (datiert auf 2,9 bis 3,5 Millionen Jahre) und Laetoli in Tansania (datiert auf etwa 3,6 Millionen Jahre vor unserer Zeit). Noch ältere, aber bruchstückhaftere Überreste, die denen von *A. afarensis* sehr ähneln, wenn nicht sogar zu dieser Art gehören, fand man an verschiedenen Stellen Ostafrikas. Das älteste Fragment aus Lothagam in Kenia wird auf 5,6 Millionen Jahre geschätzt.

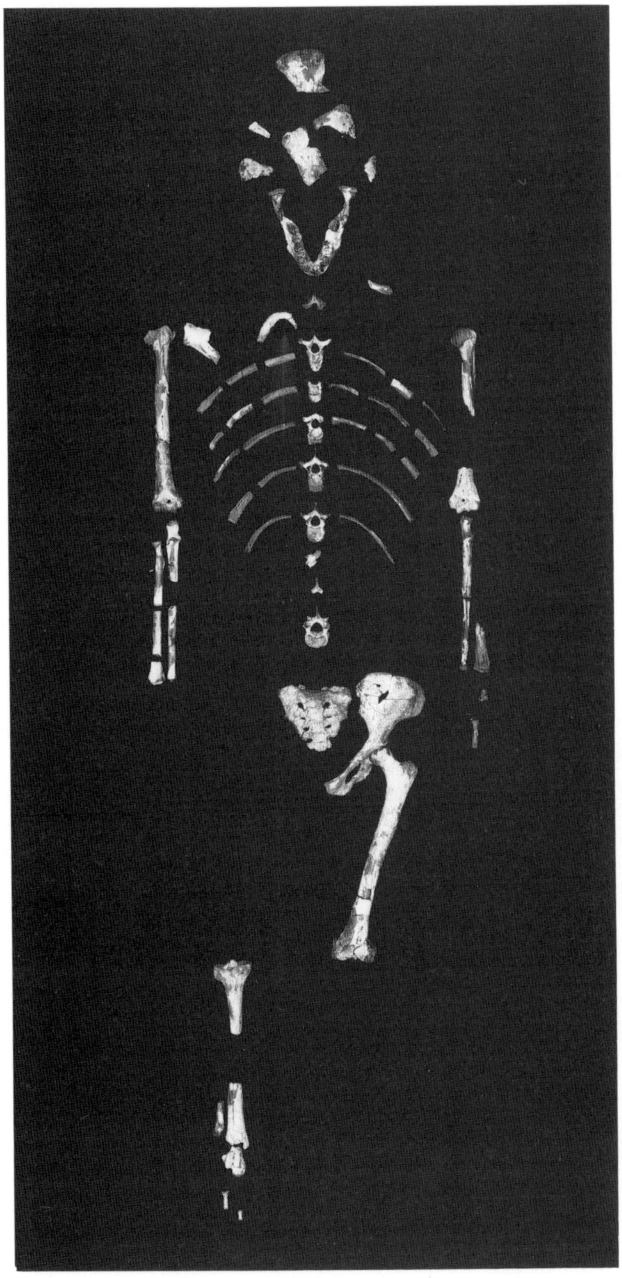

Die Funde von Hadar und Laetoli wurden in den siebziger Jahren gemacht. Sie gewannen durch ihre wissenschaftliche Bewertung rasch erheblichen Einfluß innerhalb der Paläoanthropologie. Die Fundstätte Laetoli ist besonders wichtig, da sich hier auch Fußabdrücke von Hominiden finden, die 3,6 Millionen Jahre alt sind und vermutlich ebenalls von *A. afarensis* stammen. Sie bestätigen, was man bei den frühen Hominiden erwartet hatte und was sich schon im Bau ihres Hinterhauptskeletts offenbarte: Die Hominidenarten waren im wesentlichen aufrecht gehende Tiere und keine Vierbeiner mehr. Gleichwohl ist die Fundstätte Hadar die bedeutendere, nicht nur wegen der erheblich größeren Menge an Funden – sie lieferte Reste von 65 Individuen gegenüber lediglich 14 in Laetoli –, sondern auch, weil sich darunter das zu 40 Prozent erhaltene Skelett eines Individuums befindet, das der berühmten Lucy.

Die ersten Deutungen der Fossilien aus Hadar und Laetoli waren etwas widersprüchlich. In einem Artikel von 1976 stellten beispielsweise Mary Leakey, Tim White und ihre Mitarbeiter »eine phylogenetische Affinität zur Gattung *Homo*« fest. Im selben Jahr berichteten Donald Johanson und Maurice Taieb, die beiden Leiter der amerikanisch-französischen Expedition in Hadar, möglicherweise seien drei Hominidenspezies in ihrem Fundgut vertreten: zwei Australopithecinen und ein Vertreter der Gattung *Homo*.

Nach gemeinsamen Untersuchungen kamen Johanson und White jedoch zu dem Schluß, die Funde von Hadar und Laetoli gehörten sämtlich zu einer einzigen Art, die sie 1978 *Australopithecus afarensis* nannten. Seit der Vorstellung von *Homo habilis* im Jahre 1964 war dies die erste wichtige Hominidenspezies, der man einen Namen gab. Wie die Benennung von *H. habilis* provozierte auch die von *A. afarensis* beträchtliche Auseinandersetzungen unter den Paläoanthropologen.

Der Beschreibung von Johanson und White zufolge war *Australopithecus afarensis* weit primitiver als andere bekannte Hominiden. Oberhalb des Halses wirkte er stark menschenaffenähnlich, darunter stark menschenähnlich. Die Wissenschaftler schilderten *Australopithecus* als eine Art mit extremem Geschlechtsdimorphismus in der Körpergröße (die Männchen waren größer als die Weibchen) und bezeichneten ihn als den Vorfahren aller späteren Hominiden.

4.18 Das Skelett von Lucy.
Dieses zu 40 Prozent erhaltene Skelett eines der kleinsten Exemplare von *Australopithecus afarensis* zeigt eine Kombination menschenaffenähnlicher und menschlicher Kennzeichen. Obwohl Lucy offensichtlich ein beachtliches Maß an Bipedie aufwies, zeigt sie leicht äffische Extremitätenproportionen (kurze Beine) sowie einen menschenaffenähnlichen Schädel mit entsprechender Bezahnung. (Mit freundlicher Genehmigung des Cleveland Museum of Natural History.)

Diese Auffassung wurde von einigen Fachleuten, in erster Linie von Richard Leakey und Alan Walker sowie von Yves Coppens und seinen Mitarbeitern in Paris, angezweifelt. Die Forscher argumentierten, die extremen Größenunterschiede zwischen den Individuen und zahlreiche anatomische Details sprächen für die Funde von wenigstens zwei, wenn nicht sogar von mehr Arten. Mittlerweile gehen die meisten Fachleute davon aus, daß die Überreste eine einzige Art, nämlich *Australopithecus afarensis*, repräsentieren.

Flüchtig betrachtet wirkt *A. afarensis* oberhalb des Halses tatsächlich wie ein Menschenaffe und unterhalb davon fast wie ein Mensch. Dies ist ein gutes Beispiel für eine mosaikartige Evolution, bei der sich verschiedene Körperteile mit unterschiedlicher Geschwindigkeit und zu verschiedenen Zeiten verändern. Noch ausgeprägter und differenzierter tritt der Mosaikcharakter von *A. afarensis* innerhalb seines Rumpf- und Extremitäten- oder Postcranialskeletts zutage, da die mit dem aufrechten Gang zusammenhängenden Besonderheiten an den einzelnen Stellen unterschiedlich ausgeprägt sind. Heute noch wird bei dieser Art diskutiert, wie die primitiven Merkmale des Postcranialskeletts auszulegen sind. Bedeuten sie, daß *A. afarensis* wie die meisten Hominoiden einen beträchtlichen Teil seiner Zeit auf Bäumen verbrachte, oder sind sie lediglich Überbleibsel einer älteren Anpassung, die für sein Verhalten nahezu bedeutungslos waren? Bewegte sich *A. afarensis* auf dem Boden grundlegend anders als heutige Menschen, oder gab es da keinen Unterschied?

Wir wollen nun die Biologie von *A. afarensis* etwas genauer unter die Lupe nehmen. Dabei betrachten wir zunächst die Anatomie des Schädels und des Gebisses, bevor wir uns wieder der funktionellen Interpretation des Postcranialskeletts zuwenden.

Die Schädelkapazität von *A. afarensis* umfaßt 380 bis 450 Kubikzentimeter und übertrifft damit das von Schimpansen, das zwischen 300 und 400 Kubikzentimetern liegt, nur unwesentlich. Der Schädel selbst ist lang mit niedriger Stirn. Es ist eindeutig der Schädel eines Menschenaffen, mit einem ausgeprägten Wulst im Nackenbereich (den Cristae nuchae). Dies waren die Ansatzstellen kräftiger Muskeln, die den Kopf im Gleichgewicht hielten. Der obere Bereich des Gesichts von *A. afarensis* ist, wie bei den Menschenaffen, klein, der untere Teil groß und vorspringend. Der vorspringende (prognathe) Unterkiefer war der Grund für die kräftigen Nackenmuskeln. Sie mußten den schweren Kopf auf der Wirbelsäule balancieren, der ohne ihre Unterstützung nach vorne gekippt wäre.

An der Unterseite des Schädels von *A. afarensis* (im Occipitalbereich) weisen zahlreiche Merkmale auf dessen Hominidenstatus hin. Dazu zählt beispielsweise die zentrale Lage des *Foramen magnum*, jener Öffnung, durch die das Rückenmark ins Gehirn eintritt. Am Gebiß und den Kieferknochen zeigt sich noch deutlicher, daß *A. afarensis* ein Hominide war.

Der Vergleich der Bezahnung eines heutigen Menschenaffen (beispielsweise des Schimpansen) mit dem eines modernen Menschen offenbart einige auffällige Unterschiede (vergleiche den letzten Abschnitt in diesem Kapitel). In mancher Hinsicht steht *A. afarensis* zwischen diesen Extremen. Die Eckzähne sind – wenngleich zurückgebildet – für einen typischen Hominiden immer noch groß. Auch zeigen sie noch einen beträchtlichen Sexualdimorphismus. Ein Diastema ist erforderlich, um die Eckzähne in den gegenüberstehenden Zahnreihen aufzunehmen. Der erste Vorbackenzahn vieler Individuen ähnelt eindeutig dem eines Menschenaffen. Er hat nur einen einzigen Höcker, manchmal ist allerdings ein zweiter angedeutet. Die Backenzähne sind zwar in ihrem Muster hominid, gleichen jedoch nicht den Mahlzähnen, die später in der Stammeslinie der Hominiden auftreten.

Offensichtlich vollzog sich bei *Australopithecus afarensis* eine adaptive Veränderung, die, verglichen mit den modernen Menschenaffen, höchst gravierend erscheint. Zum Vergleich sollten jedoch statt den heutigen lieber einige Vertreter der miozänen Menschenaffen herangezogen

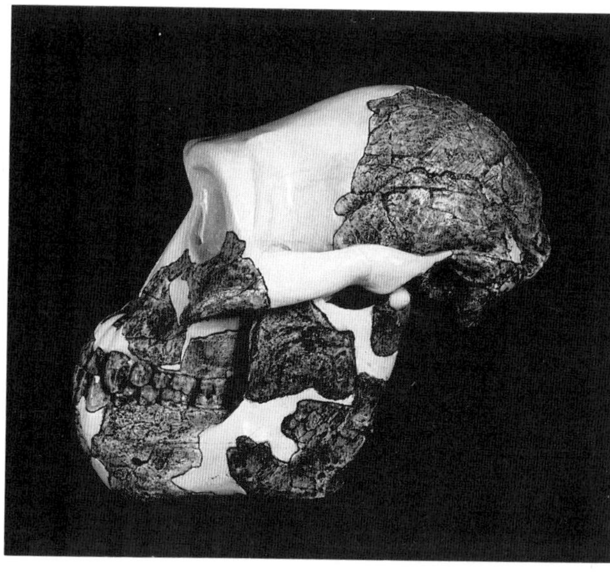

4.19 Rekonstruktion des Schädels von *Australopithecus afarensis.*
Die menschenaffenähnlichen Merkmale von *A. afarensis* gelten besonders für das Cranium. Die zunehmende Robustheit der Kiefer, die leicht vergrößerten Backenzähne und reduzierten Eckzähne sind die Hauptkennzeichen für seinen Hominidenstatus. (Mit freundlicher Genehmigung des Cleveland Museum of Natural History.)

werden (siehe den ersten Abschnitt dieses Kapitels), aus denen sich die Hominiden entwickelt haben könnten. So betrachtet erscheint *A. afarensis* tatsächlich menschenaffenähnlich, sowohl hinsichtlich seiner Anatomie als auch seiner Ernährung. Was seine Verhaltensweisen anging, müßte er sich jedoch von den Menschenaffen unterschieden haben, da er gewohnheitsmäßig auf zwei Beinen ging. Um einen Einblick in diese neuartige Anpassung zu gewinnen, wenden wir uns dem Postcranialskelett zu.

Wie wir bereits gesehen haben, prägt sich der aufrechte Gang in vielen Bereichen des Postcranialskeletts aus. Die Frage ist nun, wie vollkommen der aufrechte Gang des *Australopithecus afarensis* war. Diese Frage sollten funktionelle Untersuchungen von mehreren Bereichen des Skeletts beantworten, die Forscher in den Vereinigten Staaten, England und Frankreich durchführten.

Owen Lovejoy von der Kent State University arbeitete mit Johansons Team zusammen und konzentrierte sich auf das Becken und die Hintergliedmaßen. Es gibt keinerlei Zweifel: Das Becken von *Australopithecus afarensis* ist eher das eines Hominiden als das eines Menschenaffen. Es ist viel gedrungener und breiter als das der Pongiden, doch bestehen auch auffallende Unterschiede zum menschlichen Becken, beispielsweise im Neigungswinkel der Beckenschaufeln, also der Darmbeine. Lovejoy meint aber, daß diese Unterschiede für die Aufrechterhaltung des Gleichgewichts bei der zweibeinigen Fortbewegungsweise nicht entscheidend waren. Dies sowie der Bau des Oberschenkelhalses und der ausgeprägte Valguswinkel des Knies dürften einen recht vollkommenen schreitenden Gang erlaubt haben, der zumindest grundsätzlich, vielleicht sogar in Einzelheiten dem moderner Menschen glich. Mit anderen Worten, *A. afarensis* galt als vollständig bodenlebender Zweibeiner. Seine anatomischen Anklänge an die Menschenaffen betrachtete man funktionell als bedeutungslosen genetischen Ballast.

Unterdessen entdeckten andere Forscher in der Anatomie von *Australopithecus afarensis* Anzeichen von Anpassungen an das Baumleben. Die französischen Wissenschaftlerinnen Christine Tardieu und Brigitte Senut untersuchten die Vorder- und Hinterextremitäten. Sie kamen zur der Überzeugung, diese Tiere seien so beweglich gewesen, daß sie durchaus auf Bäumen leben konnten. Russell Tuttle von der University of Chicago hob hervor, die Hände und Füße seien so gekrümmt wie die eines Menschenaffen, was auf Kletteraktivitäten hindeuten könnte. Nach William Jungers von der State University of New York in Stony Brook entsprach die Armlänge von *A. afarensis* zwar der von Hominiden, seine Beine waren aber kurz wie die eines Menschenaffen, was ebenfalls für eine kletternde Lebensweise spricht. Henry McHenry von der University of California in Davis untersuchte verschiedene Handgelenksknochen von *A. afarensis* und schloß daraus, deren Handgelenk sei weitaus beweglicher gewesen als das heutiger Menschen. Auch dies steht mit einer Lebensweise auf Bäumen im Einklang.

Nach einer breitangelegten Untersuchung vertraten William Jungers, Jack Stern und Randall Susman die Ansicht, *A. afarensis* sei, solange er sich auf dem Boden befand, tatsächlich auf zwei Beinen gegangen, habe aber dennoch häufig Bäume erklettert, um zu schlafen, zu fressen oder sich vor Raubtieren in Sicherheit zu bringen. Das Tier habe sich auf ebener Erde, aber nicht wirklich schreitend bewegt, wie Lovejoy meinte, sondern eine Haltung eingenommen, bei der Hüfte und Knie gebeugt waren. Eine solche Körperhaltung dürfte für *A. afarensis* nachhaltige biomechanische und energetische Konsequenzen gehabt haben.

Die Meinungsverschiedenheiten zur Fortbewegungsweise von *Australopithecus afarensis* beruhen sowohl auf Uneinigkeiten über einige anatomische Merkmale als auch auf unterschiedlichen funktionellen Bewertungen einiger anatomischer Aspekte. Die widersprüchlichen Ansichten wurden 1983 auf einem vom Institute of Human Origins in Berkeley veranstalteten wissenschaftlichen Symposium diskutiert. Seitdem findet sich in den meisten Veröffentlichungen das Bild vom teilweise baumlebenden, mit gebeugten Knien gehenden Tier.

Mehrere anatomische Schlüsselmerkmale sprechen also für ein partielles Baumleben. Dazu gehören die gekrümmten Hand- und Fußknochen, die große Beweglichkeit von Hand- und Fußgelenken, eine Schultergelenkpfanne (Fossa glenoidalis), die mehr zum Kopf hin orientiert war als beim Menschen, und kurze Hinterbeine. Die Gegner der Arborealitätsthese zweifeln an der großen Beweglichkeit des Fußgelenks von *A. afarensis* und führen zudem die nicht mehr opponierbare Großzehe ins Feld, die mit den übrigen Zehen eine Reihe bildet. Dies ist eine eindeutige Anpassung an den aufrechten Gang. (Dieser Aspekt wird uns noch weiter beschäftigen.)

Anatomische Merkmale, die auf eine unvollkommene Bipedie hindeuten, finden sich in mehreren Körperbereichen. So hatten zwar die Vordergliedmaßen die Proportionen anderer Hominiden, was die Gewichtsverteilung und das Gleichgewicht verbesserte, aber die Hintergliedmaßen blieben kurz wie die von Menschenaffen. Kurze Beine bedeuten ein kurzes Schrittmaß. Darüber hinaus war auch der Fuß im Verhältnis zum Bein recht lang. Deshalb mußte *Australopithecus* beim Gehen, um den Fuß zu heben, die Knie stärker beugen (vergleichbar mit dem Gehen in zu großen Schuhen).

4.20 Skelettvergleich.
Dieses Bild zeigt Anpassungen des Skeletts von *Australopithecus afarensis* an das Baumleben. (Mit freundlicher Genehmigung von John Fleagle, Academic Press.)

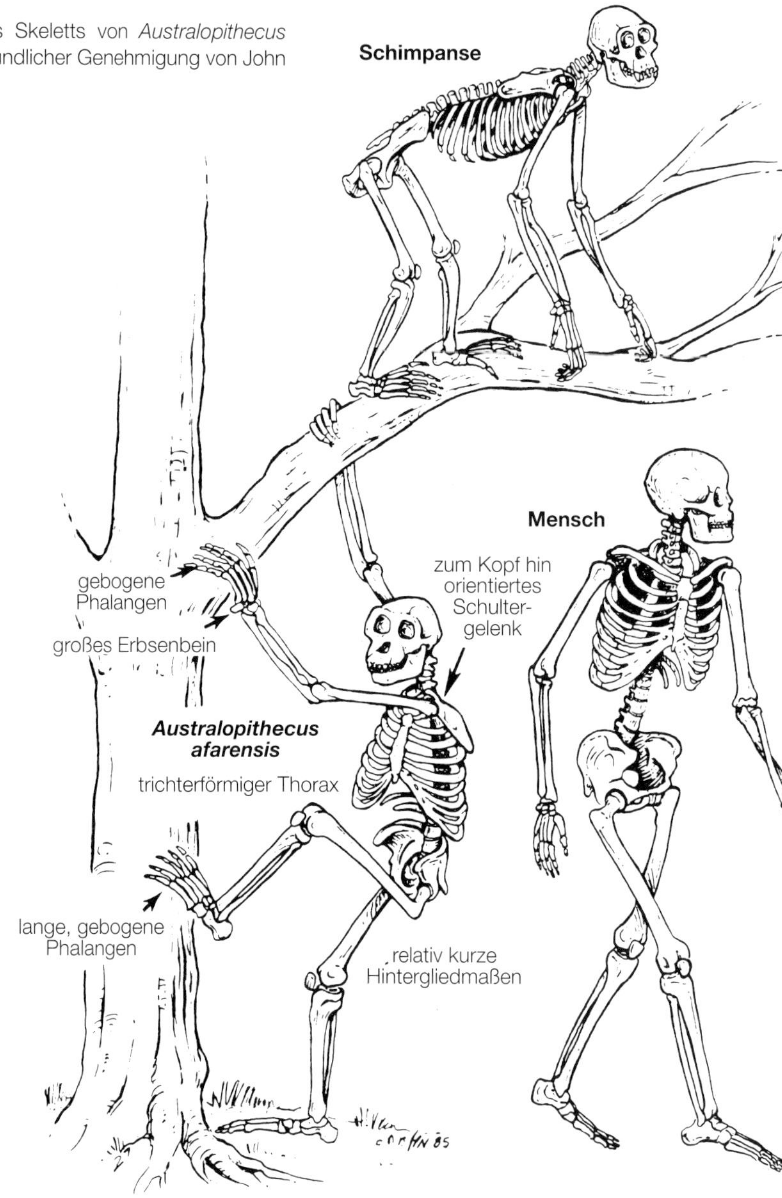

Nach Meinung der Forscher aus Stony Brook weist der Winkel der Darmbeine von *A. afarensis* eher auf eine schimpansentypische als auf eine menschenähnliche Form des Gleichgewichthaltens beim Gehen hin. Das heißt, dieses Tier beugte die Hüfte. Sie behaupten auch, das Acetabulum, die halbkugelförmige Hüftgelenkpfanne, in die sich der Kopf des Oberschenkelknochens einpaßt, sei bei *A. afarensis* weniger vollkommen ausgebildet als bei modernen Menschen. Dadurch ergebe sich eine Unzulänglichkeit in einer Körperregion, die beim Menschen belastet wird, wenn das gestreckte Bein unter dem Hüftgelenk hindurchschwingt. Ein solcher Gang war für *A. afarensis* somit nicht möglich.

Die Vorstellung, *Australopithecus afarensis* habe sich mit gebeugten Knien und gebeugter Hüfte fortbewegt, wird von den Forschern aus Stony Brook durch die Auffassung gestützt, das Kniegelenk habe sich nicht in vollständig gebeugter Haltung verriegeln lassen, wie dies beim modernen Menschen der Fall ist. Die Wissenschaftler von der Kent State University bezweifeln jedoch die Richtigkeit der anatomischen Beschreibung in allen drei Punkten und lehnen daher diese funktionelle Interpretation ab.

Die Form der Gelenke der Mittelfußknochen (Metatarsalia) kann als Indiz dafür gewertet werden, daß die Füße stark gekrümmt werden konnten, was beim Klettern hilfreich gewesen wäre. Dagegen boten sie nur unzureichende Stabilität beim Stehen auf einem Bein. Ging *A. afarensis* tatsächlich mit gebeugter Hüfte und gebeugten Knien, dann hat er seine Zehen nie auch nur annähernd so bewegt, wie es heutige Menschen tun.

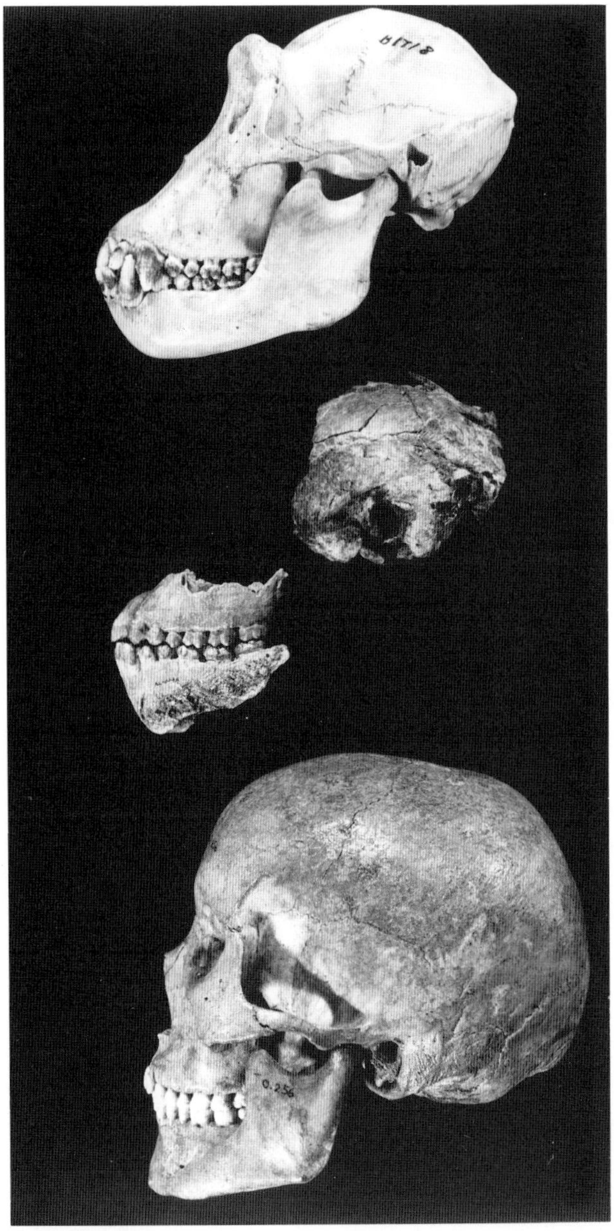

4.21 **Schädelvergleich.**
Diese Schädel von einem Menschen, einem Schimpansen und *Australopithecus afarensis* im Profil zeigen, wie sehr äffisch der erste bekannte Hominide war. (Mit freundlicher Genehmigung des Cleveland Museum of Natural History.)

Schließlich untersuchte Jungers die Größe der Gelenke der Hinterbeine, in erster Linie den Oberschenkelkopf bei Menschenaffen, Menschen und *Australopithecus afarensis*. Dem lag folgende Überlegung zugrunde: Bewegt man sich zumeist auf vier Füßen, wie die Schimpansen und Gorillas, dann müssen die Gelenkflächen der Hinterbeine relativ zu jenen der Vordergliedmaßen nicht so stark vergrößert sein wie beim aufrechten Gang etwa der Menschen, bei dem das gesamte Körpergewicht auf den Beinen lastet. Fest steht, daß der Oberschenkelkopf der Menschen erheblich größer ist, als es der eines afrikanischen Menschenaffen gleicher Körpergröße wäre. Der Femurkopf ist zwar auch bei *A. afarensis* größer als bei gleich großen Menschenaffen, doch ist er von den Verhältnissen beim Menschen noch weit entfernt. Daraus folgert Jungers, daß »die Anpassung an die terrestrische Bipedie bei den frühen Hominiden bei weitem nicht vollkommen und funktionell der menschlichen nicht gleichwertig war«.

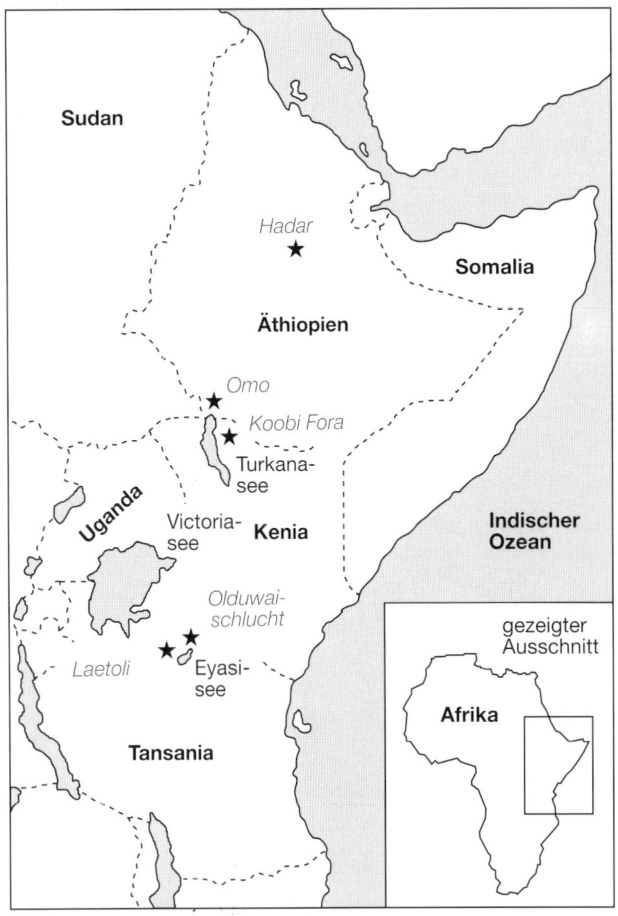

4.22 **Wichtige Fundstätten in Ostafrika.**
Die Hauptfundorte der Fossilien von *Australopithecus afarensis*, Handar in Äthiopen und Laetoli in Tansania, liegen 1500 Kilometer auseinander. Reste von *A. afarensis* wurden auch in Koobi Fora in Nordkenia gefunden.

Von Bedeutung ist auch die Anatomie der Hände von *Australopithecus afarensis*. Obwohl diese oft als „erstaunlich modern" beschrieben wurden, sind sie tatsächlich eher menschenaffenähnlich. Das betrifft sowohl die Fingerfertigkeit als auch die Krümmung der gesamten Hand. So waren zum Beispiel der Daumen kürzer und die Fingerkuppen schmäler als beim Menschen. Dies steht im Zusammenhang mit der reichen Versorgung mit Nerven, die für unsere Fertigkeiten erforderlich sind. Hier ist anzumerken, daß die ältesten bisher bekannten Steinwerkzeuge auf ein Alter von 2,5 Millionen Jahren geschätzt werden, also erst nach der Zeit von *A. afarensis* auftraten.

Johanson und White betonten in ihrer ersten Artbeschreibung, daß die Körpergröße von *Australopithecus afarensis* offenbar einen extremen Geschlechtsdimorphismus aufwies. Die kleinen Weibchen maßen nur wenig über einen Meter und wogen etwa 30 Kilogramm. Die größeren Männchen dagegen waren ungefähr 1,70 Meter groß und 65 Kilogramm schwer. Ein derartiger Unterschied der Körpergröße steht häufig mit starker Konkurrenz der Männchen um die Weibchen in Zusammenhang. Dies wiederum ist üblicherweise begleitet von je nach Geschlecht unterschiedlich großen Eckzähnen.

Alles in allem steht die Anatomie – und das Verhalten – von *A. afarensis* in gewisser Weise zwischen den Menschenaffen und den Menschen. Ein solches Muster existiert heutzutage nicht mehr. Man sieht daher vielfach die Anpassungen der Art als „instabil" an, als Übergang auf dem Weg der „Vervollkommnung" zum Menschen hin.

Tatsächlich kann aber diese einzigartige anatomische Form und das entsprechende Verhaltensrepertoire ein stabiles evolutionäres Stadium gewesen sein. Schließlich bestand diese Spezies über mehrere Millionen Jahre hinweg. Dafür spricht auch, daß in der Art *Australopithecus africanus*, die *A. afarensis* offenbar unmittelbar folgte, viele Merkmale des Postcranialskeletts mit denen ihres Vorgängers mehr oder weniger übereinstimmen.

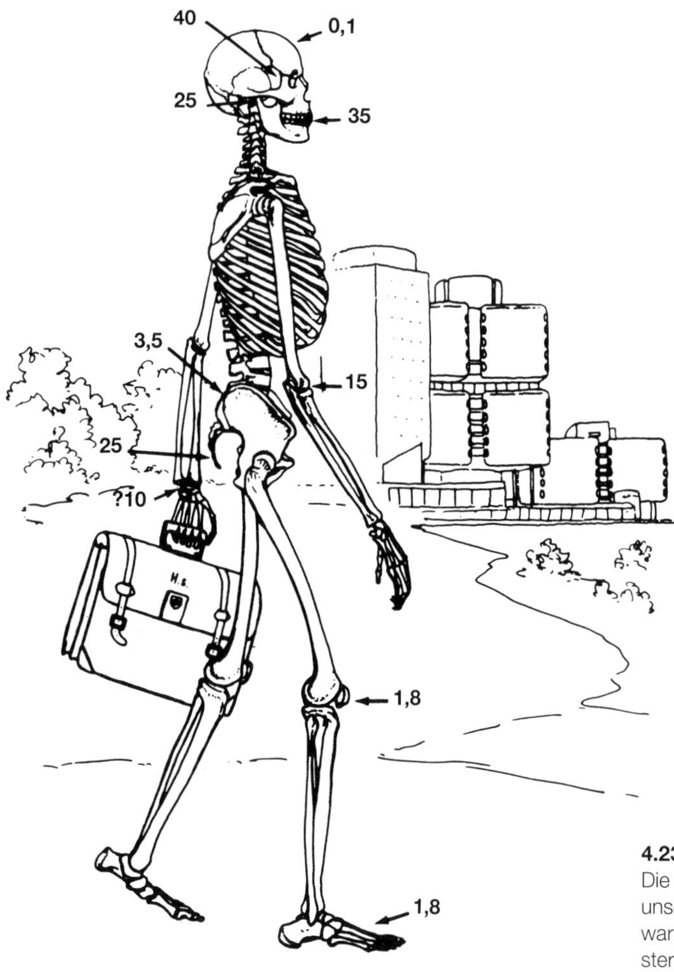

4.23 Anatomisches Erbe.
Die einzelnen Teile unseres Skeletts wurden in verschiedenen Phasen unserer Geschichte geformt: Der abgerundete Schädel zum Beispiel war vor 100 000 Jahren unsere jüngste Errungenschaft, das Zahnmuster hingegen eines der ältesten – es entwickelte sich vor 35 Millionen Jahren. (Angaben in Millionen Jahren.) (Mit freundlicher Genehmigung von John Fleagle.)

Fragen

- Wie beeinflußt das Wissen über heutige Cercopithecoiden unsere Erwartungen über die Geschichte der Gruppe?
- Was ist die wichtigste Lehre, die man aus den Untersuchungen von Anatomie und Verhalten der Hominoiden im Miozän ableiten kann?
- Welche evolutionäre Bedeutung haben die gleichzeitig stattfindende Abnahme in der Vielfalt der Menschenaffen und Zunahme in der Vielfalt der niederen Affen seit dem Mittelmiozän?
- Wie wahrscheinlich ist es, daß ein Protohominide oder Protoschimpanse bei weiteren Fossilfunden im entsprechenden Zeitraum unzweifelhaft bestimmt werden kann?
- Welche Aussagen lassen sich aus dem seltenen Auftreten des aufrechten Ganges bei Primaten ableiten, außer jener, daß das Gehen auf zwei Beinen sich nur schwer entwickelt?
- Sollte der evolutionäre Übergang von der hominoiden Vierfüßigkeit zur menschlichen Zweibeinigkeit angesichts des energetischen Unterschieds zwischen beiden Zuständen *notwendigerweise* rasch oder langsam erfolgt sein?
- Wie könnte man den Vorschlag testen, daß der aufrechte Gang entwickelt wurde, da er beim Tragen und/oder Bearbeiten von Gegenständen Vorteile bietet?
- Könnte man einen Hominiden, der außer seinem aufrechten Gang völlig affenähnlich ist, überhaupt als Hominiden einordnen?
- Wie zuverlässig sind Zähne als Indikatoren für die Ernährungsweise einer Art?
- Welche weiteren Informationen würde man benötigen, um die Reduktion der Körpergröße und den Verlust des Geschlechtsdimorphismus menschlicher Eckzähne zu bewerten?
- Woran würde man Kiefer und Zähne der ersten Hominiden erkennen?
- Wie leicht ändern sich – phylogenetisch gesehen – Muster der Zahnschmelzablagerungen?
- Inwiefern kann eine Interpretation der Anatomie von *Australopithecus afarensis* davon beeinflußt sein, ob 1) jemand höchst bewandert in der Anatomie der Menschenaffen ist oder 2) sich in der Anatomie des Menschen sehr gut auskennt?
- Was könnte uns davon überzeugen, daß die Anatomie von *A. afarensis* tatsächlich im Wandel begriffen und keine stabile Adaption war?
- Inwiefern engt die Kenntnis heute lebender Arten die Interpretation der Verhaltensszenarios von Paläospezies allgemein und von *A. afarensis* im besonderen ein?
- Würden Informationen über die Paläoökologie von *A. afarensis* dabei helfen, die Biologie dieser Spezies besser zu verstehen?

5. Der Hominidenbusch

Die Australopithecinen

Die Hominidenfamilie begann natürlich mit einer einzelnen Spezies – wahrscheinlich mit *Australopithecus afarensis* – vor ungefähr fünf Millionen Jahren. Wie gewöhnlich in neuentstehenden Säugetiergruppen folgten dieser ersten Art in verschiedenen Schüben viele weitere, so daß sich bald ein üppiger evolutionärer Busch gebildet hatte. Auch hier wurden – wie so oft – von Zeit zu Zeit viele Zweige wieder beschnitten, das heißt, Arten starben aus, während neue entstanden. Ungewöhnlich für Säugetiergruppen ist jedoch, daß sich dieser Hominidenbusch letztlich zu einer einzelnen Spezies, zu *Homo sapiens sapiens,* reduzierte – dem einzigen Vertreter dieser Familie. (Übrigens folgten die Pferde einem ähnlichen ungewöhnlichen Evolutionsweg.)

Könnten wir in das Afrika vor ungefähr zwei Millionen Jahren reisen, dann würden wir mehrere Hominidenarten finden, die eventuell den gleichen Lebensraum miteinander teilten – ähnlich wie heute in der Alten Welt verschiedene Spezies der Cercopitheciden. Vielleicht bevölkerten sie aber auch gleich heutigen Schimpansen und Gorillas verschiedene ökologische Nischen. Wie viele Hominidenarten damals auf diesem Kontinent nebeneinander existierten, ist noch ungeklärt und wird von einigen Spezialisten heftig debattiert. Auf jeden Fall waren es nicht weniger als drei, vielleicht aber auch sechs oder mehr.

Unabhängig davon, wie viele Hominidenspezies in Afrika vor etwa zwei Millionen Jahren lebten, scheint es, daß sie in zwei Gruppen geteilt waren: in eine mit relativ großem Gehirnvolumen und eine zweite mit relativ kleinem Gehirn. Jene Arten mit großem Gehirn gehörten zur Gattung *Homo*. Dieser Gruppe ordnet man bisher formal nur eine Spezies zu – *Homo habilis* –, jedoch sind viele Wissenschaftler der Meinung, daß man in Zukunft noch weitere identifizieren wird. Sollten damals mehrere Arten von *Homo* existiert haben, so konnte dennoch nur eine einzige Vorfahre des heutigen Menschen sein, während die übrigen ausstarben. Die zweite Gruppe wird nicht einheitlich benannt; wir nennen sie der Einfachheit halber Australopithecinen (Vertreter der Gattung *Australopithecus*). Sie starben alle aus.

In diesem Abschnitt wollen wir die Anatomie und Biologie der Australopithecinen erörtern, im nächsten die Gattung *Homo* behandeln, insbesondere *Homo habilis*. Danach besprechen wir Hypothesen, wie die verschiedenen Hominidenarten miteinander verwandt waren – ihren Stammbaum oder ihre Phylogenie.

Wie alle frühen Hominiden waren die Australopithecinen im wesentlichen aufrecht gehende Menschenaffen mit modifiziertem Gebiß. Die Fortbewegung und der Zahnapparat der Hominiden waren höchstwahrscheinlich Anpassungen an einen Lebensraum mit spezieller Nahrung, der sich etwas von jenen unterschied, in denen gewöhnlich Menschenaffen existieren (vergleiche Kapitel 4). Die Hominiden scheinen in einer offeneren Landschaft gelebt zu haben, allerdings war diese nicht so offen wie bisher angenommen. Es handelte sich vielmehr um Baum- oder Buschbestand. Die Nahrung wurde wahrscheinlich in kleineren Arealen gesucht, die weit voneinander entfernt waren. Nach der Struktur ihrer Zähne und der Form ihres Kiefers zu urteilen, mußte die Nahrung der Hominiden stärker zermahlen werden als jene der heutigen Menschenaffen.

Männliche Australopithecinen waren größer (ungefähr 30 Prozent) und schwerer (etwa 45 Prozent) als weibliche Individuen. Dies beruhte wahrscheinlich auf einem Konkurrenzkampf zwischen den Männchen bei der Werbung um die Weibchen. Die Australopithecinen waren gesellige Tiere mit einer Sozialstruktur, die vermutlich sehr der von Schimpansen ähnelte (siehe Kapitel 3).

Zieht man einen Vergleich zu anderen Fossilfunden aus der Zeit vor zwei Millionen Jahren, stellt man fest, daß die Australopithecinen wahrscheinlich genauso häufig waren wie Paviane und andere große Primaten, die ebenfalls in dieser offenen Landschaft leben. Das könnte auf eine ähnliche Strategie bei der Nahrungssuche von Hominiden und Pavianen hindeuten. Wären die Australopithecinen nämlich Carnivoren, also fleischfressende Tiere, gewesen, hätte ihre Populationsdichte nicht annähernd jene der sich vorwiegend vegetarisch ernährenden Paviane erreicht. Aus diesen Beobachtungen und aus dem Abnutzungsmuster der Zähne ergibt sich die offenbar vernünftige Interpretation, daß auch die Australopithecinen hauptsächlich Vegetarier waren.

Vor zwei Millionen Jahren lebten zwei Formen der Australopithecinen: die „grazile" und die „robuste". Bis jetzt wurde erst eine grazile Art des *Australopithecus* identifiziert, während mehrere, manchmal vier robuste Spezies unterschieden werden. Die Ausdrücke „grazil" und „robust" scheinen auf grundlegende anatomische Unterschiede zwischen diesen Formen hinzuweisen: Die eine ist verhältnismäßig klein und zierlich, die andere größer, schwerer und massiger gebaut. Wie die Forscher jedoch in jüngster Zeit erkannten, betreffen die Unterschiede zwischen diesen beiden Formen hauptsächlich die dentalen und fazialen Anpassungen an die Kautätigkeit. Die robusten Australopithecinen hatten größere Mahlzähne, kräftigere Kiefer und eine stärker entwickelte Kaumuskulatur mit entsprechend größeren Muskelansätzen.

Betrachtet man das übrige Skelett, stellt man fest, daß die grazilen und robusten Australopithecinen einander außerordentlich ähneln. Allerdings waren die robusten Formen etwas größer. Die Schätzungen der Gehirnvolumina – die Untersuchungen stützen sich jedoch nur auf wenige Individuen – ergeben für die robusten Arten etwas höhere Werte als für ihre grazilen Verwandten. Sie betragen für beide Formen etwa 500 Kubikzentimeter (siehe Kapitel 8).

Bisher wurden noch keine einwandfrei als Australopithecinen erkannten Fossilien außerhalb des afrikanischen Kontinents gefunden. Nach Meinung der meisten Wissenschaftler verließen die Hominiden Afrika erst vor einer Million Jahren, als *Homo erectus* seinen Lebensraum bis nach Eurasien hinein ausdehnte (siehe Kapitel 6).

Wir wollen uns nun die Anatomie der Australopithecinen, die diese Geschöpfe als Hominiden auszeichnet, etwas genauer ansehen, sowie auf einige Unterschiede zwischen den grazilen und robusten Formen hinweisen. Uns werden dabei vor allem Zähne, Kiefer, Schädel, Beckenbereich sowie Bein- und Armskelett interessieren, und wir werden auf die Funktion dieser anatomischen Merkmale eingehen.

Zähne, Kiefer und Teile des Schädels bilden den Kauapparat. Wie wir schon in Kapitel 4 gesehen haben, entwickelt sich dieser Komplex bei den Hominiden immer mehr zu einem Mahlapparat. Der Unterschied zwischen den beiden Formen der Australopithecinen bestand darin, daß sich diese Anpassung bei den robusten Arten extrem entwickelte, die somit außerordentlich große, flache Molaren besaßen, aber nur relativ kleine, meißelförmige Incisivi und Canini.

Diese extreme Ausprägung der Zahnanpassung zeigt sich bei den robusten Australopithecinen auch noch auf andere Weise. So sind bei allen Hominidengruppen die Zahnreihen zurückgesetzt. Dies führt im Vergleich zu den Menschenaffen zu einem weniger vorspringenden Gesichtsprofil und zu einer besseren Mahlfunktion der Zähne. An den robusten Australopithecinen ist dieses charakteristische Hominidenmerkmal besonders gut erkennbar. Der kräftige Unterkiefer, der im Vergleich zu den Menschenaffen für Hominiden generell charakteristisch ist, erscheint bei den robusten Arten der Australopithecinen besonders ausgeprägt, was auf eine sehr kraftvolle Kautätigkeit hinweist.

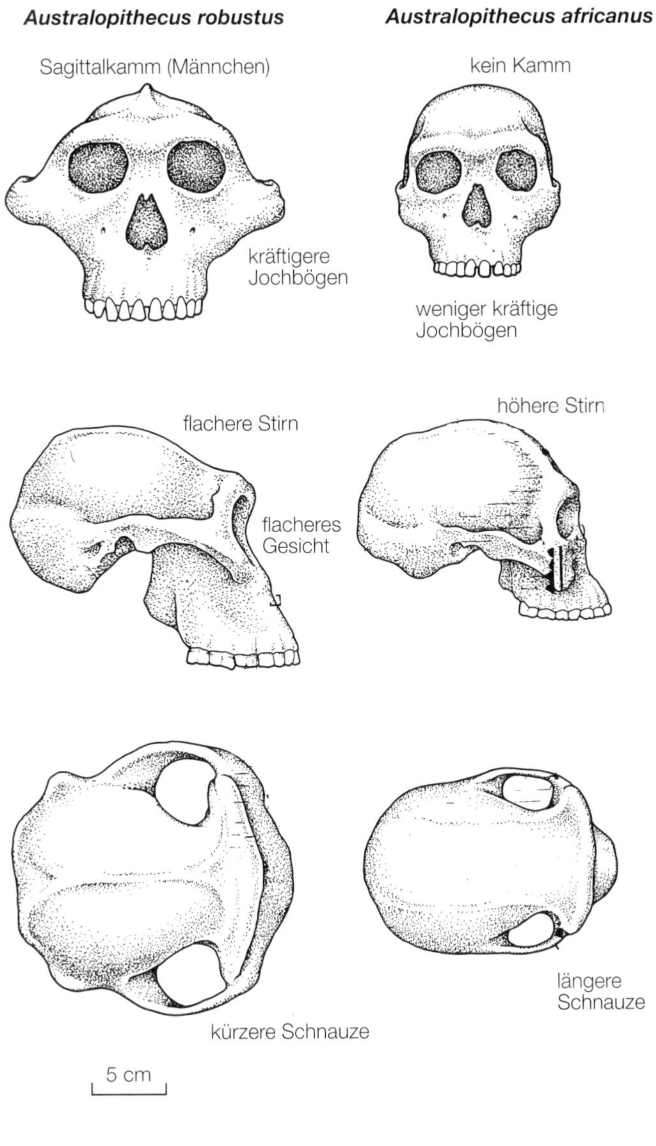

5.1 Schädelvergleich.
Der Hauptunterschied zwischen robusten und grazilen Australopithecinen ist der Zahnapparat: Die robusten Spezies aßen offenbar eine Nahrung, die stärkeres Kauen verlangte. Dies zeigt sich an den größeren Backenzähnen, an dem kräftigeren Kiefer und an den vergrößerten Ansatzstellen der Kaumuskulatur. Die Kaumechanik bestimmt die Gesamtform des Gesichts- und Hirnschädels. (Mit freundlicher Genehmigung von A. Walker und R. E. F. Leakey, *Scientific American*, 1978.)

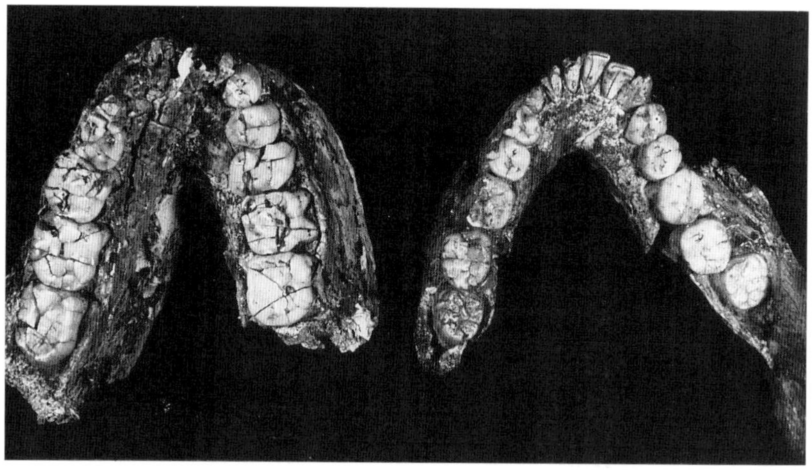

5.2 Vergleich der Unterkiefer von *Australopithecus robustus* (links) und *A. africanus* (rechts).
Man beachte die massiven Molaren von *A. robustus* beim Unterkiefer von Swartkrans im Vergleich zu dem von *A. africanus* aus Sterkfontein in Südafrika. (Mit freundlicher Genehmigung von Milford Wolpoff.)

Die für diese Kautätigkeit nötige Muskelkraft führte bei den robusten Australopithecinen zu zwei anatomischen Veränderungen. Zum einen wird einer der Muskeln, der den Unterkieferbereich bewegt – der Temporalismuskel im Schläfenbereich – an einem knöchernen Kamm verankert, der von vorne nach hinten entlang des Scheitels verläuft. Diese Crista sagittalis, die man auch bei Gorillas findet, fehlt den grazilen Australopithecinen. Zum anderen führte die Größe des Temporalismuskels und eines weiteren Kaumuskels, des Masseters, bei den robusten Australopithecinen dazu, daß der Jochbogen besonders ausgeprägt und nach vorne gerichtet war. Hierdurch und aufgrund der Verstärkung des mittleren Gesichtsbereichs durch zusätzliche Knochenansätze nahm das Gesicht der robusten Australopithecinen eine charakteristische „tellerartige" Form an.

Der somit deutlich erkennbare Unterschied im Dentalapparat zwischen grazilen und robusten Australopithecinen wurde ursprünglich als Resultat der unterschiedlichen Ernährungsweise interpretiert: Die robusten Arten galten in erster Linie als Vegetarier, die grazile Form dagegen als Fleischfresser. Als Alan Walker von der Johns Hopkins University im Jahre 1980 die Feinstruktur der Zahnoberfläche rasterelektronenmikroskopisch untersuchte, fand er bei beiden Typen der Australopithecinen ein hauptsächlich

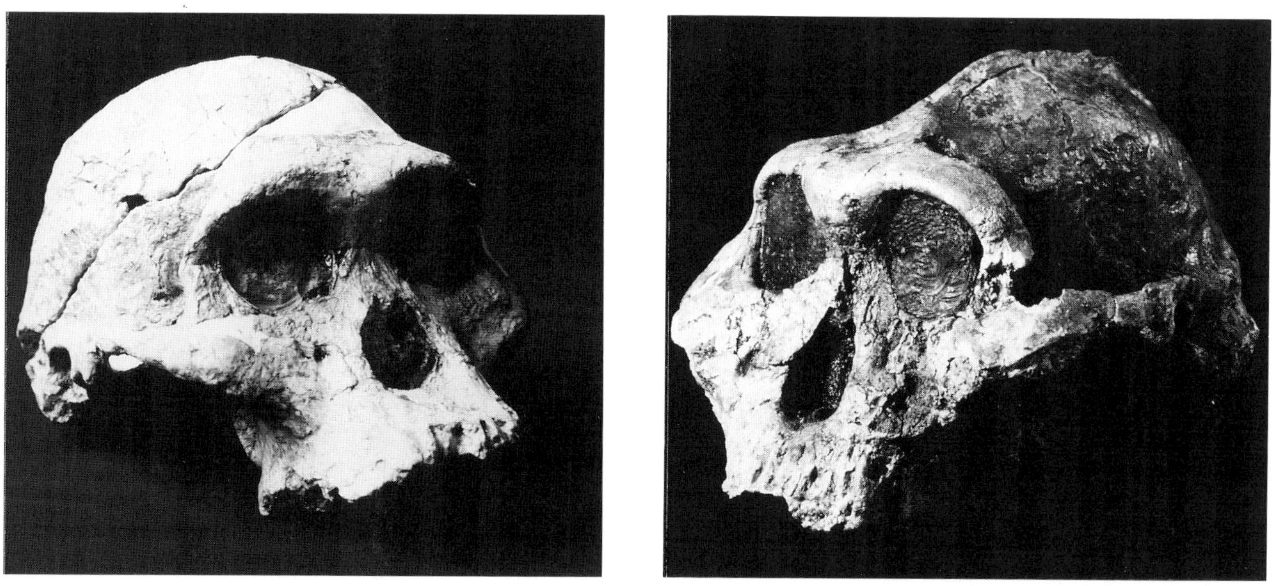

5.3 Vergleich der Schädel von grazilen und robusten Australopithecinen.
Der Schädel eines grazilen Australopithecinen, *Australopithecus africanus*, von Sterkfontein (links) und eines robusten *A. boisei* vom Turkanasee in Kenia (rechts). Man beachte das gröbere Gesicht, den Sagittalkamm und die ausgeprägten Jochbeinbögen bei *A. boisei*. Dies sind anatomische Anpassungen an die starke Muskulatur, die einen mächtigen Unterkiefer bei dieser großen Australopithecinenspezies bewegen mußte. (Mit freundlicher Genehmigung von Peter Kain und Richard Leakey.)

auf pflanzliche Ernährung hindeutendes Muster. Genauer gesagt, läßt sich die Mikroabnutzungsstruktur ohne weiteres mit der von Schimpansen oder Orang-Utans vergleichen, die ja beide verschiedene Früchte fressen.

Nach Walkers Meinung könnte der Dentalapparat der robusten Australopithecinen vielleicht deshalb stärker ausgeprägt gewesen sein als der ihrer grazilen Verwandten, weil sie mehr von der gleichen Nahrung fraßen und nicht weil sie unterschiedliche Nahrung zu sich nahmen. Die größeren Tiere brauchten einfach mehr Energie. Die neueren rasterelektronenmikroskopischen Untersuchungen von Frederick Grine von der State University of New York in Stony Brook und Richard Kay von der Duke University führten allerdings zu etwas anderen Schlußfolgerungen.

In Übereinstimmung mit Walker halten auch sie die zwei Australopithecinenformen für Vegetarier. Grine und Kay zufolge nahm die robuste Form etwas zähere Nahrung auf als die grazilen Australopithecinen. Sie verglichen den Unterschied mit den Ernährungsgewohnheiten des heute lebenden Klammeraffen, der fleischige Früchte frißt, gegenüber dem Mönchsaffen, der sich hauptsächlich von hartschaligen Samen ernährt. Ein solcher Nahrungsunterschied stimmt mit Beobachtungen überein, wonach die robusten Australopithecinen in etwas trockeneren Habitaten lebten, wo weiche Früchte und Blätter kaum zu finden waren.

Nach dem vorliegenden Fossilmaterial waren Größe und Funktion des Postcranialskeletts der grazilen und robusten Australopithecinen einander ziemlich ähnlich. Die bisherigen Berechnungen der Körpergröße müssen wir jedoch als vorläufig betrachten, weil die Funde bisher noch immer sehr fragmentarisch sind und man nicht zuverlässig von lebenden Tieren auf ausgestorbene schließen kann.

Aus einem hauptsächlich auf heutigen Menschenaffen, jedoch nicht auf dem Menschen beruhenden Modell leitete William Jungers von der State University of New York in Stony Brook vor kurzem folgende Schlußfolgerungen ab. Das durchschnittliche Körpergewicht männlicher und weiblicher Individuen von *Australopithecus africanus* betrug 52,9 Kilogramm und streute zwischen 33,3 und 67,5 Kilogramm. *Australopithecus robustus* wies ein Durchschnittsgewicht von 62,0 Kilogramm auf, wobei die Extreme 42,2 und 88,6 Kilogramm waren. Der Mittelwert für *Australopithecus boisei* lag bei 58,8 Kilogramm, der niedrigste Wert bei 36,9, der höchste bei 88,6 Kilogramm. Im Vergleich dazu betrug das Durchschnittsgewicht von *Australopithecus afarensis* 57,8 Kilogramm und ist das von *Homo sapiens sapiens* 60,0 Kilogramm. Diese Angaben stimmen sehr gut mit denen überein, die Henry Mettenry von der University of California unabhängig von William Jungers ermittelte.

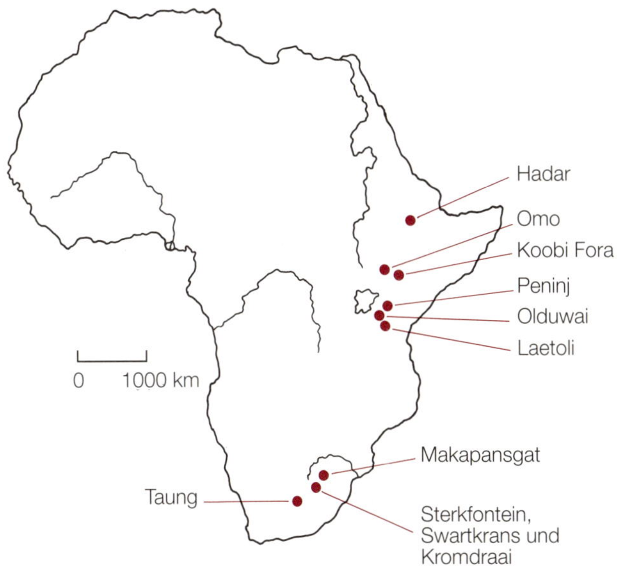

5.4 Fundorte von Australopithecinen.
Fossilien von Australopithecinen hat man nur in Afrika, insbesondere Ost- und Südafrika, gefunden. Die erste Entdeckung gelang in Taung (Südafrika), kurz danach folgten weitere Funde an den Orten Sterkfontein, Swartkrans und Kromdraai; Ausgrabungen in Makapansgat wurden in den fünfziger Jahren unseres Jahrhunderts vorgenommen. Mit der Entdeckung von *Zinjanthropus* in der Olduwaischlucht in Tansania gelangen 1959 die ersten Funde in Ostafrika, es folgten weitere in Koobi Fora (Kenia), im unteren Tal von Omo und in Hadar (Äthiopien).

Das Becken der vor zwei Millionen Jahren lebenden Australopithecinen ähnelte dem von Lucy, die eine Million Jahre früher existierte. Wie in Kapitel 4 beschrieben, ging sie bereits aufrecht. Der Oberschenkelknochen unterscheidet sich geringfügig von dem eines typischen *Homo*: Der Femurkopf ist etwas kleiner und sitzt auf einem etwas längeren, schlankeren Oberschenkelhals. In der Vergangenheit brachte man dies mit einem gegenüber *Homo* etwas weniger effizienten aufrechten Gang in Verbindung. Heute nimmt man an, diese Besonderheit habe etwas mit einer andersartigen Fortbewegung auf zwei Beinen zu tun, die vielleicht biomechanisch effizienter und besser war. Bis jetzt wurde jedoch noch kein vollständiges Fußskelett gefunden, das den grazilen oder den robusten Australopithecinen zugeordnet werden kann. Einzelknochen von südafrikanischen Fundorten deuten aber darauf hin, daß diese Geschöpfe zwar aufrecht gingen, aber immer noch – wie *Australopithecus afarensis* (Kapitel 4) – ans Klettern angepaßt waren.

Die jüngeren Australopithecinen hatten etwas andere Hände als Lucy. Die Handknochen von *Australopithecus afarensis* ähnelten auffallend denen der Menschenaffen. Sie hatten leicht gebogene Fingerknochen mit dünnen Fingerspitzen und einem kurzen Daumen. Im Gegensatz dazu scheinen die Handknochen der robusten Australopithecinen von der Ausgrabungsstätte Swartkrans nach neuesten Untersuchungen weitaus menschenähnlicher gewesen zu sein. Randall Susman von der State University of New York in Stony Brook weist darauf hin, daß der Daumen etwas länger und beweglicher und die Fingerspitzen wesentlich breiter waren. Dies spricht für eine bessere Versorgung der Fingerkuppen mit Blutgefäßen und Nerven.

Nach Susmans Meinung dürften die robusten Australopithecinen von ihrer Anatomie her genügend Fingerfertigkeiten gehabt haben, um Steinwerkzeuge herzustellen – eine Fähigkeit, die man meistens nur der Gattung *Homo* zuschreibt. C. K. Brain wies zudem vor kurzem auf Funde von mutmaßlichen Knochenwerkzeugen hin, die man mit robusten Australopithecinen aus Swartkrans assoziiert und die vermutlich zum Graben benutzt wurden. Wenn die robusten Australopithecinen Werkzeuge hergestellt haben, könnten dies auch die grazilen Formen getan haben.

Als entscheidenden Unterschied zwischen grazilen und robusten Australopithecinen sieht man oftmals die Körpergröße an. Funktionell betrachtet scheint dies weitgehend richtig zu sein. In phylogenetischer Hinsicht hielt man beide vielfach für aufeinanderfolgende Entwicklungsstadien. Die grazile Spezies sollte der Vorfahre der robusten Arten gewesen sein, bei denen dann die Australopithecinenmerkmale stark hervortraten. Dies zeigte sich besonders im Kauapparat, der zunehmend kräftiger wurde. Wenn diese Vorstellung zuträfe, müßten bei den Fossilien Zähne, Gesichtsknochen und Kiefer allmählich kräftiger werden.

Ein Fund am westlichen Ufer des Turkanasees durch Alan Walker im Jahre 1985 zeigte schließlich, daß diese einfache Verwandtschaft zwischen beiden Formen nicht existiert. Es handelte sich um einen Australopithecinenschädel, der sich als genauso kräftig wie die bisher gefundenen erwies, allerdings 2,5 Millionen Jahre alt war. Wenn die hervortretenden Backenknochen und das tellerartige Gesicht schon am Anfang einer Entwicklungslinie auftraten, konnten sie ganz offensichtlich nicht das Endergebnis sein. Was dieser Fund für den Stammbaum der Hominidenfamilie bedeutet, wird immer noch diskutiert. Auf diese Frage werden wir im übernächsten Abschnitt eingehen.

Walkers Fund, der als „schwarzer Schädel“ bekannt ist, überraschte nicht nur durch sein hohes Alter, sondern auch durch seine unerwartete Kombination anatomischer Merkmale. Zwar ähnelte das Gesicht jenem der robusten Australopithecinen, etwa *Australopithecus boisei*, doch war der Schädel besonders im oberen und hinteren Teil untypisch; er zeigte Merkmale, die wir sonst nur von den primitivsten bekannten Hominiden, nämlich *A. afarensis*, kennen. Eine derartige Kombination anatomischer Strukturen war für die meisten Spezialisten eine Überraschung und ist zugleich ein Hinweis darauf, daß die Biologie der Hominiden vor zwei Millionen Jahren viel komplizierter war, als die heutigen Hypothesen vermuten lassen.

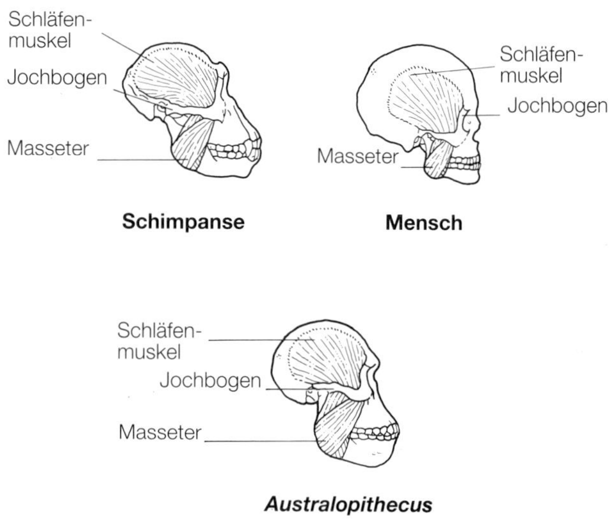

5.5 Die Anatomie des Kauens.
Zwei Muskeln sind für die Kaubewegung des Unterkiefers wichtig: der Masseter, der am Jochbogen, dem Backenknochen, ansetzt, und der Temporalis- oder Schläfenmuskel, der durch den Jochbogen zieht. Je größer der Masseter und der Temporalismuskel sind, desto größer ist der Jochbogen. Schimpansen haben eine ungefähr dreimal größere Kaumuskelmasse als der Mensch, die Australopithecinen eine noch stärkere.

Der frühe *Homo*

Vor zwei Millionen Jahren existierten nebeneinander in Afrika zwei Gruppen von Hominiden, die klar voneinander unterschieden werden können. Eine Gruppe waren die Australopithecinen mit kleinem Gehirn, zur zweiten gehörte die Gattung *Homo* mit etwas größerem Gehirn. In diesem Abschnitt wollen wir besprechen, was über die Anatomie und Biologie dieser frühen Vertreter der Gattung *Homo* bekannt ist, und auf einige Unsicherheiten eingehen, die Ursprung und Zusammensetzung dieser Gruppe betreffen.

Die Abgrenzung der Gattung *Homo* war immer etwas zwiespältig, nicht nur weil sie stets – bewußt oder unbewußt – mit dem Status „Mensch" verbunden wurde. Einige anatomische Merkmale findet man nur bei *Homo*. Sie betreffen zum Beispiel Becken, Oberschenkelknochen, Zähne, Gesichts- und Hirnschädel. Einen besonderen Platz in den Definitionen nahm jedoch immer die Größe des Gehirns ein. Um als *Homo* zu gelten, muß ein Hominide ein ziemlich großes Gehirnvolumen aufweisen und durch seine technischen Fähigkeiten die Australopithecinen übertreffen. Die Frage ist jedoch, wie groß ein Gehirn sein muß, damit sein Besitzer in die Gattung *Homo* aufgenommen wird.

Das Gehirn eines heutigen Menschen hat eine Kapazität von durchschnittlich 1350 Kubikzentimetern, von minimal 1000 und maximal 2000 Kubikzentimetern. Wieviel kleiner als 1000 Kubikzentimeter darf ein Hominidengehirn sein, um seinen Träger immer noch *Homo* zuzuordnen? Vor 1964 ermittelten einige Wissenschaftler Werte für den sogenannten „cerebralen Rubikon"; die Angaben lagen zwischen 700 und 800 Kubikzentimetern. In den späten vierziger Jahren unseres Jahrhunderts schlug Sir Arthur Keith eine Größe von 750 Kubikzentimetern vor, die ungefähr in der Mitte zwischen dem größten Gorillagehirn und dem kleinsten menschlichen Gehirn liegt; dies wurde bis 1964 allgemein akzeptiert. Dann stellten Louis Leakey, Phillip Tobias und John Napier jedoch eine neue Definition der Gattung *Homo* auf, die einen cerebralen Rubikon von 600 Kubikzentimetern nannte.

Die Definition von Leakey und seinen Kollegen war mit der Ankündigung einer neuen Spezies von *Homo*, *Homo habilis*, verbunden. Zwischen 1960 und 1963 hatte man entsprechende Fossilien in der Olduwaischlucht gefunden. Der Grund für die Herabsetzung des cerebralen Rubikons bei der Gattung *Homo* war die geringe Kapazität der fossilen Schädelkapsel von nur 680 Kubikzentimetern, die unter Keiths Wert lag.

Leakeys Fossilien stammten von derselben Stelle wie *Zinjanthropus* und sind somit gleich alt, nämlich 1,75 Millionen Jahre. *Homo habilis* war demnach der älteste Vertreter der *Homo*-Linie und nach Leakeys Meinung der direkte Vorfahre des *Homo sapiens*; *Homo erectus* sollte nur eine Seitenlinie sein, jedoch kein Bindeglied, das zwischen beiden Arten vermittelte. Im Gegensatz dazu sehen die meisten Wissenschaftler eine kontinuierliche Evolutionslinie, die bei *Homo habilis* beginnt und über *Homo erectus* zu *Homo sapiens* führt.

Die Beschreibung von *Homo habilis* rief unter den Anthropologen vehemente Proteste hervor, die teilweise noch heute geäußert werden. In einem 1986 veröffentlichten Artikel erkärte der britische Anthropologe Christopher Stringer den Grund der negativen Reaktionen folgendermaßen: »Die zwei Hauptargumente gegen die Existenz des *Homo habilis* konzentrierten sich auf das anscheinende Fehlen einer „morphologischen Distanz" zwischen *Australopithecus africanus* und *Homo erectus* und auf die große Variationsbreite der Funde, die dieser Art zugeordnet wurden.« Die Überschrift von Stringers Artikel *The Credibility of* Homo habilis (*Die Glaubwürdigkeit des* Homo habilis) vermittelt einen Eindruck von den Unsicherheiten, die mit der mutmaßlichen Art *Homo habilis* verbunden sind.

Der erste der beiden Einwände, das Problem der morphologischen Distanz, gründet sich auf die Vorstellung, *Australopithecus africanus* sei ein Vorfahre von *Homo erectus* gewesen. Es gibt zwar einige klare anatomische Unterschiede zwischen beiden Arten, wobei der wichtigste das etwas größere Gehirn von *Homo erectus* ist, doch ähnelten sie sich in vielen anderen Eigenschaften sehr. Die Übereinstimmung zwischen beiden Arten geht sogar so weit, daß man sich nur sehr schwer vorstellen kann, daß zwischen beiden eine größere morphologische Distanz existert haben sollte, die nicht einfach als Variante des vermeintlichen Vorgängers oder des vermeintlichen Nachkommen angesehen werden könnte. (Der Ausdruck „morphologische Distanz" bezieht sich auf das Ausmaß anatomischer Unterschiede zwischen zwei Spezies.) Tatsächlich wurde mindestens die Hälfte der Funde, die von einigen Wissenschaftlern zu *Homo habilis* gestellt wurden, von anderen *Australopithecus africanus* oder *Homo erectus* zugerechnet.

Der zweite Einwand bezieht sich auf die Variation bestimmter anatomischer Merkmale bei den Funden, die verschiedentlich *Homo habilis* zugeordnet wurden. Dies betrifft vor allem die Schädel- und Zahnform sowie die Gehirngröße, die zwischen ungefähr 600 und 800 Kubikzentimeter betragen haben soll. Diese anatomische Variabilität wird unterschiedlich interpretiert. Nach Meinung einiger Wissenschaftler sind die anatomischen Unterschiede innerhalb dieser Gruppe von Fossilien nicht mehr als die normale Variabilität innerhalb einer einzigen Art und schließen den Unterschied zwischen großen männlichen und kleinen weiblichen Individuen mit ein. Andere stützen sich auf das Argument der fehlenden morphologischen Distanz und behaupten, es gebe keine Art *Homo habilis*. Wieder andere sind der Ansicht, die Fossilien ließen sich tatsächlich zu zwei verschiedenen Arten stellen, die eine sei *Homo habilis*, die andere eine noch unbeschriebene Art von *Homo*. Wir brauchen uns also nicht über den Titel von Stringers Artikel zu wundern.

Wir wollen nunmehr kurz auf die Anatomie und die Unterschiede zwischen dem frühen *Homo* und seinen zeitgenössischen Verwandten, den Australopithecinen, eingehen und uns anschauen, wieweit diese vielleicht auf neuen Verhaltensanpassungen beruhen. Schließlich werden wir einen neuen Fossilfund diskutieren, der *Homo habilis* zugeordnet wurde, und versuchen herauszufinden, ob dieser Fund neues Licht auf die Biologie dieser Art und das Tempo der menschlichen Evolution insgesamt wirft.

Wie schon erwähnt, war die Schädelkapazität der frühen Vertreter der Gattung *Homo* größer als die von Australopithecinen. Dieser Wandel veränderte einige damit verknüpfte Merkmale. Zum Beispiel sind die Schläfenbereiche der Australopithecinen extrem verengt, was man am Schädel am besten in der Aufsicht erkennt. Beim frühen

5.6 Der Schädel KNMER 1470 von *Homo habilis*.
Er wurde aus vielen Einzelteilen rekonstruiert, die am östlichen Ufer des Turkanasees in Kenia gefunden wurden. Man beachte das weniger prognathe Gesicht und den im Vergleich zu *Australopithecus* rundlicheren und größeren Hirnschädel. 1470 hat eine Schädelkapazität von ungefähr 750 Kubikzentimetern und ist auf ein Alter von 1,9 Millionen Jahren datiert. (Mit freundlicher Genehmigung von Peter Kain und Richard Leakey.)

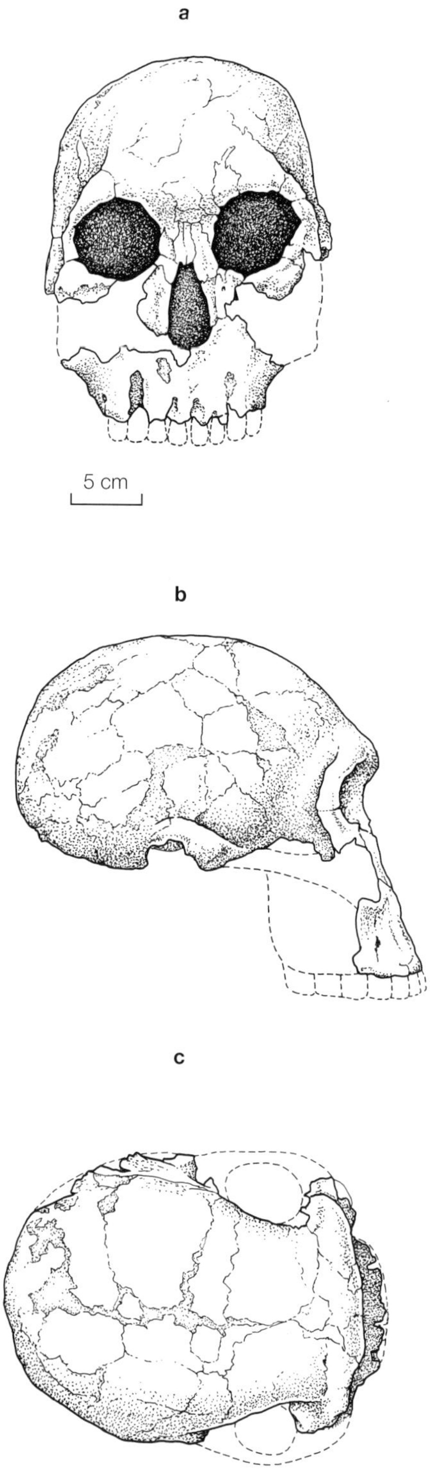

5.7 Drei Ansichten des *Homo habilis*-Schädels KNMER 1470 von Koobi Fora in Kenia.
Man beachte den im Vergleich zu *Australopithecus* rundlicheren Schädel. Die postorbitale Einschnürung ist hierbei durch eine Vergrößerung des Gehirns auf etwa 750 Kubikzentimeter weniger stark ausgebildet; dadurch vergrößert sich der Abstand zwischen den Schläfen. (Mit freundlicher Genehmigung von A. Walker und R. E. F. Leakey, *Scientific American*, 1978.)

Homo ist diese postorbitale Einschnürung wegen des schon expandierten Gehirns weniger stark ausgebildet. Zudem ist das Gesicht der Australopithecinen im Vergleich zur Schädeldecke relativ groß. Dieses Verhältnis ist bei den großhirnigen *Homo*-Arten verringert. Die Schädelknochen von *Homo* sind weniger massiv als diejenigen von *Australopithecus.*

Die Zahnreihen rückten wie bei anderen alten Hominiden unter das Gesicht. Dieses Merkmal ist bei jüngeren Arten von *Homo* sogar noch etwas stärker ausgeprägt. Kiefer und Bezahnung des *Homo habilis* waren jedoch weniger kräftig entwickelt als bei den Australopithecinen. Obwohl die Zähne von einem sehr dicken Schmelzbelag überzogen waren, glichen sie bei *Homo habilis* doch weniger einem Mahlapparat als bei kleinhirnigen Hominiden. Die Backenzähne waren kleiner und die Schneidezähne größer als bei den Australopithecinen, während die Vorbackenzähne etwas schmaler erscheinen. Das Abnutzungsmuster der Zähne von *Homo habilis* gleicht denen der Australopithecinen; es deutet auf einen unspezialisierten Früchtefresser hin. Erst bei *Homo erectus* hat sich vor 1,6 Millionen Jahren das Abnutzungsmuster drastisch verändert und scheint auf einen nunmehr wesentlichen Fleischanteil in der Nahrung hinzudeuten.

Zu den ersten Funden von *Homo habilis* aus der Olduwaischlucht gehört eine relativ vollständige Hand. Wie John Napier erwähnt, deutet deren Anatomie darauf hin, daß mit ihr Werkzeuge hergestellt und gehandhabt werden konnten. Tatsächlich bedeutet der Name *Homo habilis* „gewandter Mensch“. Steinartefakte – „Geröllchopper, Kratzer und scharfe Abschläge“ der Oldowanindustrie (siehe Kapitel 7) – traten zuerst vor ungefähr 2,5 Millionen Jahren auf. Zu jenem Zeitpunkt könnte sich nach der Einschätzung mancher Wissenschaftler *Homo habilis* entwickelt haben. Dieses Zusammentreffen harmoniert sehr gut mit der schon lange gehegten Ansicht, das Herstellen von Steinwerkzeugen sei ein einzigartiges menschliches Merkmal, also eine *Homo*-Besonderheit. Wie wir jedoch in den vorangegangenen Kapiteln gesehen haben, könnten sowohl grazile als auch robuste Australopithecinen gleichfalls das Talent besessen haben, Steinartefakte zu fertigen und einzusetzen.

Die mit dem Herstellen von Steinwerkzeugen verbundene Entwicklung technischer Fähigkeiten war seit jeher eine plausible und zufriedenstellende Erklärung für die Vergrößerung der Schädelkapazität der *Homo*-Linie. Sollten Australopithecinen tatsächlich genauso geschickt gewesen sein, entfällt diese Erklärung. Wahrscheinlich wirkte ein gewisser Selektionsdruck auf jene geistigen Fertigkeiten, die *Homo* und die Australopithecinen voneinander trennten. Ob diese mit der Entwicklung von gezielten Aktivitäten zum Bestreiten des Lebensunterhalts verbunden oder möglicherweise mit komplexeren sozialen Beziehungen verknüpft waren (siehe Kapitel 8), ist sehr schwierig zu beurteilen.

Welcher Verhaltenskomplex auch immer eine Vergrößerung der Schädelkapazität erforderte, *Homo habilis* konnte offenbar immer noch gut in den Bäumen klettern. Der ältere Hominide, *Australopithecus afarensis*, vermochte das ganz sicher, wie man an seiner Anatomie erkennt. Im Jahre 1982 publizierten Randall Susman und Jack Stern von der State University of New York in Stony Brook eine Untersuchung des Fußes und der Handknochen eines Skeletts, das zu den ersten Funden von *Homo habilis* aus der Olduwaischlucht gehört. Sie schreiben dazu: »Das Skelett repräsentiert ein Mosaik primitiver und abgeleiteter Merkmale, was darauf hindeutet, daß dieser frühe Hominide aufrecht ging und Steinwerkzeuge herstellen konnte, während er andererseits die allgemeine Fähigkeit der Hominiden zu klettern beibehielt.« Diese Schlußfolgerung wird von einigen Wissenschaftlern in Frage gestellt, die auch nicht davon überzeugt sind, daß Fuß und Hand zum gleichen, 13 Jahre alten Individuum gehören.

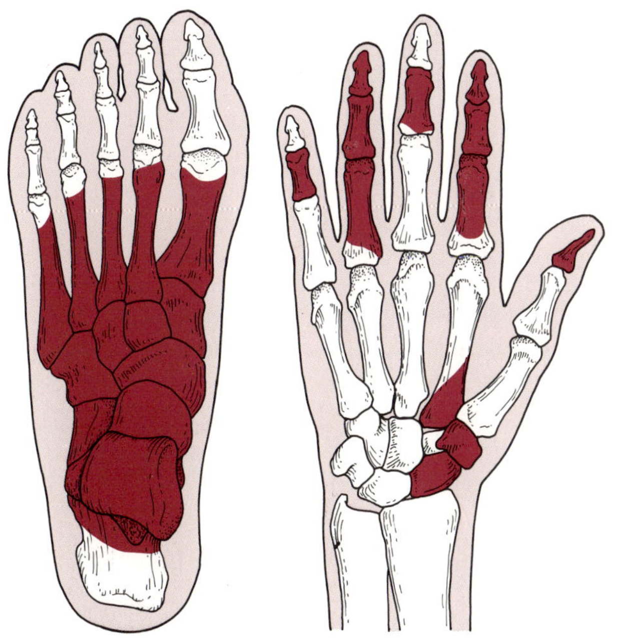

5.8 Rekonstruktion der fossilen Hand- und Fußknochen (farbig markiert) von *Homo habilis* aus der Olduwaischlucht in Tansania.
Der Fuß erscheint vollkommen modern, es fehlen allerdings die Zehen. Die Hand entspricht größtenteils der des heutigen Menschen. Doch sind die Krümmung der Fingerknochen und der stark ausgeprägte Muskelansatz Kennzeichen für einen kräftigen Griff, der möglicherweise als Hinweis auf eine teilweise arboreale Lebensweise gewertet werden kann. Die Versorgung der Fingerspitzen mit Nerven und Blutgefäßen ist bei *H. habilis* besser als bei den frühen Hominiden und spricht daher für eine größere Sensitivität und Fingerfertigkeit.

In absoluten Zahlen gesehen sind fossile Hominidenfunde nur spärlich vorhanden, mit Ausnahme einiger sehr spektakulärer Funde von „Teilskeletten" – des *Australopithecus afarensis* und des *Homo erectus* – in den vergangenen Jahren. Es schien jedoch ziemlich klar zu sein, daß bei den ältesten Hominiden und den Australopithecinen generell ein erheblicher Unterschied in der Körpergröße zwischen männlichen und weiblichen Individuen einer Art bestand und dieser Geschlechtsdimorphismus bei *Homo erectus*, der vor ungefähr 1,6 Millionen Jahren erschien, nur schwach ausgeprägt war. Das sollte weitgehend auf einer Größenzunahme der Weibchen beruht haben. Viele Forscher nahmen an, die ersten Vertreter der *Homo*-Linie hätten zwischen diesen beiden Formen vermittelt.

5.9 Tendenzen bei den Hominiden.
Der Übergang von *Australopithecus* zu *Homo* war von einer Vergrößerung des Gehirns und einer Reduzierung der Größe der Backenzähne begleitet. Diese Tendenz setzt sich bei den späteren Arten von *Homo* fort.

Der Fund eines nur in Bruchstücken erhaltenen Skeletts von *Homo habilis* durch Donald Johanson und seine Kollegen im Jahre 1986 in der Olduwaischlucht hat diese Auffassung zerschlagen. Es scheint zuzutreffen, was der britische Anthropologe Bernard Wood zu diesem Skelett sagte: »Der neue Fund zeigt uns sehr eindrücklich, wie wenig wir über die frühe Evolution von *Homo* wissen.«

Dieses 1,8 Millionen Jahre alte Fossil, das heißt seine etwas über 300 Fragmente, gehörte zu einem erwachsenen weiblichen Individuum, das jedoch nur etwa einen Meter groß, also noch etwas kleiner als die doch schon sehr zierliche Lucy, war. Die Arme waren sehr lang, sie hatten eine Länge von 95 Prozent der Beine und waren damit relativ gesehen größer als bei *Australopithecus afarensis*. Zum Vergleich: Beim heutigen Menschen betragen sie etwa 70 Prozent der Beinlänge. Obwohl das Fossil mit der Bezeichnung OH 62 in vielen Merkmalen *Australopithecus afarensis* ähnelt, halten es seine Entdecker aufgrund gewisser Übereinstimmungen mit einem Fund in Sterkfontein (Südafrika) für *Homo habilis*. Der Schädel von OH 62 ist zu stark beschädigt und zu unvollständig, um das Hirnvolumen verläßlich zu rekonstruieren. Man nimmt jedoch an, es sei erheblich größer als das von Lucy gewesen.

Die Entdeckung von OH 62 zeigt bei *Homo habilis* einen genauso deutlich ausgeprägten Geschlechtsdimorphismus wie bei älteren und zeitgenössischen Australopithecinen. Die Art steht nicht genau zwischen einem „primitiven" Australopithecinenvorfahren und einem „fortschrittlichen" Nachkommen von *Homo erectus*. »Die sehr geringe Körpergröße von OH 62 deutet darauf hin, daß Ansichten zur Evolution des Menschen, die eine allmähliche Zunahme der Körpergröße postulieren, eher auf gradualistischen Vorstellungen basieren als auf Fakten«, so argumentieren Johanson und seine Kollegen in ihrer 1987 erschienenen Publikation. »Dies unterstreicht die Ansicht, die Vergrößerung des Gehirns habe im ausgehenden Pliozän eine Schlüsselrolle in der Hominidenevolution gespielt.«

Erwähnt werden sollte, daß nicht alle Anthropologen darin übereinstimmen, OH 62 gehöre zu *Homo habilis*. Einige halten es für wahrscheinlich, daß vor etwa zwei Millionen Jahren in Afrika zwei *Homo*-Arten existierten und nicht nur eine Spezies. Die Diskussion hierüber ist noch in vollem Gange.

Wenn OH 62 zu *Homo habilis* gehört und – worin die meisten Forscher übereinstimmen – diese Art zu *Homo erectus* führte (siehe Kapitel 6), dann muß der evolutionäre Übergang abrupt erfolgt sein. Die zeitliche Lücke zwischen OH 62 (datiert auf ein Alter von 1,8 Millionen Jahren) und dem ältesten *Homo erectus* (1,6 Millionen Jahre alt) ist relativ klein.

Fossilien, die *Homo habilis* zugeordnet werden, stammen von verschiedenen Fundstätten in Süd- und Ostafrika. Zu ihnen gehört auch der berühmte 1470-Mensch von Koobi Fora in Kenia. Der älteste Fund wird auf etwas mehr als zwei Millionen, der jüngste auf etwa 1,8 Millionen Jahre datiert. Selbst wenn die Art früher erschien, sagen wir vor ungefähr 2,5 Millionen Jahren, war ihre Existenzdauer relativ kurz. Es gibt zwar einige Hinweise auf einen noch etwas früheren Ursprung der *Homo*-Linie, doch würde ein Datum von 2,5 Millionen Jahren mit einer größeren Klimaänderung in Einklang stehen, was bei vielen Spezies Artbildung auslöste (siehe Kapitel 2). Auch die Linie der robusten Australopithecinen scheint damals entstanden zu sein. Die Fragmentierung des Lebensraumes hat vermutlich zur Trennung der Hominidengruppe in verschiedene adaptive Richtungen geführt.

Die alten Hominiden in einer Übersicht

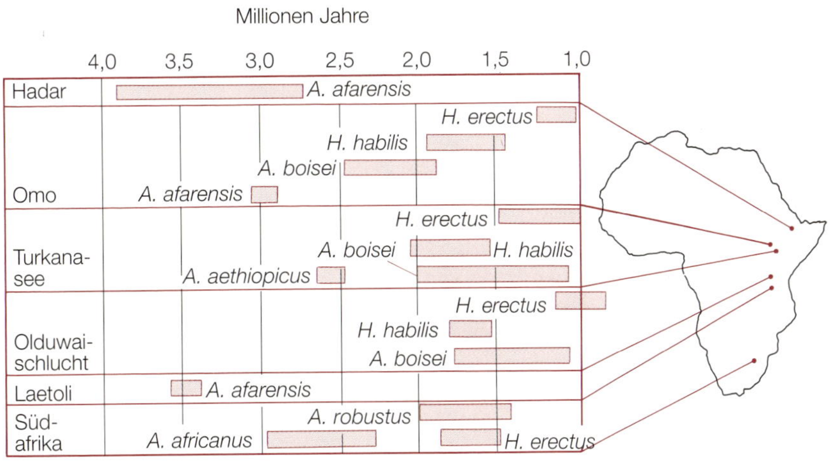

5.10 Geographie der Hominiden.
Alle eindeutigen Hominidenfunde, die älter als eine Million Jahre sind, wurden in Afrika gemacht, insbesondere in Süd- und Ostafrika. Erst vor einer Million Jahren wanderten Hominiden, und zwar *Homo erectus*, aus Afrika ab.

Dieser Abschnitt soll die jüngsten Entwicklungen und die derzeitige Auffassung zur Frage behandeln, wie alte Hominiden in evolutionärer Hinsicht miteinander verwandt waren. Das Thema Phylogenie war schon immer eines der Hauptinteressensgebiete der Anthropologen und dominierte oft die grundlegenderen Fragen der Hominidenbiologie, etwa jene nach den Subsistenzstrategien und dem Verhalten.

Phylogenetische Verzweigungsmuster, Stammbäume, lassen sich nur mit klar definierten Arten rekonstruieren. Diese Binsenwahrheit zu erwähnen ist angebracht, da es gute Gründe für die Annahme gibt, die Gruppe der Hominiden liege heute – vielleicht sogar in wesentlichen Bereichen – nur fragmentarisch vor. Es ist nicht nur sehr wahrscheinlich, daß innerhalb der nächsten zehn Jahre neue fossile Hominidenarten gefunden werden, es scheint sich auch die Behauptung einiger Wissenschaftler zu bestätigen, manche der in den Sammlungen vorhandenen Fossilien repräsentierten andere als die bestimmten Arten. Dieser Unvollständigkeit der fossilen Überlieferung sollten wir uns immer bewußt sein, wann immer ein Diagramm als Hypothese „der" Hominidenphylogenie bezeichnet wird.

Von der Annahme ausgehend, Primatenarten existierten im Durchschnitt eine Million Jahre, errechnete kürzlich Robert Martin vom Anthropologischen Institut in Zürich, daß bisher ungefähr 6000 Primatenarten existiert haben. Die heute lebenden 183 Primatenarten repräsentieren somit nur drei Prozent der Gesamtzahl. Obwohl in den vergangenen 35 Millionen Jahren 84 Hominoidenarten existiert haben dürften, kennen wir nur ungefähr die Hälfte davon aus Fossilfunden. Von den vermuteten 16 Hominidenarten aus den letzten acht Millionen Jahren sind heute maximal neun als Fossilien bekannt. So können wir davon ausgehen, daß den gegenwärtig konstruierten Stammbäumen die Hälfte ihrer Verzweigungen fehlen.

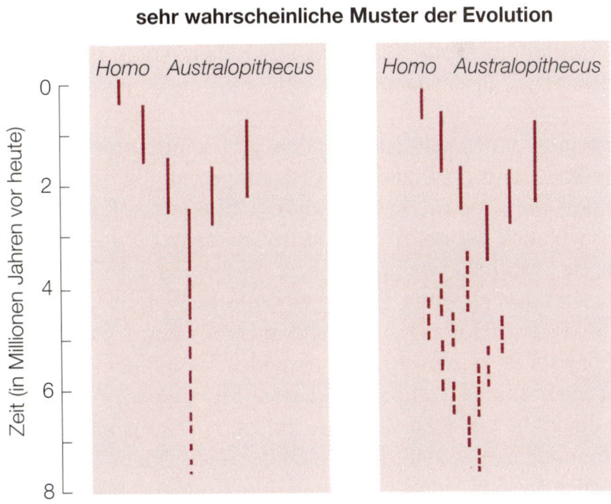

5.11 Mögliche Stammbäume.
Die Hominidenphylogenie wird gewöhnlich mit einem einzelnen Stamm gezeichnet, der vor drei bis vier Millionen Jahren beginnt. Sollte die Reihe jedoch vor fünf bis acht Millionen Jahren begonnen haben, worauf molekularbiologische Daten hindeuten, ist ein Umdenken für die Zeit vor vier Millionen Jahren notwendig: Gab es nur einen einzigen Stamm (links), der direkt zurück zu den Anfängen führte? Oder ist es möglich, daß frühere Radiationen existierten (rechts), von denen die bekannten Hominiden aus der Zeit zwischen drei und vier Millionen Jahren nur die jüngste repräsentieren?

Wie erwähnt, könnten einige der fehlenden Verzweigungen rekonstruiert werden, wenn man weitere fossile Arten findet. Ian Tattersall, Anthropologe am American Museum of Natural History, betonte jedoch kürzlich, daß auch andere Faktoren eine Rolle spielen. »In den vergangenen Jahren wurde immer größere Aufmerksamkeit auf die Suche nach wiederkehrenden Mustern bei menschlichen Fossilien verwendet«, bemerkte Tattersall. »Die Verläßlichkeit des Versuchs, solche Regelmäßigkeiten zu erkennen, wird jedoch durch die Verläßlichkeit, mit der wir fossile Arten bestimmen, eingeschränkt. Der Schluß liegt nahe, daß unter den derzeitigen taxonomischen Praktiken eine deutliche Tendenz besteht, die Fülle der Arten bei den Primaten, insbesondere auch bei den Hominidenfossilien, zu unterschätzen.«

Die taxonomischen Methoden, auf die Tattersall hier hinweist, stehen in enger Beziehung zur Interpretation anatomischer Variabilität. Während der ersten Hälfte unseres Jahrhunderts war es bei den Wissenschaftlern in diesem Bereich üblich, jedem einzelnen Fossil, das gefunden wurde, einen neuen Artnamen zu geben. Jede Variante der anatomischen Struktur galt sofort als Anzeichen für eine eigene Art. Dieses Verfahren bezeichnet man als „Splitting", also als Aufspalten. Das Ergebnis war eine Fülle von Namen bei den Hominoiden. Im Jahre 1965 „durchforsteten" Elwyn Simons und David Pilbeam, damals beide an der Yale University, dieses paläontologische Durcheinander und reduzierten die Anzahl der Gattungen und Arten erheblich. Dieses Verfahren, das anatomische Unterschiede als Variationen innerhalb einer Art wertet und nicht als Variationen zwischen Arten, ist als „Lumping", als Zusammenfassen, bekannt.

Lumping entwickelte sich seitdem zur dominierenden Methode anthropologischer Auslegungen und kulminierte in der *single species hypothesis*, der Ein-Arten-Hypothese, die während der sechziger und frühen siebziger Jahre unseres Jahrhunderts populär war. Sie wurde besonders bekannt durch Loring Brace und Milford Wolpoff an der University of Michigan, die alle anatomischen Unterschiede zwischen gleichzeitig existierenden Hominidenfossilien als innerartliche Variation erklärten. Mit anderen Worten, in einem bestimmten Zeitraum existierte jeweils nur eine Hominidenart, so daß der Hominidenstammbaum eine zeitlich fortlaufende Progression von Arten darstellt, wobei jede Spezies auf der vorangegangenen aufbaut.

Obwohl die Einzelartenhypothese heute nicht mehr akzeptiert wird, besteht nach Tattersalls Meinung jedoch immer noch eine Tendenz, anatomische Unterschiede als innerartliche und nicht als interartliche Variation anzusehen. Ein Grund dafür ist – und das liegt an der Eigenart des Systems –, daß es keine praktischen Kriterien dafür gibt, wie groß die anatomischen Unterschiede zwischen zwei Fossilien sein müssen, um diese zwei separaten Arten zuzuordnen. »Die Ursache ist natürlich, daß es keine direkte Beziehung, ja nicht einmal eine gleichbleibende Beziehung zwischen Artbildung und morphologischem Wandel gibt«, so Tattersall.

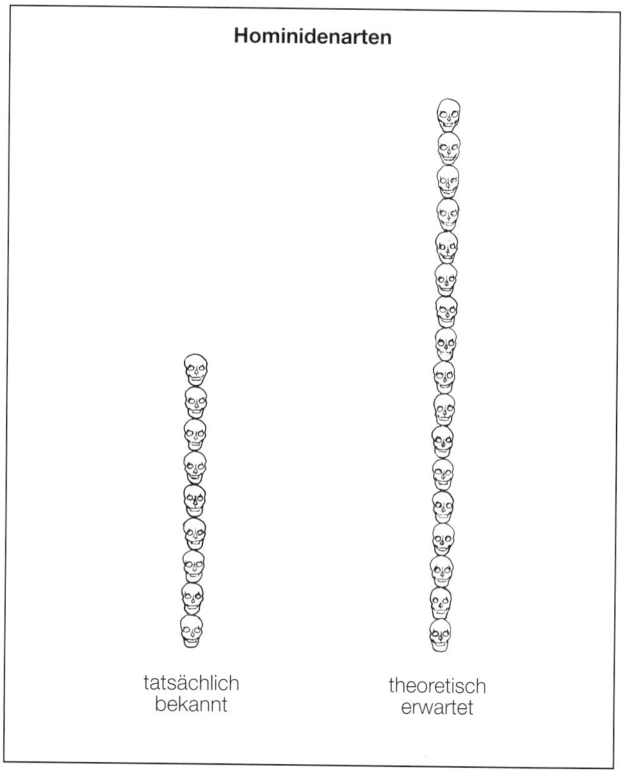

5.12 Gibt es weitere fossile Hominiden?
Theoretische Schätzungen, die auf dem Wissen über andere Primaten beruhen, lassen vermuten, daß es ungefähr 16 Hominidenspezies in der Zeit vor 7,5 Millionen Jahren bis heute gegeben haben dürfte. Bis heute sind erst maximal neun beschrieben worden. Findet man noch weitere Hominiden, oder unterschieden sich die Muster ihrer Artbildung und ihres Verschwindens von denen anderer Primaten?

Mit anderen Worten, eine Tochterart kann aus einer Elternart hervorgehen, ohne daß sich dabei große anatomische Unterschiede ausbilden, während in anderen Fällen beachtliche Unterschiede auftreten. Hat man keine lebenden Tiere vor sich und kann so nicht ihr Verhalten beobachten, ist es oft unmöglich zu erkennen, ob sie einer oder zwei Arten zuzuordnen sind. Somit ist es offensichtlich leichter, anatomische Unterschiede als innerartliche Variation aufzufassen, anstatt Argumente für separate Arten zu finden. Dieser Ansatz entwickelte sich innerhalb der Anthropologie fast zu einer Tradition. Im Endeffekt, argumentiert Tattersall, »wird man einfach blind für die komplizierten Realitäten der Phylogenie«. Der wahre Hominidenstammbaum, der sich während der Evolution tatsächlich gebildet hat, war sicherlich viel verzweigter als der heute von den Anthropologen dargestellte.

Obwohl die meisten Anthropologen Tattersalls Haltung als etwas extrem ansehen, stimmen doch viele darin überein, daß die Phylogenie der Hominiden tatsächlich bei weitem komplexer ist, als sie normalerweise dargestellt wird. Der Fund des schwarzen Schädels von 1985 unterstreicht diese Haltung: Der neue Australopithecine paßte nicht problemlos in das bisher herrschende phylogenetische Bild (siehe den ersten Abschnitt in diesem Kapitel).

Wie wir schon gesehen haben, entstanden die Hominiden wahrscheinlich vor fünf bis acht Millionen Jahren. In diesem Abschnitt wollen wir uns mit ihrer Evolution in der Zeit bis vor einer Million Jahren beschäftigen.

Als erster wichtiger Punkt soll hier erwähnt werden, daß die Überreste der ältesten Art, *Australopithecus afarensis*, zwischen 2,8 und 3,7 Millionen Jahren alt sind. Alle anderen bekannten Hominidenarten sind jünger als drei Millionen Jahre. Es ist natürlich denkbar, daß *A. afarensis* tatsächlich der erste Vertreter der Hominidenlinie war und sich bis vor ungefähr drei Millionen Jahren keine anderen Arten entwickelten. Berücksichtigt man aber das typische Evolutionsmuster der Säugetiergruppen, erscheint dies höchst unwahrscheinlich. Normalerweise folgt dem Entstehen einer neuen Linie eine rasche Radiation von Arten. Somit verzweigt sich eine Gruppe bereits am Anfang und nicht erst nach der Hälfte ihrer Existenz. Wir müssen abwarten, ob nicht *A. afarensis* selbst die Spitze eines Hominidenbusches ist und andere vorher existierenden Zweige abgestorben sind. Zum heutigen Zeitpunkt bleibt dies aber reine Spekulation. Zudem wird die fossile Lücke zwischen 3,7 und fünf bis acht Millionen Jahren nur sehr schwer zu füllen sein, weil sich aufgrund vieler anatomischer Merkmale – besonders der Zähne und des Schädels – diese frühesten Hominidenarten nicht leicht von den frühesten Vorfahren heutiger afrikanischer Menschenaffen unterscheiden lassen. Als charakteristisches Merkmal der Hominiden gilt jedoch der aufrechte Gang.

Eine Durchsicht aktueller Bücher und Artikel über physische Anthropologie zeigt eine Vielzahl unterschiedlichster Überlegungen zu Hominidenstammbäumen. Dies ist instruktiv und belegt, »daß es noch lange dauern wird, bis die Hominidenphylogenie enträtselt ist«, wie zwei britische Wissenschaftler es kürzlich ausdrückten. Jedoch besteht eine große, wenn auch nicht generelle Übereinstimmung, alle bekannten Hominidenarten vor drei Millionen Jahren hätten ihren Ursprung in *A. afarensis*, dem ältesten der heute bekannten Hominiden. Mit anderen Worten, die Mehrzahl der Anthropologen sehen *A. afarensis* als die Ausgangsart an, von der alle späteren Hominiden abstammen. Die derzeitige Debatte geht um den genauen Evolutionsverlauf.

Diese Übereinstimmung ist nicht neu. Sie ist vielmehr das Resultat detaillierter und umfangreicher Untersuchungen des Materials von *A. afarensis* und einiger nachfolgender Entdeckungen anderer Fossilien. Als in den späten siebziger Jahren unseres Jahrhunderts Donald Johanson und Timothy White *A. afarensis* beschrieben und vorschlugen, diese Art sei als letzter gemeinsamer Vorfahre aller späterer Hominiden anzusehen, wurde ihre Vorstellung nur von wenigen Anthropologen akzeptiert. Nach Meinung vieler Wissenschaftler deutet der Unterschied in Anatomie und Größe bei den Fossilien von Hadar und Laetoli auf das Vorkommen zweier Arten und nicht nur einer Spezies hin. Demnach war die kleinere der gefundenen Arten ein primitiver *Australopithecus*, ein Vorfahre der späteren grazilen und robusten Australopithecinen. Die zweite Spezies sah man als primitiven *Homo* an, als Ahn des *Homo habilis*. Ein gemeinsamer Vorfahre von *Homo* und *Australopithecus* müßte demzufolge zu einem noch unbestimmten Zeitpunkt vor *A. afarensis* gelebt haben, das heißt vor mehr als 3,7 Millionen Jahren. Prominentester Vertreter dieses Arguments ist der berühmte Wissenschaftler Richard Leakey, der immer noch an dieser Vorstellung festhält.

Die meisten Anthropologen haben sich jedoch im Laufe der Zeit von der Richtigkeit von Johansons und Whites Auffassung überzeugt, alle jüngeren Hominiden stammten irgendwie von *A. afarensis* ab. So drehen sich die Diskussionen der Hominidenphylogenie heute praktisch um zwei Hauptprobleme: den Ursprung der *Homo*-Linie und den Ursprung der robusten Australopithecinen.

Als klare Tendenz ist in der gesamten Hominidenevolution eine Vergrößerung der Backen- und eine Verkleinerung der vorderen Zähne, besonders der Eckzähne festzustellen. Dies läßt sich am besten anhand einer Zahnreihe von *A. afarensis* zu *A. africanus* und *A. robustus/boisei* dokumentieren. Wie schon im vorletzten Abschnitt erwähnt, scheint diese Entwicklung mit einer zunehmenden Mahlaktivität verbunden gewesen zu sein, um die Nahrung aufzuarbeiten. Paßt man jetzt *Homo habilis* in diese Reihe ein, so scheint es, als sei die Entwicklung aufgehalten worden. Obwohl diese Art zeitlich direkt auf *A. africanus* folgt, wurde das Zermahlen von Nahrung offenbar wieder weniger wichtig. *Homo habilis* ähnelt in dieser Beziehung mehr *A. afarensis* als *A. africanus*. Dieser Aspekt sollte bei jeder phylogenetischen Theorie der Hominiden in Betracht gezogen werden. Zur Lösung des Problems gibt es zwei Vorschläge, die beide mit gewissen Schwierigkeiten verbunden sind.

Nach dem ersten Vorschlag ist *A. afarensis* der direkte Vorgänger von *Homo* auf der einen und *A. africanus* auf der anderen Seite, der seinerseits Vorfahre der robusten Australopithecinen ist (Hypothese eins in Abbildung

5.14). Mit diesem Schema lassen sich die Ähnlichkeiten in den Zahnstrukturen zwischen *Homo habilis* und *A. afarensis* einfach erklären: Ersterer ist direkter Nachkomme von *A. afarensis* und ihm somit anatomisch sehr ähnlich. *Homo habilis* teilt jedoch einige anatomische Merkmale, besonders im Schädelbereich, auch mit den robusten Australopithecinen. Wäre *Homo habilis* tatsächlich ein direkter Nachkomme von *A. afarensis* und hätte er sich von der Hauptlinie abgezweigt, bevor sich *A. africanus* und *A. robustus* entwickelt haben, dann hätten sich die gemeinsamen Schädelmerkmale von *Homo habilis* und den robusten Australopithecinen unabhängig voneinander und parallel herausgebildet.

Nach dem zweiten Vorschlag ist *A. africanus* der letzte gemeinsame Vorfahre von *Homo* und den Australopithecinen. In diesem Fall würde er direkt von *A. afarensis* abstammen (Hypothese zwei in Abbildung 5.14). Man hätte so eine Erklärung für die Ähnlichkeiten zwischen *Homo habilis* und den robusten Australopithecinen: Beide hatten gemeinsame Vorfahren, zu denen *A. africanus* gehört. Die Zahnmerkmale, die *Homo habilis* und *A. afarensis* miteinander teilen, müssen jedoch als Umkehr der Evolutionsrichtung bei den Hominiden gesehen werden: Würde *Homo habilis* von *A. africanus* abstammen, wäre der Zahnapparat wieder reduziert worden.

Wäre eine dieser beiden Vorstellungen korrekt – wir sollten allerdings beachten, daß noch immer die Möglichkeit besteht, *Homo habilis* könnte von einer noch unbekannten Art abstammen –, dann hätte es unausweichlich entweder eine Parallelentwicklung oder eine Umkehrung der Evolutionsrichtung gegeben. Auch wenn beide Prozesse in der Evolution vorkommen, sind sie jedoch relativ selten. Damit zu versuchen, diese Entwicklung zu erklären, entkräftigt jedoch dieses Modell.

Obwohl Vorschlag zwei, *A. africanus* als den letzten gemeinsamen Vorfahren anzusehen, für einige Jahre sehr populär war, ist er doch durch einige jüngere Entdeckun-

5.13 Parallelentwicklungen und andere komplizierte Wandlungen in der Geschichte der Hominiden.
Stammbäume offenbaren oft eine komplizierte Evolution – die Entwicklung der Hominiden bildet da keine Ausnahme. Aufgrund der anatomischen Ähnlichkeiten innerhalb der frühen Hominiden kann jede angenommene Phylogenie Parallel- (a), Rückentwicklung (b) oder beides (c) einschließen.

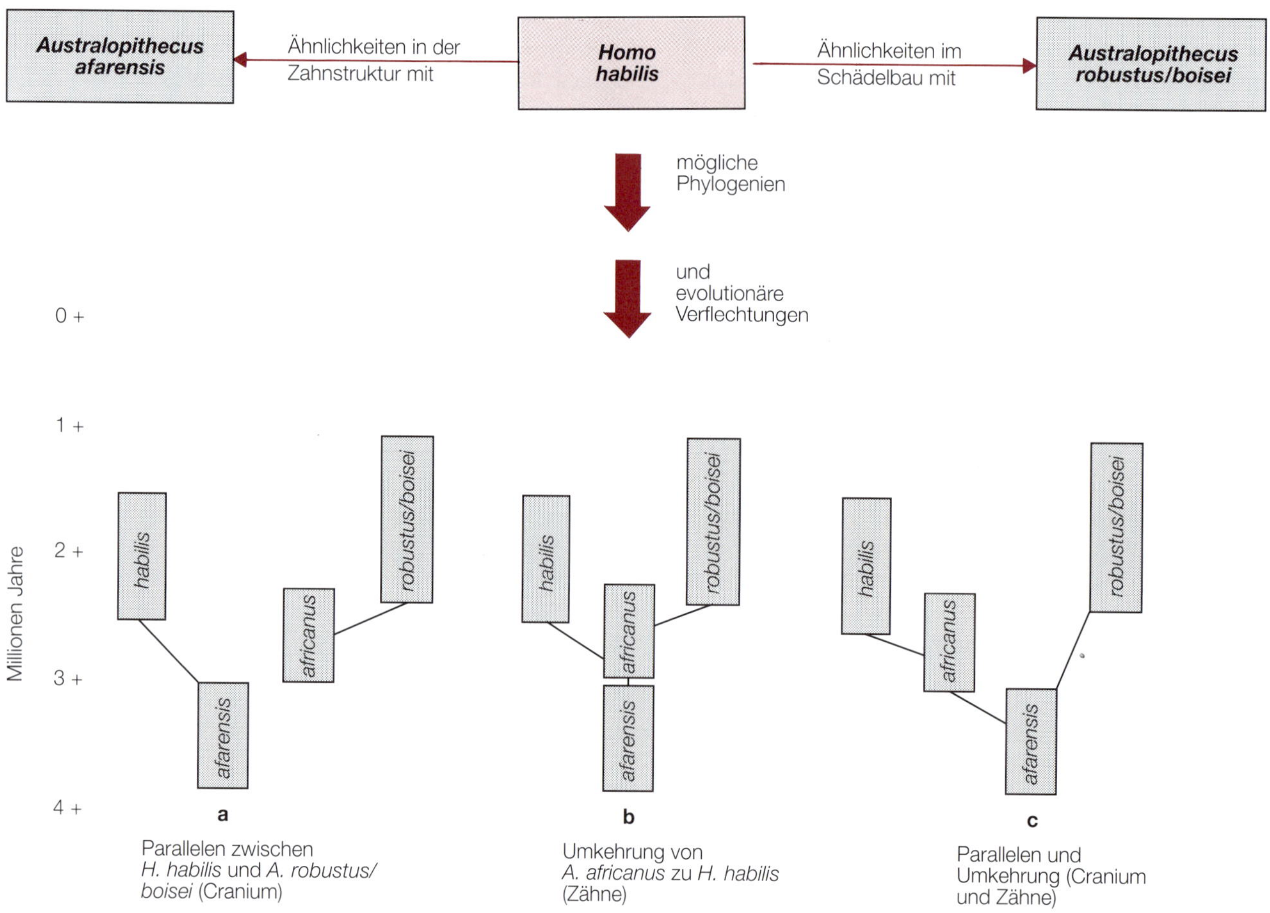

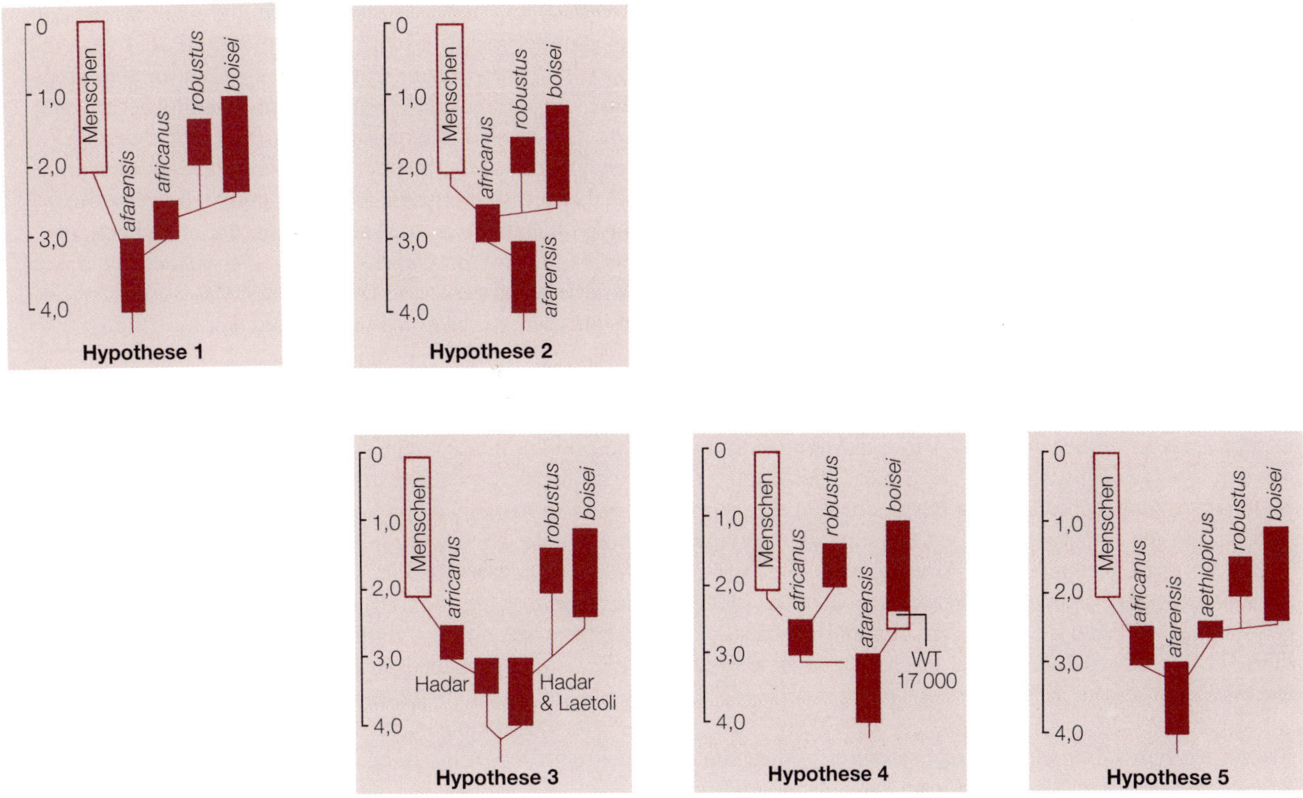

5.14 Ein Wald hominider Stammbäume. Während des vergangenen Jahrzehnts wurden einige Hominidenphylogenien aufgestellt, doch hatte die Entdeckung des schwarzen Schädels einen starken Einfluß auf die heutigen Vorstellungen. Hier wird eine Auswahl von Stammbäumen gezeigt. Einige sind inzwischen von ihren Autoren verworfen oder gelten als überholt (Hypothesen 1 bis 3); die Hypothesen 4 und 5 werden heute als Möglichkeiten angesehen. Hypothese 4 zeigt den schwarzen Schädel als Angehörigen von *Australopithecus boisei*; *A. africanus* wird als Vorgänger von *A. robustus* und – über eine unbestimmte Zwischenform – von *Homo* angesehen. Hypothese 5 nennt den schwarzen Schädel als eigene Spezies, *Australopithecus aethiopicus*, die eine Schwesterart (oder vielleicht Vorfahre) der anderen robusten Australopithecinen war. *A. africanus* wird als Ahn von *Homo* angesehen. Von diesen beiden Hypothesen wird 5 gegenwärtig favorisiert.

gen, besonders die nicht erwartete Kombination anatomischer Merkmale bei einem 2,5 Millionen Jahre alten robusten Australopithecinen im Jahre 1985, dem schwarzen Schädel von Koobi Fora in Kenia, widerlegt worden.

Zum Teil beruhten die Argumente für Vorschlag Nummer zwei auf einem kontinuierlichen Massiverwerden der Zähne bei den Australopithecinen, von *A. africanus* über *A. robustus* zu *A. boisei*. Die Entdeckung des schwarzen Schädels widerspricht jedoch jedweder Ansicht einer einfachen Progression; obwohl er zeitlich am Anfang der Entwicklungslinie stand, war er doch schon recht kräftig. Zudem wies das neue Fossil im hinteren Teil des Schädels bemerkenswerte Ähnlichkeiten mit *A. afarensis* auf. Wir können deshalb argumentieren, daß dieses Geschöpf, das einige *A. aethiopicus* nennen, direkt von *A. afarensis* abstammt und damit Vorfahre anderer robuster Australopithecinenspezies war (Hypothese fünf). Dieser Umstand scheint *A. africanus* als Vorfahre von *Homo habilis*, jedoch nicht mehr der robusten Australopithecinen auszuweisen. Dieses phylogenetische Schema wird gegenwärtig von den meisten Spezialisten favorisiert.

Die Diskussion konzentrierte sich zwar vor allem auf die Entstehung von *Homo habilis* als Hauptzweig des Hominidenstammbaumes, doch sollte man daran denken, daß nach Meinung einiger Wissenschaftler zwischen 1,6 und 2,5 Millionen Jahren vor unserer Zeit mindestens zwei zeitgleich lebende *Homo*-Arten existierten. Gäbe es Einigkeit über diesen Punkt, würden bisher entworfene Hominidenstammbäume noch verzweigter aussehen und damit sicherlich auch weitaus komplexer werden.

Es gibt jedoch nur einen wahren Stammbaum, nämlich jenen, der sich tatsächlich entwickelte. Die Schwierigkeiten bei der Rekonstruktion verraten die Komplexität des Evolutionsprozesses.

Jäger oder Aasfresser?

Irgendwann zwischen dem Beginn der Hominidenlinie und der Entwicklung zu *Homo sapiens sapiens* wurde ein ziemlich menschenaffenartiges Verhalten durch menschliches ersetzt, nämlich durch die Lebensweise des Wildbeuters, des Jägers und Sammlers. Wie und wann dies tatsächlich geschah, ist natürlich eine zentrale Frage der Paläoanthropologie. Wie wir schon gesehen haben, zeigen die Fossilfunde während dieser Periode einen grundlegenden anatomischen Wandel. Direkte Hinweise auf das Verhalten liefert jedoch die Archäologie.

Die ersten als solche erkennbaren Steinartefakte sind ungefähr 2,5 Millionen Jahre alt. Dieser Zeitpunkt stimmt mit den ältesten Hinweisen auf die starke Gehirnexpansion in der Evolution der Gattung *Homo* überein. Bereits bei den ältesten Funden erscheinen Steinartefakte sowohl isoliert als auch zusammen mit Anhäufungen von Tierknochen. Was dieses Nebeneinander von Knochen und Steinen für das Verhalten der frühesten Hominiden bedeutet, führte in den letzten Jahren unter Archäologen zu heftigen Debatten.

Bis vor kurzem waren einige Archäologen der Auffassung – durch Vergleiche mit heutigen Jäger- und Sammlergruppen –, die Ansammlungen von Tierknochen zusammen mit Steinartefakten seien alte Lagerplätze oder Heimstätten gewesen, zu denen man Fleisch und pflanzliche Nahrungsmittel gebracht hatte, die dann verteilt und gemeinsam verzehrt wurden. Andere sahen jedoch in den Funden nur Belege dafür, daß Hominiden mit den Steinen Reste von Fleisch und markhaltigen Knochen an Orten abgeschabt haben, wo Raubtiere ihre Beute getötet hatten; aus solchen Funden ergäben sich aber keine Hinweise auf einen Sozialverband. Es geht also in dieser Debatte, die oft als „Jagen" im Gegensatz zum „Aasfressen" charakterisiert wird, darum, wie „menschlich" das Verhalten von Hominiden vor zwei Millionen Jahren war.

In den sechziger und frühen siebziger Jahren dieses Jahrhunderts glaubten die Paläoanthropologen, das Jagen sei die primäre menschliche Anpassung gewesen, eine Ansicht, die tiefe intellektuelle Wurzeln hatte und auf Darwins *Die Abstammung des Menschen* zurückgeht. Der Höhepunkt der „Jägerhypothese" war die Konferenz der Wenner-Gren-Foundation im Jahre 1966 in Chicago unter dem Motto „Der Mensch, der Jäger". Dieses Symposium betonte nicht nur das idyllische Leben der Wildbeuter, „der ersten Wohlstandsgesellschaft", wie ein Spezialist meinte, sondern stellte die technischen und organisatorischen Anforderungen des Jagens als Hauptantrieb für die menschliche Evolution heraus.

Ein Paradigmenwechsel erfolgte von der Mitte bis zu den späten siebziger Jahren, als der mittlerweile verstorbene

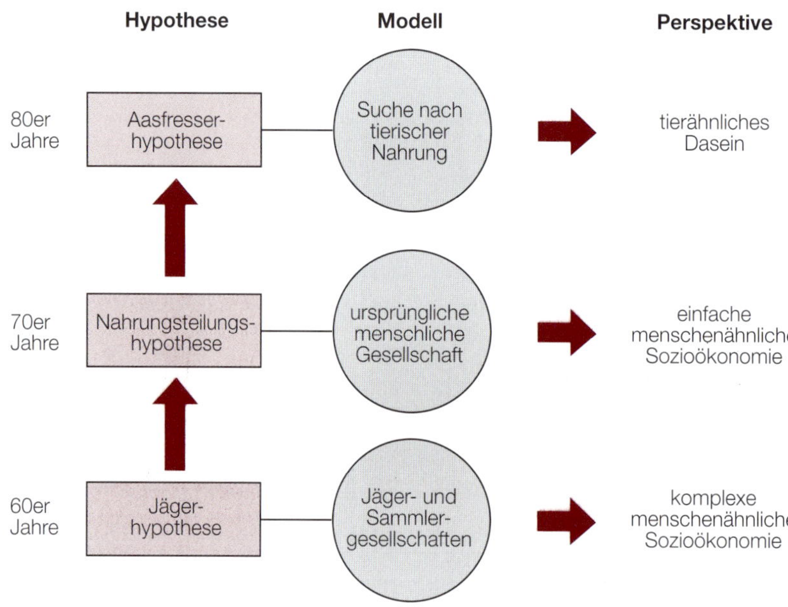

5.15 Evolution der Hypothesen.
Während der vergangenen drei Jahrzehnte durchliefen die Vorstellungen über das Dasein der frühen Hominiden verschiedene wichtige Stufen. Während der sechziger Jahre dachten die Anthropologen, die Hominidenevolution wäre durch kooperatives Jagen geprägt worden. In den siebziger Jahren betonte man stärker die soziale Komponente und die wirtschaftliche Zusammenarbeit und sah die damalige Bevölkerung als Mischung von Jägern und Sammlern an. Gegenwärtige Hypothesen bezweifeln das Jagen als wichtigen Bestandteil des damaligen Lebens. Es wird auch in Frage gestellt, daß die Sozialstruktur wirtschaftliche Kooperation beinhaltet hat. Daher erscheinen die frühen Hominiden zunehmend weniger menschlich.

Glynn Isaac die „Nahrung-Teilen-Hypothese“ (im Englischen als *food sharing hypothesis* bezeichnet) aufstellte. Kooperation sei das, was uns zu Menschen machte, argumentierte Isaac, besonders die Kooperation beim Teilen von Fleisch und pflanzlichen Nahrungsmitteln. Diese wurden normalerweise zur Heimstätte, dem Mittelpunkt des gesellschaftlichen Lebens gebracht, nachdem die Männer die Jagd beendet und die Frauen pflanzliche Nahrungsmittel gesammelt hatten. Auf dem Symposium „Der Mensch, der Jäger“ vertrat Isaac die Auffassung, es sei nicht möglich zu entscheiden, wie wichtig das Jagen im Vergleich zum Aasfressen gewesen sei. »Im Augenblick scheint es wenig begründet anzunehmen«, so Isaac im Jahre 1978, »die sehr primitiven Vormenschen seien, wenn sie überhaupt bewaffnet waren, besonders effektive Jäger gewesen.«

Obwohl der Wechsel von der Jägerhypothese zu der Nahrung-Teilen-Hypothese die Vorstellungen über den hauptsächlichen Evolutionsdruck bei den frühen Hominiden veränderte, wurden diese Geschöpfe ohne weiteres als menschlich angesehen. Besonders der Schluß, das gemeinsame Auftreten von Knochen und Steinen an plio- und pleistozänen Fundorten deute auf eine Heimstätte der Hominiden hin, schien für eine Wildbeutergesellschaft zu sprechen. Die Nahrung-Teilen-Hypothese wurde zwar von ihren Befürwortern als nur eine von vielen möglichen Interpretationen genannt, um die Evolution menschlichen Verhaltens zu erklären, doch leuchtete sie unmittelbar ein. Der Paläoanthropologe Richard Potts von der Smithsonian Institution bemerkte dazu: »Die Hypothese, Nahrungsmittel würden an der Heimstätte geteilt, [war] eine sehr ansprechende Vorstellung, da sie viele Aspekte menschlichen Verhaltens und des Soziallebens miteinander verknüpft, die für Anthropologen wichtig sind – zum Beispiel Reziprozitätssysteme, Tausch, Verwandtschaft, Subsistenz, Arbeitsteilung, Technologie und Sprache.«

Isaac erkannte, daß diese Interpretationen auf mehreren unbewußten Annahmen beruhten, und rief so in den späten siebziger Jahren ein Forschungsprogramm ins Leben, bei dem diese Nahrung-Teilen-Hypothese überprüft werden sollte. Lewis Binford an der University of New Mexico startete unabhängig davon zur gleichen Zeit ein ähnliches Programm. Vor allem zwei grundlegende Fragen wurden formuliert: Erstens, durch welche Vorgänge kam es zu großen Konzentrationen von Steinartefakten und Tierknochen an ganz bestimmten Stellen? Und zweitens, wenn die Knochen und Steine an diesen Stätten im Kausalzusammenhang stehen, welche Schlüsse lassen sich daraus auf das Verhalten ziehen? Isaac und seine Mitarbeiter gingen diese Fragen an, indem sie die fossilen Knochen von einigen etwa 1,8 Millionen Jahre alten Fundstellen aus der Olduwaischlucht abermals untersuchten und Fossilien von einer neuen, 1,5 Millionen Jahre alten Ausgrabungsstätte in Koobi Fora, die auch als Ausgrabung 50 bekannt ist, auswerteten. Binford stellte sich den Fragen, indem er mit großer Genauigkeit die Publikationen über die Ausgrabungsstätten von Olduwai studierte.

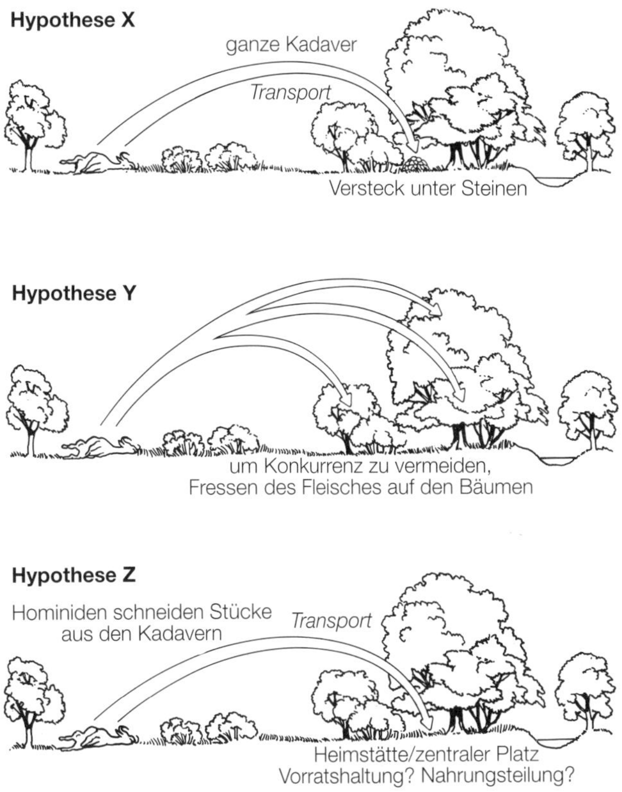

5.16 Gegensätzliche Hypothesen.
Ansammlungen von Steinartefakten zusammen mit zerbrochenen Tierknochen sind ein wichtiger Bestandteil der frühen archäologischen Überlieferung. Traditionsgemäß wurden sie als die Überreste einer Art Hominidenheimstätte (Hypothese Z) angesehen. Heute deutet man diese Vergesellschaftung anders: Zum Beispiel nutzten nach Hypothese Y die Hominiden die Bäume zum Verzehr von gesammeltem Fleisch, um der Konkurrenz anderer Carnivoren aus dem Wege zu gehen. Nach Hypothese X legten die Hominiden Steinlager an, zu denen sie die leichter zu transportierenden Teile der toten Tiere brachten. In jedem Fall ist das Ergebnis das gleiche: eine Ansammlung von Knochen und Steinen an einem Ort. (Mit freundlicher Genehmigung von Glynn Isaac.)

Knochenfragmente und Steinartefakte können an einer Stelle tatsächlich auf verschiedenen Wegen zusammenkommen, auch wenn sie sonst nichts miteinander zu tun haben. Beispielsweise könnten sie unabhängig voneinander in einem kleinen Bach transportiert und zusammen abgelagert worden sein. So entsteht eine „hydraulische Vermengung“, wie sie jeder Fachmann kennt. Vielleicht benutzten auch Carnivoren eine ganz bestimmte Stelle zum Fressen ihrer Beute, während Hominiden am selben Ort Steine und Holz bearbeiteten, ohne Interesse an den Knochen zu haben. Die erste Möglichkeit läßt sich mit detaillierten stratigraphischen Methoden überprüfen, wobei

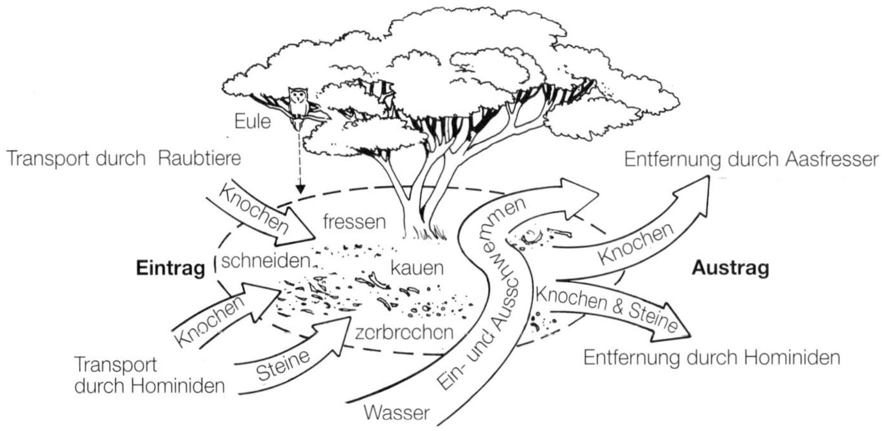

5.17 Dynamik der Fundplätze.
Viele Faktoren beeinflussen die Dinge, die sich an einer Stelle ansammeln und wieder entfernt werden. Archäologische Ausgrabungen können nur das ans Tageslicht bringen, was an einem Ort bleibt und dort erhalten wird (Knochen und Steine, keine Pflanzen oder Weichteile von Tieren). (Mit freundlicher Genehmigung von Glynn Isaac.)

5.18 Ein 1,5 Millionen Jahre alter Lagerplatz.
Fundstätte 50 wurde im Schwemmland östlich des Turkanasees ausgegraben und enthielt 1405 Steinfragmente und 2100 Tierknochen. Vor 1,5 Millionen Jahren lag der Platz in der Biegung eines Flußlaufes und wurde nur über einen relativ kurzen Zeitraum genutzt. Aus den Steinwerkzeugen und den bei ihrer Herstellung anfallenden Resten konnte man die ursprünglichen Kieselsteine rekonstruieren, welche die Werkzeugmacher verwendeten. Zertrümmerte Tierknochen ließen sich zu ganzen Knochenteilen zusammenfügen. Die mikroskopisch erkennbaren Spuren an den Rändern der Steinwerkzeuge belegen deren Einsatz zum Schneiden von Fleisch, Pflanzen und Holz. (Mit freundlicher Genehmigung von A. K. Behrensmeyer.)

eine genaue Abfolge der einzelnen Schichten aufgestellt wird. Die zweite Möglichkeit läßt sich dadurch testen, daß man nach Spuren sucht, welche die Steine an den Knochen hinterlassen haben.

Olduwai-Bett 1 umfaßt sechs größere Gebiete mit frühen Knochen- und Steinartefaktansammlungen, darunter die berühmte *Zinjanthropus*-„Lebensstätte“ (*living floor*) mit mehr als 40 000 Knochen und 2647 Steinartefakten, die durch hydraulische Kräfte offenbar nicht oder wenig beeinflußt waren. Das gilt auch für die meisten anderen Fundstätten in Bett 1. Binford interessierte an diesen Ausgrabungen hauptsächlich die Art der Knochenablagerung im Vergleich zu heutigen Fraßplätzen von Carnivoren. Seiner Meinung nach läßt sich jede Abweichung menschlicher Aktivität zuordnen – dies bezeichnet man als Residuum- oder Überrestanalyse. Seine Schlußfolgerung war damit: »Das einzige klare Bild, das sich ergibt, ist das eines aasfressenden Hominiden, der sich von dem ernährte, was andere Raubtiere und Aasfresser übrig gelassen hatten – meistens die Teile von geringem Nährwert. In erster Linie entnahm er das Knochenmark ... Wir haben keine Belege dafür, daß er Nahrung „nach Hause“ getragen hat.«

Für Binford waren die plio- und pleistozänen Knochenansammlungen der ältesten archäologischen Ausgrabungsstätten in Olduwai also hauptsächlich auf die Aktivität von Raubtieren zurückzuführen. Die Hominiden als Aasfresser spielten nur eine marginale Rolle. Schlußfolgerungen auf menschenähnliche Sozialformen können daraus nicht gezogen werden. »Die berühmten Olduwaifundstätten sind«, so Binford, »keine Lebensstätten.«

Diese Schlußfolgerung teilten auch einige von Isaacs Mitarbeitern, darunter Potts, Pat Shipman von der Johns Hopkins University und Henry Bunn an der University of Wisconsin. Ihre Vorstellungen, was diese Knochenansammlungen genau bedeuten, unterscheiden sich jedoch erheblich. Keiner der drei stimmte mit Binfords Deutung überein, man habe es hier in erster Linie mit dem Ergebnis carnivorer Aktivität zu tun. Sie hielten die Ansammlungen für das Werk von Hominiden, wobei die Plätze von Zeit zu Zeit von Carnivoren aufgesucht wurden. Aber auch Potts, Bunn und Shipman sind sich nicht einig, wie viele der Knochen von der Jagd und wie viele von der Aasverwertung stammen.

Binfords Analyse wurde aus verschiedenen Gründen kritisiert, nicht zuletzt, wie Potts heraushebt, weil diese Version der Überrestanalyse von der Voraussetzung ausgeht, Hominiden würden sich nicht raubtierähnlich verhalten. Wenn sie aber doch auf die Jagd gingen und sich von Fleisch wie Raubtiere ernährten, müßte man die Knochen unter allgemein carnivorer Aktivität einstufen; bei der Analyse gäbe es dann aber keinen auf Hominiden hinweisenden Überrest. Wie Potts eigene Analyse der archäologischen Fundstätten von Olduwai zeigt, ist die Art und Weise, wie die Knochen zusammenlagern, ganz anders, als man es von Überresten der Mahlzeiten von Raubtieren erwarten würde. Seiner Meinung nach sind die Anhäufungen wahrscheinlich eine Mischung aus Aasverwertung und Jagdbeute. Potts weist darauf hin, es sei generell schwer, wenn nicht unmöglich, zwischen Knochenanhäufungen zu unterscheiden, die damals durch Jagen zustande kamen, und solchen, die er als frühe Aasverwertung bezeichnet. Die Hominiden verzehrten vielleicht Aas, wenn sie ein totes Tier fanden, das von einem Carnivoren noch nicht angefressen worden war.

Im Jahre 1979 entdeckten Potts, Shipman und Bunn gleichzeitig Schnittkerben an fossilen Knochen in Olduwai, die wahrscheinlich durch Steinwerkzeuge verursacht wurden, um Fleisch von den Knochen zu entfernen oder diese zu zerkleinern. Schnittspuren sind wahrscheinlich der beste Beleg dafür, daß die Hominiden tatsächlich die Knochen dieser archäologischen Fundstellen verwerteten. Aber wiederum unterscheiden sich die Interpretationen voneinander.

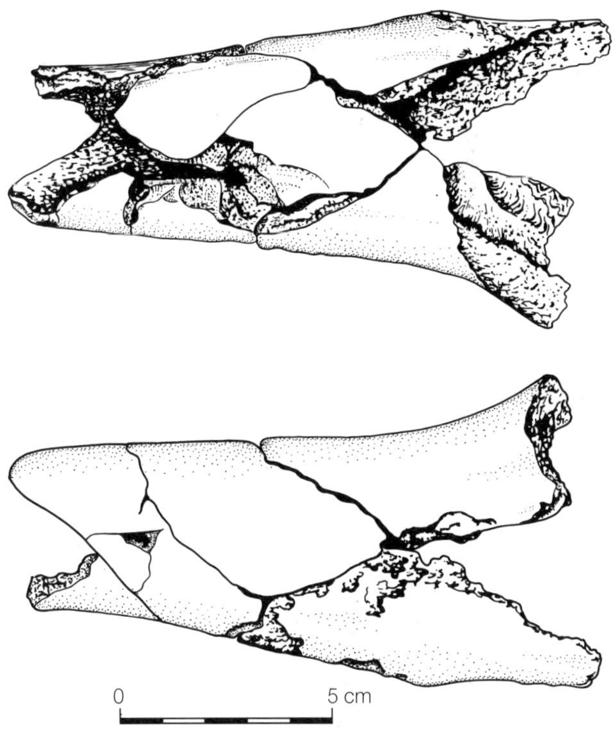

5.19 Zwei Ansichten des Endbereichs eines Oberarmknochens einer großen ausgestorbenen Antilopenart, die möglicherweise von Benutzern der Fundstelle 50 zerlegt wurde. Neben Schlagspuren weist dieser Knochen Schnittspuren von scharfen Steinwerkzeugen auf, die eventuell zum Entfernen von Fleisch oder anderem Gewebe benutzt wurden. (Mit freundlicher Genehmigung von Glynn Isaac.)

Shipman zum Beispiel sieht wenig oder keine Hinweise auf das Auseinanderbrechen von Knochen durch die Hominiden von Olduwai. Seiner Meinung nach sind die Knochenanhäufungen hauptsächlich die Reste einer Aasverwertung von Beute, die andere räuberisch lebende Tiere hinterlassen hatten. Potts wie auch Bunn sind der Auffassung, sie hätten Beweise für das Zerlegen von Knochen gefunden. Dies könnte man als Hinweis auf Jagd und frühes Verwerten von Aas ansehen. Insbesondere Bunn betont, die Jagd sei eine wichtige Tätigkeit der Hominiden von Olduwai gewesen. Potts betont, daß es in der Natur nur selten reine Jäger oder reine Aasverwerter gibt. Die meisten Fleischfresser seien beides. Er bemerkt: »Zu fragen, ob frühe Hominiden Jäger *oder* Aasverwerter waren, ist wahrscheinlich nicht die richtige Frage.«

Unabhängig davon, ob die Hominiden nun jagten oder Aas verwerteten, die Überreste der Tiere in den Olduwaiablagerungen könnten im Grunde ein wichtiger Hinweis auf ihre Heimstätten sein. Dies scheint jedoch zweifelhaft. Typische Heimstätten von Jägern und Sammlern sind Plätze intensiven Gesellschaftslebens sowie Zufluchtsorte, die meistens für ein paar Wochen bewohnt und dann wieder verlassen werden. Das fossile Material in der Olduwaischlucht scheint sich im Verlauf von jeweils fünf bis zehn Jahren angehäuft zu haben, und die Plätze wurden ohne Zweifel von Carnivoren besucht. Die Raubtiere hinterließen durch Bißspuren an den Knochen deutliche Belege für ihre Anwesenheit. Einige Zahnspuren scheinen über Schnittkerben zu verlaufen. So bearbeiteten Hominiden die Knochen wohl zuerst. Andere waren wiederum von Schnitten überlagert – die Hominiden verwerteten also von Zeit zu Zeit auch die Überreste der Carnivorenmahlzeiten.

Wenn die Olduwaifundorte keine typischen Heimstätten waren, was dann? Nach Potts Vorstellung bildeten sie sich wahrscheinlich im Bereich von Steindepots, also an Orten, wo die Hominiden ihr Rohmaterial zum Herstellen von Werkzeugen sammelten. Seine Computersimulationen sprechen dafür, daß es – gemessen am Energieaufwand – eine optimale Strategie war, Steindepots zu bilden und Kadaver dorthin zu transportieren. Auf jeden Fall stammte das Rohmaterial für einige an diesen Stätten gefundene Steinwerkzeuge offenbar von bis zu elf Kilometer entfernten Orten. Auch wurde ein Teil davon niemals verarbeitet. Solche Stücke bezeichnet man als Manuports.

Die Arbeiten über Olduwai haben ein wichtiges Ergebnis: All diese Stätten entstanden offenbar dadurch, daß Hominiden Steine an betimmte Orte transportierten. Hierher brachten sie wahrscheinlich auch fleischreiche Knochen, die sie entweder durch Jagen oder durch Auflesen von Überresten der Beute anderer Carnivoren gewannen. Diese Stätten scheinen nicht Wohnplätze gewesen zu sein, sondern dienten vielmehr der Verwertung und dem Verzehr von Fleisch. Es gibt jedoch Unterschiede. Beispielsweise sind einige Stätten in Koobi Fora – einschließlich der Stätte 50 – keine Steinlager, vielmehr kommt das Rohmaterial der Steinartefakte dort unmittelbar vor. Zudem deuten einige Steinabschläge der Stätte 50 darauf hin, daß Holz und weiches Pflanzenmaterial bearbeitet wurde. Eventuell wurde der Ort auch zum Zeitvertreib genutzt – eine Nutzung, an die man bisher nicht gedacht hatte. Ob sich hierin ein Wandel im Laufe der Zeit – die Stätte 50 ist etwa 300 000 Jahre jünger als die Olduwaifunde – widerspiegelt oder Unterschiede in den ökologischen Bedingungen, ist noch nicht bekannt.

5.20 Ein Kernstein und ein unifazialer Chopper.
Mit dem Hammerstein wird versucht, den nächsten Splitter abzuschlagen (von Fundplatz 50). (Mit freundlicher Genehmigung von Glynn Isaac.)

Isaac reagierte auf diese Forschungen mit dem Vorschlag, die Nahrung-Teilen-Hypothese durch eine neue zu ersetzen, die er „Zentralplatz-Nahrungsversorgungs-Hypothese" nannte. »Eine bewußte Motivation zum „Teilen" mußte nicht unbedingt eine Rolle spielen«, schrieb er 1982. »Ich nehme nun an, das Verhalten sei in vielerlei Hinsicht weniger menschenähnlich gewesen, als ich ursprünglich vermutete, es habe aber den Transport von Nahrungsmitteln gegeben und auch *de facto*, wenn nicht sogar geplant, das Teilen von Nahrungsmitteln und deren Vorratshaltung.« Diese Ausgrabungsstätten könnten somit durchaus als Vorläufer echter Wohnstätten angesehen werden.

Fragen

- Unter welchen Umständen könnten sich die ursprünglichen Arten der Hominiden auseinander entwickelt und eine Vielfalt von Nachkommen hervorgebracht haben, die dann verschiedene Lebensräume bevölkerten?
- Wie klar sollte sich diese Trennung der Lebensräume in den fossilen Belegen widerspiegeln?
- In welcher Hinsicht unterschied sich die Biologie der vor zwei Millionen Jahren lebenden Australopithecinen von der ihres Vorfahren *Australopithecus afarensis?*
- Warum könnte sich die Biomechanik des aufrechten Ganges der Australopithecinen von der von *Homo* unterschieden haben?
- Welche Belege könnten neben direkten anatomischen Merkmalen bei der Beantwortung der Frage helfen, ob der frühe *Homo* andere Subsistenzstrategien verfolgte als die Australopithecinen?
- Ist es wahrscheinlich, daß es einst mehrere gleichzeitig lebende Arten von *Homo* gegeben hat, wie wir es bei den Australopithecinen vorfinden?
- Wie kann man die Frage beantworten, wer Werkzeuge hergestellt hat?
- Gibt es Gründe, warum der Ursprung von *Homo erectus* ein plötzliches Ereignis gewesen sein könnte?
- Welcher Artentyp eignet sich für Vergleiche mit dem Evolutionsmuster der Hominiden?
- Wie könnte man die Hypothese, *Homo habilis* stamme eher von *A. africanus* als von *A. afarensis* ab, überprüfen?
- Was würde es bedeuten, wenn zwischen 1,6 und 2,5 Millionen Jahren vor unserer Zeit mehre *Homo*-Spezies gleichzeitig gelebt haben?
- Wie müßte ein noch zu entdeckendes Fossil aussehen, das die derzeitigen Ansichten über die Phylogenie der Hominiden am meisten durcheinanderbringen würde?
- Worin liegt der Unterschied zwischen den Mustern der Knochenanhäufungen an den Olduwaifundstellen und denjenigen rein carnivorer Fraßplätze?
- Wie sind die Schnittspuren auf Olduwaiknochen angeordnet, und was besagen sie über das Aussehen der Knochen, die zu den heutigen Fundorten transportiert wurden?
- Lassen sich Hinweise auf Jagd und Aasverwertung unterscheiden?
- Welche Sozialstruktur ergibt sich aus der Zentralplatz-Nahrungsversorgungs-Hypothese?

6. Die modernen Menschen

Homo erectus

»Es wird allgemein akzeptiert, daß Bevölkerungsgruppen, die *Homo erectus* ähnelten, die unmittelbaren Vorfahren der frühesten Mitglieder des heutigen *Homo sapiens* waren, obwohl die genaue Zeit, der Ort und die Art des Übergangs immer noch kontrovers diskutiert werden.« Diese Aussage von Eric Delson vom American Museum for Natural History in New York kennzeichnet treffend einige Hauptprobleme um *Homo erectus.*

Entdeckt wurde *Homo erectus* im Jahre 1891 von Eugene Dubois in Zentraljava. Später fand man Fossilien in Afrika, China und Europa. Die Art scheint sich vor ungefähr 1,6 Millionen Jahren in Afrika entwickelt zu haben. Vor etwa einer Million Jahren wanderten einzelne Gruppen zuerst nach Asien und dann nach Europa. *Homo erectus* starb vor nahezu einer halben Million Jahren aus. Zeitlich gesehen existierte die Art nach *Homo habilis* und vor dem frühesten Erscheinen von *Homo sapiens.* Wie Delson bemerkt, betrachtet man *Homo erectus* allgemein als einen Vorfahren des modernen Menschen. Wie wir jedoch später sehen werden, wird diese Annahme heute angezweifelt.

Während der über eine Million Jahre dauernden Existenz von *Homo erectus* gab es mehrere Neuerungen, die sich belegen lassen: Das erste Erscheinen von Hominiden außerhalb Afrikas, das erstmalige Auftreten systematisch durchgeführter Jagd, erste Hinweise auf sogenannte Heimstätten, das erste systematische Herstellen von Werkzeugen, die erste Nutzung von Feuer, eine erste wesentliche Reduktion des Geschlechtsdiphormismus hinsichtlich der Körpergröße bei Hominiden und schließlich erste Anzei-

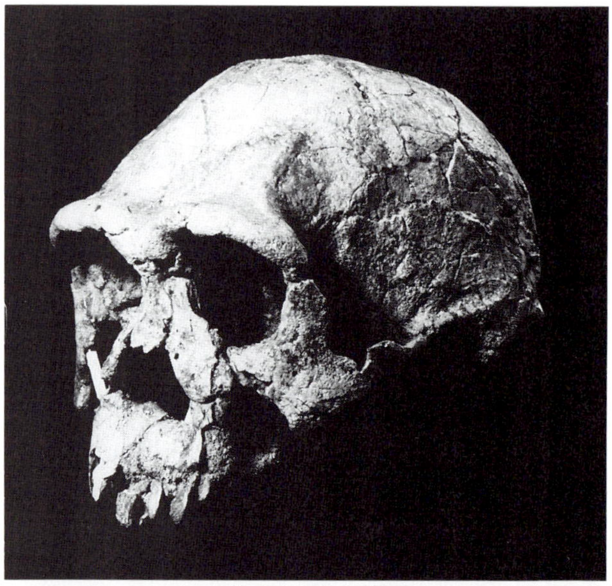

6.1 ***Homo erectus*, KNMER 3733.**
Auf ein Alter von 1,6 Millionen Jahren datiert, ist dieses Exemplar, soweit bekannt, das am besten erhaltene und älteste seiner Art. Man beachte die ausgeprägten Oberaugenwülste und den rundlichen Schädel (mit einer Kapazität von ungefähr 850 Kubikzentimetern). (Mit freundlicher Genehmigung von Peter Kain und Richard Leakey.)

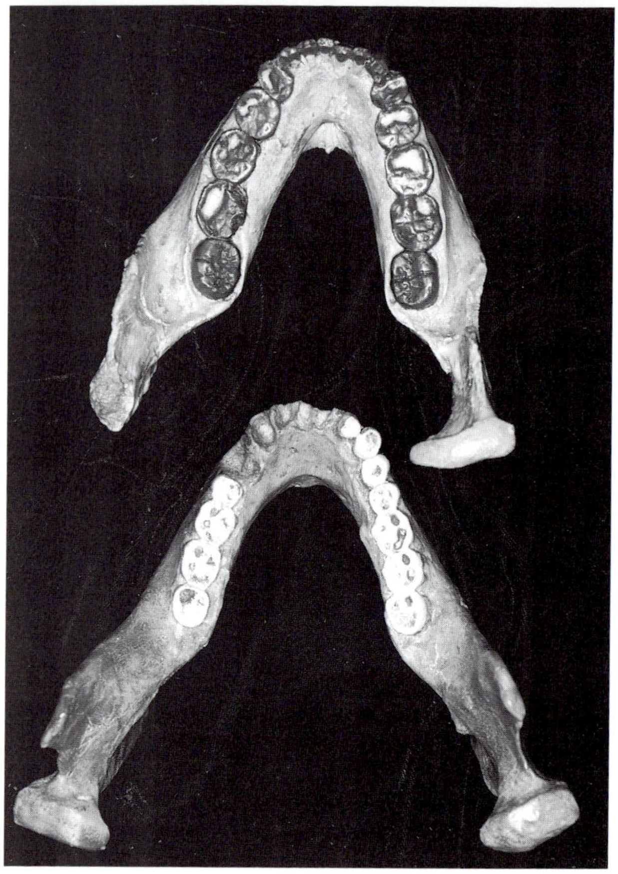

6.2 Der Trend in der Zahnentwicklung setzt sich fort.
Die Aufnahme des Unterkiefers von *Homo erectus* (unten) zeigt im Vergleich mit *Australopithecus boisei*, daß die Robustheit des Kauapparats von *Homo* weiter abnimmt. (Mit freundlicher Genehmigung von Milford Wolpoff.)

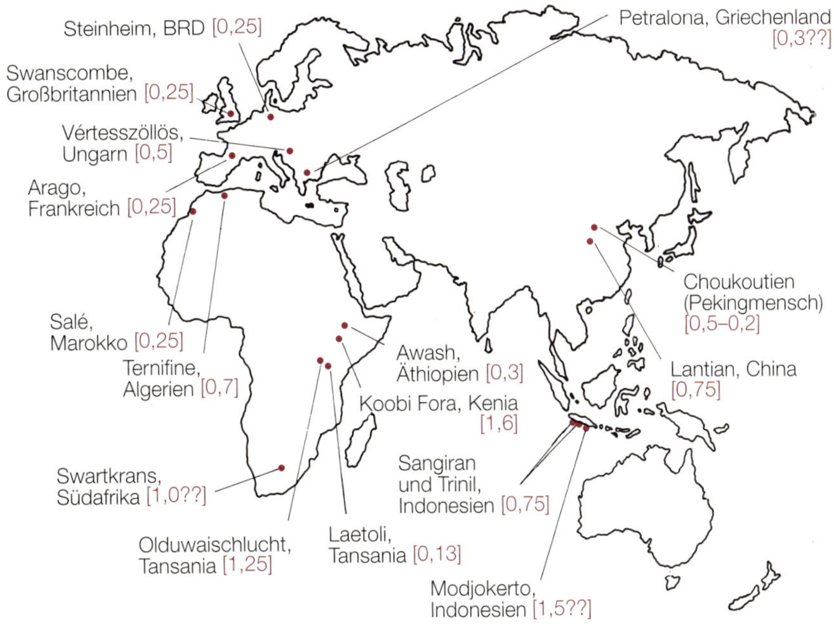

6.3 Hauptfundorte von *Homo erectus*.
Die Angaben in Klammern geben das Alter an. Folgen dieser Angabe ?, ist das Alter unsicher. Alle Fundorte, die älter als eine Million Jahre sind, liegen in Afrika. Eine Ausnahme ist Modjokerto in Indonesien, dessen Alter von 1,5 Millionen Jahren aber sehr unsicher ist. Die Ausbreitung von *Homo erectus* von Afrika über die gesamte Alte Welt könnte im Zusammenhang mit größerem Territorialanspruch gesehen werden und durch die raubtierartigen Lebensweisen des großen Primaten möglich geworden sein.

chen für eine verlängerte Kindheit. *Homo erectus* konnte anscheinend ein Leben führen, das komplexer und flexibler war als in irgendeiner anderen Gruppe vor ihm.

Das Gehirn vergrößerte sich gegenüber dem von *Homo habilis* und erreichte ein Volumen zwischen 900 und 1100 Kubikzentimeter. Ebenfalls nahm die Gesamtkörpergröße auf etwa 1,80 Meter bei männlichen und ungefähr 1,55 Meter bei weiblichen Individuen zu. Der Schädel ist langgestreckt, aber niedrig; er ist im Stirnbereich und im Bereich des Hinterkopfes etwas abgeflacht. Die Schädelknochen sind recht dick. Der Kiefer springt vor, und die Augen liegen weit auseinander unter einem vorspringenden Oberaugenwulst. Das Postcranialskelett, das unter den bisherigen Fossilfunden nur relativ selten erhalten war, ist robust gebaut und war mit kräftigen Muskeln ausgestattet.

Im Jahre 1985 meldeten Richard Leakey und seine Kollegen die Funde von Überresten eines bemerkenswert kompletten Skeletts eines etwa zwölf Jahre alten jugendlichen *Homo erectus* mit einigen überraschenden anatomischen Merkmalen. Beispielsweise ist in den Hals- und Brustwirbeln der Rückenmarkskanal deutlich kleiner als beim heutigen Menschen – wahrscheinlich deutet dies auf eine geringere Anforderung an die Nervenbahnen hin. Außerdem sind die Dornfortsätze an allen Wirbeln verlängert, sind aber nicht so weit rückwärts gerichtet wie beim heutigen Menschen – der Sinn dieses Umstands ist noch rätselhaft.

Der Oberschenkelknochen sieht ungewöhnlich aus mit seinem relativ langen Hals und dem großen Kopf, der sich in die Hüftgelenkspfanne einfügt. Dies ist eine Kombination aus heutigem Menschen und Australopithecinen. Moderne Menschen weisen einen kurzen Oberschenkelhals auf, der mit einem großen Oberschenkelkopf verbunden ist, während der Femur von Australopithecinen einen langen Hals und einen sehr kleinen Kopf trägt.

Das Becken zeigt einen kleineren Geburtskanal als das heutiger Menschen. Damit mußten die Neugeborenen von *Homo erectus*-Müttern nach der Geburt eine weitere Phase fötalen Wachstums durchmachen. Dieses sogenannte sekundäre Nesthockertum führte zwangsläufig zu einer verlängerten Periode der Kinderaufzucht. Das dürfte auch wichtige soziale Folgen gehabt haben.

Der jugendliche *Homo erectus* aus den 1,6 Millionen Jahre alten Ablagerungen vom Westufer des Turkanasees in Kenia ist der »erste [frühe fossile Hominide], bei dem Gehirnvolumen und Körpergröße an einem einzigen Individuum ziemlich genau bestimmt werden können«, bemerkten Leakey und seine Kollegen.

Charakteristisch für *Homo erectus* war eine ganz bestimmte Art von Artefakten, der tropfenförmige Faustkeil. Diese Geräte, die nach einer Ausgrabungsstätte in Frankreich Acheuléen-Faustkeile genannt werden, da sie dort zum ersten Mal gefunden wurden, treten in 1,4 Millionen Jahre alten Ablagerungen in der Olduwaischlucht auf – gleichzeitig mit dem ersten Erscheinen von Vertretern der Art *Homo erectus*. Ältere Fossilien wurden bei Koobi Fora in Kenia entdeckt. Faustkeile – manchmal sehr grob gestaltet, manchmal schön geformt, gelegentlich mit Hinweisen auf individuelle oder lokale Stilrichtungen – findet man seit dieser frühen Zeit bis vor ungefähr 200 000 Jahren in Europa und Afrika. Merkwürdig ist jedoch, daß sie für die Steinwerkzeugtraditionen Ostasiens kein wichtiges Merkmal sind.

Die Vergesellschaftungen von Knochen und Steinen, die nach archäologischen Ausgrabungen offenbar zeitgleich mit dem Ursprung der Gattung *Homo* erstmals auftreten, werden in der Zeit von *Homo erectus* immer häufiger. Sie weisen zuhnehmend deutlicher auf eine jagende Tätigkeit hin (siehe Kapitel 5). Nach Auffassung einiger Forscher war eine vielfältigere Nahrung mit einem größeren Fleischanteil als bei früheren Hominiden ein Faktor für das Auswandern von *Homo erectus* aus Afrika.

Wie dem auch sei, auf jeden Fall wandelte sich mit dem Auftauchen von *Homo erectus* das Verhalten erheblich. Das zeigt ein Vergleich von Körpervolumen und -größe zwischen Männchen und Weibchen. Bei früheren Hominiden trat ein großer Geschlechtsdimorphismus auf; die Männchen waren fast doppelt so groß wie die Weibchen. Daraus lassen sich verschiedene Rückschlüsse auf deren Verhalten ziehen; dies könnte man beispielsweise als

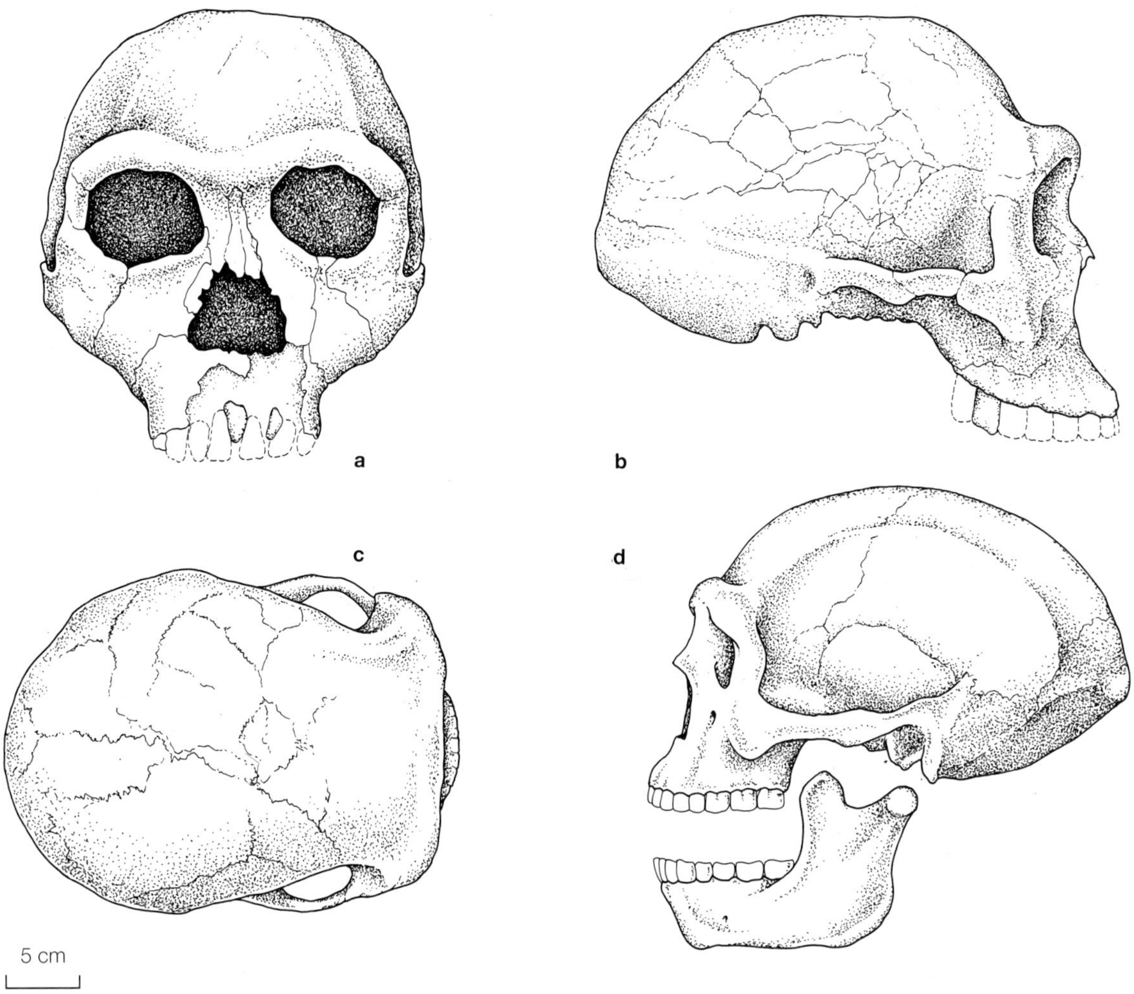

6.4 Ansichten des *Homo erectus*-Schädels KNMER 3733 und des Pekingmenschen.
Die Zunahme des Gehirnvolumens, die bei *Homo habilis* festzustellen ist, setzt sich bei *Homo erectus* fort. Bei KNMER 3733 (a, b, c), einem Fund aus Koobi Fora in Kenia, beträgt die Schädelkapazität ungefähr 850 Kubikzentimeter. Durch den ausgeprägten Oberaugenwulst kann man die Art eindeutig als *H. erectus* einstufen. Man beachte, daß sich das Schädeldach in der Hinterhauptsregion zuspitzt – ein Merkmal, das man auch bei anderen *H. erectus*-Populationen, besonders beim Pekingmenschen (d), feststellen kann. Der Pekingmensch lebte eine Million Jahre nach KNMER 3733 aus Koobi Fora. (Mit freundlicher Genehmigung von W. E. Le Gros Clark, Chicago University Press, 1955, sowie A. Walker und Richard E. F. Leakey, *Scientific American*, 1978.)

Hinweis auf eine harten Wettbewerb zwischen den Männchen bei der Werbung um die Frauen interpretieren (siehe auch Kapitel 3). Bei *Homo erectus* ist dieses Verhältnis drastisch reduziert, die Männchen waren nur 20 bis 30 Prozent größer als die Weibchen. Dies könnte auf einer bedeutenden Verringerung des Konkurrenzkampfes zwischen den Männchen beruhen. Vielleicht bewirkte die größere Vielfalt in der Lebensweise des *Homo erectus* auch eine gewisse Kooperation der Männchen untereinander. Ob nun diese größere Komplexität auf einer besseren Verständigung durch verbalisierte Sprache beruhte, ist reine Spekulation (siehe Kapitel 8).

Mit seiner insgesamt gesehen größeren Menschenähnlichkeit sah man *Homo erectus* bereits lange als direkten Vorfahren von *Homo sapiens* an. Kürzlich wurde diese Annahme jedoch in Frage gestellt. Nach Auffassung einiger Forscher sollen die vielen großhirnigen fossilen Hominiden aus dem Mittleren Pleistozän, die ursprünglich *Homo erectus* zugeordnet wurden, Vertreter verschiedener Arten von *Homo* und nicht nur von einer Spezies gewesen sein. In der einfachsten Version sieht man den asiatischen *Homo erectus* als eine eigene Art an, die vor etwa einer halben Million Jahren ausstarb. Die zweite Art wären nach Delsons Worten »Bevölkerungsgruppen mit Ähnlichkeiten zu *Homo erectus*«, die sich in Afrika entwickelten und aus denen letztlich *Homo sapiens* hervorging.

Diese neue, widersprüchliche Ansicht beruht auf einer kladistischen Analyse der großen Sammlung afrikanischer und asiatischer Fossilien, die traditionell *Homo erectus* zugeordnet wurden.

»Das Problem, *Homo erectus* zu definieren, besteht darin, daß er zur Zeit als eine Evolutionsstufe der Hominiden angesehen wird, die zwischen den kleinhirnigen frühen pleistozänen Hominiden und den großhirnigen Formen von *Homo sapiens* eingeordnet wird«, bemerkt Peter Andrews vom British Museum for Natural History in London. Mit dem Wort „Stufe" oder dem englischen *grade* bezeichnet man einzelne Gruppen, welche dieselbe Anpassungsebene erreicht haben. Das muß nicht unbedingt bedeuten, daß die Individuen derselben Gruppe (Art) zuzurechnen sind. Andrews stellte dazu fest: »Nur weil diese sogenannten *erectus*-Individuen alle die gleiche Größe oder ein ähnliches Gehirnvolumen haben, heißt das noch lange nicht, daß sie derselben Spezies angehören.«

Andrews und einige andere Forscher – zum Beispiel Christopher Stringer und Bernard Wood – führten unabhängig voneinander kladistische Analysen der *Homo erectus*-Fossilien durch und kamen zu dem Ergebnis, daß die meisten Merkmale, die traditionell für die Artbeschreibungen benutzt wurden, primitive Überbleibsel sind (siehe Kapitel 2). »Diese Merkmale *beschreiben* die Spezies *Homo erectus*, da sie bei allen oder den meisten bekannten Individuen erkennbar sind«, bemerkt Andrews, »sie *definieren* jedoch die Arten nicht, weil sie auch bei anderen Hominoiden vorkommen.

Streicht man alle ursprünglichen morphologischen Merkmale von der Liste der traditionellen *Homo erectus*-Definition, bleibt nur eine kleine Zahl abgeleiteter Merkmale übrig. Wichtig ist, daß diese Merkmale ausschließlich bei den asiatischen Fossilien auftreten. Die afrikanischen Fossilien stehen außerhalb dieser Gruppe, es gibt auch keine Verbindung zu *Homo sapiens*. Mit anderen Worten, die asiatische *Homo erectus*-Gruppe scheint sich getrennt von den Hominiden in Afrika entwickelt zu haben, die dort eine ähnlichen Evolutionsstufe erreicht hatten und schließlich ausstarben. Heute bekannte afrikanische Populationen wären damit eine bisher noch nicht benannte Art von *Homo*; diese war der unmittelbare Vorfahre der ersten archaischen *sapiens*-Formen Europas und der indirekte des späteren anatomisch modernen Menschen.

Gegen diese kladistische Analyse läßt sich einwenden, die anatomischen Unterschiede, die innerhalb von *Homo erectus* erkennbar seien, entsprächen genau jenen, die man bei einer weitverbreiteten und lange existierenden Art erwarten sollte.

In den vergangenen Jahren benutzten einige Forscher *Homo erectus*-Fossilien, insbesondere deren Gehirnvolumen, um zu prüfen, ob die Hominidenvorgeschichte sprunghaft mit dazwischenliegenden Phasen der Stasis oder graduell verlief (siehe Kapitel 1). Blieb das Gehirnvolumen in der Zeit zwischen 0,5 und 1,6 Millionen Jahren vor unserer Zeit mehr oder weniger konstant, wie es beispielsweise Philip Rightmire an der State University of New York in Binghamton behauptet, oder zeigte es eine allmähliche Zunahme, je mehr sich die Art *Homo sapiens* annäherte, eine Auffassung, die unter anderen Milford Wolpoff an der University of Michigan vertritt.

Diese noch nicht beendete wissenschaftliche Debatte ist interessant, wird jedoch durch die Auseinandersetzungen behindert, welche Fossilien am besten zum Vergleich herangezogen werden sollten. Auch ist die Datierung einiger entscheidender Fossilien nicht ganz sicher. Sollte sich zudem noch herausstellen, daß damals mehr als eine Spezies von *Homo* existierte, dann wären Untersuchungen, die asiatische und afrikanische Fossilien in eine Gruppe stellen, ungültig.

Dieser letzte Teil der menschlichen Vorgeschichte des Mittel- bis Jungpleistozäns beginnt ein heftig umstrittenes Gebiet der Paläoanthropologie zu werden. Dazu gehört auch die Frage nach dem Ursprung der heutigen Menschen (siehe den folgenden Abschnitt.)

Der Ursprung des heutigen Menschen

Der Ursprung anatomisch moderner Menschen ist seit langem ein wichtiges Thema in der Paläoanthropologie. Es ist verknüpft mit der Frage nach dem Schicksal des Neandertalers, der volkstümlichen Vorstellung eines Höhlenmenschen. Anatomisch gesehen ist der Übergang von *Homo erectus* zu *Homo sapiens sapiens* mit einer Reduzierung des massigen Skeletts und der kräftigen Zähne verbunden, mit Abwandlungen bestimmter funktioneller Merkmale, insbesondere jenen der Fortbewegung, und mit einer Zunahme des Hirnvolumens. Änderungen des Verhaltens zeigen sich in verbesserten Technologien zur Herstellung von Steinwerkzeugen und in der künstlerischen Ausdrucksweise (siehe Kapitel 7).

Vereinfacht gesagt, wurden in den vergangenen Jahrzehnten zwei kontroverse Hypothesen vorgebracht. Jede hatte – je nach Fakten und Theorien – zu einer bestimmten Zeit die mehrheitliche Unterstützung der Wissenschaftler. Die eine Hypothese sieht den Prozeß als Resultat weitreichender phyletischer Umwandlungen an, nach der anderen beruht dieser auf einer örtlich begrenzten Artbildung (siehe Kapitel 1).

Die erste Hypothese wurde von William Howells an der Harvard University als Kandelaber-Modell bezeichnet. Nach ihr waren die alten *Homo erectus*-Gruppen über die ganze Welt verteilt. Sie entwickelten sich Schritt für Schritt und unabhängig voneinander über einen archaischen *Homo sapiens* zum modernen Menschen. Dieses Modell geht davon aus, daß sich *Homo sapiens sapiens* in verschiedenen Regionen entwickelt hat, und muß keine Migrationen als Erklärung heranziehen. Die Neandertaler gelten dabei als europäische Form eines archaischen *Homo sapiens*. Deshalb wurde dieses Modell auch als Neandertaler-Phasen-Hypothese bezeichnet. Eine Folge der weiträumigen phyletischen Umwandlung wäre, daß heutige Populationen in verschiedenen Gebieten sehr tiefe genetische Wurzeln hätten und sich schon vor langer Zeit – vielleicht schon vor einer Million Jahren – voneinander abspalteten.

Die zweite Hypothese, die Howells als Arche-Noah-Modell bezeichnet, geht von einem geographisch begrenzten Ursprung aus; daran schloß sich die Ausbreitung über die ganze Alte Welt an. Im Gegensatz zum Kandelaber-Modell gibt es bei dieser Hypothese nur einen einzigen Ursprungsort, gefolgt von einer weitreichenden Wanderung. Heutige Bevölkerungsgruppen in den verschiedenen Regionen haben nur sehr flache genetische Wurzeln – sie entstanden erst vor kurzer Zeit.

Wäre das Kandelaber-Modell korrekt, sollten heutige Populationen noch Relikte anatomischer Merkmale zeigen, die weit in die Vorgeschichte zurückreichen; dies wird regionale Kontinuität genannt. Außerdem müßten Fossilien höherentwickelter Menschen mehr oder weniger gleichzeitig in der gesamten Alten Welt auftauchen. Im Gegensatz dazu sollte es nach dem Arche-Noah-Modell eine nur geringe regionale Kontinuität geben und der moderne Mensch in einer einzigen Region entstanden sein, bevor er sich in andere Gebiete ausbreitete.

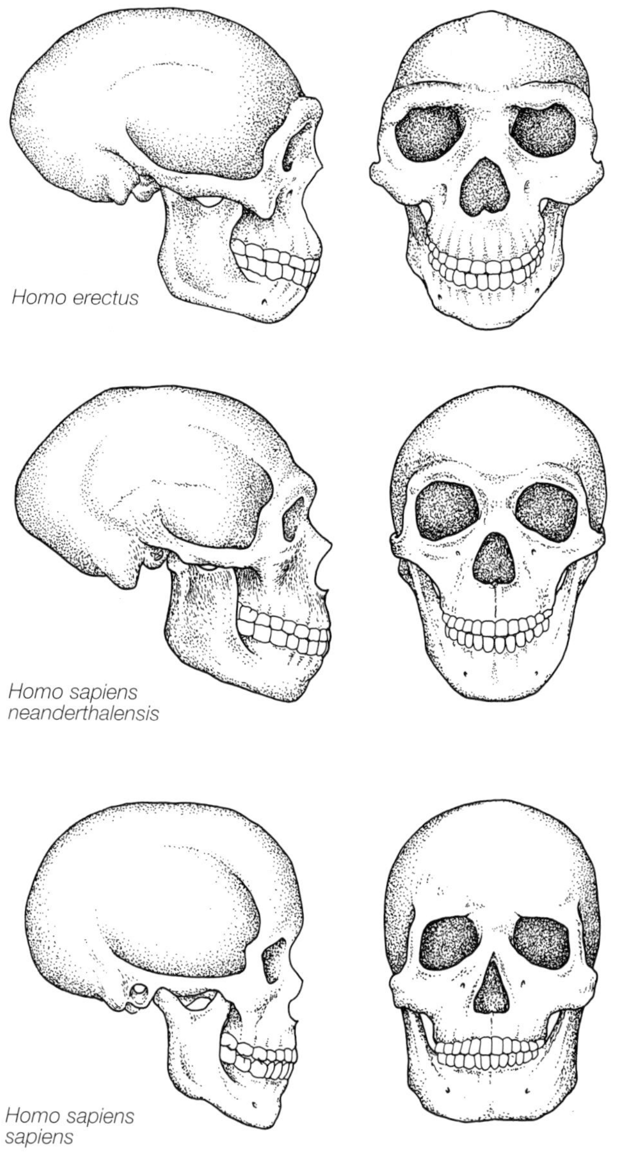

6.5 Vergleich von *Homo sapiens neanderthalensis* mit *Homo erectus* und *Homo sapiens sapiens*.
Der Neandertaler weist übereinstimmende Merkmale mit den beiden anderen *Homo*-Formen auf. Sein kräftiger Körperbau, der sich besonders im Postcranialskelett zeigt, spiegelt die körperliche Statur von *Homo erectus* wider, der vermutlich sein Vorfahre war. Das sehr große Gehirn des Neandertalers, das sogar jenes des heutigen Menschen übertrifft, wird als modernes Merkmal gewertet. Typisch für ihn ist das extrem vorspringende Gesicht. (Mit freundlicher Genehmigung von Luba Gudtz.)

Diese beiden Modelle sind, wie sie sich hier präsentieren, natürlich zwei Extreme. Ebenso lassen sich Übergänge zwischen beiden vorstellen. Beispielsweise könnte es eine einzige Herkunftsregion gegeben haben, wie es das Arche-Noah-Modell vorsieht, und die Ausbreitung in Migrationsschüben erfolgt sein, in deren Verlauf sich Neuankömmlinge mit lokalen Populationen des archaischen *Homo sapiens* vermischten. Es könnte auch eine wesentlich stärkere genetische Vermischung zwischen verschiedenen geographischen Gruppen eingetreten sein, als es das strenge Kandelaber-Modell vorsieht, was natürlich eine stärkere genetische Übereinstimmung zwischen den Populationen bedingt („Zentrum-Rand-Hypothese"). In beiden Fällen wäre es schwierig, die Fossilien zu deuten.

Bis vor kurzem bevorzugten die Anthropologen die Vorstellung von der ausgeprägten regionalen Kontinuität. Außerdem dominierte Westeuropa die Diskussionen zu diesem Thema. Dafür gab es gute Gründe. Erstens stammen die besten Fossilbelege für diese Zeit aus diesem Teil der Welt: Von Westeuropa bis zum Nahen Osten fand man Überreste von mehr als 300 Neandertalern. Zweitens befinden sich hier viele hervorragende archäologische Ausgrabungsstätten, die in ihrer Gesamtheit den Übergang von prämodernen Werkzeugtechnologien aus dem Mittelpaläolithikum zu den weiter verbreiteten und verbesserten Technologien moderner Menschen aus dem Jungpaläolithikum vor ungefähr 32 000 Jahren dokumentieren. Letztlich verführten die bemalten Höhlen in Südfrankreich und in Nordspanien viele Forscher zu der irrigen Meinung, Europa sei jene Region gewesen, in der sich die wichtigsten Ereignisse abgespielt hatten, die zum Ursprung des *Homo sapiens sapiens* überleiteten.

In den vergangenen Jahren gab es für den Ursprung des anatomisch modernen Menschen wichtige neue Belege.

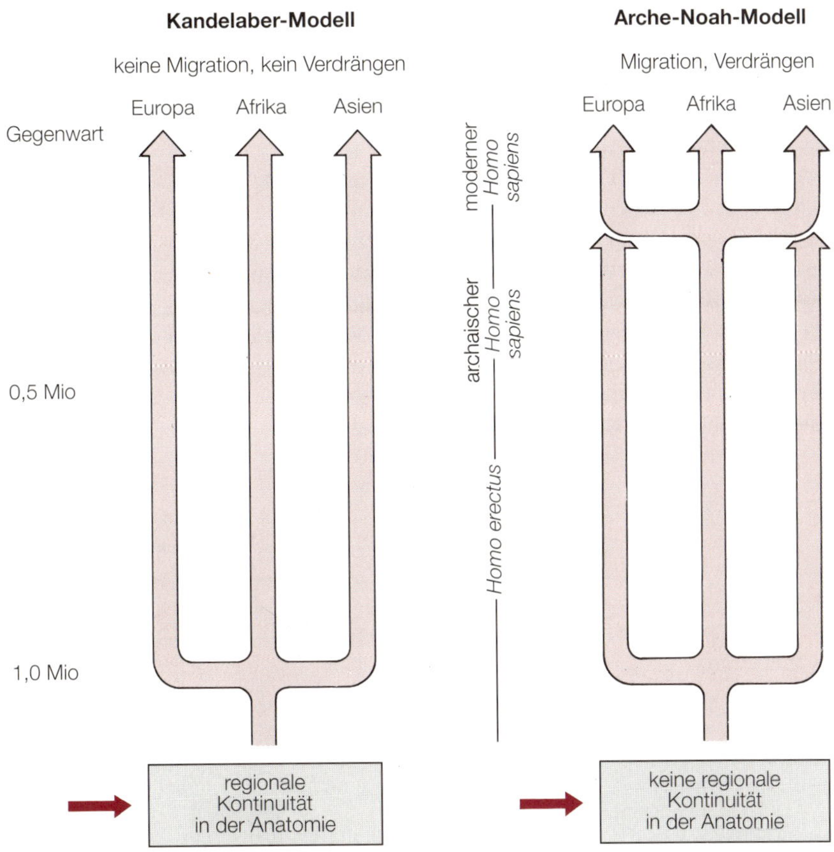

6.6 Zwei Vorstellungen über den Ursprung des heutigen Menschen.
Diese Zeichnungen zeigen die zwei Extreme bei der Diskussion über den Ursprung des modernen Menschen. Das Kandelaber-Modell sieht die Weltbevölkerung als die direkten Nachkommen von *Homo erectus*, der vor einer Million Jahren aus Afrika auswanderte: Der asiatische *Homo erectus* entwickelte sich zum asiatischen *Homo sapiens*, der europäische *H. erectus* zum europäischen *H. sapiens* und so weiter. Das Modell ist durch eine regionale Kontinuität anatomischer Merkmale gekennzeichnet. Nach dem Arche-Noah-Modell etablierten sich *Homo erectus*-Populationen in der gesamten Alten Welt, nachdem sie vor einer Million Jahren aus Afrika ausgewandert waren. Doch wurden diese Populationen durch den anatomisch modernen Menschen verdrängt, der ebenfalls aus Afrika kam. Bei diesem Modell gibt es keine regionale Kontinuität. Die meisten Anthropologen befürworten Modelle, die zwischen diesen beiden Extremen liegen.

Dazu gehören neben Fossilien nunmehr molekularbiologische Daten. Obwohl das Spektrum von Interpretationen des fossilen Materials noch immer breit ist, beginnen sich heute einige Versionen des Arche-Noah-Modells durchzusetzen. Molekularbiologische Daten, insbesondere das Kartieren und Sequenzieren von Genen aus Kern und Mitochondrien, untermauern dieses Modell (siehe hierzu den nächsten Abschnitt über die Arbeiten mit mitochondrialer DNA). Statt den Ursprung von *Homo sapiens sapiens* wie bisher zwischen 35 000 bis 45 000 Jahren vor unserer Zeit zu legen, dürfte er nach heutigen fossilen und molekularbiologischen Belegen mehr als 100 000 Jahre zurückreichen.

Die Wurzeln des Neandertalers lassen sich mehr als 250 000 Jahre zurückverfolgen. Die klassische Neandertaleranatomie setzte sich vor etwa 125 000 Jahren durch. Sie blieb geographisch auf Eurasien beschränkt, und zwar vor allem auf die Region zwischen Westeuropa und dem Nahen Osten. Wie *Homo erectus* und die archaischen *Homo sapiens*-Formen hatte der Neandertaler ein sehr robustes Skelett mit kräftiger Muskulatur. Ihn charakterisiert ein extrem vorspringender mittlerer Gesichtsbereich. Eine Vorstellung davon kann man bekommen, wenn man kräftig an der Nase eines Gummikopfes zieht. Die Schädelkapazität der Neandertaler war identisch oder sogar etwas größer als die der heutigen Menschen.

Für das vorspringende Gesicht des Neandertalers gibt es verschiedene Erklärungsansätze. Beispielsweise könnte es eine Anpassung zum Erwärmen kalter Atemluft gewesen sein, wenn sie die vergrößerten Nasenhöhlen passierte. Wasserdampf kondensierte in der Nase und hielt so Luftfeuchtigkeit beim Ausatmen zurück. Ein zweiter Grund für das vorspringende Gesicht war vielleicht, daß sich dadurch der Kaudruck auf den vorderen Kieferbereich konzentrierte.

Das Becken des Neandertalers ist ebenfalls sehr typisch. Bei nur unvollständig erhaltenen Funden sieht der Geburtskanal ungewöhnlich groß aus. Eric Trinkaus, der an der University of New Mexico tätig ist, folgerte daraus, die Schwangerschaft dieser Spezies sei länger und das Neugeborene etwas größer gewesen als bei modernen Menschen. Als man jedoch 1987 ein besser erhaltenes Individuum in Kebara in Israel fand, ließ sich erkennen, daß der Geburtskanal doch nicht ungewöhnlich groß, sondern nur der Schambeinknochen außergewöhnlich lang war.

Dieser Umstand erhärtet neben einigen anderen Merkmalen, die das Becken moderner Menschen nicht zeigt, die zunehmend populärere Schlußfolgerung, die Neandertaler seien eine Sackgasse in der menschlichen Evolution gewesen und nicht ein Stadium auf dem Weg zu *Homo sapiens sapiens*. Es sprechen also Gründe dafür, den Neandertaler nicht mehr als Unterart *Homo sapiens neanderthalensis* aufzufassen, sondern ihn statt dessen als eigene Art, als *Homo neanderthalensis*, zu bezeichnen.

Nach den jüngsten Fossilfunden zu urteilen, verschwanden die Neandertaler von Osten nach Westen fortschreitend in der Zeit vor 32 000 bis 45 000 Jahren. Nach Auffassung der meisten Spezialisten beruhte dieses Verschwinden – zumindest im Westen – auf Verdrängung. Ersetzt wurden die Neandertaler durch den anatomisch modernen Men-

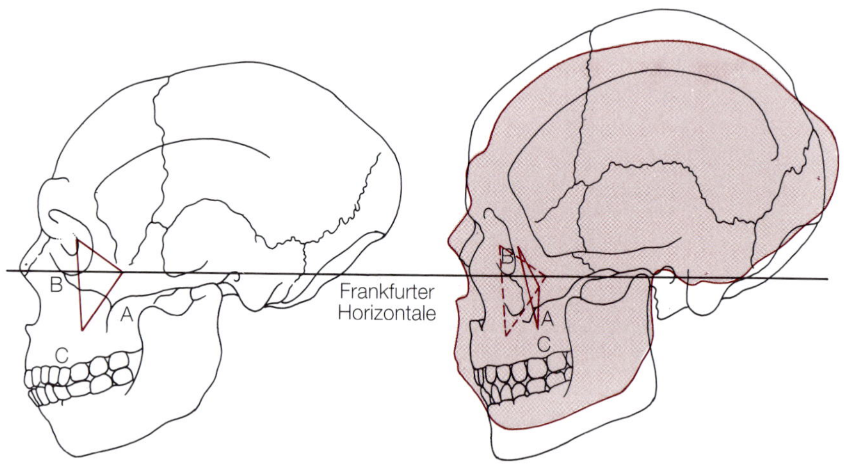

6.7 Vergleich des Schädels eines Neandertalers mit dem eines modernen Menschen.
Das Dreieck im Neandertalerschädel (links) zeigt die räumlichen Beziehungen zwischen der Vorderkante des ersten Molaren (C), der Unter- (A) und der Oberkante des Backenknochens (B). Zeichnet man diese Linien beim Schädel eines modernen Menschen ein (rechts, der Umriß eines Neandertalers ist in Farbe darüberprojiziert), ergibt sich ein flacheres Dreieck. Dies veranschaulicht die Prognathie des Neandertalergesichts. Die Ebene von Oberkante Backenknochen und Kiefergelenk bezeichnet man als Frankfurter Horizontale.

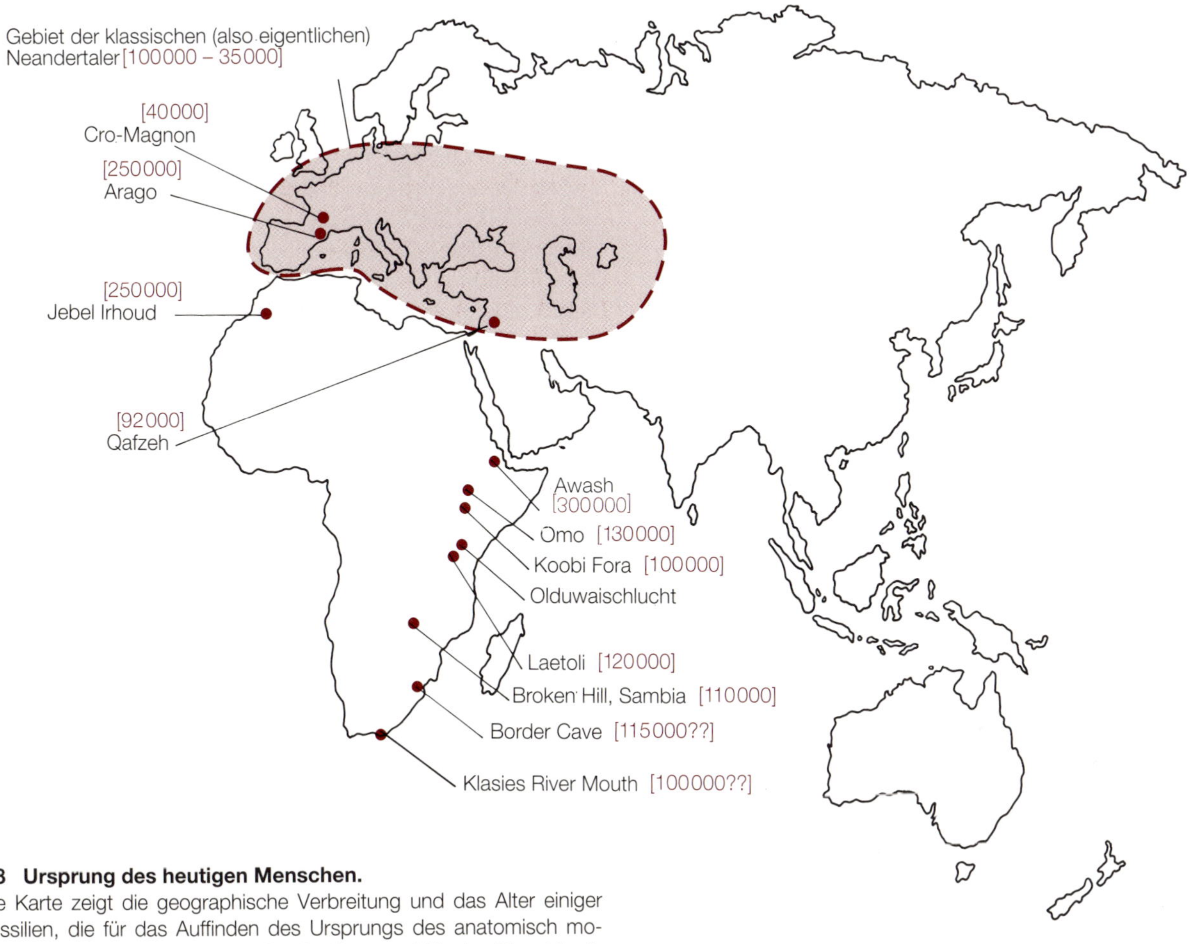

6.8 Ursprung des heutigen Menschen.
Die Karte zeigt die geographische Verbreitung und das Alter einiger Fossilien, die für das Auffinden des Ursprungs des anatomisch modernen Menschen wichtig sind. Border Cave und Klasies River Mouth Cave in Südafrika sowie Qafzeh in Israel sind Fundorte, denen man eine Schlüsselfunktion zuspricht. Anhand von Exemplaren, die zweifelsfrei moderne Formen sind, hat man diese Fundorte auf 115 000, etwa 100 000 und 92 000 Jahre datiert. Diese Stellen weisen auf einen Ursprung des modernen Menschen vor mehr als 100 000 Jahren hin. Die farbig eingezeichnete Fläche zeigt das Verbreitungsgebiet des klassischen Neandertalers. Darunter sind einige wichtige Schädelfunde im Photo dargestellt.

Arago

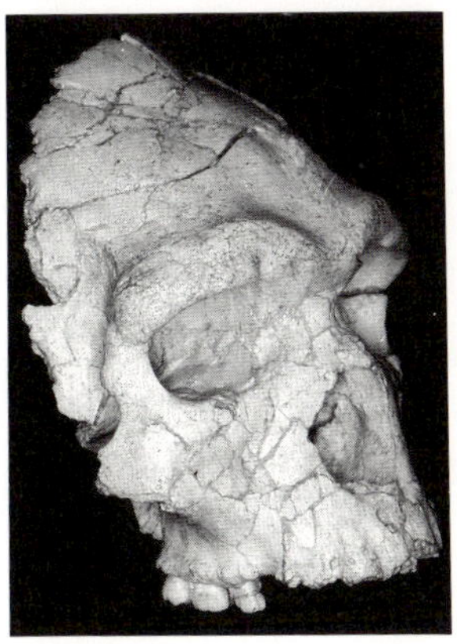

Qafzeh

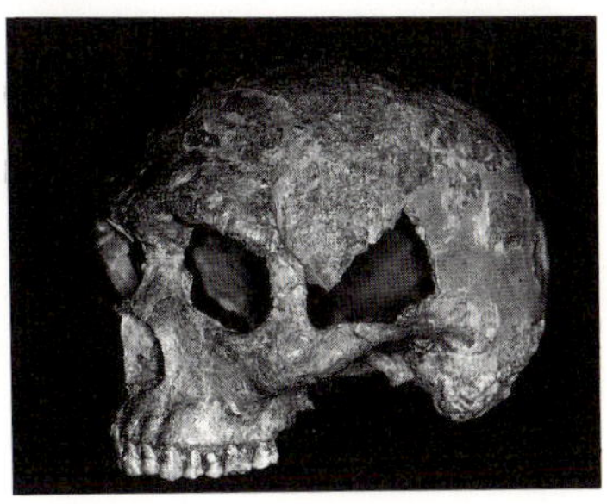

Jebel Irhoud

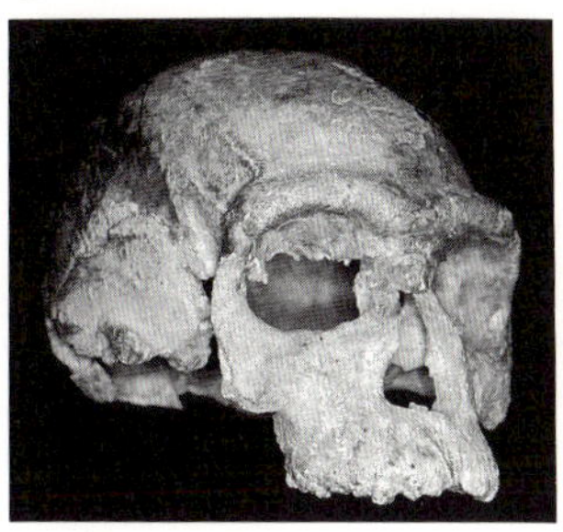

Broken Hill

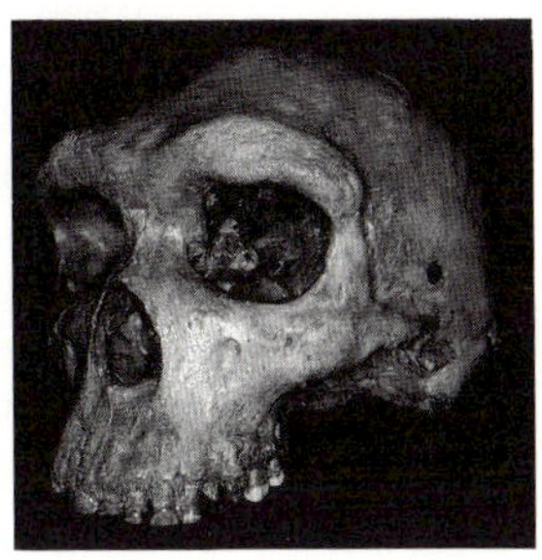

schen, beim Nahrungserwerb von nur einem Prozent genügt, den Neandertaler in 30 Generationen oder einem Jahrtausend völlig zu verdrängen. Nichtsdestoweniger glauben einige Forscher auch weiterhin, beide Formen hätten sich gekreuzt und so modernen Populationen einige Merkmale der Neandertaler beigemischt.

Neben den klassischen Neandertalerfunden gibt es Fossilien, die in unmittelbarem Zusammenhang mit dem Ursprung des modernen Menschen stehen. Man fand sie in ganz Europa, Asien, Ozeanien und Afrika, sie datieren bis auf 300 000 Jahre zurück. Die meisten dieser Funde, bei denen es sich hauptsächlich um unterschiedlich erhaltene Schädel handelt, sehen aus wie ein Mosaik aus *Homo erectus* und *Homo sapiens sapiens*. Man bezeichnet sie im allgemeinen als archaischen *Homo sapiens*. Bei diesen Fossilien versucht man Zeichen einer regionalen Kontinuität aufzuzeigen, die sich bis zu heutigen Populationen verfolgen lassen.

So meint Milford Wolpoff von der University of Michigan, solche regional beständigen anatomischen Merkmale unter ozeanischen und chinesischen Bevölkerungsgruppen zu finden. Anhand einiger Eigenschaften glaubt Fred Smith von der University of Tennessee, regionale Kontinuität in Zentraleuropa und vielleicht auch in Nordafrika nachweisen zu können. Verfechter des Verdrängungsmodells wenden dagegen ein, die anatomischen Merkmale, die als Belege für regionale Kontinuität aufgeführt werden, seien meistens primitiv (siehe Kapitel 2) und deshalb nicht geeignet, Populationen bestimmter Gebiete über lange Zeit hinweg miteinander zu verbinden. Peter Andrews und Christopher Stringer vom British Museum for Natural History in London sind zwei prominente Verfechter dieses Arguments.

Wie sind die archaischen *Homo sapiens*-Populationen aufzufassen, wenn sie nicht Bestandteil einer generellen phyletischen Umwandlung hin zu *Homo sapiens sapiens* sind? Wie Ian Tattersall vom American Museum of Natural History in New York argumentiert, könnten sie verschiedenen Arten angehören. Diese Ansicht ist allerdings nicht sehr populär. Es läßt sich aber nicht leugnen, daß dieses bunte Durcheinander von Fossilien nach Ordnung verlangt.

Die an äquatoriale Regionen angepaßte Anatomie der ersten modernen Menschen in Europa ist vermutlich ein Hinweis auf deren Ursprung – auf Afrika? Im Norden, Osten und Süden Europas liegende Fundstätten lassen vielfach Zweifel aufkommen am geologischen Alter und den modernen anatomischen Merkmalen der Fossilien. Vielleicht am ehesten akzeptiert sind beide Merkmale für den Ort Klasies River Mouth in Südafrika. »Die Fossilien dieses Fundortes sind in jeder Hinsicht völlig modern«, so Richard Klein von der University of Chicago, »sie weisen sogar ein gut entwickeltes Kinn auf.« Die Datierung ist jedoch noch abzusichern, man schätzt die Funde etwa auf ein Alter zwischen 80 000 und 115 000 Jahren.

Bedeutet dies, daß *Homo sapiens sapiens* einem Artbildungsprozeß in Südafrika entstammt, einige Bevölkerungsgruppen nach Norden wanderten und schließlich nach Eurasien vordrangen? Dies ist denkbar. Ein entscheidender Fund, der für eine solche Vorstellung spricht, stammt aus einer Höhle an der Südwestflanke des Mount Qafzeh in Israel. Er ist ohne Zweifel anatomisch modern, das Alter des Qafzehschädels wurde aber über Jahre hinweg in Frage gestellt, jedoch vor kurzem auf 90 000 Jahre bestimmt. Sollte dies zutreffen, dann haben anatomisch moderne Menschen und Neandertaler in diesem Teil der Welt zumindest gleichzeitig, vielleicht sogar miteinander, gelebt, und zwar für mindestens 45 000 Jahre. Das könnte weiterhin bedeuten, daß die modernen Menschen in Nordafrika entstanden sind und sich dann nach Norden und Süden ausbreiteten. Definitiv beantworten läßt sich die Frage nur durch weitere Fossilfunde mit gesicherten Altersangaben aus diesem Teil der Erde.

Insgesamt gesehen sprechen triftige Gründe für das Verdrängungsmodell in Westeuropa, während für den Rest der Alten Welt das Problem noch zu lösen bleibt. Auf jeden Fall untermauert das frühere Erscheinen des anatomisch modernen Menschen in Afrika als in Europa und in Asien

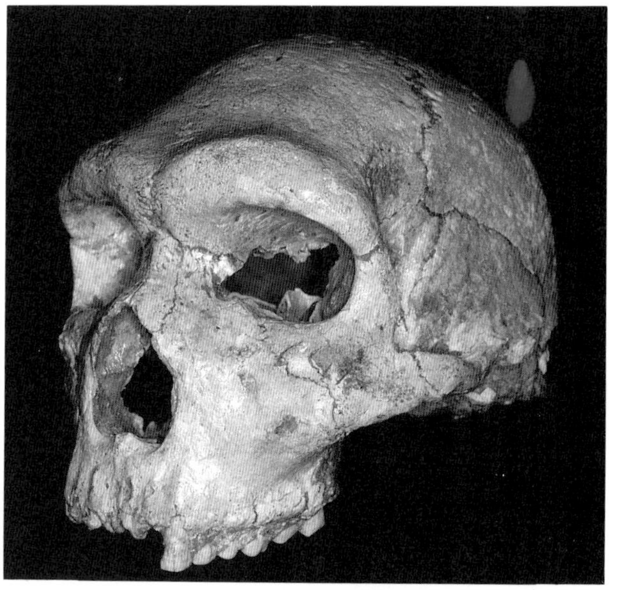

6.9 Der Petralonaschädel.
Er wurde in einer Höhle in Griechenland gefunden und auf 300 000 bis 400 000 Jahre datiert. Obwohl das Gesicht teilweise zerstört ist, zeigt der Schädel ein Merkmalsmosaik von *Homo erectus* und *Homo sapiens*. Zum Beispiel sind die Oberaugenwülste eine alte, der große rundliche Schädel hingegen eine moderne Entwicklung.

die Arche-Noah-Hypothese. Die Frage nach dem Ausmaß der Vermischung, die es zwischen einwandernden modernen Menschengruppen und dort bereits seßhaften archaischen *Homo sapiens*-Formen möglicherweise gab, kann man an mitochondrialer DNA untersuchen; dies ist Thema des folgenden Abschnitts.

Molekularbiologische Daten, die man durch Kartieren und Sequenzieren der Kern-DNA erhalten hat, erlauben zwei wesentliche Schlußfolgerungen: die eine über die „Tiefe unserer genetischen Wurzeln", die zweite über die mögliche Herkunft des anatomisch modernen Menschen.

Die Bandbreite der genetischen Variation in allen heutigen Populationen des Menschen ist überraschend gering und weist auf ein recht junges Alter unseres letzten gemeinsamen Vorfahren hin. Der Einwand, die genetische Variation weitentfernter Populationen sei durch Genfluß oder durch Gendurchmischung homogenisiert worden, ist einfach nicht haltbar, so die Meinung des Populationsgenetikers Shahani Rouhani vom University College in London. Nach seiner Rechnung würde ein vorteilhaftes Gen bei normalem Genfluß fast eine halbe Million Jahre brauchen, um von Südafrika bis nach China zu gelangen. Rouhani weist darauf hin, daß die Populationsgenetik generell nicht die Auffassung unterstützt, es gäbe eine phyletische Umwandlung in Populationen, die in so weit voneinander entfernten Gebieten vorkommen wie die Hominiden im Mittleren Pleistozän.

Die genetische Vielfalt ist zwar im ganzen gesehen nur gering, am größten jedoch in afrikanischen Populationen. Dies spricht dafür, daß diese Gruppen am längsten bestehen. Untersuchungen von β-Globinen deuten zudem darauf hin, daß die anatomisch modernen Menschen, die Afrika verließen, einen Bevölkerungsengpaß (im Englischen als *bottleneck* bezeichnet) durchmachten, wie James Wainscott und seine Mitarbeiter von der University of Oxford behaupten. Deren Daten stützen zusammen mit denen einiger anderer Institute das Arche-Noah-Modell mit Afrika als Ursprung der Menschheit.

Wenn man das Entstehen von *Homo sapiens sapiens* auf etwa 100 000 Jahre vor unserer Zeit datiert, ergibt sich daraus als Konsequenz, daß sich moderne Anatomie und modernes Verhalten getrennt entwickelt haben müssen. Moderne Werkzeugtechnologien – im Jungpaläolithikum in Europa, im Later Stone Age in Afrika – beginnen vor 35 000 bis 50 000 Jahren, also lange nachdem die Art entstanden ist, die sie entwickelt hat. Was dieses offenkundige Entkoppeln für die menschliche Vorgeschichte bedeutet, ist noch zu klären. Falls das Bild sich nicht noch dramatisch verändert, werden wir somit archäologische Belege nicht länger als Signal für den Ursprung moderner Menschen werten können.

Eva der Mitochondrien

Neben Fossilfunden, die bereits im vorigen Abschnitt diskutiert wurden, können auch molekularbiologische Daten zur Beantwortung von Fragen nach dem Ort und der Zeit des Entstehens des anatomisch modernen Menschen sowie den daraus resultierenden Verbreitungsmustern beitragen. Verschiedene Forschergruppen haben in den vergangenen Jahren Proteine und seit kurzem auch Kern-DNA von Bevölkerungsgruppen unterschiedlicher geographischer Herkunft untersucht. Man wollte so Verwandtschaftsmuster finden, die auf die Herkunft des *Homo sapiens sapiens* hinweisen könnten. Obwohl die ersten Deutungen häufig auf schwachen Füßen standen und nicht selten widersprüchlich waren, entwickelte sich in jüngster Zeit ein Konsens zugunsten der These, der heutige Mensch stamme aus Afrika. Vergleichende Untersuchungen mitochondrialer DNA lieferten die aktuellsten für diese Frage relevanten Daten. Die so gewonnenen Ergebnisse führten zu Aussagen wie: „Die Eva der Mitochondrien, die Mutter von uns allen, lebte vor 200 000 Jahren in Afrika."

Trotz einiger Ungereimtheiten in diesem Forschungsansatz sind die Daten, die man aus der mitochondrialen DNA gewinnt, zweifellos ein zukunftsträchtiges, wichtiges Hilfsmittel, um die menschlichen Abstammungslinien in jener relativ kurzen Zeit zu verfolgen, in der sich *Homo sapiens sapiens* entwickelt hat. Mitochondriale DNA kann man im wesentlichen mit einem schnellaufenden molekularen Uhrwerk vergleichen. Doch bleiben viele ungelöste Fragen hinsichtlich der aus mitochondrialer DNA gewonnenen Daten selbst und deren Deutung im Rahmen möglicher populationsdynamischer Muster, die eventuell das Entstehen des modernen Menschen begleiteten.

Allan Wilson von der University of California in Berkeley und seine Mitarbeiter wagten 1987 eine sehr einfache Interpretation der Daten: Der heutige *Homo sapiens sapiens* soll sich vor etwa 150 000 Jahren aus einer Gruppe des archaischen *H. sapiens* in Afrika entwickelt haben. Vor ungefähr 100 000 Jahren verließen erste moderne Menschen Afrika und verbreiteten sich über die gesamte Alte Welt. Diese vordringenden modernen Populationen vermischten sich nur wenig oder gar nicht mit den archaischen Hominiden. Die Wurzeln der modernen Bevölkerungsgruppen in den verschiedenen Regionen sind daher recht flach. Mit anderen Worten, die hier vorgestellten mitochondrialen DNA-Werte unterstützen das Arche-Noah-Modell, die im vorigen Abschnitt besprochene Verdrängungshypothese.

Diese Interpretation findet keineswegs allgemeine Zustimmung und wurde hauptsächlich aus zwei Gründen kritisiert. Der erste bezieht sich auf die Verläßlichkeit der

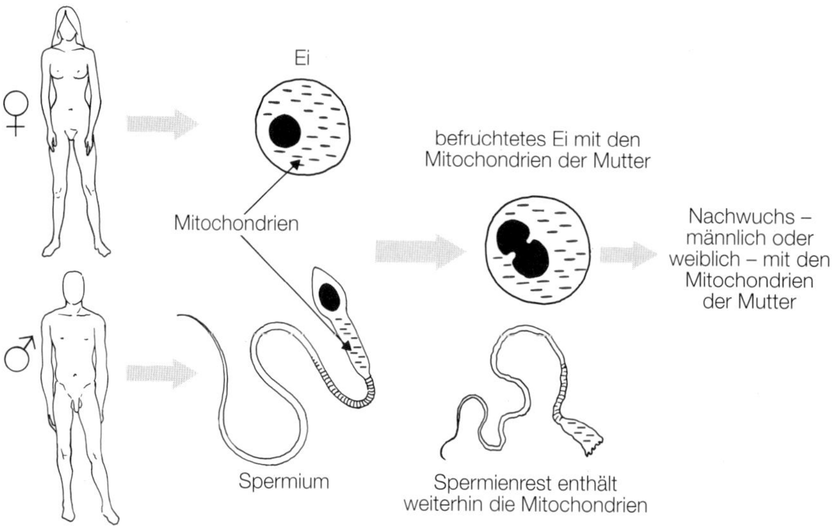

6.10 Vererbungsmuster.
Im Gegensatz zur Kern-DNA, die wir zur Hälfte von unserer Mutter und zur Hälfte von unserem Vater erben, wird die mitochondriale DNA nur von den weiblichen Individuen weitergegeben. Der Grund ist, daß das Spermium beim Eindringen ins Ei seine Mitochondrien abwirft. Der sich entwickelnde Fötus erbt somit nur die Mitochondrien des mütterlichen Eies.

mitochondrialen Uhr: Sie läuft nicht unbedingt immer gleich schnell. Zweitens vermuten einige Wissenschaftler, Wilson und seine Mitarbeiter hätten die durchschnittliche Geschwindigkeit der Uhr falsch berechnet und so einen zu hohen Wert erhalten. Eine langsamere Geschwindigkeit würde auf tiefere genetische Wurzeln der heutigen Population hindeuten.

Mitochondriale DNA läßt sich für die Rekonstruktion rezenter Stammbäume einsetzen. Zum einen akkumuliert mitochondriale DNA Mutationen fünf- bis zehnmal schneller als Kern-DNA – daher wandelt sie sich in Zeiträumen, in denen die DNA des Zellkerns unverändert bleibt; sie wirkt also wie ein „zeitliches Vergrößerungsglas". Zum zweiten übertragen die Spermien bei der Befruchtung keine Mitochondrien auf das Ei und damit auch keine väterliche Mitochondrien-DNA in die nächste Generation. Mitochondriale DNA wird somit nur in mütterlicher Linie vererbt und kann sich nicht durch Rekombination mit der mitochondrialen DNA des Vaters genetisch verändern. Daher existiert mit den Mitochondrien ein potentielles Bindeglied, das über die Generationen hinweg erhalten bleibt. ,

Nachdem Wilsons Labor Ende der siebziger Jahre erstmalig mitochondriale DNA für die Erforschung des menschlichen Ursprungs eingesetzt hat, arbeiteten bald auch andere Forschergruppen mit Hilfe dieser Methode unabhängig voneinander an dem Problem. Die 1987 publizierte und bislang umfassendste Datensammlung stammt aus Berkeley und wurde von Wilson, Rebecca Cann und Mark Stoneking zusammengestellt.

Mit der Untersuchung mitochondrialer DNA verfolgt man zwei Ziele. Zum einen möchte man Informationen darüber erhalten, wie stark mitochondriale Sequenzen zwischen Einzelpersonen, insbesondere zwischen Individuen verschiedener geographischer Herkunft, variieren. Der Grad der Abweichung mißt im Prinzip die Zeit, seit der sich die Populationen voneinander getrennt haben. Zweitens bemüht man sich darum, auf der Grundlage der so gefundenen Variationsmuster einen Stammbaum der Organismen zu rekonstruieren.

Vollständige Sequenzen mitochondrialer Genome würden den umfassendsten Vergleich der Variabilität ermöglichen. Hierauf müssen die Forscher heute jedoch verzichten: Obwohl das mitochondriale Genom des Menschen, das 16569 Basenpaare umfaßt, verglichen mit den meisten Chromosomen eine nur bescheidene Größe aufweist, wäre es eine gigantische Aufgabe, eine ausreichende Menge von Mitochondrien-DNA beim Vergleich mehrerer Populationen mit den heutigen Methoden zu sequenzieren. Statt dessen erstellten Wilson und andere Forscher eine Karte des Genoms, wobei etwa neun Prozent der Basenfolgen bestimmt sind.

Bei diesen Untersuchungen schneidet man die DNA mit zwölf verschiedenen sogenannten Restriktionsenzymen. Jedes spaltet die DNA-Kette an einer bestimmten Nucleotidsequenz. Wäre das mitochondriale Genom sämtlicher Menschen identisch, wiesen die so entstandenen Bruchstücke *in allen Fällen* die gleichen Muster auf. Jegliche Abweichung in der DNA-Sequenz, die einen der Schnittpunkte eines Restriktionsenzyms verändert, hinterläßt ein anderes Fragmentmuster. Aus diesen Unterschieden vermag man ein Sequenzvariabilitätsmaß für Individuen und Populationen zu entwickeln.

Wilson, Cann und Stoneking veröffentlichten 1987 Daten von 147 Personen aus fünf verschiedenen Regionen, aus Afrika (allerdings hauptsächlich schwarze Amerikaner), Asien, Europa, Australien und Neuguinea. Die 147 individuellen Genome erzeugten 133 verschiedene Fragmentmuster, wobei der Grad der Sequenzunterschiede relativ gering war (0,57 Prozent). Dieseim Vergleich zu den Menschenaffen geringe Variation ist ein unmittelbarer Hinweis auf die möglicherweise nur flachen genetischen Wurzeln der Populationen des modernen Menschen.

Jene 133 unterschiedlichen Typen lassen sich nach der Analyse der kleinsten Anzahl von Veränderungen, welche

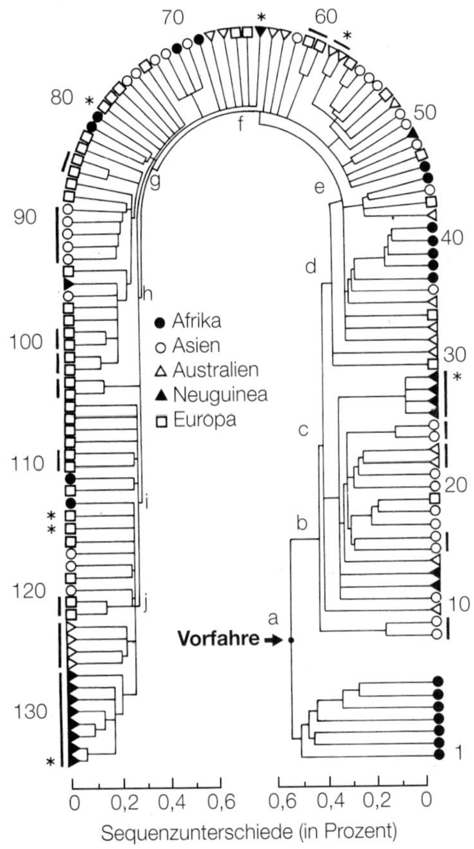

6.11 Verwandschaftsmuster.
Dieser „Weihnachtsbaum" zeigt den genetischen Unterschied von 147 Individuen aus geographisch verschiedenen Populationen, deren mitochondriale DNA untersucht wurde. Der Baum zeigt eine Trennung in afrikanische und außerafrikanische Populationen. Die afrikanische Population ist am längsten etabliert. Der Ursprung des modernen Menschen liegt also auf diesem Kontinent. Der unterschiedliche Grad an Sequenzunterschieden innerhalb der nichtafrikanischen Population gibt Hinweise darauf, zu welcher Zeit verschiedene Teile der Alten Welt bevölkert wurden. (Mit freundlicher Genehmigung von Rebecca L. Cann et al., *Nature*.)

die verschiedenen Muster über einen gemeinsamen Vorfahren verbinden, in einen Stammbaum einordnen. Tatsächlich ergaben sich viele Stammbäume mit einer minimalen oder nahezu minimalen Länge der Äste, was auf geringe Abstufungen der Unterschiede zwischen den individuellen Typen zurückzuführen ist. Aber alle bildeten zwei Hauptverzweigungen. Einer dieser Zweige trug nur mitochondriale DNA-Muster des afrikanischen Typs, während alle anderen Individuen, inklusive einiger Afrikaner, auf dem zweiten Ast vertreten waren. Die einfachste Erklärung dieses Musters ist, daß der gemeinsame Vorfahre aller mitochondrialer DNA-Typen eine Afrikanerin war.

Dieser Stammbaum läßt eine zweite Folgerung zu: Die einzelnen Regionen mit Ausnahme Afrikas wurden in mehreren Migrationswellen bevölkert. Dies legt die Tatsache nahe, daß in jeder Region die einzelnen Typen in „Familien" oder „Klane" mit ähnlicher mitochondrialer DNA geordnet werden können. Zum Beispiel gibt es für Europa mindestens 36 verschiedene mitochondriale DNA-Familien, die möglicherweise mit ebenso vielen Gruppen von Einwanderern gleichzusetzen sind. Für Asien beträgt die Anzahl 31, für Neuguinea 14 und für Australien 15.

Unterschiede im Grad der DNA-Variation innerhalb der verschiedenen geographischen Gruppen deuten ebenfalls auf einen afrikanischen Ursprung hin. Genauer gesagt, die Variation innerhalb der Afrikaner ist deutlich größer als in den Gruppen anderer Regionen. Falls sie stetig und bei allen geographischen Typen gleichmäßig zunimmt, bedeutet ihr größeres Ausmaß in der afrikanischen Gruppe, daß diese am ältesten ist. Mit anderen Worten, die DNA-Variabilität stimmt mit den stammesgeschichtlichen Untersuchungen überein und stellt Afrika als Herkunftsgebiet aller mitochondrialer Genome des modernen Menschen heraus.

Auch aus dem Ausmaß genetischer Variation unter den Menschen der Alten Welt ergeben sich Argumente zur Diskussion über Kreuzung oder Verdrängung während der Zeit, als der moderne Mensch die Alte Welt bevölkerte. Die archaischen *Homo sapiens*-Populationen existierten dort schon eine Million Jahre früher. Ihre mitochondriale DNA unterschied sich daher erheblich von jener der afrikanischen Gruppe, aus der *Homo sapiens sapiens* hervorging. Sollte sich der moderne Mensch tatsächlich mit den archaischen Gruppen gekreuzt haben, müßten sich auch seine Mitochondrien vermischt haben. In diesem Fall müßten sich einige mitochondriale DNA-Sequenzen heutiger Bevölkerungsgruppen sehr stark von den übrigen unterscheiden. Hierfür gibt es jedoch bisher keine Hinweise. Offenbar fand also Kreuzung statt.

Vieles an dieser Forschungsarbeit beruht auf der Annahme, mitochondriale DNA akkumuliere Mutationen in einer konstanten Geschwindigkeit und das Uhrwerk arbeite gleichmäßig. Nach Wilsons Auffassung ist die Mutationsrate der mitochondrialen DNA im Durchschnitt tatsächlich konstant, da bei den meisten Mutationen Nucleotide an unbedeutenden Stellen ausgetauscht werden und daher wahrscheinlich neutral sind. Auch die DNA-Daten selbst zeigten diese Regelmäßigkeit, so argumentierte Wilson. Doch ist bekannt, daß es außer einem neutralen Basenaustausch auch andere Mutationsformen gibt und die Raten sehr unterschiedlich sein können. Wie stetig die mitochondriale DNA-Uhr insgesamt läuft, läßt sich erst sicher sagen, wenn eine genügend große Anzahl vollständiger Genomsequenzen miteinander verglichen worden ist.

Wilson und seine Mitarbeiter bestimmten die Geschwindigkeit der molekularen Uhr aus dem Prozentsatz der Variationen, der sich bei der Bevölkerung Neuguineas zeigt, da die Insel erst seit 40 000 Jahren besiedelt ist. Sie kamen auf Werte zwischen zwei und vier Prozent beziehungsweise einen Austausch von zwei bis vier Basen pro 100 Basen in einer Million Jahren. Dieses Ergebnis wurde besonders von Masatoshi Nei an der University of Texas kritisiert. Er hält eine Spanne von ein bis zwei Prozent für wahrscheinlicher.

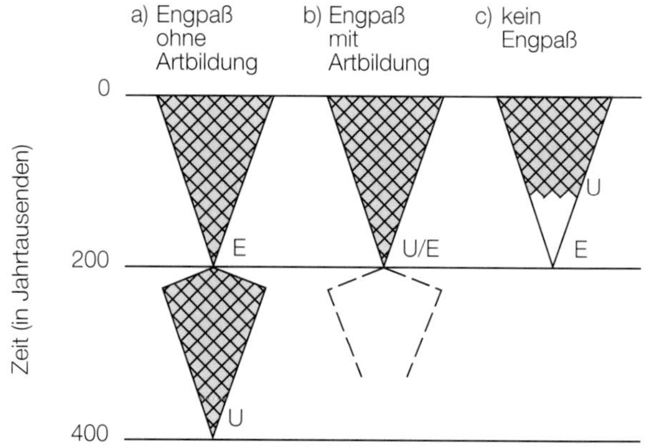

6.12 Populationsmodelle.
Es gibt mindestens drei Szenarien für die Bevölkerungsentwicklung, die sich aus Daten mitochondrialer DNA ableiten und mit der Vorstellung vereinbar sind, daß Eva (E) vor 200 000 Jahren lebte. Bei (a) vermutet man den Ursprung des modernen Menschen in einer Zeit vor 400 000 Jahren, die Bevölkerung machte jedoch einen Engpaß vor etwa 200 000 Jahren durch. Bei (b) entsteht aus dem Populationsengpaß der moderne Mensch, bei (c) liegt der Engpaß zwar zum gleichen Zeitpunkt, die Entstehung des modernen Menschen jedoch später.

Anhand der ermittelten Mutationsraten und jenen 0,57 Prozent Variation mitochondrialer DNA bei heutigen Populationen berechneten Wilson und seine Mitarbeiter, daß der gemeinsame Vorfahre moderner mitochondrialer DNA-Populationen vor 140 000 bis 280 000 Jahren in Afrika lebte. Zumeist werden 200 000 Jahre als Mittelwert genannt.

Was bedeuten diese Ergebnisse nun für die Herkunft von *Homo sapiens sapiens*? Falls es, was manche Wissenschaftler befürworten, einen Engpaß in der Populationsgröße gab, der mit diesem Artbildungsvorgang einherging – möglicherweise begann er mit nur einem einzigen Paar –, dann würde die vor 200 000 lebende Eva der Mitochondrien auch die Geburtsstunde der Abstammungslinie des modernen Menschen repräsentieren.

Ein Populationsengpaß ist jedoch nicht die einzige Möglichkeit für eine Abstammung aller mitochondrialer DNA-Genome heutiger Populationen von dem eines einzigen weiblichen Wesens, das vor 200 000 Jahren lebte. Diese Frau könnte durchaus auch Mitglied einer großen Gruppe gewesen sein, aber allein die Nachkommen ihrer Mitochondrien hätten bis heute überlebt. Ausgehend von Überlegungen, die John Avise an der University of Georgia angestellt hat, können wir uns diesen Vorgang am besten in einer Analogie veranschaulichen.

Man stelle sich eine Population von, sagen wir, 10 000 Paaren vor. Jedes Paar hat einen anderen Familiennamen und steuert zur nächsten Generation durchschnittlich zwei Kinder bei. Weil der Familienname nur von einem Partner (dem männlichen) weitergegeben wird, ändert sich in jeder Generation die Häufigkeit der einzelnen Namen. Man bedenke hierbei, daß einige Familien keine männlichen Nachkommen haben. Avise errechnete, daß nach ungefähr 10 000 Generationen nur ein Name übrig bleibt.

Dieses Prinzip ist, so Wilson, übertragbar auf die mitochondrialen DNA-Linien. Danach entstand *Homo sapiens sapiens* in einer großen Population, einige Zeit nachdem Eva gelebt hat. Dieses Modell, das von vielen Wissenschaftlern favorisiert wird, bedeutet auch, daß Eva einer archaischen *Homo sapiens*-Population und nicht *H. sapiens sapiens* zugeordnet werden muß. Wilson spricht sich für dieses Modell aus und datiert aus diesem Grund *Homo sapiens sapiens* auf ein Alter von 150 000, Eva hingegen auf 200 000 Jahre. Diese Interpretation paßt am besten zu dem bislang bekannten fossilen Material.

Zu nennen wäre noch ein weiteres Modell, bei dem Eva und das Entstehen von *Homo sapiens sapiens* zeitlich ebenfalls nicht zusammenfallen. Angenommen, die Artbildung fand vor 400 000 Jahren statt und die Population ging 200 000 Jahre später zahlenmäßig stark zurück, dann sähe das mitochondriale DNA-Muster ebenfalls so aus, wie wir es heute vorfinden. Um allein mit genetischen Mitteln unter diesen verschiedenen Möglichkeiten die wahrscheinlichste herauszufinden, sollte man die Variabilität mitochondrialer DNA auf Anzeichen von Populationsengpässen untersuchen und diese Ergebnisse mit Kern-DNA vergleichen, die in anderer Weise beeinflußt worden sein müßte. Dies wurde aber bislang noch nicht durchgeführt.

Obwohl einige Forscher beruhigt darüber sind, daß molekulare und fossile Daten offenbar übereinstimmen und beide die Schlußfolgerung zulassen, der Ursprung des modernen Menschen sei vor mehr als 100 000 Jahren in Afrika zu suchen, wäre es sicherlich weitaus zufriedenstellender, wenn man beide Beweiskomplexe unabhängig voneinander gewonnen hätte. Dann könnte jedes Modell das andere testen, sie müßten sich nicht gegenseitig – und vielleicht unberechtigt – stützen.

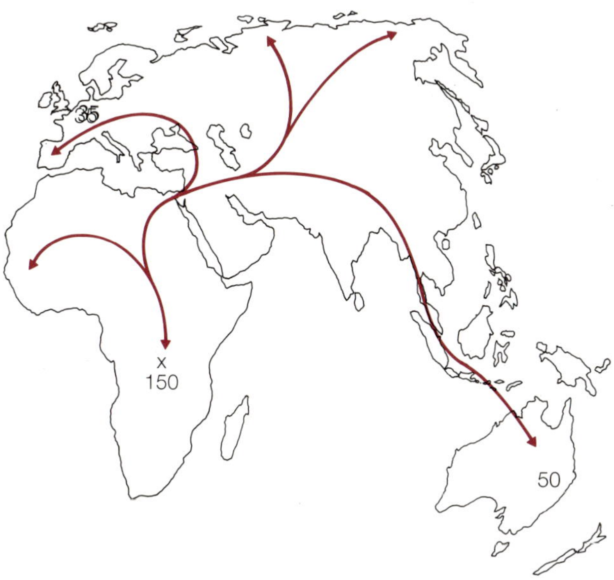

6.13 Der Weg aus Afrika.
Nach der Interpretation der Daten über mitochondriale DNA entstanden die modernen Menschen irgendwo in Afrika vor 150 000 Jahren. Vor ungefähr 100000 Jahren wanderten Menschengruppen aus in die gesamte übrige Alte Welt, erreichten vor ungefähr 50 000 Jahren Ozeanien und vor 35 000 Jahren Westeuropa. Vermutlich wurde Asien von 31 „Familien" bevölkert, Eurasien von 36 und Australien von 15.

Fragen

- Welche sozioökologischen Faktoren könnten an der Reduktion der Geschlechtsunterschiede hinsichtlich der Körpergröße von *Homo erectus* beteiligt gewesen sein?
- Wie könnte man die Robustheit des Skeletts von *Homo erectus* erklären?
- Wie ließe sich der auffällig dünnere Rückenmarkskanal erklären – ein Merkmal, welches das Skelett des Jugendlichen vom Westufer des Turkanasees aufwies?
- Wie könnte man die Annahme einer kladistischen Trennung zwischen dem asiatischen und dem afrikanischen *Homo erectus* noch weiter überprüfen?
- Wie paßt die derzeitige Debatte über den Ursprung des heutigen Menschen in vergangene Vorstellungen von der Form des menschlichen Stammbaumes?
- Welche sozioökologischen Daten könnten einen Einfluß auf die Wahl zwischen Kandelaber- beziehungsweise Arche-Noah-Modell haben?
- Mit welcher Art von Beweisen läßt sich die Frage des Genflusses innerhalb jungpleistozäner Populationen am sichersten beantworten?
- Was könnte der Grund dafür sein, daß der Ursprung des anatomisch modernen Menschen zeitlich nicht mit dem Erscheinen moderner Werkzeugtechnologien zusammenfällt?
- Läuft das mitochondriale DNA-Uhrwerk regelmäßig?
- Welche Folgen würden sich ergeben, wenn die Divergenzrate zweier Linien mitochondrialer DNA langsamer wäre als die errechneten zwei bis vier Prozent?
- Welcher Zusammenhang besteht höchstwahrscheinlich zwischen Eva und dem Ursprung des anatomisch modernen Menschen?
- Schließen die mitochondrialen DNA-Daten die Möglichkeit einer Kreuzung von *Homo sapiens sapiens* mit Populationen des archaischen *H. sapiens* aus?

7. Die kulturelle Dimension

Werkzeugtechnologie: Die frühen Kulturen

Der Gebrauch von Werkzeugen hinterließ in der menschlichen Vorgeschichte tiefe Spuren. Diese Geräte spielten für den biologischen Erfolg der frühen Werkzeugmacher besonders deshalb eine bedeutende Rolle, weil durch sie sonst unzugängliche Nahrungsmittel erreichbar wurden; daraus resultierten letztlich auch wirtschaftliche Vorteile. Da Gestein in archäologischen Zeiträumen unvergänglich ist, Häute, Sehnen, Holz und Rinde hingegen selten fossilisieren, ist die Rekonstruktion der Vorgeschichte – insbesondere der frühen Stadien – auf die Technologien der Steinverarbeitung angewiesen. Zwar mögen Grabstöcke und hölzerne Speere als alte Geräte eine wichtige, wenn nicht sogar dominante Rolle gespielt haben, jedoch hüllt sich die Vergangenheit hierüber in beharrliches Schweigen.

Eine unlängst erschienene Arbeit von Lawrence Keeley und Nicholas Toth über den Gebrauch von Steinwerkzeugen in Kenia liefert jedoch einen hilfreichen Hinweis auf die Nutzung hölzerner Geräte in der Vorzeit. Nach ihrer Analyse zeigt in einer Serie von Steinsplittern, die in einer 1,5 Millionen Jahre alten Fundstätte ausgegraben wurden, ein Abschlag deutliche Spuren von Holzbearbeitung – als hätte man ihn zum Schnitzen eines Stockes verwendet. Ob das Endprodukt nun ein Speer, ein Grabstock oder ein anderes Gerät war, werden wir nie in Erfahrung bringen. Doch der Fund ist deshalb wichtig, weil es sich dabei um ein Werkzeug handelt, das zum Herstellen eines anderen diente.

Die frühesten mutmaßlichen Steinartefakte, die man bislang entdeckt hat, stammen aus Äthiopien und werden auf etwa 2,5 Millionen Jahre datiert. Sie gehören zu einem Fund extrem grob gearbeiteter Schaber, Schlaggeräte und Klingen, die mit nur wenigen Schlägen eines Hammersteines angefertigt wurden, und werden in der Archäologie als Beispiele der Oldowantradition beschrieben. Vergleicht man diese Epoche mit der Zeit danach, so lassen sich zwei hervorstechende Merkmale erkennen:

Zum einen fällt die Kontinuität über einen langen Zeitraum auf. Solche Werkzeuge waren mehr als eine Million Jahre lang die vorherrschenden Formen der Steintechnologie.

7.1 Repräsentative Beispiele von Werkzeugen der Oldowanindustrie.
Obere Reihe: Hammerstein, unifazialer Chopper, bifazialer Chopper, Vierflächner, Kernschaber, zweiseitiger Diskoid. Untere Reihe: Abschlagkratzer, sechs Abschläge. Die Werkzeugpalette von einer Fundstelle würde hauptsächlich Steinabschläge beinhalten. (Mit freundlicher Genehmigung von Nicholas Toth.)

7.2 Repräsentative Beispiele von Werkzeugen aus dem Acheuléen.
Obere Reihe: Blattförmiger Faustkeil, tropfenförmiger Faustkeil, axtähnlicher Geröllstein, Hackwerkzeug. Untere Reihe: Sphäroid (aus Quarz), Abschlagkratzer, zwei zweischneidige Klingenschaber. (Alle Artefakte, außer dem Sphäroid, sind Basaltrepliken, die Nicholas Toth hergestellt hat.) (Mit freundlicher Genehmigung von Nicholas Toth.)

Vor rund 1,5 Millionen Jahren entstand eine neue Kultur, die als Acheuléen bekannt wurde. Sie weist gegenüber der Oldowanindustrie nur mäßige Verbesserungen auf. Charakteristisch sind ihre tropfenförmigen Faustkeile. Das Acheuléen ersetzte jedoch das Oldowan nicht sofort, sondern begleitete es über eine halbe Million Jahre hinweg, bis es schließlich dominierte. Man fand an ostasiatischen Fundstellen sogar Werkzeuge des Oldowantyps, die auf nur 200 000 Jahre datiert werden. In Afrika und Europa blieb das Acheuléen die vorherrschende Werkzeugtradition, bis es vor etwa 150 000 Jahren ebenfalls nach und nach verdrängt wurde.

Daneben fällt ein im wesentlichen opportunistischer Charakter der Steinwerkzeugherstellung bis vor 150 000 Jahren auf. Zwar ist ein gradueller Wandel in Form und Stil über einen langen Zeitraum hinweg spürbar, er erscheint jedoch relativ unbedeutend. Erst seit 150 000 Jahren entwickelte sich zunehmend ein Gespür für Stil.

In der Oldowankultur lassen sich eine Reihe verschiedener, mutmaßlicher Werkzeugtypen feststellen. Mary Leakey nahm über Jahrzehnte hinweg Ausgrabungen in der Olduwaischlucht vor – nach diesem Ort hat die Kulturstufe ihren Namen – und leistete zur Gliederung den umfassendsten Beitrag. Man entdeckte eine Vielzahl an Geräten, etwa scheibenförmige, rundliche und polyedrische Artefakte, Kern- und Abschlagschaber, Hammersteine und Geröllchopper, wobei letztere dominieren. Obwohl die Artefakte sicherlich einen bestimmten Nutzen hatten, könnten sie, so Toth, in der Oldowantechnologie genausogut Nebenprodukte des eigentlichen Geräts, der Abschlagklingen, gewesen sein. Toth bewies, daß Oldowanwerkzeuge je nach der Form des Rohmaterials (gewöhnlich ein Kiesel aus Eruptivgestein) recht leicht durch systematische Abschläge angefertigt werden können.

Die ältesten Schichten in der Olduwaischlucht wurden auf ein Alter von nahezu zwei Millionen Jahren datiert. Hier fand man auch die ersten Zeugnisse der Oldowanindustrie. Die Werkzeugtechnologie überdauerte mehr als eine Million Jahre, in denen sie nur geringfügig verändert wurde und wenige neue Werkzeugtypen, etwa Stichel und Protobifaziale, hinzukamen. Diese neuen Artefakte traten vor 150 000 Jahren erstmals auf und gehören zum „Höherentwickelten Oldowan". Im gleichen Zeitraum erscheint eine neue Kultur, das Acheuléen. Wie bereits erwähnt, ist ihr Merkmal der Faustkeil. Er repräsentiert das erste Werkzeug, bei dem man eine Form, die man sich vorher überlegt haben muß, auf ein Stück Rohmaterial übertragen hat.

Die Hauptentdeckung früher Steintechnologien war der muschelförmige Bruch: Schlägt man in einem Winkel auf einen Stein, so löst sich ein mehr oder weniger großer

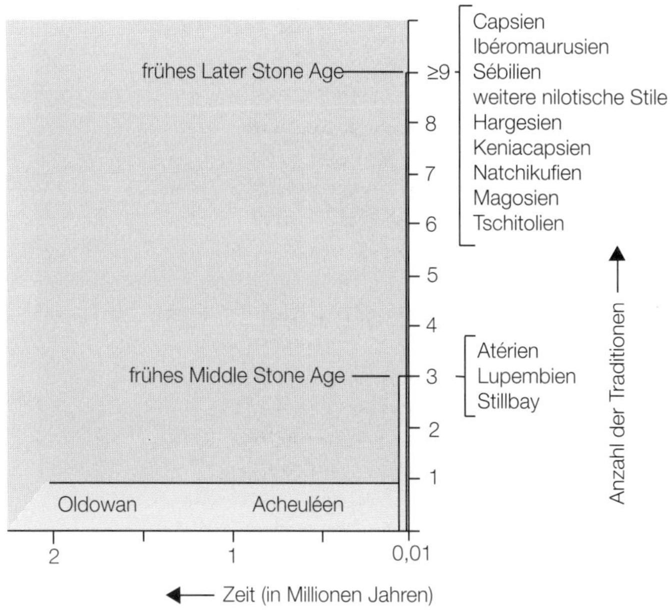

7.3 Wachsende stilistische Vielfalt der Werkzeugtechnologien. Verglichen mit jüngeren Traditionen in Afrika, dem Middle und dem Later Stone Age, bildeten das Oldowan und das Acheuléen eigenständige Epochen. Man konnte innerhalb der Kulturen noch keine einzelnen Stile unterscheiden. (Mit freundlicher Genehmigung von Glynn Isaac.)

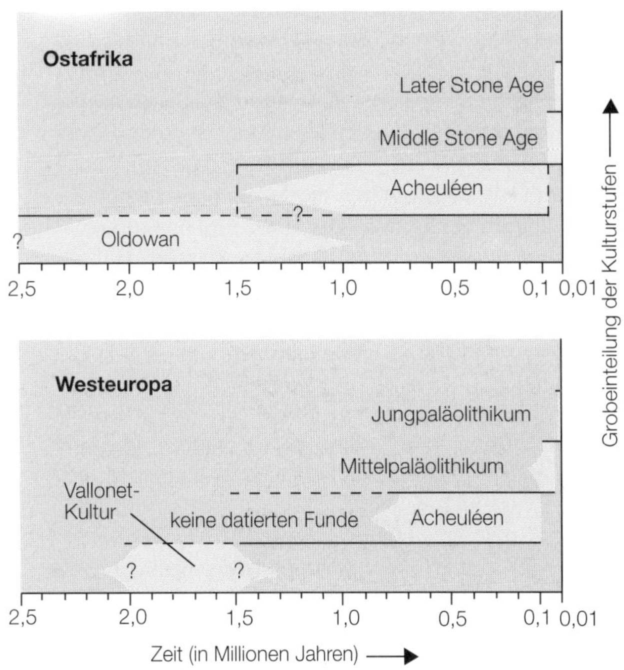

7.4 Dauer der Werkzeugtechnologien. Mit der Annährung an die Gegenwart wurde die Bestandsdauer der aufeinanderfolgenden Werkzeugtraditionen immer kürzer. Die Stabilität der ersten Traditionen – zuerst des Oldowans, dann des Acheuléens ist auffallend. Spätere Traditionen – das Middle und Later Stone Age in Afrika sowie das Mittel- und Jungpaläolithikum in Europa – sind im Vergleich dazu nur von kurzer Dauer. (Mit freundlicher Genehmigung von Glynn Isaac.)

7.5 Die gesamten Artefakte eines kleinen Fundortes am östlichen Ufer des Turkanasees.
Die Sammlung zeigt, daß die häufigsten Stücke, kleine scharfe Steinabschläge sind. (Maßstab in Bildmitte entspricht 5 cm.) (Mit freundlicher Genehmigung von Glynn Isaac.)

Abschlag. Das so hergestellte Gerät ist durch die Form des Ausgangsmaterials vorherbestimmt. Hingegen erfordert die zweiseitige Symmetrie des Faustkeiles, daß seine Form vorweg auf einen Kieselstein „projiziert" und anschließend durch gezielte Schläge herausgearbeitet wird.

Manche Faustkeile späterer Zeit waren ästhetisch ansprechende Produkte, die für die Herstellung Stunden fachkundiger Bearbeitung beanspruchten. Ihre Funktion ist noch immer ein Geheimnis. Durch die Kombination einer langen scharfen Kante mit bestimmter Größe und Gewicht eignen sie sich sehr gut zum Schneiden dickster Häute, selbst solcher von Elefanten und Nashörnern. Das Acheuléen brachte Hackwerkzeuge mit ähnlichen Eigenschaften hervor. Sie waren jedoch grob gearbeitet und weniger ansprechend.

Über eine Million Jahre währte das Acheuléen; in dieser Zeit entstanden mehr als zehn Hauptwerkzeugtypen, bevor die vielen verfeinerten Werkzeuge des Moustériens, die Produkte des *Homo sapiens neanderthalensis*, auftraten. Im Laufe der Zeit wurden im Acheuléen einzelne Geräte immer eleganter, doch existierten daneben auch relativ grob gestaltete Artefakte, die denen der Anfangsperiode ähnelten.

Glynn Isaac hebt hervor, daß seit Beginn der Herstellung von Steinwerkzeugen deren Vielfalt nicht wesentlich zunahm. Was sich im Laufe der Zeit veränderte, war der Standardisierungsgrad, wie häufig bestimmte Artefakttypen im Vergleich mit einem „Hintergrundrauschen" produziert wurden. *Ad hoc*-Steineklopfen wurde immer mehr abgelöst durch bewußte Gestaltung nach vorher überlegter Form.

Während des Acheuléens gab es gewisse idiosynkratische Ausdrucksformen, etwa in der Größe der Werkzeuge und in Details ihrer Formen. Unterschiede in der Verfügbarkeit geeigneter Steine, verschiedene technologische Zwänge sowie individuelle Stilelemente trugen das Ihre dazu bei. Es existierte jedoch immer eine gewisse Homogenität, und in gewissem Sinne gab es nur eine Acheuléenkultur. Seit 150 000 Jahren begann sich dieses Kulturmuster immer rascher zu verändern. Es ist, als wäre eine Schwelle überschritten worden, oder, wie Isaac es ausdrückt, »eine kritische Grenze der Informationskapazität und der Präzision des Ausdrucks«.

Werkzeugtechnologie: Das Tempo ändert sich

Vor 150 000 bis 250 000 Jahren wandelte sich die Werkzeugtechnologie in einem raschen Tempo. War sie zuvor durch Kontinuität gekennzeichnet, dominierte nun der Wandel. Mehr noch, jede neue Kulturstufe übertraf die vorangegangene mit ihrem Aufgebot an feineren Geräten. Knochen, Geweihe und Elfenbein gewannen zunehmend Bedeutung als Werkstoffe, besonders für die Herstellung zierlicher, elastischer und spitzer Geräte. Am auffälligsten ist ein ehedem unbekannter Variabilitätsgrad der Artefakte benachbarter Fundorte, was man entweder als funktionelle Differenzierung oder als Ausdruck kultureller Identität deutet.

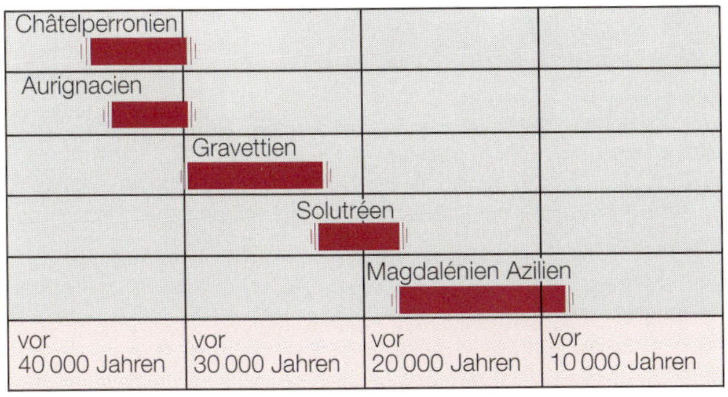

7.6 Die Werkzeugkulturen des Jungpaläolithikums.
Das Tempo der Veränderungen der Kulturen beschleunigte sich in den vergangenen 40 000 Jahren erheblich. Zusätzlich wurden die Werkzeugepochen selbst immer komplexer und erfuhren mit früheren Perioden nicht zu vergleichende Verfeinerungen. Ein ausgeprägter Formsinn und geographische Variation waren ebenfalls verwirklicht.

Hauptnachfolger des Acheuléens ist das Moustérien, das mit dem Auftreten des archaischen *Homo sapiens* in Zusammenhang steht. Zu ihm gehört das Mittelpaläolithikum Europas, das vor 35 000 bis 40 000 Jahren endete – zu diesem Zeitpunkt erschien in Europa der vollentwickelte moderne Mensch, *Homo sapiens sapiens*. Das 100 000 Jahre währende Moustérien wurde vom Jungpaläolithikum mit seinen Werkzeugen abgelöst, die eine wachsende Virtuosität der Werkzeugmacher offenbarten. Einige der Geräte verloren sogar ihre ursprüngliche Funktion und wurden statt dessen zu abstrakten Symbolen. In Afrika bezeichnet man Mittel- und Jungpaläolithikum als Middle und Later Stone Age.

Gegen Ende des Acheuléens, vor etwa 200 000 Jahren, entwickelte sich in Südafrika eine neue Technik zur Produktion größerer Abschläge, was bereits spätere Werkzeugtechnologie ahnen läßt. Bei dieser als Levallois-Technik bekannten Methode bereitet man den Stein weitaus intensiver vor, als es bis dahin praktiziert worden war. Nun konnte man mit einem einzigen Schlag komplette Klingen aus einem Kern heraustrennen. Sie wurden allerdings danach normalerweise noch verändert und in die gewünschte Form gebracht. Das Grundprinzip der Moustérienwerkzeugtechnologie des Mittelpaläolithikums basierte im wesentlichen auf einer Verfeinerung und Fortentwicklung der Levallois-Technik.

Durch die sorgfältige Kernpräparation wurde das Rohmaterial effizienter genutzt. So erhielt man mit der Grundtechnik des Acheuléens nur 5,1 bis 20,3 Zentimeter Abschlagkante aus 0,45 Kilogramm Flint. Hingegen konnte ein Werkzeugmacher aus dem Moustérien 10,2 Meter Klingenkante aus der gleichen Materialmenge gewinnen. Diese Weiterentwicklung größerer Effizienz setzte sich mit dem Erscheinen des modernen Menschen fort, der zwölf Meter Abschlagkante aus einem 0,45 Kilogramm schweren Flintstein in Form langer, scharfer Spitzen zu fertigen wußte.

Zusätzlich zur höheren Ausbeute aus Rohmaterial gewannen die Leute im Moustérien durch geduldiges und behutsames Retuschieren der Rohklingen eine größere Vielfalt

7.7 Eine lorbeerblattförmige Spitze aus dem Solutréen.
Einige Exemplare solcher Spitzen sind so dünn, daß sie fast durchsichtig sind. Sie wurden wahrscheinlich eher für rituelle Zwecke als für die Alltagspraxis genutzt. (Der Maßstab entspricht 5 cm.) (Mit freundlicher Genehmigung von Roger Lewin und Bruce Bradley.)

7.8 Artefakte des Mittelpaläolithikums.
Dies sind verschiedene Typen retuschierter Abschläge. Sie wurden in der Zeit zwischen 40 000 und 200 000 Jahren vor unserer Zeit hergestellt. Obere Reihe, von links nach rechts: Moustérien-Spitze, Levallois-Spitze, Levallois-Abschlag (Schildkröte), Levallois-Kern, Diskuskern. Untere Reihe, von links nach rechts: Moustérien-Faustkeil, einseitswendiger konvexer Schaber, La-Quina-Schaber, nacktschneckenförmiger Schaber, *denticulé* (Sägekratzer). (Der Maßstab entspricht 5 cm.) (Mit freundlicher Genehmigung von Roger Lewin und Bruce Bradley.)

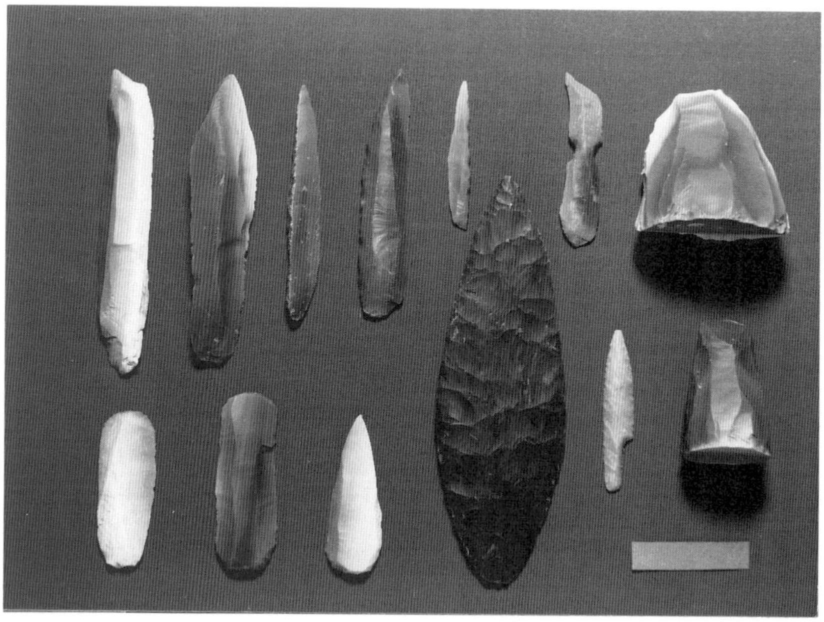

7.9 Artefakte des Jungpaläolithikums.
Diese sind typischerweise aus retuschierten Klingen hergestellt und somit feiner als die Werkzeuge aus dem Mittelpaläolithikum. Obere Reihe, von links nach rechts: Stichel mit gestieltem Fortsatz, zweiseitig nachbearbeiteter Stichel, La-Gravette-Spitze, zweiseitig nachbearbeitete Klinge mit abgestumpftem Rücken, kleine Klingenspitze mit abgestumpftem Rücken, taillierte Klinge, Kernblattspitze. Untere Reihe, von links nach rechts: Schaber, klingenförmiger Kratzer, zweiseitiger Stichel, lorbeerblattförmige Solutréen-Blattspitze, geschulterte Solutréen-Spitze, prismatische Blattspitze. (Der Maßstab entspricht 5 cm.) (Mit freundlicher Genehmigung von Roger Lewin und Bruce Bradley.)

an Steingeräten. Der berühmte französische Archäologe François Bordes zählte allein 60 systematisch produzierte Werkzeugkategorien in der gesamten Moustérienepoche. Allerdings traten an keiner Fundstelle alle 60 Typen gemeinsam auf. Die Bandbreite der Geräte des Moustériens reicht von kleinen Faustkeilen, Abschlagspitzen und Schabern bis hin zu vielen Artefakten für die Feinarbeit wie Nadeln, Ahlen und Bohrern.

Der Neandertaler, *Homo sapiens neanderthalensis*, der besonders mit dem Moustérien assoziiert wird, besiedelte die Alte Welt von Westeuropa bis Zentralasien. Aufgrund gewisser charakteristischer Kulturmuster bestimmter Werkzeugbestände des Moustériens vertritt Bordes die Auffassung, es habe unterschiedliche Neandertalergruppen gegeben – jede drückte ihre soziale Identität mit einem einheitlichen Stil aus. Eine andere Interpretation der offensichtlichen Unterschiede zwischen manchen Funden – befürwortet vor allem von den amerikanischen Archäologen Lewis und Sally Binford – besagt, hierbei handele es sich um verschiedene Werkzeuggruppen mit unterschiedlichen Funktionen.

Es wäre in der Tat erstaunlich, würden sich beispielsweise Geräte für die Holzverarbeitung nicht von denen eines Schlachtplatzes unterscheiden; daher spielte eine funktionelle Differenzierung für das Entstehen der Unterschiede zwischen den einzelnen Fundorten des Moustériens ganz sicher eine Rolle. Ebenso würde es überraschen, hätten die Leute im Moustérien – als Lebewesen mit Intelligenz und Gefühlen – keine komplexen Sozialstrukturen entwickelt, die in charakteristischen stilistischen Merkmalen der Werkzeuge und zweifellos auch auf andere Weise zum Ausdruck kamen.

In vielerlei Hinsicht war der Übergang vom Mittel- zum Jungpaläolithikum vor 40000 Jahren nicht so dramatisch wie der vom Acheuléen zum Moustérien. Zu den auffälligen Artefakten der jungpaläolithischen Werkzeuge gehörten fein gearbeitete, flache Blattspitzen und schöne Gegenstände aus Knochen und Geweih. Bei der Herstellung von Werkzeugen lag das größere Gewicht auf einer präzis kontrollierten Druckabschlagtechnik, im Gegensatz zum freien Abschlag mit einem Hammerstein. Diese Methode wurde bereits im Mittelpaläolithikum eingesetzt, war allerdings zu diesem Zeitpunkt nicht besonders ausgeprägt. Eine Schlüsselinnovation des Jungpaläolithikums aber bildete die Nutzung von Knochen und Elfenbein als Rohmaterialen zum Herstellen zierlicher und scharfkantiger Geräte.

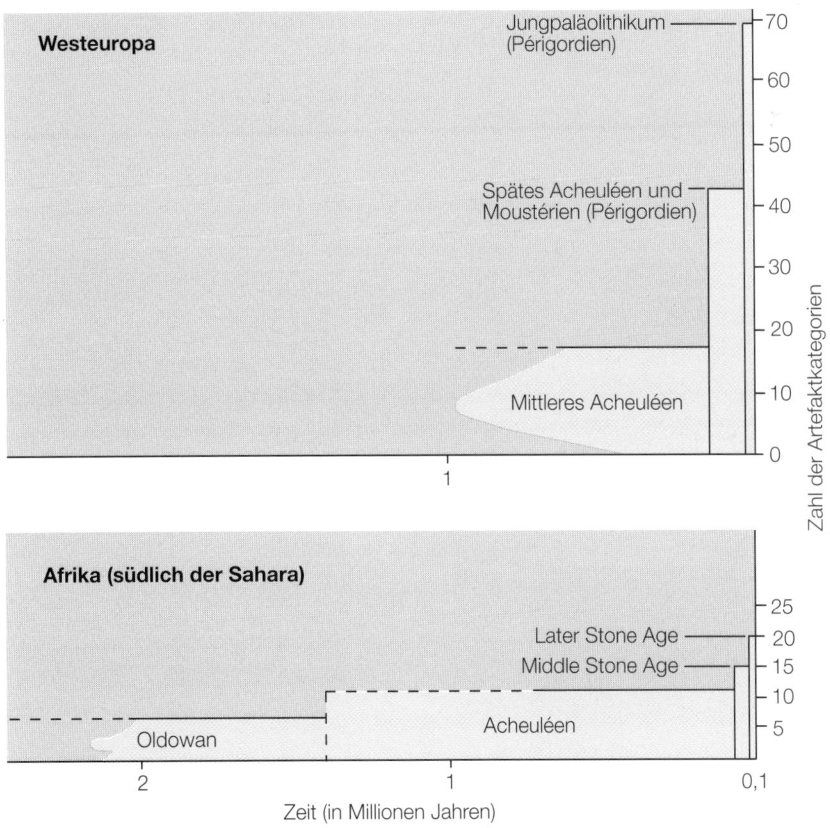

7.10 Zunehmende Geschwindigkeit in der Entwicklung neuer Werkzeugtechnologien.
Das Auftauchen neuer Werkzeugtechnologien und ein immer größeres Tempo neuer Entwicklungen mit Annäherung an die Gegenwart wurde von einer zunehmenden Zahl verschiedener Werkzeuge innerhalb der einzelnen Kulturen begleitet.

Archäologen entdeckten in den Technologien des modernen Menschen neue Werkzeuge. Für das gesamte Jungpaläolithikum konnten mehr als 100 Gerätetypen bestimmt werden. Hierzu gehören auch Gegenstände mit einem Schaft, worin sich der konzeptuelle und technische Fortschritt der Kombination zweier Artefakte widerspiegelt. Als ganz wesentliches Element entstanden im Jungpaläolithikum innerhalb weniger tausend Jahre neue Objekte; in früheren Epochen hingegen geschah dies höchstens nach 5000 bis 10000 Jahren.

Der Schwerpunkt der jungpaläolithischen Forschung lag in Europa und hat dort – verglichen mit anderen Gebieten der Erde – eine Fülle von Details ans Licht gebracht. So konnte man unterschiedliche aufeinanderfolgende „Kulturen“ des Jungpaläolithikums klassifizieren. Beispielsweise existierten in der Anfangsperiode zwei Leitkulturen über einen langen Zeitraum hinweg gleichzeitig – das Aurignacien und das Périgordien vor 20 000 bis 35 000 Jahren. Wie zu erwarten ist, fand man auch bei diesen Kulturen einen beträchtlichen und beständigen Wandel. Das entfachte die Diskussion über Kulturstile und technische Zwänge erneut. Auf das Périgordien folgte das Solutréen, das sich neben anderen Merkmalen durch die Herstellung feiner, lorbeerblattförmiger Spitzen und die Erfindung von Nadeln mit Ösen von seinen Vorgängern unterschied. Das Erbe des Solutréen, das zwischen 16 000 und 20 000 Jahren eingeordnet wird, trat das Magdalénien an. Die Schöpfer dieser Kultur waren für die hochentwickelte Kunst in Europa während der Kaltzeit verantwortlich.

Mit dem Ende der Kaltzeit vor 10 000 Jahren fand auch die Magdalénienkultur ein Ende. Sie wurde von einer sogar noch bedeutenderen, sich stark entfaltenden Epoche ersetzt, die im Zusammenhang mit der neolittischen Revolution genannt wird. Eine neue archäologische Tradition wurde geboren: die Archäologie der Städte und Metropolen, des Handels und der Kriege – ein Kulturmuster, das sich in bemerkenswert kurzer Zeit über die ganze Welt, die Alte wie die Neue, ausdehnte.

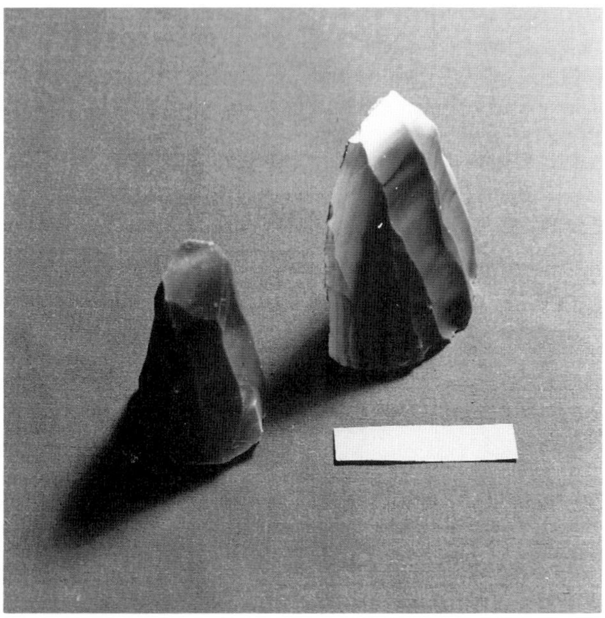

7.11 Prismatischer Blattkern (links) und Blattkern (rechts). Zwei Ausgangsmaterialien für schmale Feuersteinklingen der Werkzeugtechnologien des Jungpaläolithikums. Mehrfache Schläge im Bereich der Kante der flachen Seite (auf der die abgebildeten Kerne liegen) liefern eine große Anzahl scharfer Klingen, die zuletzt noch sorgfältig retuschiert werden können. (Der Maßstab entspricht 5 cm.) (Mit freundlicher Genehmigung von Roger Lewin und Bruce Bradley.)

Die Kunst in der Vorgeschichte

Traditionsgemäß war das Studium vorgeschichtlicher Kunst gleichbedeutend mit dem Studium der prähistorischen Kunst Europas, insbesondere des südwestlichen Frankreichs und Nordspaniens, aus der Zeit vor 10 000 bis 35 000 Jahren. Zweifelsohne finden wir auch in anderen Teilen der Alten Welt, vornehmlich in Ostafrika, Kunst aus dieser Periode. Aber Zufälle in der Geschichte und Erhaltung der Werke beschenkten Europa mit einem Reichtum an gemalten, geritzten und geschnitzten Bildwerken, die, wenn sie gut interpretiert sind, uns einen Eindruck von den geistigen Vorstellungen des Menschen jener Zeit geben können.

Die ersten Vorkommen vorgeschichtlicher Kunst trafen in Europa offenbar mit dem Erscheinen des anatomisch modernen Menschen zusammen. Zu jener Zeit stand der Kontinent noch unter dem Einfluß der letzten pleistozänen Vereisung, die vor 75 000 Jahren begann und vor 10 000 endete. Der moderne Mensch kam nach Westeuropa und erlebte dort vor 18 000 Jahren das Maximum der Vereisung, das – so vermuten Fachleute – mit dem Höhepunkt der prähistorischen Kunst zusammenfällt.

Lange Zeit lag Nordeuropa während der letzten Kaltzeit unter einer mehr als einen Kilometer dicken Eisdecke begraben. Südlich der Eisfront war das Klima kälter und trockener als in den Zwischeneiszeiten. Offene Grassteppen ersetzten die undurchdringlichen Wälder, die einst einen großen Teil Europas bedeckt hatten. Gebiete mit ausgeprägtem Relief hatten eine vielfältigere Vegetation, in geschützten Tälern überlebten Waldreste. Herden von Pferden, Wisenten und Auerochsen (den Vorfahren unseres Hausrindes) bevölkerten neben Rentieren und Steinböcken die Steppen Frankreichs und Spaniens. Auch Wollmammut und -nashörner gab es hier, obwohl diese Tiere weiter im Norden und Osten häufiger vorkamen.

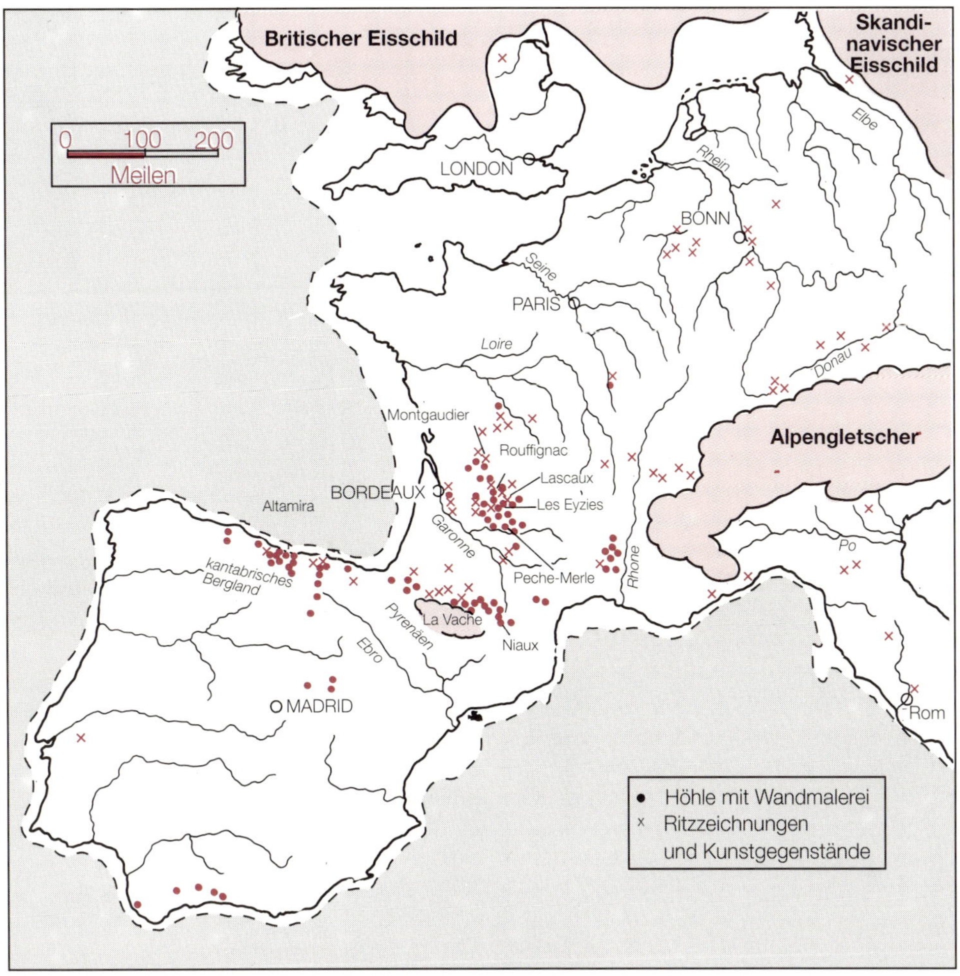

7.12 Vorkommen von Kunstfundorten in Europa.
Die eiszeitlichen Kalksteinhöhlen in Europa enthalten ein großes Vermächtnis paläolithischer Kunst. Obgleich es eine gewisse stilistische Kontinuität in der Höhlenmalerei gab, dominiert bei den Motiven der Kunstgegenstände die Variabilität. (1 Meile entspricht 1,6 Kilometern.)

a

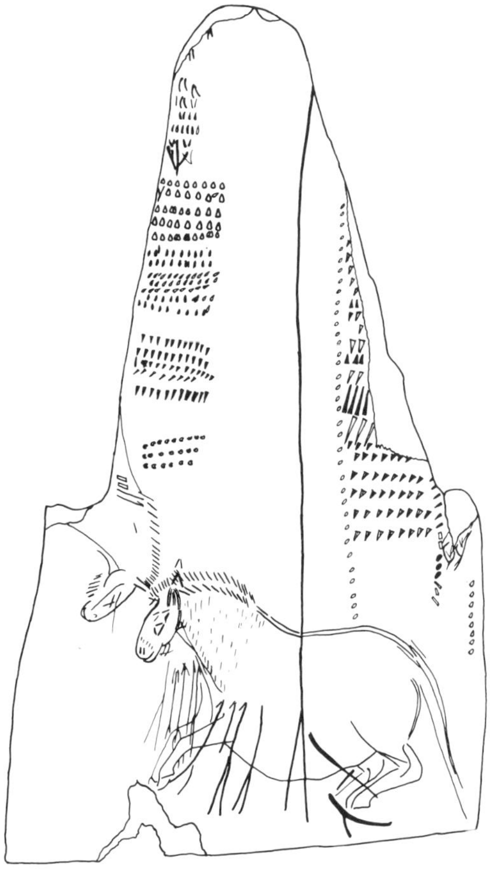
b

c

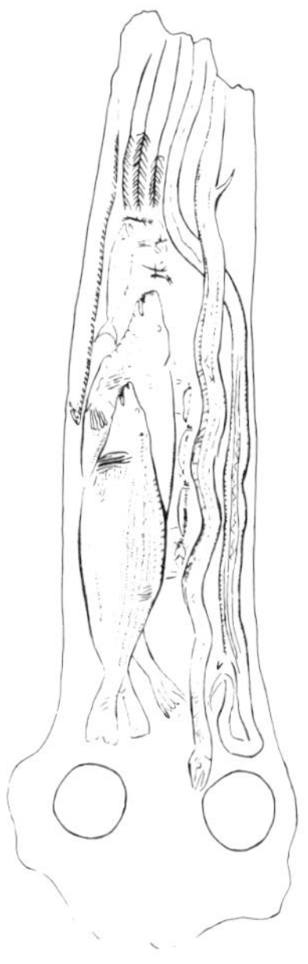
d

e

f

Während der Kaltzeit kam es zu starken Klimaveränderungen; entsprechend wandelten sich auch die Tier- und Pflanzengemeinschaften. In wärmeren Zeiten bildeten sich erneut Wälder. Mit ihnen kamen Waldbewohner wie das Wildschwein, während die Steppentiere, zumindest vorübergehend, verschwanden. Manchmal währten solche Phasen mehrere tausend Jahre, manchmal waren sie nur außerordentlich kurz. Zum Beispiel ging eine Steppenregion Südfrankreichs in Waldland über, um anschließend wieder Steppe zu werden – alles in einer Zeitspanne von nur wenigen hundert Jahren. Die Künstler jener Zeiten lebten folglich unter ständig wechselnden Bedingungen.

Ein kurzer Abriß jungpaläolithischer Kunst offenbart einige allgemeine Merkmale. Felsmalereien zeigen überwiegend Darstellungen großer Säuger, etwa Wisent, Auerochse, Rotwild, Pferde, Mammut, Steinbock, selten jedoch Raubtiere. Vögel, Pflanzen und Menschen wurden nur gelegentlich und letztere oft nur schematisch gezeichnet. Die Malereien sind häufig sehr gute naturalistische Darstellungen von Einzeltieren oder kleinen Gruppen von Individuen, aber sie beweisen ein nur geringes Gespür für natürliche Szenen.

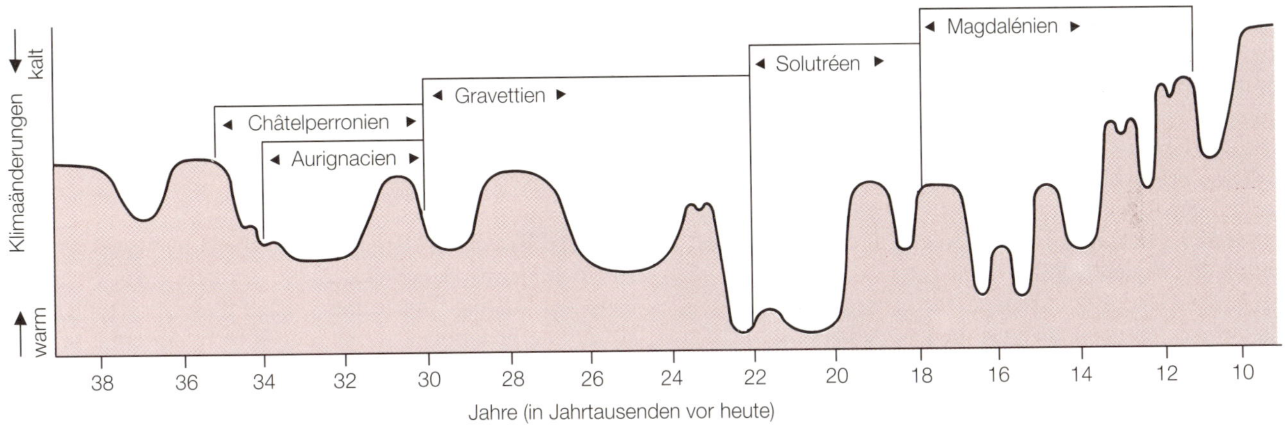

7.14 Klimaschwankungen.
Die europäische prähistorische Kunst enstand während der Eiszeit. Die Temperaturen änderten sich während dieser Periode und führten zu drastischen Veränderungen der ökologischen Verhältnisse. Die kälteste Phase von 18 000 bis 22 000 Jahren vor unserer Zeit ging dem Höhepunkt der prähistorischen Kunst, dem Magdalénien, voraus. (Mit freundlicher Genehmigung von Randall White, American Museum of Natural History.)

7.13 Beispiele der Höhlenkunst.
Rest eines Rentiergeweihs aus La Marche in Frankreich, etwa 12 000 Jahre alt (a). Wahrscheinlich wurde es als Gerät zur Bearbeitung von Feuerstein genutzt. In das Geweih ist eine trächtige Stute eingraviert, wie sie durch eine Anzahl von Pfeilen getötet wird. Über dem Pferd wurde eine Anzahl von Grübchen eingekerbt, die von verschiedenen Werkzeugen aus unterschiedlichen Zeiten stammen. Marshack interpretiert diese Markierungen als Notizen, die vielleicht die Mondzyklen darstellen. Skizze der Ritzzeichnung „aufgerollt" (b). Ritzverzierter Geweihstock aus Montgaudier in Frankreich, etwa 10 000 Jahre alt (c). Möglicherweise wurde er vielleicht zur Glättung der Schäfte von Pfeilen und Speeren genutzt. Die eingravierten Motive könnten den Frühling symbolisieren. Zeichnung des verzierten Geweihstockes „aufgerollt" (d). Das Vogelherd-Pferdchen wurde vor 30 000 Jahren aus Mammutelfenbein geschnitzt und durch häufige Benutzung über einen langen Zeitraum geglättet. Das Pferdchen ist die älteste bekannte Tierfigurine und mißt fünf Zentimeter. Der schwarze Umriß des Pferdes (f) wurde vor 15 000 Jahren an die Wand der Höhle von Peche-Merle in Frankreich gemalt. Eine Infrarotanalyse ergab, daß im Laufe der Zeit rote und schwarze Punkte hinzugefügt und die Handabdrücke später ergänzt wurden. Ist das Pferd von Peche-Merle – eines von zweien in der Höhle – ein Hinweis auf die „praktische Anwendung" von Kunst? (Mit freundlicher Genehmigung von Alexander Marshak.)

Eingeritzte und geschnitzte Kunstwerke, besonders solche auf tragbaren Gegenständen, wie Speerschuhen, Stöcken, Anhängern und Klingen, sind meist detaillierter ausgestaltet. Sie vermitteln, ebenso wie Großsäuger in der Felsmalerei – diese allerdings in anderen Größenproportionen –, einen Eindruck von einer umfassenden Naturdarstellung. Vögel, Fische und Pflanzen sind beliebte Motive, die gelegentlich in vielfältiger Kombination auftreten. Dabei scheint es sich allerdings ebenfalls nicht um die Nachempfindung einer Szene zu handeln, sondern um symbolische Abstraktionen, etwa die einer Jahreszeit. Interessanterweise sind im Schmuck, in Halsbändern und Anhängern beispielsweise, viele Zähne von Raubtieren eingearbeitet. Im Gegensatz dazu kommen solche Tiere nur sehr selten in Felsmalereien vor.

Abbildungen von Menschen findet man häufiger auf geschnitzten und geritzten Werken als in der Malerei; aber wieder sind sie oft nur schematisch gezeichnet, wie in den bekannten „Venus"-Darstellungen. Allerdings entdeckte man an einer Fundstelle über 200 kleine Ritzzeichnungen überaus lebensnaher und individueller menschlicher Gesichter – eine 20 000 Jahre alte Porträtgalerie.

Mit der Kaltzeit endete auch eine 25 000 Jahre währende Kunst, die realistische Form der Darstellung. Danach dominierten geometrische Muster. Die Menschen verwendeten später offenbar keine tiefen Höhlen mehr für ihre Malereien.

Gemeinsam war den Darstellungen auf Felswänden und tragbaren Gegenständen, daß es sich um Kunst mit einem praktischen Zweck handelte. Möglicherweise zeigen Gegenstände im Gegensatz zu den Inhalten der Malereien und Ritzzeichnungen auf Felswänden stärker persönlich geprägte Symbole. Die Aufgabe des Fachmannes, bemerkt Margaret Conkey von der University of California in Berkeley, sei nicht die Frage nach der Bedeutung all dieser Darstellungen, sondern die Frage: »Welcher soziale Kontext verlieh jener Kunst in den Augen ihrer Schöpfer und Nutzer ihre Bedeutung?«

Als um die Jahrhundertwende die jungpaläolithische Kunst als echtes Monument großen Alters akzeptiert wurde, interpretierte man sie überwiegend als „Kunst um der Kunst willen", eine Vorstellung, die erst kürzlich wiederbelebt wurde. So bezeichnet John Halverson von der University of California in Santa Cruz die Direktheit und Schlichtheit paläolithischer Darstellungen als fundamentale Ausdrucksform, »unberührt von kognitiver Reflexion«. Er fügt hinzu, was wir in dieser Kunst erkennen, sei das Produkt »nicht etwa „primitiven", sondern „ursprünglichen" Denkens, des menschlichen Bewußtseins während der Entwicklung«. Nach Vorstellung der meisten Fachleute ist das Bewußtsein des jungpaläolithischen Menschen jedoch reifer und komplexer gewesen.

Die erste systematische Erforschung eiszeitlicher Kunst geht auf den großen französischen Archäologen Abbé Henri Breuil zurück, der während der ersten Hälfte dieses Jahrhunderts Darstellungen vieler Fundorte kopierte und versuchte, anhand von Stilmerkmalen eine Chronologie zu erstellen. Er zog schließlich den Schluß, die Kunst diente dem „Jagdzauber", mit dem man sich einerseits erfolgreicher Jagdzüge versicherte, andererseits die Opfer besänftigte. Für eine solche Interpretation gibt es in der Ethnographie einige Parallelen.

Breuils Auslegung als Jagdzauber wurde in den sechziger Jahren durch die Erkenntnis verdrängt, Kunst, in welcher Ausdrucksform auch immer, sei ein Spiegel der Gesellschaft, die sie produziert – eine von den französischen Archäologen André Leroi-Gourhan und Annette Laming-Emperaire unabhängig voneinander aufgestellte These. Sie beobachteten, daß die gemalten Tiere in ganz Europa einander sehr ähnlich waren und ihre Darstellungsweise über lange Zeit hinweg bemerkenswert stabil blieb – ganz im Gegensatz zur örtlich idiosynkratischen Natur der tragbaren Kunstobjekte.

Die Felskunst, so Leroi-Gourhan und Laming-Emperaire, spiegele das duale Prinzip von Mann und Frau in der Gesellschaft wider. Manche Darstellungen stünden für Männliches, andere repräsentierten das Weibliche. Die Abbildungen in den Höhlen waren so angeordnet, daß weibliche Symbole im Zentrum eines Bildes, männliche an der Peripherie lagen; dies reflektierte die Sozialstruktur. Auch wenn beide Forscher nicht völlig übereinstimmen, welche Darstellungen dem männlichen und welche dem weiblichen Prinzip zugeordnet werden sollen, so enthalten ihre Arbeiten doch die bedeutende Aussage: Bei der Interpretation paläolithischer Kunst muß man deren sozialen Kontext beachten.

Während Breuils Erklärungsmuster die Gesamtstruktur der Höhlenbilder nicht berücksichtigte, forderte Leroi-Gourhans und Laming-Emperaires Modell dies sehr deutlich. Beide Interpretationen waren jedoch recht einseitig. In jüngerer Zeit änderten sich auch diese Auffassungen. »Man beginnt weit mehr Vielfalt und Komplexität in der jungpaläolithischen Kunst zu erkennen«, bemerkt Randall White von der New York University, »und dies beeinflußt unsere Vorstellungen von dem, was während dieser bedeutenden Stufe menschlicher Entwicklung geschah.«

Das Jungpaläolithikum untergliedert man nach den auftretenden Werkzeugtechnologien in verschiedene Kulturen (siehe Abbildung 7.6). Im Laufe dieser Kulturen wandelten sich gewisse Aspekte der Kunst. Auf dieser Grundlage versuchte Breuil seine Chronologie zu entwickeln. »Wir dürfen aber nicht dem Gedanken verfallen, diese Veränderungen seien auf breiter Front eingetreten«, mahnt White zur Vorsicht. »Zum Wandel in der Zeit kommen noch regionale Differenzierungen – tatsächliche geographische Variationen – hinzu.« Die räumlichen und zeitlichen Abwandlungen in den Werkzeugtraditionen verlaufen parallel zu ähnlichen Variationen im Bereich der Kunst. Es gibt jedoch keine genauen Beziehungen zwischen der Technologie einer Kultur und ihrer Kunst. Daher kann keine in sich geschlossene, sozusagen monolithische Erklärung der Bedeutung von Kunst existieren.

Jagdzauber mag durchaus der Verwendungszweck einiger Bilder gewesen sein. Doch fanden höchstwahrscheinlich auch andere Ritualformen ihren Niederschlag in der Kunst: Irgend etwas anderes als nur der rein praktische Nutzen muß die Menschen des Jungpaläolithikums dazu veranlaßt haben, tiefe, ansonsten ungenutzte Höhlen aufzusuchen und zu verzieren. Möglicherweise bestand die

Rolle der Kunst auch darin, die Gesellschaft in ihrer Gesamtheit zu reflektieren, wie es Leroi-Gourhan und Laming-Emperaire vermuteten. Beispielsweise zeigt die berühmte Höhle von Altamira in Spanien als Zentralmotiv im Deckengewölbe einen Kreis gemalter Wisente, die von anderen Tieren umgeben sind. Nach archäologischen Funden und weiteren Anhaltspunkten war Altamira vermutlich ein zentraler Ort, an dem verschiedene Lokalgruppen zu bestimmten Zeiten zusammentrafen. Ein solches Verhalten kennt man von heutigen Wildbeutergruppen. Conkey, der die Felsverzierungen und die transportablen Kunstobjekte Altamiras untersuchte, vermutet, der Wisentkreis symbolisiere eine solche Zusammenkunft.

Viele der Kunstgegenstände sind mit geometrischen Mustern versehen; einige zeigen Darstellungen von Säugetieren, Fischen und Pflanzen, andere weisen scheinbar zufällig angebrachte Kerbmuster auf. Alexander Marshack, freier Wissenschaftler, studierte solche Objekte detailliert und folgerte, manche Bildfolgen könnten beispielsweise die Jahreszeiten darstellen. Exemplarisch sei hier die Schaufel eines Rentiergeweihs genannt, in die Abbildungen einer männlichen und einer weiblichen Robbe, eines Lachsmännchens, zweier zusammengerollter Schlangen und einer blühenden Pflanze eingeritzt sind.

Marshack machte daneben den Vorschlag, manche Punktserien und Linien auf einigen Artefakten könnten eine Art Notiz sein, die zum Beispiel den Mondzyklus darstellt. Er vermutet auch, einige gemalte und geritzte Objekte seien mehrfach ergänzt und verändert worden. Daraus folge, daß die Bilder nicht nur hergestellt, sondern auch genutzt wurden.

Aufgrund neuerer, unabhängig voneinander durchgeführter Untersuchungen kamen Denis Vialou vom Musée de l'Homme in Paris und Henri Delport vom Musée des Antiquités Nationales nahe bei Paris zu dem Schluß, daß die allgemeine Struktur der verschiedenen Höhlenmalereien weniger uniform sei als ursprünglich von Leroi-Gourhan und Laming-Emperaire angenommen. Sie akzeptieren zwar, daß sich bestimmte Elemente in einer Vielzahl von Höhlen finden, meinen aber, man müsse jede einzeln betrachten.

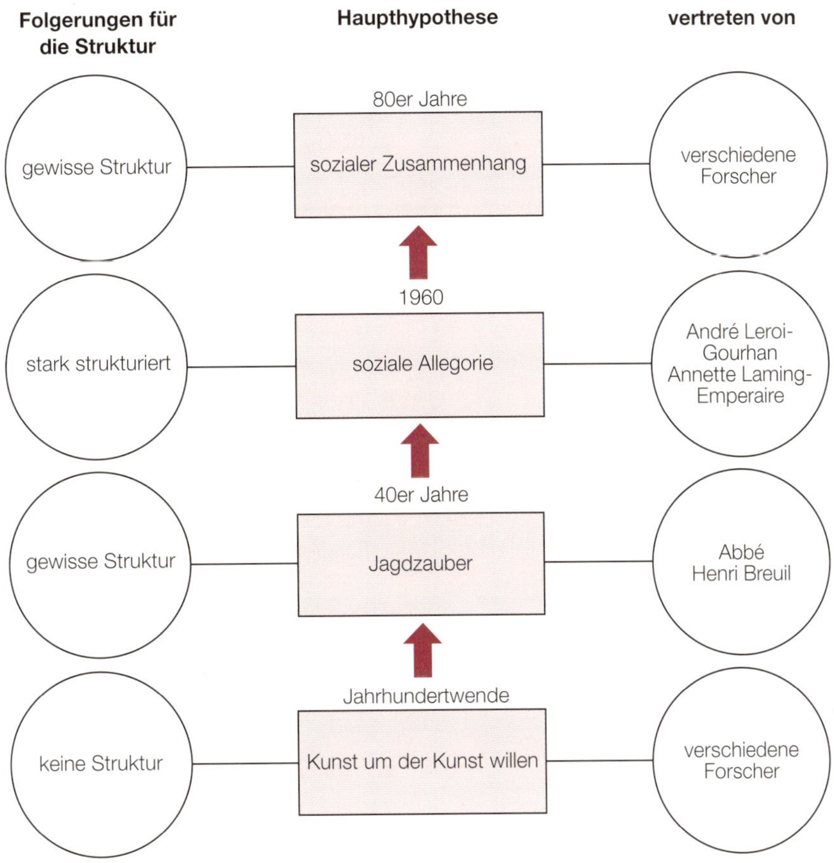

7.15 Sich ändernde Theorien.
Nachdem die Höhlenmalereien und die Kunstgegenstände endlich als echte Produkte der damaligen Menschen akzeptiert waren (in den späten neunziger Jahren des vorigen Jahrhunderts), hat sich ihre Bedeutung im Laufe der Zeit durch die Interpretation der Gelehrten gewandelt. Hier sind die vier Haupthypothesen mit Datum und Hauptvertretern aufgezeigt. Sie legten die Kunst in den Höhlen, deren Anordnung und Struktur, unterschiedlich aus.

Die Vielfalt beginnt für Interpretationen eine realistische Lupe zu werden, durch die man das Jungpaläolithikum betrachten kann. Es gibt Unterschiede zwischen den Bevölkerungen, den Kulturen und der Kunst. Statt verstehen zu wollen, was eine individuelle Darstellung oder ein Bilderzyklus bedeuten mag, bemüht man sich heute verstärkt darum, den soziokulturellen Zusammenhang zu erkennen, aus dem heraus die Darstellungen geschaffen wurden. Man strebt nunmehr danach, moderne Interpretationen von der Befangenheit heutiger Sichtweisen loszulösen. Conkey bemerkt dazu: »Vielleicht schließen wir bestimmte Untersuchungsrichtungen schon allein dadurch aus, daß wir den Begriff „Kunst“ verwenden.«

Fragen

- Welche vorgefaßten Meinungen könnten die Interpretationen früher Werkzeugtechnologien beeinflussen?
- Welche Bedeutung kommt den Abschlägen als Innovation zu, verglichen mit dem Werkzeuggebrauch bei Menschenaffen?
- Welche Folgerungen ergeben sich aus der Beständigkeit und der opportunistischen Natur der frühen Werkzeugtechnologie?
- Wie könnte man die Vorstellung prüfen, nur Angehörige der Gattung *Homo* hätten Steinwerkzeuge hergestellt und gebraucht?
- Welche Bedeutung kam dem Eurozentrismus in der Archäologie bei der Interpretation von Kulturen seit den Anfängen des modernen Menschen zu?
- Welche Anhaltspunkte braucht man, um bestimmte Kulturen gegenüber verschiedenen Funktionen abzugrenzen, beispielsweise Fundstellen des Périgordiens von solchen des Aurignaciens?
- Welche Bedeutung hatte die Einführung von Knochen als Werkstoff in den Kulturen des Jungpaläolithikums und des Later Stone Age?
- Die Vorfahren des Menschen waren lange, bevor sie moderne Technologien entwickelten, anatomisch modern: Was bedeutet dieses Auseinanderklaffen?
- Inwiefern sind moderne Interpretationen paläolithischer Kunst höchstwahrscheinlich einseitig?
- Wie könnte man die Hypothese überprüfen, paläolithische Kunst sei zumindest in manchen Fällen eine Form von Jagdzauber gewesen?
- Wie läßt sich der Sachverhalt verstehen, daß Raubtiere nur relativ selten auf Felsen dargestellt sind, deren Zähne aber als Körperschmuck weite Verbreitung fanden?
- Kann die Kunst einer fremden Kultur jemals völlig von einem Außenstehenden verstanden werden?

8. Entwicklung der modernen Welt

Zunahme der Gehirngröße

Dieser Abschnitt behandelt die Ursachen und Konsequenzen der Entwicklung des menschlichen Hirns. Herausstellen wollen wir die biologischen Zwänge, unter denen dieses ungewöhnliche evolutionäre Ereignis stattfand. Anhand der Folgeerscheinungen wollen wir einige Selektionszwänge erhellen, die das Geschehnis vorantrieben.

Die Frage lautet: Wie erlangten die Menschen eine solche außerordentliche, kreative Intelligenz – ein so machtvolles Werkzeug, das sicherlich mehr leistet, als für den praktischen Alltag der technologisch primitiven Wildbeuter notwendig gewesen wäre? Bei der Erforschung dieser kniffligen Frage wollen wir drei Aspekte der menschlichen Geistesentwicklung berücksichtigen: die Vergrößerung des Hirns, die mit einer Erhöhung der Intelligenz einhergeht, das Bewußtsein und die Sprache (siehe den folgenden Abschnitt). Diese drei Eigenschaften sind zweifellos eng miteinander verknüpft.

Die Hominidenlinie reicht zwar etwa sechs Millionen Jahre zurück, doch gibt es nur aus den vergangenen drei Millionen Jahren Fossilien, die man als Anhaltspunkte für die Vergrößerung des Hirns heranziehen kann – erstmals bei der Spezies *Australopithecus afarensis*, die in Hadar (Äthiopien) gefunden wurde. Trotz dieses begrenzten Einblicks in die Geschichte der Hominiden ist die erhebliche und schnelle Größenzunahme des Gehirns offensichtlich. In den drei Millionen Jahren nahm die Hirngröße um das Dreifache zu, von ungefähr 400 auf 1350 Kubikzentimeter – der Durchschnitt bei heutigen Menschen; diese Entwicklung spricht für sich selbst.

Harry Jerison an der University of California in Los Angeles betont, »es gibt keinerlei Hinweise auf einen solchen Wandel bei irgendeinem anderen Säugetier [in derselben Zeitspanne]«. Mit anderen Worten, das Hirnwachstum bei Hominiden ist keineswegs nur als Teil eines rezenten, generell säugetiertypischen Entwicklungsmusters zu werten.

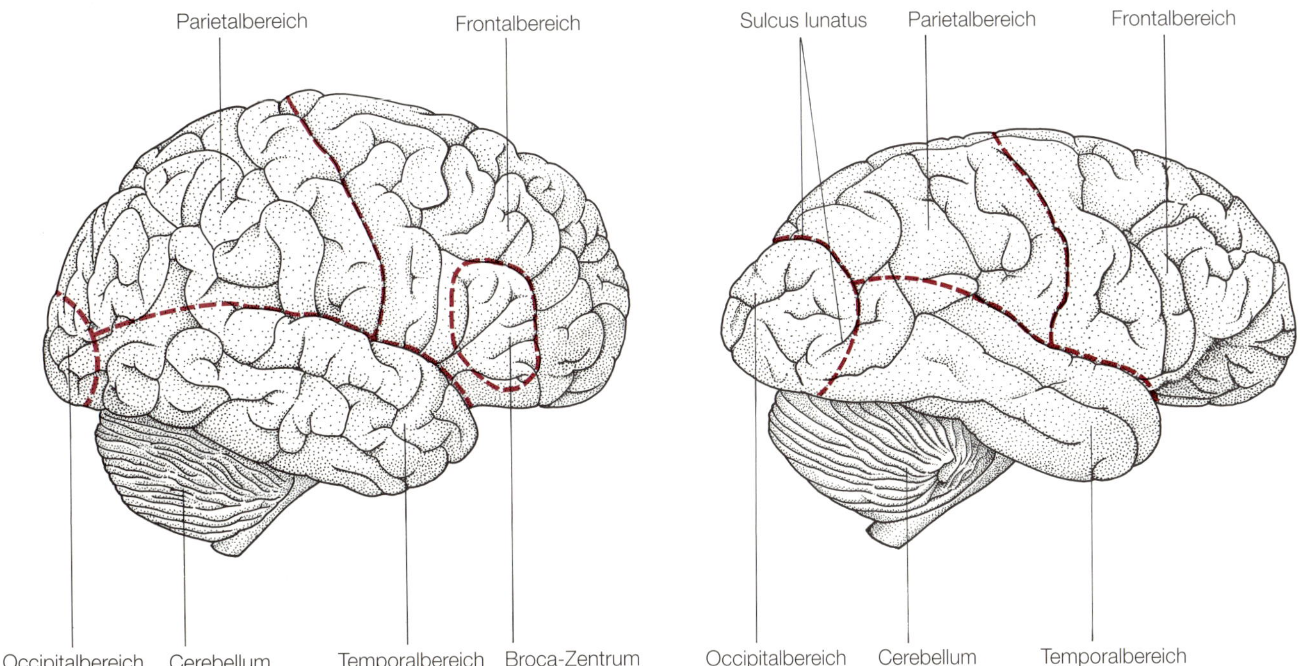

8.1 Struktur des Gehirns von Menschenaffen und Menschen. Vergleicht man das große Gehirn eines Menschen (links) mit dem eines Schimpansen (rechts), dann läßt sich erkennen, daß es sich durch einen relativ kleinen Occipital- und große Parietallappen auszeichnet. (Mit freundlicher Genehmigung von Ralph Holloway, *Scientific American*, 1974)

Um diesen Wachstumsprozeß besser zu verstehen, wollen wir zunächst einige Charakteristika des menschlichen Hirns im Zusammenhang mit der Primatenbiologie betrachten. Danach wenden wir uns den fossilen Belegen für diese Größenzunahme zu, und zuletzt werden wir einige Thesen erörtern, die jüngst als Erklärung für dieses Phänomen angeboten wurden.

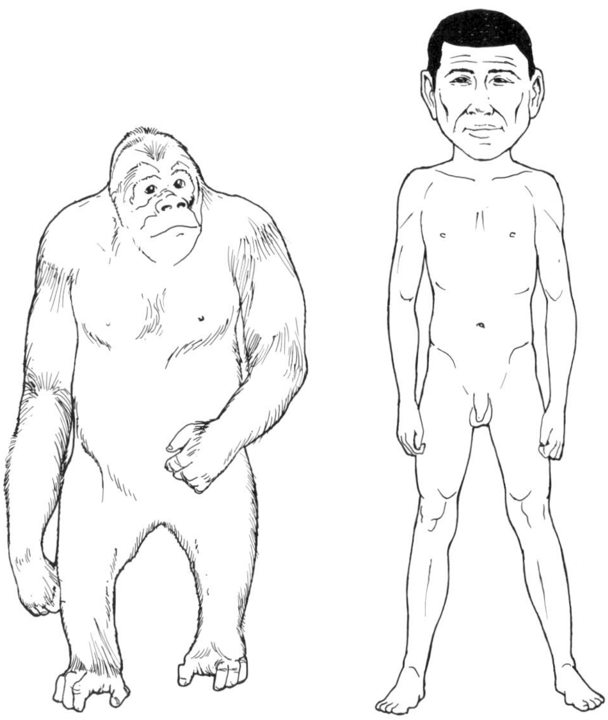

8.2 Vergrößertes menschliches Gehirn.
Das menschliche Gehirn ist dreimal so groß, wie das eines Menschenaffen bei gleicher Körpergröße sein würde.

Das Gehirn muß mit großem Aufwand versorgt werden. Bei erwachsenen Menschen zum Beispiel beansprucht es etwa 18 Prozent der Gesamtenergie, obwohl es nur zwei Prozent des Körpergewichts ausmacht. »Man mag fragen«, so Robert Martin, »wie im Laufe der Evolution des Menschen Energie in steigendem Maße verfügbar wurde, um dem Bedarf aus einem beständig zunehmenden Hirnvolumen gerecht zu werden.«

Wie wir in Kapitel 3 gesehen haben, wirken sich artspezifische biologische Merkmale, wie die Dauer der Schwangerschaft, die Stoffwechselrate, Frühreife gegenüber Spätreife, stark auf die Größe des Gehirns aus, die eine Spezies zu bilden vermag. In den vergangenen Jahren entwickelte man zwei wichtige Modelle zum Problem des Hirnwachstums bei Hominiden.

Nach dem von Martin stammenden Modell gibt die Stoffwechselrate der Mutter den Ausschlag für die mögliche Größe des Gehirns einer Art: Je höher sie ist, desto größer kann das Hirn werden. Nach der Auffassung von Mark Pagel und Paul Harvey an der Oxford University sind Tragzeit und Wurfgröße die entscheidenden Faktoren: Lange Tragzeit und Gebären von nur einem Jungen sind für Arten mit großem Gehirnvolumen optimal. Für beide Hypothesen gibt es empirische Belege, doch die Debatte darüber, welches Modell geeigneter ist, hält an. Unabhängig davon, welches sich als richtig herausstellen mag, beide erfordern die gleichen Umweltbedingungen: ein konstantes Vorkommen energiereicher Nahrungsmittel bei gleichzeitig minimalem Druck durch Räuber.

Menschen und andere Primaten heben sich durch ihre geistige Ausstattung deutlich von den übrigen Wirbeltieren ab. Je nach der verwendeten Maßeinheit haben Säugetiere ein etwa zehnmal größeres Gehirn als Reptilien, diese wiederum ein zehnmal größeres Gehirn als Amphibien. Dieser stufenweise Zunahme während der Hauptinnovationen und Radiationen der Evolution lag eine immer bessere Wahrnehmung der „Realität“ in den Köpfen der Arten zugrunde.

Daher sind Primaten als Säugetiere geistig besser ausgerüstet als irgendein Reptil. Unter den Säugetieren zeichnen sich zwei Ordnungen durch ein signifikant größeres Hirn aus: Primaten und Cetaceen (Wale und Delphine). Unter den Primaten haben die Anthropoiden die größte Hirnmasse; sie nimmt von den niederen Affen zu den Menschenaffen hin zu (Abbildung 8.3). Nur der Mensch liegt außerhalb dieser Allometrieachse: Das Hirn des *Homo sapiens* ist bei gleicher Körpergröße dreimal so groß wie das eines Menschenaffen.

Damit sich dieses derart große Gehirn entwickeln kann, haben sich beim Menschen einige primatentypische Merkmale verändert. So ist das Gehirn eines adulten Menschenaffen 2,3mal so groß wie das eines neugeborenen Jungtieres; bei Menschen beträgt dieser Wert 3,5. Noch deutlichere Unterschiede zeigen sich, wenn man das Größenverhältnis eines menschlichen Neugeborenen mit dem eines Affenbabys vergleicht. Obwohl das Körpergewicht von Mensch und Menschenaffe ähnlich ist (57 verglichen mit 30 bis 100 Kilogramm) und beide eine vergleichbare Länge der Tragzeit aufweisen (270 beziehungsweise 245 bis 270 Tage), sind Neugeborene des Menschen ungefähr zweimal so groß und verfügen über die doppelte Hirnmasse wie die von Menschenaffen. »Hieraus läßt sich folgern, daß während der Schwangerschaft Menschenmütter neben anderen Reserven auch eine relativ größere Energiemenge für die Entwicklung von Hirn und Körper des Fötus bereitstellen müssen als unsere nächsten Verwandten, die Menschenaffen«, so Martin.

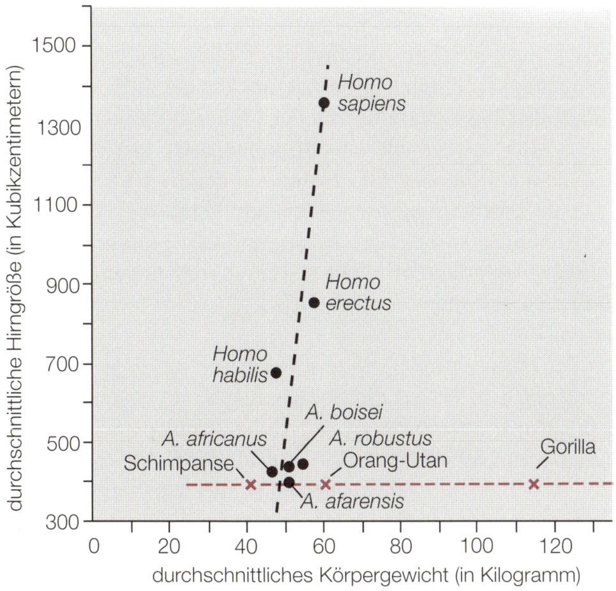

8.3 Gehirn und Körpergröße.
Obwohl es keinen drastischen Anstieg der Körpergröße in der Abstammungslinie von *Homo* gab, nahm die Hirngröße absolut (und auch relativ) erheblich von *H. habilis* über *H. erectus* zu *H. sapiens* zu. Weder bei den Australopithecinen noch bei den heutigen Menschenaffen änderte sich die Hirngröße signifikant, obwohl sich die Arten der letzteren in der Körpergröße deutlich voneinander unterscheiden.

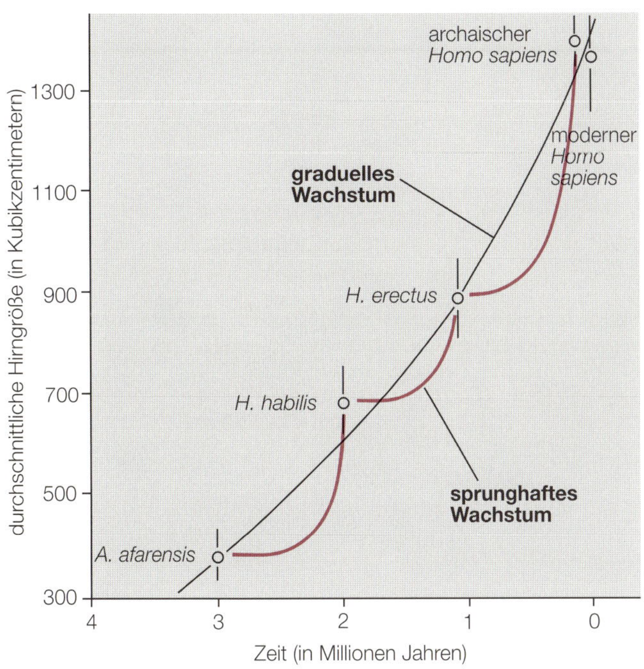

8.4 Das Gehirn im Laufe der Zeit.
In den letzten drei Millionen Jahren nahm die absolute Hirngröße um das Dreifache zu. Ob dieses Wachstum allmählich (schwarze, feine Kurve) oder in Sprüngen (blaue Kurven) vonstatten ging, kann erst mit Hilfe weiterer gründlich untersuchter und beschriebener Fossilien festgestellt werden.

Ein weiterer wichtiger Unterschied zeigt sich im Wachstumsmuster. Bei Säugetieren, einschließlich der Primaten, mit frühreifen Jungen, wächst das Gehirn bis zur Geburt rasch, danach folgt eine etwa einjährige, langsamere Wachstumsphase. Beim Menschen setzt sich das pränatale schnelle Hirnwachstum auch nach der Geburt fort – eine Eigenart spätreifender Arten. Im Unterschied zu spätreifenden Tieren hält beim Menschen die schnelle postnatale Phase des Hirnwachstums über einen, relativ gesehen, längeren Zeitraum an. So hat der Mensch eine effektive Schwangerschaftsdauer von 21 Monaten (neun im Mutterleib, zwölf außerhalb).

Dieses einzigartige Entwicklungsmuster bezeichnet man als sekundäres Nesthockertum. Menschenkinder sind also über einen längeren Zeitraum hinweg hilfloser als die Jungen von Menschenaffen. Die erweiterte Phase der Jungenaufzucht und die nachfolgende Lernperiode müssen sich nachhaltig auf das Sozialverhalten der Hominiden ausgewirkt haben.

Fossilien zeigen eine Höherentwicklung des Hirns in zwei verschiedenen Merkmalen: im absoluten Volumen und in der Oberflächenstruktur des Gehirns – seinen Windungen und Furchen. Belege hierfür erhält man sowohl von natürlichen als auch von künstlichen Endocranien, an denen sich Abdrücke von den Hirnwindungen an der Innenseite des Schädels untersuchen lassen.

Die Hirngröße läßt sich am leichtesten an Schädeln oder Schädelteilen ermitteln. Daher existieren viele brauchbare Daten zur Entwicklung der Hirngröße. Aus Untersuchungen von *A. afarensis*, der vor etwas mehr als drei Millionen Jahren lebte, liegen Angaben vor. Dessen Hirnvolumen von fast 400 Kubikzentimetern entspricht annähernd den Größen rezenter Gorillas und Schimpansen. Doch ist dieser Vergleich aus zwei Gründen irreführend: Erstens waren die frühen Australopithecinen kleiner als heutige Gorillas. Zweitens hat sich wahrscheinlich auch das Hirn der Menschenaffen in den vergangenen drei Millionen Jahren verändert. Ganz sicher hatte die Vergrößerung des Gehirns schon begonnen, bevor *A. afarensis* erschien.

Das Hirnvolumen der Australopithecinen betrug etwa 400 Kubikzentimeter und nahm während des Auftretens dieser Gattung nicht mehr sonderlich zu. Erst mit dem Erscheinen der Gattung *Homo* zeigt sich ein recht markantes Wachstum, besonders bei *Homo habilis*, der vor 1,6 bis 2,5 Millionen Jahren lebte. Sein Hirn hatte ein Volumen zwischen 650 und 800 Kubikzentimeter, das von *Homo erectus*, einer 300 000 bis 1,6 Millionen Jahre alten Art, 850 bis wenig mehr als 1000 Kubikzentimeter. Das Hirnvolumen archaischer *Homo sapiens*, einschließlich der Neandertaler, betrug zwischen 1100 und 1400 Kubikzentimeter und liegt damit über dem der heutigen Menschen.

An Abgüssen des Endocraniums kann man zwischen affenähnlichen und menschenähnlichen Gehirnstrukturen unterscheiden. Jede Hirnhälfte gliedert sich in vier Lappen: Frontal-, Temporal-, Parietal- und Occipitallappen. Kurz gesagt, ein Gehirn, in dem der Parietal- und Temporallappen dominieren, ist menschenähnlich, während diese Regionen bei affenähnlichen Hirnen wesentlich kleiner ausfallen.

Ralph Holloway an der Columbia University untersuchte zahlreiche verschiedenartige Endocranien fossiler Hominiden, auch solche von *Australopithecus afarensis*. Das Ergebnis sorgte für eine Überraschung: Schon zu diesem frühen Zeitpunkt der Hominidenlinie war das Gehirn augenscheinlich menschenähnlich strukturiert. Dennoch läßt sich das typisch Menschliche am Gehirn der Hominiden nicht klar erkennen. Das Ergebnis zeigt aber, daß in der Entwicklungsgeschichte des Menschen bereits sehr früh Besonderheiten aufgetreten sein müssen.

Dean Falk von der Purdue University stellte Holloways Schlußfolgerungen kürzlich in Frage. Auch wenn sie mit Holloway übereinstimmt, das Hirn der *Homo*-Arten sei menschenähnlich organisiert, vertritt sie im Gegensatz zu ihm die Auffassung, das Gehirn der Australopithecinen sei in wesentlichen Merkmalen affenähnlich. Die genaue Lage mancher Hauptfurchen und Trennlinien zwischen den Lappen läßt sich oftmals nur schwierig bestimmen und ist daher offen für verschiedene Interpretationen. Hinsichtlich dieses Problems bestehen auch weiterhin Meinungsverschiedenheiten.

Relativ leicht läßt sich der Prozeß des Hirnwachstums während der Entwicklung der Hominiden darstellen. Aber wie können wir die allmähliche Zunahme von Intelligenz messen? Archäologische Belege für den Gebrauch des Verstands sind notorisch dürftig. Am Lagerfeuer erzählte Märchen, komplexe Sandgemälde und Tänze, welche die Mythen der Gruppen darstellen, hinterlassen keine Spuren. Doch sind gerade sie das Wesentliche des Menschseins von Wildbeutergesellschaften. Über die reine Subsistenz hinaus künden Malereien und Ritzzeichnungen von geistigen Aktivitäten, die wir als Quintessenz des Menschseins identifizieren. Solche Dokumente erscheinen jedoch erst sehr spät in unserer Geschichte (Kapitel 7).

Was wir auswerten können, sind Steinwerkzeuge und andere Hinweise auf wirtschaftlich wichtige Beschäftigungen. Wie in Kapitel 6 besprochen, entwickelten sich die Standardisierung und Vielfalt in den urgeschichtlichen Steinwerkzeugtraditionen nur langsam. Der Archäologe Thomas Wynn von der University of Colorado untersuchte mit Hilfe der von Piaget aufgestellten Kriterien einer psychologischen Theorie frühe Steinwerkzeugkulturen nach Anzeichen menschlicher Intelligenz. Wynn behauptet: »Die Evolution zur einzigartigen Intelligenz der Hominiden hatte sich nicht während der Oldowanepoche vollzogen.« Dabei bezieht er sich auf die fossilen und archäologischen Zeugnisse aus der Olduwaischlucht, die auf ein Alter von 1,6 bis 1,9 Millionen Jahre datiert werden – also auf die Zeit von *Homo habilis*, bevor *Homo erectus* in Erscheinung trat. »Dies läßt vermuten, daß die Selektion einer komplexen, zur Organisation fähigen Intelligenz ursprünglich nicht zu den Anpassungen der Hominiden gehörte.«

(Von der Hirnvergrößerung leitet sich aus fossilem Material auch ein Einfluß auf die Sozialstruktur ab, besonders auf die Kinderaufzucht. Als sich die Hominiden vom strukturellen Grundmuster des Primatenhirns entfernt hatten, brachten sie weit hilflosere Kinder zur Welt, deren Gehirn noch mit der Geschwindigkeit des Fötus wuchs. Diese Nachkommen aufzuziehen, bedeutete einen hohen zeitlichen und materiellen Aufwand. Nach Robert Martins Meinung könnte die Versorgung der Jungen so lange unverändert geblieben sein, bis das Hirn der Erwachsenen eine Größe von 873 Kubikzentimetern erreicht hatte; dieser Wert entspricht dem Übergang von *Homo habilis* zu *Homo erectus*. Die Beweisführung lautet wie folgt:

8.5 Das soziale Milieu.
Die Sozialisation wurde zu einem wichtigen Teil des Primatenlebens. Das Eingehen von Bündnissen und das Ausnutzen des Wissens von anderen Verbindungen ist der Schlüssel zum individuellen Fortpflanzungserfolg. Die Biologen gelangen immer mehr zu der Überzeugung, daß die intellektuellen Anforderungen komplexer sozialer Zusammenhänge ein wichtiger Motor bei der natürlichen Selektion der Vergrößerung des Gehirns der Primaten und schließlich des Menschen gewesen sind.

Angenommen, die Hominiden konnten alle weiteren Veränderungen, das heißt beschleunigtes Körper- und Hirnwachstum, in der fötalen Entwicklung durchmachen, hätten aber nach der Geburt das Grundmuster des Primatenwachstums gezeigt, dann hätten sie als Kleinkinder die Hirngröße verdoppelt (tatsächlich sogar um das 2,3fache erhöht). Das Hirnvolumen von Menschenkindern beträgt 384 Kubikzentimeter, multipliziert man diesen Wert mit 2,3, so erhält man 873 Kubikzentimeter. Diese Berechnung hätte jedoch nur Berechtigung, wenn sich der Geburtskanal eines weiblichen *Homo habilis* oder eines frühen *Homo erectus* auf den Kopfumfang eines modernen Neugeborenen weiten konnte.

Das bislang verfügbare fossile Material zeigt bei den damaligen Hominiden deutlich einen engeren Geburtskanal als bei heutigen Frauen. Damit war das Tempo des postnatalen Hirnwachstums bei *Hòmo habilis* menschenähnlich und dürfte einen entsprechenden Einfluß auf die Sozialstruktur gehabt haben.

Betrachten wir nach den Fossilbelegen die Theorien über den Selektionszwang (oder die Selektionszwänge), der das Wachstum des Hominidenhirns vorantrieb. Lange war die Ansicht verbreitet, der sehr offenkundige Unterschied zwischen Hominiden und Menschenaffen – Menschen können Steinwerkzeuge herstellen und verwenden – sei wahrscheinlich der wichtigste Grund für das Hirnwachstum gewesen, da die Verdreifachung der Hirngröße der Hominiden parallel zu einer stetig wachsenden Vielfalt in der Werkzeugtechnologie verlief. „Der Mensch, der Werkzeugmacher" lautete die Kurzformel dieses aus den fünfziger Jahren stammenden Erklärungsmodells; ein Jahrzehnt später sprach man von der Hyptothese „der Mensch, der Jäger". In beiden Fällen sah man im Meistern praktischer Tätigkeiten die treibende Kraft für die Vergrößerung des Gehirns.

In jüngerer Zeit entstanden neue Thesen, die mit der Kurzbezeichnung „der Mensch, das Sozialwesen" umrissen werden können. Zum Teil resultiert dieser Wandel in der Interpretation aus Feldstudien über Primaten, die heute bereits sehr ausgereift sind. Zudem untersuchte man detaillierter den Menschen selbst, insbesondere sein Bewußtsein.

Die ersten Überlegungen zur Hypothese „der Mensch, das Sozialwesen" begannen mit einem Paradoxon: Labortests zeigten deutlich, daß niedere Affen und Menschenaffen außergewöhnlich intelligent sind. Feldstudien ergaben allerdings, daß zumindest beim Gewinnen des täglichen Lebensunterhalts diese Intelligenz kaum beansprucht wird. Wozu hat sich Intelligenz dann entwickelt?

Die Antwort mag im Sozialbereich der Primaten zu suchen sein. Allerdings scheint, oberflächlich gesehen, das soziale Umfeld eines Primaten keine höheren Anforderungen zu stellen als dasjenige anderer Säugetiere. Größe und Zusammensetzung der sozialen Gruppe sind beispielsweise mit bestimmten Antilopenarten vergleichbar, die *Interaktionen* in der Gruppe aber weit komplexer. Mit anderen Worten, für einen nichtmenschlichen Primaten in freier Wildbahn ist der Lernprozeß über das Vorkommen und vielleicht auch die Reifezeit von Nahrungsressourcen ein intellektuelles Kinderspiel verglichen mit der Vorhersage – und Beeinflussung – von Verhaltensweisen anderer Individuen der Gruppe. Aber warum sind die sozialen Wechselbeziehungen in Primatengesellschaften so komplex, so machiavellisch beschaffen?

Beobachtet man Konflikte zwischen zwei Einzeltieren irgendeiner Säugetierart, so kann man gewöhnlich leicht vorhersagen, wer gewinnt: das größere Tier oder jenes mit größeren Hauern, dem größeren Geweih oder der wie auch immer gearteten geeigneten Waffe. Nicht so bei

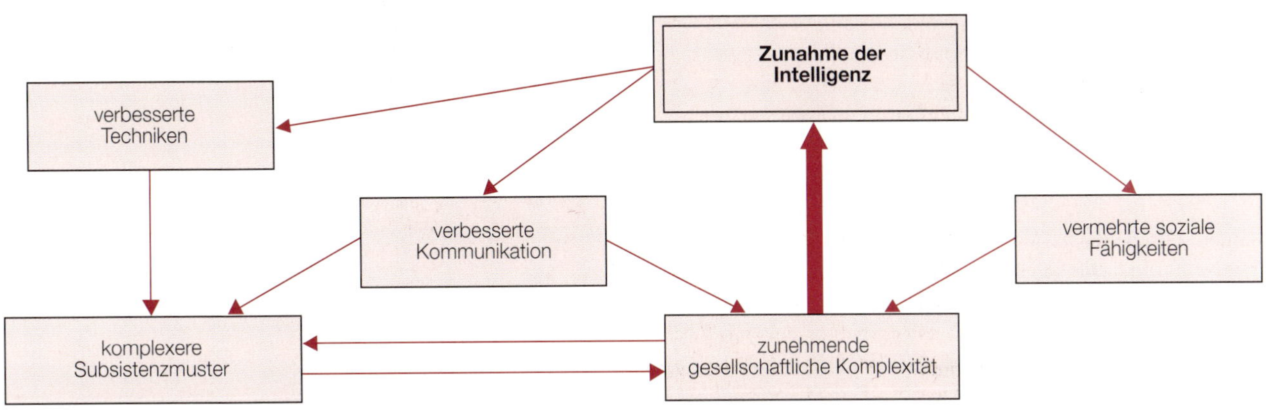

8.6 Soziale Komplexität und steigende Intelligenz.
Die Notwendigkeit, sich mit steigender sozialer Komplexität auseinanderzusetzen – dazu gehören anspruchsvollere Formen des Lebensunterhalts, insbesondere eine verwobene Sozialstruktur und unvorhersagbare gesellschaftliche Wechselbeziehungen –, kann ein starker Selektionsdruck für die Intelligenz gewesen sein.

niederen Affen und Menschenaffen. Die Affen verbringen viel Zeit mit dem Knüpfen von zahlreichen „Freundschaften" und mit der Beobachtung der Allianzen anderer. Daher kann ein physisch unterlegenes Einzeltier durchaus einen stärkeren Gegner überwinden, vorausgesetzt, die Auseinandersetzung wird zeitlich so gelegt, daß Freunde, die dem Herausforderer helfen, zugegen und die Alliierten des Gegners abwesend sind.

»Bündnisse gelten als weit komplexere soziale Interaktionen als Kämpfe zwischen Tieren«, so Alexander Harcourt von der Cambridge University. »Die Fähigkeit, Informationen zu verarbeiten, die für den Erfolg eines Tieres wichtig sind, ist weit größer. Diese Komplexität ist eine geometrische, keine arithmetische Struktur; sie wächst mit dem Hinzukommen weiterer Teilnehmer an einem Sozialkontakt. Zusammengefaßt, Primaten sind vollendete soziale Taktiker.«

Im Rahmen einer neueren Übersicht eines Großteiles der Daten aus Freilanduntersuchungen, die sich auf die sozialen Fähigkeiten bei Primaten bezieht, formulierten Dorothy Cheney, Robert Seyfarth (beide von der University of Pennsylvania) und Barbara Smutts (von der University of Michigan) die Frage: »Sind [Primaten] zu den höherkognitiven Prozessen in der Lage, welche die sozialen Wechselbeziehungen des Menschen bestimmen?« Die Frage ist wichtig. Sollte nämlich ein anthropoider Intellekt, der durch komplexe Kontakte in der Gruppe geschliffen wurde, nur schärfer sein und sich besser für das Lösen psychologischer Fragestellungen eignen als der eines Durchschnittssäugers, dann kommt er keiner *kreativen* Intelligenz gleich, an der wir interessiert sind.

Cheney und ihre Kollegen konnten ohne Schwierigkeiten viele Beispiele im Verhalten der Primaten finden, die scheinbar menschenähnliche soziale Wahrnehmung widerspiegeln. Sie schlossen daraus, »Primaten können die Konsequenzen ihres Verhaltens für andere vorhersehen und genug von den Motiven der anderen begreifen, um Betrug und andere subtile Manipulationen ihres Gegenübers wahrzunehmen«. Falls, wie es der Fall zu sein scheint, nichtmenschlicher Primatenintellekt weniger im Bereich des Praktischen, sondern in der harten Schule der sozialen Interaktion seinen letzten Schliff erhielt, bleibt uns nur noch die Frage: Warum? Warum sahen die Primaten einen Vorteil darin, Bündnisse aufzubauen und andere zu beeinflussen? Die Antwort – wiederum auf Freilandstudien basierend – lautet, daß Individuen, die Bündnisse aufbauen und erhalten, sich auch erfolgreicher vermehren. Helfergruppen sorgen für ein Mehr an potentiellen Paarungsmöglichkeiten.

Beginnt eine Abstammungslinie, ihren Fortpflanzungserfolg mit Bündnissen abzusichern, so gelangt sie in eine Position, die Nicholas Humphrey, Psychologe an der Cambridge University, evolutionäre Schraube nennt. »Hat eine Gruppe einen gewissen Komplexitätsgrad erreicht, dann muß von innen neuer Druck entstehen, der zu einem Anstieg der Komplexität führt«, erklärt er, »weil in einer solchen Gruppe die intellektuellen „Konkurrenten" eines Tieres die Mitglieder seiner eigenen Fortpflanzungsgemeinschaft sind. Und unter diesen Umständen gibt es kein Zurück.«

Doch wo findet man hierbei das Bewußtsein? Humphrey bezeichnet es mit einem Wortspiel als ein „inneres Auge"; Bewußtsein ist das – elementarste – Werkzeug soziallebender Wesen. Wenn ein Lebewesen in der Lage ist, in den eigenen Verstand „hineinzublicken" und Reaktionen auf bestimmte Situationen und andere Individuen vorauszusehen, weiß es relativ genau, wie die anderen auf dieselben Situationen und Individuen reagieren. Das Bewußtsein ist verantwortlich für die Wahrnehmung einer besseren Realität, einer Wirklichkeit, die auf die hochsoziale Welt des menschlichen Daseins abgestimmt ist.

Vom Ursprung der Sprache

Für Anthropologen ist enttäuschend, daß das uns eigene Merkmal, die Sprache, von der wir zu Recht so beeindruckt sind, archäologisch kaum nachweisbar ist. Erst mit dem Auftauchen standardisierter Schriftformen gilt ihre Existenz als gesichert. Die ältesten Schriftzeichen fand man auf 6000 Jahre alten Tontafeln der sumerischen Kultur. Niemand käme jedoch auf die Idee, dies markiere den Ursprung des gesprochenen Wortes. Man muß nach anderen Anhaltspunkten suchen: bei den Steinwerkzeugen, den Indikatoren für Sozialstruktur und wirtschaftliche Organisation, in Funktion und Inhalt der Malerei, aber auch in anderen Ausdrucksformen der Kunst sowie in den Fossilien selbst.

Zunächst zu den Hinweisen auf Sprache unter den Fossilien. An fossilen Hominiden haben Forscher in den vergangenen Jahren nach zwei Indizien gesucht: zum einen nach Informationen aus Schädeln, auf deren Innenseite sich ein Abdruck der Hirnoberfläche finden kann, zum zweiten nach Anzeichen auf die stimmbildenden Organe im Kehlkopfbereich.

»Der Autor vertritt die Ansicht, die Sprache des Menschen habe ihren Ursprung recht weit in der paläontologischen Vergangenheit«, äußert Ralph Holloway, »sie entstand vor schätzungsweise 2,5 bis 3,5 Millionen Jahren zu Zeiten der Australopithecinen und entwickelte sich seitdem.« Holloway betont explizit, daß dies nur eine Vermutung, aber keine bewiesene Tatsache ist. Er gründet diese auf der neuen menschenähnlichen Struktur des Gehirns, die sich, wie er sagt, selbst bei den ältesten Hominiden erkennen läßt (siehe den vorhergehenden Abschnitt). Eine größere Bedeutung jedoch als der allgemeinen Struktur ist einem bestimmten mit Sprache assoziierten Zentrum beizumessen, dem Broca-Zentrum. Dabei handelt es sich um eine kleine Vorwölbung auf der linken Seite des Gehirns nahe der Schläfenregion. Sie kommt bei allen heutigen Menschen vor, auch bei frühesten *Homo*-Spezies, nicht aber bei der Gattung *Australopithecus.*

Der wichtigste neuronale Bereich für die Sprache liegt bei den meisten Menschen, sogar bei Linkshändern, in der linken Hirnhälfte. Wie viele andere Funktionskomplexe des Gehirns, so kann man auch die Fähigkeit zur Sprache nicht auf bestimmte Gebiete begrenzen. Doch wird das Broca-Zentrum zu Recht mit der Sprache, insbesondere mit der Sprachbildung assoziiert. Eine weitere Region, das Wernicke-Zentrum, das etwas hinter dem Broca-Zentrum liegt, ist verantwortlich für das Sprachverständnis. Viele weitere Aspekte der Sprache, besonders der Wortschatz, den wir einsetzen, lassen sich nicht genau lokalisieren.

Wenn uns fossile Gehirne nur dürftige Hinweise auf die Sprachfähigkeit unserer Vorfahren geben, was können wir

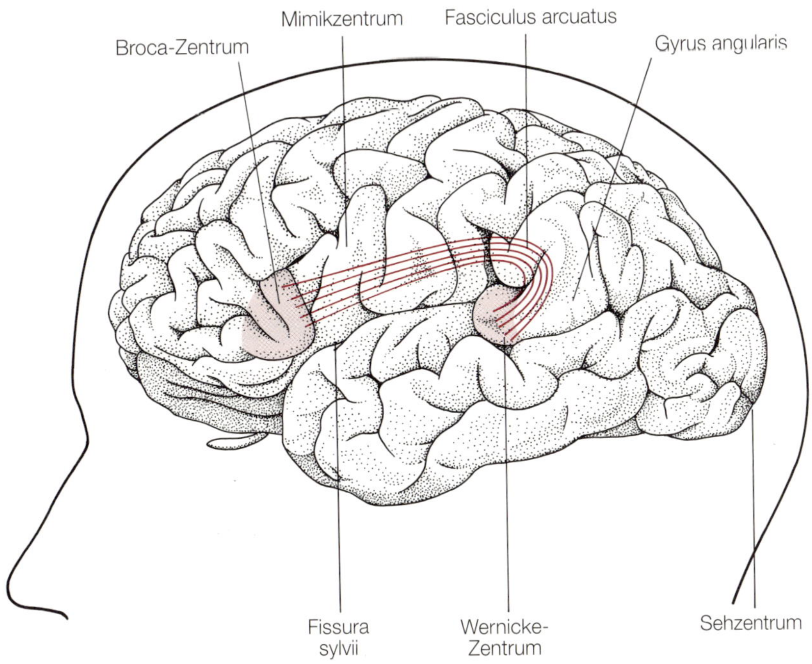

8.7 Sprachzentren.
Das Wernicke-Zentrum, von dem man annimmt, es sei für den Inhalt und das Sprachverständnis verantwortlich, ist durch einen Nervenstrang, den Fasciculus arcuatus, mit dem Broca-Zentrum verbunden. Dieses kontrolliert die Muskeln der Lippen, des Kiefers, der Zunge, des weichen Gaumens und die Stimmbänder während des Sprechens. Das Sprachzentrum ist normalerweise, auch bei Linkshändern, in der linken Hirnhälfte lokalisiert. (Mit freundlicher Genehmigung von Norman Geschwind, *Scientific American*, 1972.)

aus stimmbildenden Organen herauslesen? Unter anderem haben Edmund Crelin, Philip Lieberman und Jeffrey Laitman diese Fragen in den vergangenen Jahren untersucht. Der Mensch verfügt, was vielleicht nicht überrascht, über einen in der Tierwelt einzigartigen Sprechapparat.

Bei Säugetieren kann der Kehlkopf, der Larynx, an zwei unterschiedlichen Stellen liegen: relativ hoch, was dem Tier erlaubt, gleichzeitig (feste oder flüssige Nahrung) zu schlucken und zu atmen, oder tief im Halsbereich, wobei die Luftröhre während des Schluckens geschlossen werden muß – andernfalls wird die Atmung durch feste und flüssige Stoffe behindert und führt zu einem Erstickungsgefühl. Erwachsene Menschen zeigen den zweiten Zustand, andere Säugetiere und Menschenkinder den ersten.

Die tiefe Larynxposition erweitert den darüberliegenden Raum erheblich. »Infolgedessen«, so Laitman, »lassen sich Laute, die im Kehlkopfbereich entstehen, stärker abwandeln, als es Neugeborenen oder irgendwelchen nichtmenschlichen Säugetieren möglich wäre.« Nichtmenschliche Säuger können Laute aus dem Larynx nur über die Lippenform und die Konfiguration des Mund-Rachen-Raumes verändern. Die Neugeborenen des Menschen weisen das Grundmuster der Säugetiere auf, bis sie etwa anderthalb bis zwei Jahre alt sind. Danach verlagert sich der Larynx tiefer in den Schlund und erreicht mit 14 Jahren die für Erwachsene typische Stellung.

Laitman und seine Mitarbeiter entdeckten, daß sich die Larynxposition an der Form der Schädelbasis erkennen läßt. Beim Menschen ist diese gewölbt, bei anderen Säugetieren und bei Menschenkindern flacher ausgebildet. Daher sollte man auch durch Fossilien Informationen über

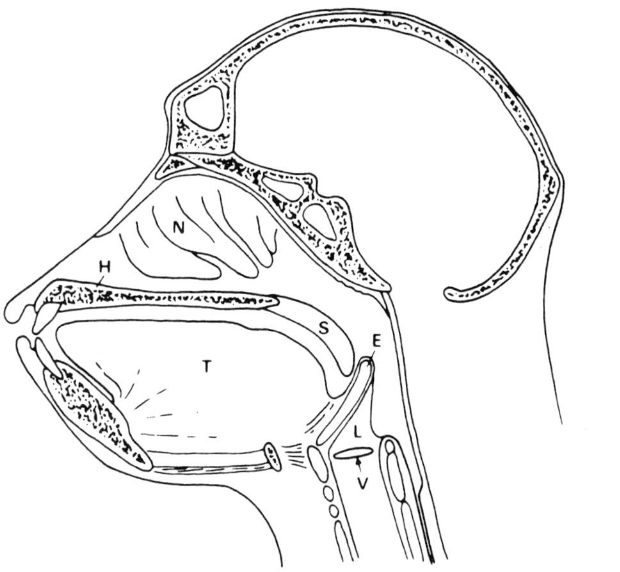

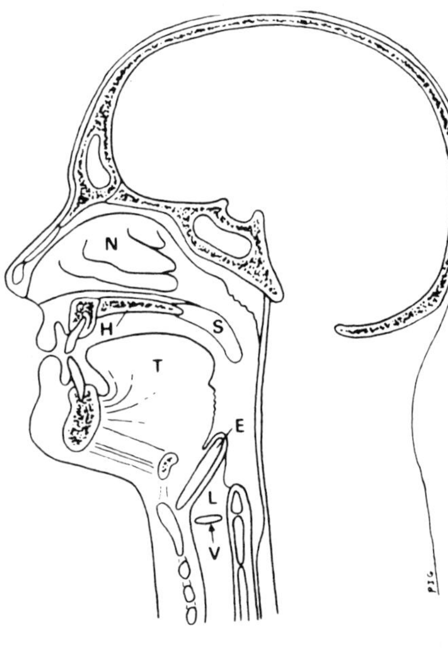

8.8 Der Stimmapparat.
Darstellung des Stimmapparats des Schimpansen (oben links) und des Menschen (unten links); H = harter Gaumen; N = Nasenhöhle; S = weicher Gaumen; T = Zunge; L = Larynx; E = Epiglottis (Kehlkopfdeckel); V = Stimmritze. Beim Schimpansen liegt der Kehlkopf oder Larynx, wie bei allen Säugern, sehr hoch im Halsbereich und ermöglicht damit gleichzeitiges Atmen und Schlucken. Beim erwachsenen Menschen liegt er niedriger, ein gleichzeitiges Schlucken und Atmen sind unmöglich. Der Mund-Rachen-Raum und die Zahl der Stimmlaute sind vergrößert. Rechts ist die Nachbildung des Stimmapparats eines Australopithecinen dargestellt, der dem eines Schimpansen ähnelt. (Mit freundlicher Genehmigung von J. Laitman, Patrick Gannon und Hugh Thomas.)

die verbalen Fähigkeiten ausgestorbener Hominiden erhalten können.

Was sagen nun die fossilen Belege? »Wir haben herausgefunden«, erläutert Laitman, »daß die Australopithecinen wahrscheinlich einen ähnlichen Sprechapparat besaßen wie die heutigen Affen ... Die hochgelegene Position ihres Larynx machte es ihnen generell unmöglich, Vokale hervorzubringen, die für die menschliche Sprache typisch sind.« Leider gibt es kaum Fossilien von *Homo habilis*, bei denen die Schädelbasis erhalten ist. Wie Laitman und seine Mitarbeiter jedoch feststellten, könnte bei seinem wahrscheinlichen stammesgeschichtlichen Nachfolger, *Homo erectus*, »der Larynx ... begonnen haben, tiefer in den Schlund zu wandern; dadurch wurde der Raum für die Modifikation der Kehlkopflaute vergrößert«. Die Position des Kehlkopfes dürfte der eines achtjährigen Menschen entsprochen haben. Erst als der archaische *Homo sapiens* vor rund 300 000 Jahren erschien, trat das moderne Muster auf. Dies verweist auf die gesamte Lautäußerungspalette des heutigen Menschen als Potential.

Beide Untersuchungen an Fossilfunden deuten auf einen allmählichen Erwerb der Sprache hin; allerdings datiert Holloway diesen Zeitpunkt weiter zurück als durch Merkmale der Schädelbasis belegt.

Wir sollten daran denken, daß höhere Primaten in der Lage sind, ein recht breites Spektrum an Lauten hervorzubringen, die sie gezielt einsetzen. Werden zum Beispiel junge Affen von einem älteren bedroht, schreien sie und bekommen zumeist Hilfe. Die Schreie werden je nach Bedrohung, Rangordnung und Verwandtschaft des Angreifers leicht variiert. Experimente mit auf Tonband aufgenommenen Schreien beweisen ebenfalls, daß die Muttertiere je nach dem damit assoziierten Gefährdungsgrad reagieren. Einige höhere Primaten verfügen zudem über spezielle Alarmrufe für unterschiedliche Feinde, etwa Leoparden und Schlangen. Zwar sind die verschiedenen Schreie keine „Worte", sie scheinen aber Symbolcharakter zu haben.

Den Erwerb von gesprochener Sprache bei Hominiden muß man sich daher als Aufbau einer immer größeren Bandbreite von Primatenlauten vorstellen, die schließlich zu Worten verbunden werden. Jedoch ist für manche Forscher der charakteristische Satzbau der menschlichen Sprache, die Syntax, so verschieden von der Lautäußerung bei Primaten, daß er als etwas völlig eigenes betrachtet wird. Mit anderen Worten, jene Wissenschaftler sehen die Sprache der Menschen nicht in einer kontinuierlichen Linie mit den Lauten der Primaten.

Wenden wir uns von den Fossilien der Hominiden ihren Werkzeugen zu, die, wie Holloway sagt, »die einzigen wahren „Belege" für frühmenschliches Bewußtsein« sind. Betrachten wir zuerst die Steinartefakte, jene Gegenstände, die im Zusammenhang mit wirtschaftlichen Aktivitäten hergestellt wurden. Danach wollen wir uns anschauen, was sich aus einem stärker abstrakten Bereich, den wir mangels eines besseren Ausdrucks „Kunst" nennen, ableiten läßt.

Nach Auffassung mancher Anthropologen sprechen das Muster der Werkzeugtechnologie und die Bildung von Sprache – beides ist im wesentlichen eine Abfolge einzelner Schritte – für eine gemeinsame kognitive Basis. Sollte dies zutreffen, so zeigt die Spur der zunehmenden Komplexität der Steintechnologien im Laufe der Zeit auch etwas vom Wandel der Sprachfähigkeit.

Thomas Wynn von der University of Colorado testete diese Aussage mit Hilfe der psychologischen Theorie. »Es ist wahr«, sagt er, »daß Sprache und Werkzeugherstellung Verhaltensweisen sind, die sich nach und nach entwickelten. Aber das Verhältnis der beiden zueinander entspricht eher einer Analogie als einer Homologie.« Mit anderen Worten: Es gibt nur eine oberflächliche Ähnlichkeit, die zugrundeliegenden kognitiven Fähigkeiten sollte man deshalb separat betrachten. Aus der Vielfalt der Werkzeugtypen lassen sich keine *direkten* Folgerungen für die Sprache ableiten.

Auch Glynn Isaac suchte in frühen Steintechnologien nach Hinweisen auf den Gebrauch von Sprache, allerdings mit einer anderen Methode. Er wies darauf hin, daß man aus der Vielfalt der Werkzeuge zwar Hinweise auf die soziale Komplexität bekommen könnte, nicht aber auf die kognitive Komplexität in bezug auf mechanische und verbale Prozesse. Ab einem gewissen Grad sozialer Komplexität entsteht unweigerlich ein Drang nach Standards und Mustern. Dies erfordert ein gewisses Abstraktionsvermögen, das bei völligem Fehlen von Sprache unmöglich wäre.

Wie wir in Kapitel 7 gesehen haben, vollzog sich der technologische Wandel bei den Hominiden in zwei Phasen: in einer ersten, unglaublich langsamen Phase von den ersten Artefakten vor 2,5 Millionen bis vor etwa 200 000 Jahren und einer zweiten, sich immer mehr beschleunigenden Phase.

Was können wir aus diesem grundlegenden archäologischen Bild über den Ursprung von Sprache ablesen? Generell scheint die Auffassung gerechtfertigt, eine Sprache, die so komplex ist, daß sie abstrakte Elemente sozialer Regeln, Mythen und Rituale hervorbringen kann, sei eine relativ späte Entwicklung in der Menschheitsgeschichte. Sie beginne beim archaischen *Homo sapiens* und erreiche ihre volle Entwicklung erst mit dem Erscheinen

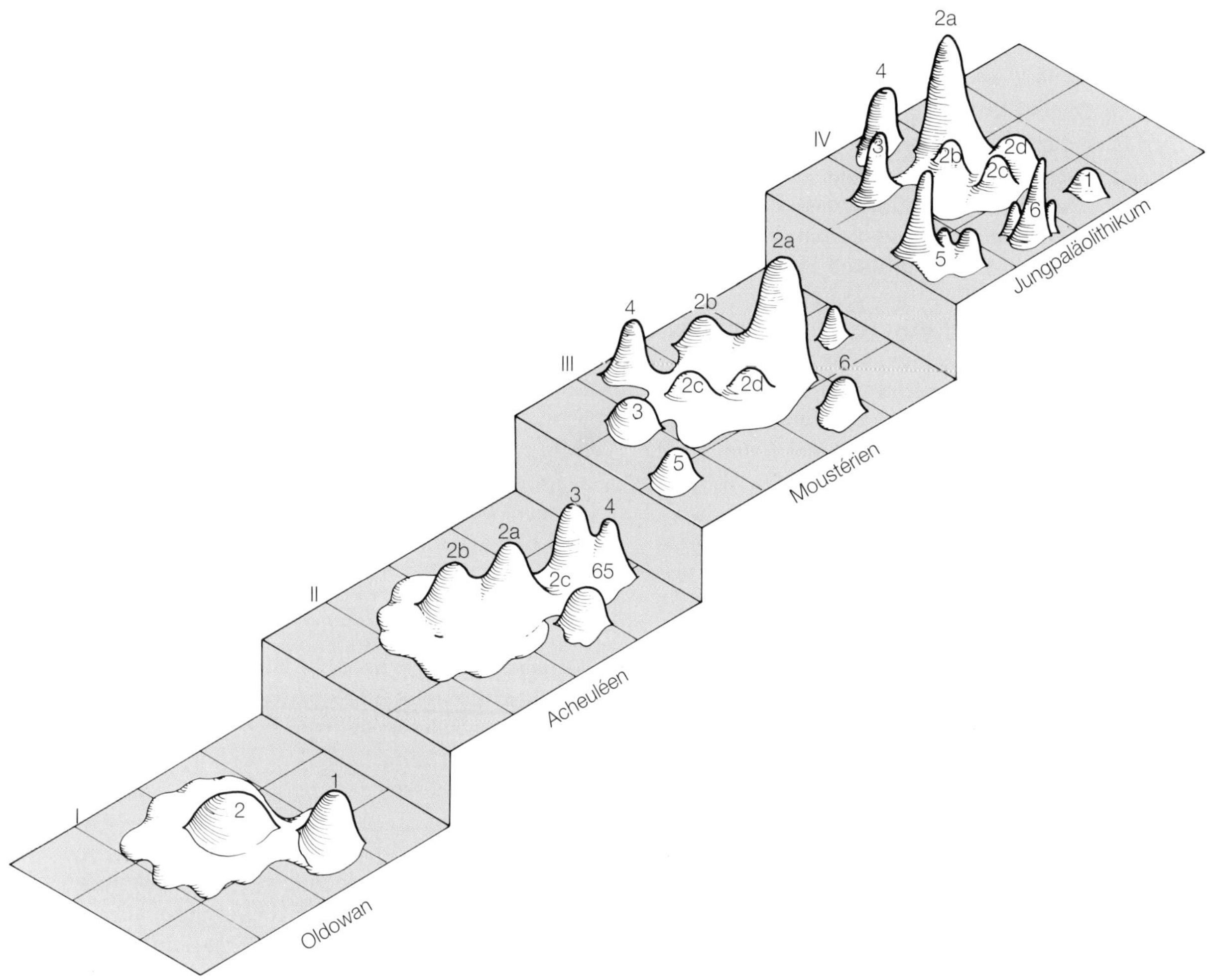

8.9 Geschärfter Geist, geschärfte Zunge.
Im Laufe der Zeit und mit dem Entstehen neuer Hominidenarten wurde auch die Herstellung von Steinwerkzeugen systematischer und geordneter. Die Spitzen im Diagramm repräsentieren identifizierbare Werkzeugformen; hohe und schmale Spitzen bedeuten stark standardisierte Produkte. Die zunehmende Standardisierung in der Herstellung von Steinwerkzeugen, so argumentiert der Archäologe Glynn Isaac, reflektiere zunehmend geordnetere kognitive Prozesse, die schließlich auch die gesprochene Sprache einschlossen. I) Oldowan: Geröllchopper (1), zufällig entstandene Abschlagklingen (2). II) Acheuléen: Kratzer (2a), stichelartige Kratzer (2b), große Kratzer (2c), Faustkeile (3), axtförmige Steingeräte (4), Hackwerkzeuge (5), Diskoide (6). III) Moustérien: Schaber (2a), Kratzer (2b), konvergente Entwicklung (2c), Bohrer, Ahlen (3), Spitze (4), Stichel (5), Bifaziale (6). IV) Jungpaläolithikum: Kratzer (2a), Klingen (2b), unter anderem Schaber (2c), Bohrer, Ahlen (3), Spitzen (4), Stichel (5), unter anderem Lorbeerblattspitzen (6). (Mit freundlicher Genehmigung von Glynn Issac.)

des anatomisch modernen Menschen. Berücksichtigt man zusätzlich die für Jagd- und Sammelaktivitäten nötigen Wirtschafts- und Sozialstrukturen, die letztlich eine effiziente verbale Kommunikation erfordern, so zeigt sich an archäologischen Funden, daß diese dem gleichen Muster folgen. Erst in späteren Stadien der Menschheitsgeschichte wird ein Verfeinerungsgrad erkennbar, der sprachliche Fertigkeiten vorauszusetzen scheint.

Wenden wir uns nun von den Ergebnissen menschlichen Geistes, die den Wirtschaftsbereich betreffen, solchen mit abstrakterem Charakter zu. Das Malen oder Ritzen eines Bildes, sagen wir eines Wisents, muß sich nicht notwendigerweise auf irgend etwas Mystischem in den gedanklichen Beweggründen des Künstlers gründen. Dies ist jedoch eine Abstraktion der realen Welt und erfordert hochentwickelte geistige Fähigkeiten. Wie wir in Kapitel 7 ausgeführt haben, ist die Kunst der Eiszeit nicht bloß eine Aneinanderreihung einfacher, abstrakter Bilder aus der realen Welt. Die Darstellung ist hochselektiv und damit, gleich ob es sich um Jagdzauber oder ein Abbild der Sozialstruktur handelt, das Zeugnis einer Welt, die von einem nach innen gerichteten Bewußtsein und komplexer Sprache geschaffen wurde. Es handelte sich tatsächlich um eine Welt wie die unsere, nur war sie in technischer Hinsicht primitiver.

Wenn die Kunst auf den Besitz komplexer Sprache hindeuten kann, stellt sich die Frage, wie weit sie in die Vorgeschichte zurückreicht. Die Antwort lautet: nicht sehr weit. Das älteste bislang bekannte abstrakte Artefakt ist eine 300 000 Jahre alte Rinderrippe aus Peche de l'Aze in Frankreich, in die eine Reihe von miteinander verbundenen Doppelbögen als Girlanden eingeritzt sind. Dieses Muster ist im Spätpaläolithikum, seit etwa 40 000 Jahren, weit verbreitet. Dennoch gibt es zwischen diesen beiden Daten, 40 000 und 300 000 Jahre, nichts Vergleichbares. Gleich alt wie die geritzte Rippe ist das Vorkommen von rotem Ocker in einem küstennahen Höhlenversteck, das man in der Nähe von Terra Amata in Südfrankreich gefunden hat. Wurde dieser Farbstoff zur Körperbemalung verwendet, eine Tradition, die zu den lebendigsten, jedoch archäologisch praktisch nicht nachweisbaren Äußerungen menschlichen Geistes zählt? Wir werden es nie erfahren.

Seit dem Moustérien, vor 40 000 bis 150 000 Jahren, gibt es eine zunehmende Zahl an Beispielen für Ritzzeichnungen auf Knochen und Elfenbein, die auf die Fähigkeit hinweisen, mit Abstraktem umzugehen. Das zeigt auch das Auftauchen offensichtlich ritualisierter Bestattungen. Erst vor etwa 30 000 Jahren begann Kunst aufzuleben, anfänglich noch langsam. Eine der ältesten Fundstätten ist Vogelherd in Deutschland, wo einige kleine, vorzüglich geschnitzte Tierfiguren aus Mammutelfenbein entdeckt wurden. Das berühmteste Objekt ist ein etwa 32 000 Jahre altes geschnitztes Pferdchen (Abbildung 7.13).

Neben Vogelherd gibt es jedoch nur wenig: zwei Anhänger – einer aus Rentierknochen, der andere aus einem Fuchszahn – von der 35 000 Jahre alten Neandertalerfundstätte La Quina in Frankreich und ein mit geometrischen Mustern bedecktes Schulterblatt einer Antilope aus La Ferrassie, einer anderen französischen Fundstelle. Andernorts in Europa entdeckte man Knochen und Elefantenzähne mit ausgeprägten Zickzackmustern, die von Neandertalern vor mindestens 50 000 Jahren geschnitzt wurden.

Als Schlußfolgerung läßt sich aus der künstlerischen abstrakten Ausdrucksform ableiten, daß spät in der Geschichte der Hominiden in deren Kultur etwas Bedeutendes geschehen sein muß. Hierbei sollten wir aber immer an die Lückenhaftigkeit der archäologischen Daten in Europa, mehr aber noch in Afrika, denken. Der britische Anthropologe Kenneth Oakley war einer der ersten, der 1951 vermutete, dieses „Bedeutende" lasse sich am besten durch einen riesigen Sprung bei der Sprachentwicklung erklären.

Wir wissen, daß Sprache sich entwickelt. Diese Entfaltung spiegelte sich vielleicht im Reichtum materieller Kultur wider. Die Frage ist nun: Was war die Ursache für ihre Entfaltung?

Die naheliegendste Antwort ist, daß Sprache zu dem Zweck entstand, wozu sie so unüberhörbar dient: zur Kommunikation. Lange Zeit war dies in der Tat die Argumentation der Anthropologen. Die Verschiebung von den wirtschaftlichen Aktivitäten im wesentlichen höherer Primaten hin zu den komplexen Gemeinschaftsunternehmungen der Jagd und des Sammelns bedurfte sicherlich einer ausreichenden Verständigung. Als beliebte Teilantwort auf die Frage, wie es dazu kam, wird gerne die Gebärdensprache als Vorstufe genannt. Man denke nur daran, daß Menschen häufig gestikulieren, vor allem, wenn ihnen die Worte fehlen.

In jüngster Zeit verschob sich jedoch der Akzent der Erklärungen, und zwar parallel zur Deutung der Entwicklung von Intelligenz. Statt der praktischen Kommunikation werden heute stärker die gedankliche Welt und das bildliche Vorstellungsvermögen als wesentlich für den Ursprung der Sprache angeführt.

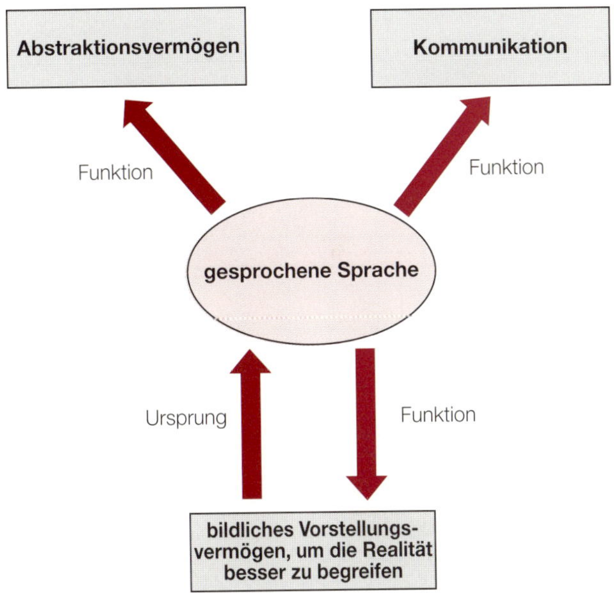

8.10 Ursprung und Funktion der Sprache. Obgleich die Kommunikation sicherlich eine Funktion der gesprochenen Sprache ist, ging es unseren Vorfahren ursprünglich (und bei den nachfolgenden Funktionen der Sprache) wahrscheinlich darum, ein besseres Bild der sozialen und materiellen Welt zu erhalten.

»Die Rolle der Sprache bei der Kommunikation entwickelte sich zunächst als Nebeneffekt ihrer eigentlichen Aufgabe, sich ein Bild von der Realität zu machen«, betont Harry Jerison. »Wir können Sprache als Ausdrucksform eines weiteren neuronalen Beitrags zur Konstruktion eines geistigen Bildes ansehen … Wir benötigen Sprache mehr zum Geschichtenerzählen als dazu, Handlungen zu steuern.« Wie wir im vorigen Abschnitt gesehen haben, betrachten Anthropologen die Bedeutung des Sozialkontakts zunehmend als Triebkraft der Evolution menschlicher Intelligenz. Bewußtsein und Sprache gehen damit Hand in Hand.

Das Gehirn der Hominiden hatte bereits an Größe zugenommen, bevor Kultur wirklich materiell und abstrakt zum Ausdruck kam. Diese zunehmende Vergrößerung könnte eher als Indiz für eine allmähliche Entwicklung von Bewußtsein und Sprache bei unseren Vorfahren gelten als für ein, wie es scheint, spätes und plötzliches Auftreten im Jungpaläolithikum. Es gibt in der Biologie jedoch viele Beispiele von schlagartig auftretenden Ereignissen, wenn eine gewisse Schwelle erst einmal überschritten wurde. Der Ursprung komplexer Sprache und eines nach innen gerichteten Bewußtseins könnten in diese Kategorie passen.

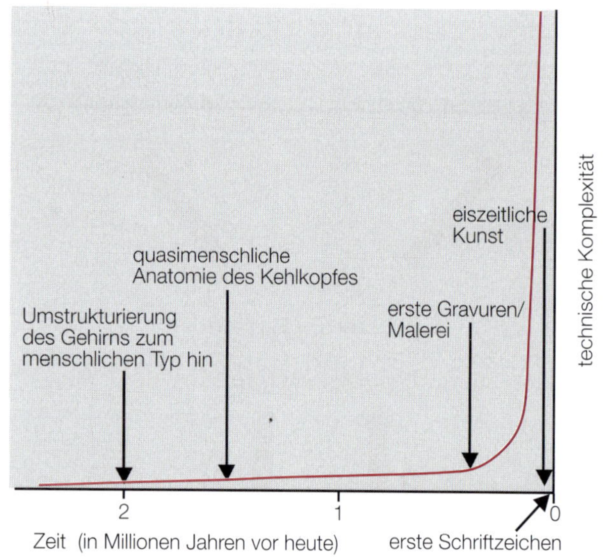

8.11 Kognitive Indikatoren.
Die archäologischen Befunde liefern nur materielle Hinweise auf die Sprechfähigkeit, die – von Schriftzeichen abgesehen – notwendigerweise indirekt sind. Ableitungen aus der Komplexität der Werkzeugherstellung ergänzen die fossilen Beweise einer Umstrukturierung des Gehirns und des Stimmapparats und geben so grundlegende Hinweise auf die kognitiven Fähigkeiten, auf denen die Sprache beruht. Wenige Beobachter bezweifeln, daß zur Zeit, als die Höhlenkunst und Kunstgegenstände auftauchten, die Sprache bereits gut entwickelt war.

Neue Welten

In der Menschheitsgeschichte kam es zu zwei großen Bevölkerungsexpansionen. Die erste vollzog sich, als *Homo erectus* vor rund einer Million Jahren von Afrika aus in die Alte Welt einwanderte. Die zweite ereignete sich vor über 100 000 Jahren, als der noch junge, anatomisch moderne Mensch, *Homo sapiens sapiens*, die gleiche Reise antrat. Diese beiden Wanderungsbewegungen unterschieden sich darin, daß *Homo sapiens* sehr schnell ein größeres Gebiet besiedelte als *Homo erectus*. Er erreichte ebenfalls den kalten Norden Eurasiens, faßte aber zusätzlich Fuß auf den Kontinenten Australien und Amerika. Archäologen und Anthropologen diskutieren noch immer den Zeitpunkt, zu dem diese Neuen Welten zuerst bevölkert wurden. Die meisten akzeptieren die Zeit zwischen 40 000 und 50 000 Jahren vor unserer Zeit für Australien und vor 12 000 Jahren für Amerika.

Man neigt sehr häufig dazu, Aspekte der Menschheitsgeschichte isoliert von denen anderer Tiergruppen zu betrachten. Natürlich wurde der Weg, den die Menschheit einschlug, in mancherlei Hinsicht durch das ziemlich spezielle Verhaltensrepertoire der Gattung *Homo* bestimmt. Jedoch hat die menschliche Linie sicherlich, wenn nötig, gleichermaßen wie andere Tiere auf ökologische Veränderungen reagiert.

So behauptet Alan Turner vom Transvaal Museum in Pretoria, daß die von Afrika ausgehende anfängliche Verbreitung und die spätere Migration nach Nordamerika zusammen mit anderen großen Raubtieren als territoriale Expansion angesehen werden kann. Es rief keine innere Stimme zum Aufbruch in ein neues Land, unsere Vorfahren folgten vielmehr, wie andere Raubtiere auch, ihrem Nahrungspotential zu neuen Wildpopulationen. Warum die ersten Besiedler Australiens jedoch in kleinen Booten zu einem unbekannten Land aufbrachen, darüber kann man nur spekulieren.

Die Herkunft der ersten Amerikaner ist seit Jahrhunderten Thema wissenschaftlicher Diskussionen. Thomas Jefferson beispielsweise vermutete eine Verwandtschaft mit Asiaten, wobei er sich auf linguistische und archäologische Daten stützte. Asien als Herkunftsland und die Beringstraße, die Alaska und Sibirien voneinander trennt, als Einwanderungsroute finden heute Zustimmung. Noch immer nicht geklärt ist jedoch der Zeitpunkt. Eine Lehrmeinung befürwortet die Zeit vor etwa 12 000 Jahren – zweifellos war Amerika vor ungefähr 11 500 Jahren bereits besiedelt, was sich durch zahlreiche archäologische Funde an verschiedenen Orten, erst der Clovis- und dann der Folsomkomplex, belegen läßt. Aber waren die Clovisleute die ersten Amerikaner? Sie waren es nicht für die Vertreter einer zweiten Schule, welche die erste Besiedlung dieser Region auf

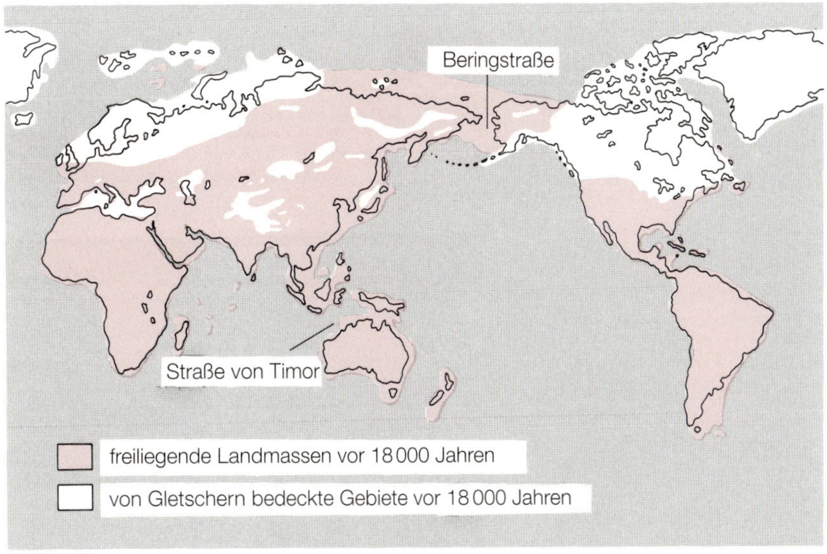

8.12 Wanderrouten nach Australien und Amerika.
Vor 18 000 Jahren hatte die letzte Eiszeit (10 000 bis 75 000 Jahre vor unserer Zeit) ihren Höhepunkt erreicht. Durch ausgedehnte Eisflächen (weiße Gebiete) senkte sich der Meeresspiegel, so daß Teile des flachen Kontinentalschelfs (schattierte Bereiche vor den gegenwärtigen Küstenlinien) zu Festland wurden. Obwohl die Vereisung vor 40 000 Jahren geringer war als hier gezeigt, verengte sich die Timorstraße so, daß eine Einwanderung nach Australien (und später nach Tasmanien) erleichtert wurde. Die geringere Ausdehnung des Eises vor 20 000 bis 30 000 Jahren könnte auch zu einem eisfreien Korridor geführt haben, der Nordamerika mit Sibirien verband.

20 000 bis 30 000 Jahre vor unserer Zeit ansetzen. In den vergangenen Jahren fand die erste Hypothese zunehmend mehr Befürworter.

Wann auch immer die ersten Amerikaner lebten, sie fanden ein Land vor, das sich von jenem, das wir heute kennen, erheblich unterschied. Vor 10 000 bis 75 000 Jahren vor unserer Zeit war die Erde fest im Griff der Eiszeit mit Maxima vor 18 000 und 65 000 Jahren. Damals war Nordamerika von Eis bedeckt. Der Laurentische Eisschild war an manchen Stellen drei Kilometer dick und bedeckte weite Teile Kanadas und der nördlichen Vereinigten Staaten von der Atlantikküste bis zum Ostabfall der Rocky Mountains. Der Kordillereneisschild erstreckte sich gleich einem Band vom Staat Washington die Pazifikküste entlang bis nach Alaska und überzog alles außer den höchsten Erhebungen der Rockies und der Berge Westkanadas.

Abgesehen von der Zeit des Eismaximums scheint ein eisfreier Korridor das südliche Nordamerika mit den eisfreien Regionen Alaskas und der Yukon- und Nordwest-Territorien Kanadas verbunden zu haben. So ergab sich eine potentielle Wanderroute für die Menschen aus Sibirien. Die Leute konnten Amerika von Sibirien aus trockenen Fußes erreichen, da die Beringstraße während der Eiszeit überwiegend kein Wasser führte. Grund dafür war die Senkung des Meeresspiegels um bis zu 100 Meter, da viel Wasser als Eis der Polkappen gespeichert war.

Den Einwanderern aus Eurasien stand daher der Weg nach Amerika zwischen 12 000 und 75 000 Jahren vor unserer Zeit eigentlich jederzeit offen. Der eisfreie Korridor bildete vermutlich keine physische Barriere für die Route der Einwanderer, dürfte aber nach Meinung einiger Wissenschaftler lebensfeindlich gewesen sein, da er biologisch gesehen praktisch steril war. Mit anderen Worten, vielleicht ist auch der eisfreie Korridor ein unüberwindliches Hindernis gewesen. Der Zeitraum der Wandermöglichkeit kann vermutlich noch weiter eingeengt werden, da nach den bislang vorliegenden archäologischen Befunden Sibirien erst vor 20 000 bis 30 000 Jahren besiedelt wurde.

Das eiszeitliche Amerika unterschied sich stark von dem heutigen. Es wimmelte von großen Säugetieren, wie Mammut, Mastodon (ein Elefantenverwandter), Riesenfaultier, Steppenbison, Hirsch, Yak, Löwe – insgesamt 75 Arten, von denen viele aus Eurasien eingewandert waren. Im Gebiet des Great Basin bildeten sich große Süßwasserseen. Die riesigen immergrünen Regenwälder Zentral- und Südamerikas wurden von Savannen und lockerem Wald größtenteils zurückgedrängt und überlebten nur in geschützten Refugien.

Die Clovisleute, die charakteristische „gekehlte“ Projektilspitzen herstellten – eine amerikanische Erfindung –, lebten im engen „archäologischen Fenster“ zwischen 11 000 und 11 500 Jahren vor unserer Zeit. Sie wurden von den Folsomleuten verdrängt, die kleinere, feiner gearbeitete Projektilspitzen herstellten. Die Umwelt der beiden Kulturgruppen unterschied sich erheblich. Die Menschen des Cloviskomplexes jagten Mammut und Mastodon; zur Zeit des Folsomkomplexes lebte keines dieser Tiere mehr, und auch die meisten anderen Großsäuger waren verschwunden. Wahrscheinlich starben 75 Spezies aus oder blieben auf Südamerika begrenzt.

Eine der großen Diskussionen über die Besiedlung Amerikas dreht sich um dieses rapide Aussterben. Manche Wissenschaftler – als bekanntester Fachmann ist Paul Martin von der University of Arizona zu nennen – behaupten,

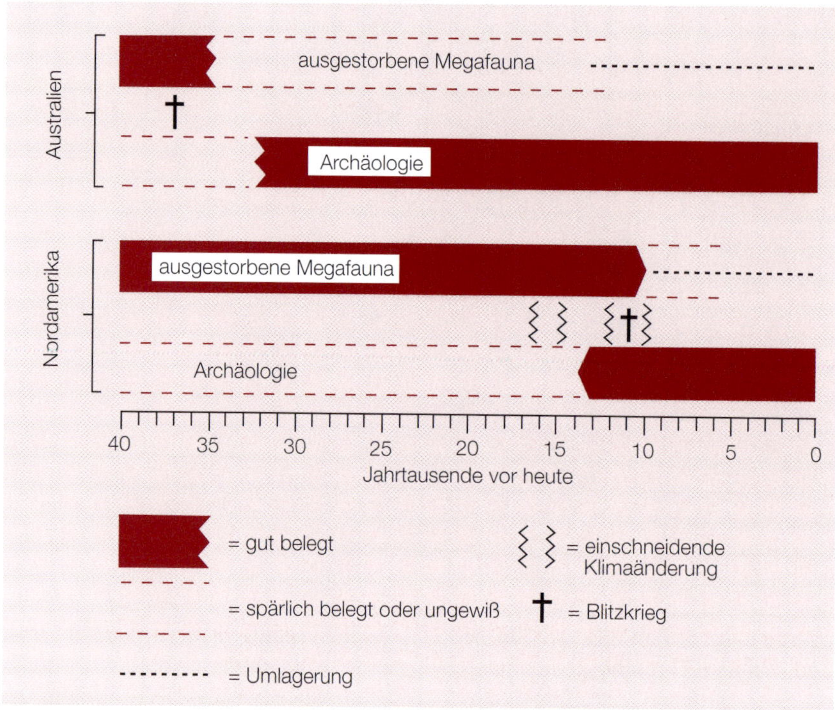

8.13 Hinweise auf „Overkill"?
Sowohl in Nord- und Südamerika als auch in Australien fällt die Ankunft des Menschen (wie sie sich aus archäologischen Funden erschließen läßt) mit dem Untergang großer Tierarten zusammen. Nach Meinung einiger Wissenschaftler wurde dieses Massensterben durch Überjagung (einen „Blitzkrieg") verursacht. (Mit freundlicher Genehmigung von P. Martin.)

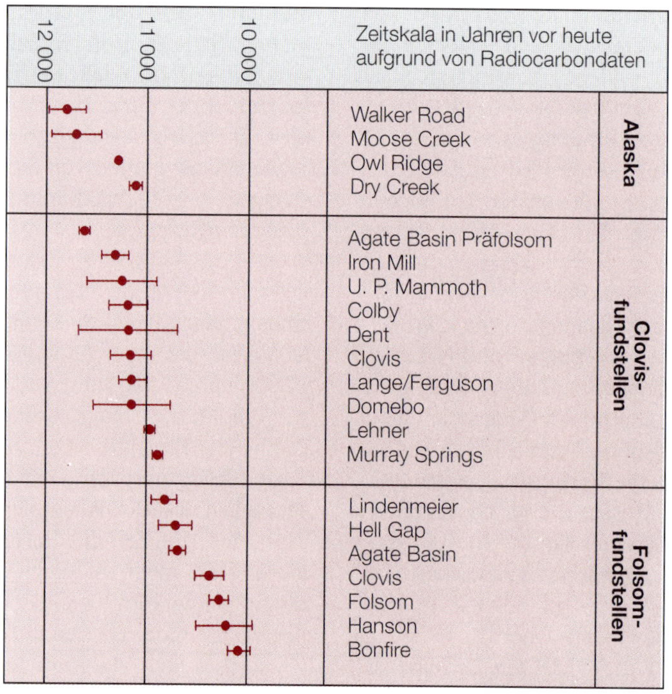

8.14 Die Cloviszeit.
Clovisfundstätten kommen über einen großen Bereich Nordamerikas (besonders der Vereinigten Staaten, da Kanada damals unter Eis lag) verstreut vor. Wie diese Abbildung zeigt, lassen sich die Orte auf die Zeit zwischen 11 000 und etwas weniger als 11 500 Jahren vor heute datieren. Die Folsomfundstätten folgen kurz danach und sind ebenfalls auf Nordamerika beschränkt.

daß die Tiere von den Clovis- und den Folsomjägern ausgerottet wurden, und zwar soll sich dies in Schüben, von Norden nach Süden fortschreitend innerhalb von tausend Jahren, ereignet haben. Andere, vor allem Ernest Lundelius von der University of Texas, verweisen auf eine drastische Klimaveränderung am Ende der Eiszeit als Verursacher.

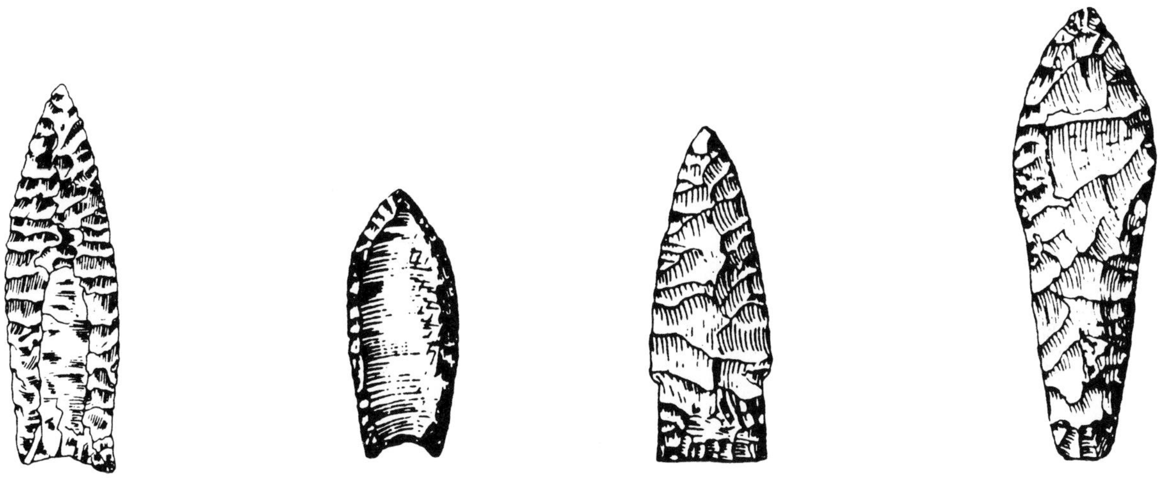

8.15 Der Cloviskomplex und die Zeit danach. Obgleich es nur wenige Skelettreste gibt, hinterließen die Clovisleute ihre Zeichen – die Clovisspitze (ganz links) – in vielen Gebieten Nordamerikas. Die Clovisspitze, die meist sieben Zentimeter lang ist, wurde offenbar in den Spalt eines Speerschaftes gesteckt und mit Tierhaut befestigt. Auf den Cloviskomplex kamen in rascher Folge die Folsom-, Scottsbluff- und Hell-Gap-Kultur (von links nach rechts).

Aus der jüngeren Geschichte wissen wir, daß das Eindringen von Menschen in vorher unberührte Gebiete ein erhebliches Artensterben – als „Overkill" bezeichnet – nach sich zieht. Auch eine Klimaänderung kann durchaus das Aussterben von Arten bewirken, besonders wenn sie so dramatisch verläuft wie jene am Übergang vom Pleistozän zum Holozän. Beide Modelle sind plausibel, doch räumt keines die begründeten Zweifel völlig aus, wenn man damit das Verschwinden zahlreicher, eiszeitlicher Säuger Amerikas versucht zu erklären. Es sei aber angemerkt, daß nur für sieben Arten gute fossile Belege existieren, die auf das Aussterben während der Clovisepoche hindeuten. Einige andere Spezies könnten durchaus in der Vorcloviszeit verschwunden sein.

Wie Donald Grayson von der University of Washington herausstellte, wurde das Bild der Clovisleute als Mammutjäger durch eine einseitige archäologische Überlieferung überbewertet. »An den meisten Clovisfundorten entdeckte man auch große Knochen«, so Grayson. »Wenn die Clovisleute im Westen die meiste Zeit damit verbrachten, Mäuse zu jagen und Beeren zu sammeln, würden wir es wahrscheinlich nicht wissen.« Auf jeden Fall aber bergen Entdeckungen von Material des Cloviskomplexes östlich des Mississippi keine Hinweise auf Großwildjagd.

Eine der spannendsten Fragen ist: Wer – falls überhaupt jemand – lebte vor den Clovisleuten in Amerika? Richard Morlan vom Canadian Museum of Civilization in Ottawa hat etwa 50 Fundstellen „südlich des Eises" untersucht, die vermutlich älter als 11 500 Jahre sind. Seiner Meinung nach ist »jede ältere Fundstelle bis zu einem gewissen Grad umstritten«.

Man sollte festhalten, daß jüngst einige der berühmten „alten" Fundplätze ihren Anspruch auf Vorclovisdatierung verloren. Erhebliche Zweifel sind aufgekommen am Alter der Steinartefakte von Calico Hills in Kalifornien, die man auf ein Alter von 100 000 bis 200 000 Jahren schätzte. Die Schädel von Del Mar Man, einst auf 70 000 Jahre datiert, wurden vor kurzem neu auf ungefähr 8000 Jahre eingestuft. Und der berühmte, 1966 gefundene Knochenschaber von Old Crow im Yukon-Territorium, der 27 000 Jahre alt sein sollte, wurde 1987 neu auf ein Alter von nur 1400 Jahren bestimmt. Doch nimmt Morlan von einer anderen Fundstelle im Yukon-Territorium, Bluefish Caves, an, daß sich hier ein Alter von 25 000 Jahren bestätigen könnte.

Sichere Fundplätze aus der Vorclovisphase südlich des Eises liegen überwiegend in Südamerika. Es sind dies die Höhle Los Toldos im argentinischen Patagonien, datiert auf 12 600 Jahre, der Fundort Tagua-Tagua in Zentralchile mit einem Alter von 11 380 Jahren, ebenfalls in Zentralchile der Ort Monte Verde mit 13 000 Jahren und Taima-Taima im nordwestlichen Venezuela, angegeben mit 13 000 Jahren. Die bedeutendste Fundstelle in Nordamerika, und wahrscheinlich die ergiebigste von allen, ist die Meadowcroft-Höhle nahe Pittsburgh, ein Fundplatz, von dem man annimmt, daß er seit 19 600 Jahren immer wieder genutzt wurde.

Wissenschaftler, die das mutmaßliche Alter von Meadowcroft mit 19 600 Jahren anzweifeln, deuten auf die Möglichkeit hin, daß das Fundstellenmaterial eventuell mit Kohlenstoff aus den benachbarten Kohlelagerstätten kontaminiert ist, der so die Radiocarbondatierung verfälschen könnte. James Adovasio von der University of Pittsburgh, der Leiter der Ausgrabung, hält dem entgegen, daß an der Fundstelle die ältesten Schichten unten und die jüngsten oben liegen, wie es auch sein sollte, wenn sie nicht kontaminiert sind. Dieses Problem ist noch nicht gelöst.

Aber, so fragt Vance Haynes von der University of Arizona, wenn Meadowcroft eine authentische Vorclovisfundstelle ist, warum existieren so wenige andere potentielle Fundplätze aus dieser Zeit? Und warum brauchte die Bevölkerung so lange, um sich auszubreiten? Ohne Zweifel vermehrte sich die Bevölkerung des Cloviskomplexes von Anfang an enorm schnell: von zunächst ein paar hundert Menschen auf über eine Million in 300 Jahren; dies entspricht einer Zuwachsrate von drei Prozent pro Jahr.

Als Kolumbus in Amerika landete, gab es unter den dort lebenden Indianern 1000 verschiedene Sprachen. Der Linguist Joseph Greenberg von der Stanford University analysierte 600 Sprachen, die sich bis heute erhalten

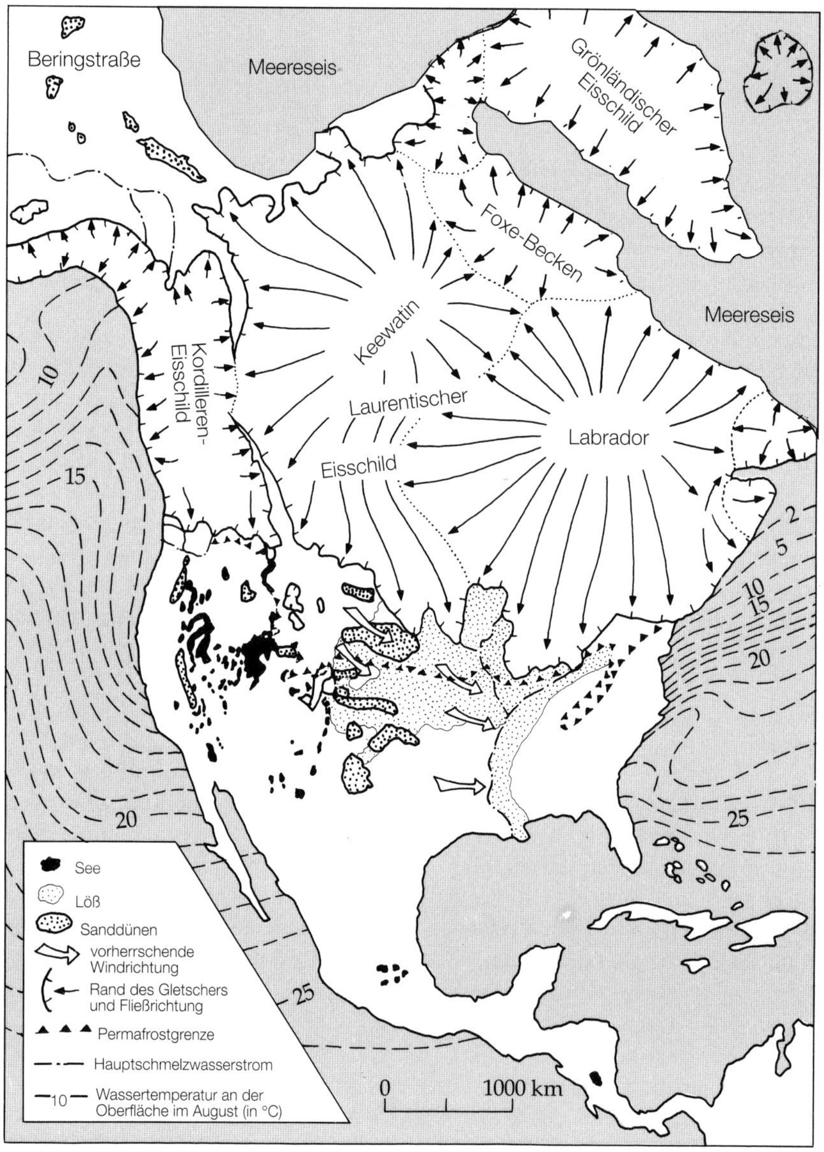

8.16 In den Klauen des Eises.
Auf dem Höhepunkt der letzten Vereisung, vor etwa 18 000 Jahren, war ein großer Teil Nordamerikas von mächtigen Eisschilden bedeckt: Im Westen war es der Kordillereneisschild, in der Mitte und im Osten der Laurentische Eisschild. Offen ist, ob ein eisfreier Korridor die ganze Zeit über bestand. (Mit freundlicher Genehmigung von S. C. Porter.)

haben, und führt sie auf drei Sprachstämme zurück: auf Amerind, den verbreitetsten und vielfältigsten, Na-Dene, seltener und weniger vielfältig als Amerind, doch häufiger und vielgestaltiger als der dritte Stamm, das Aleutisch der Eskimos. Möglicherweise, so Greenberg, repräsentieren diese drei Sprachstämme drei separate Wanderschübe; die Amerindgruppe dürfte zuerst eingetroffen sein. Einige molekularbiologische Laboratorien versuchen gegenwärtig, mit Hilfe der DNA-Analyse von Mitochondrien die Fragen nach Zeit und Umfang der Einwanderung der ersten Amerikaner zu klären.

Im Gegensatz zu ihren amerikanischen Vettern mußten die ersten Australier eine Seefahrt unternehmen, um in ihre neue Welt zu gelangen. Selbst bei extrem niedrigem Meeresspiegel während des eiszeitlichen Maximums würde die Fahrt von der Sundaregion (dem Gebiet Südostasiens und großen Teilen Indonesiens) zu dem sogenannten Sahulland (Australien, Tasmanien und Neuguinea) mindestens acht Seereisen erfordert haben, die letzte über 87 Kilometer. Bislang gibt es an australischen Fundplätzen keine archäologischen Hinweise auf Boote, die eine solche Reise erlaubt hätten. Allerdings sind die Küstengebiete der Eiszeit heute überwiegend von Meer bedeckt.

Hominiden leben in Südostasien seit fast einer Million Jahren, der älteste Beleg für eine Besiedlung der Sahulregion ist aber lediglich 40 000 Jahre alt; es handelt sich um eine archäologische Fundstelle an der Nordostküste Neuguineas. Auf Australien selbst gibt es archäologische und fossile Belege hauptsächlich aus dem Westen und Süden, sie sind weit entfernt von jenen Plätzen, wo die Menschen gelandet sind. Der älteste archäologische Fundort liegt am Mungosee in New South Wales und ist 45 000 Jahre alt. Die ältesten Fossilien von Menschen kommen ganz aus der Nähe, vom Willandrasee, und sind offenbar mindestens 30 000 Jahre alt.

Die menschlichen Fossilien Australiens, vor allem die Schädel, unterteilt man vielfach in zwei Gruppen: in anatomisch grazile Formen wie die vom Mungo- und Keilorsee im südlichen Victoria, und in eher massige Formen wie die von Kow Swamp und Cohuna, ebenfalls in Victoria. Aus dieser Gliederung wurden zwei verschiedene Migrationsschübe abgeleitet, wobei man die Herkunft der grazilen Einwanderer in China, die der robusten in Indonesien vermutete. Vermischungen hätten die Unterschiede in späteren Generationen verwischt.

Nach Meinung von Phillip Habgood an der University of Sidney ist diese Unterteilung in grazile und robuste Formen künstlich. Er und eine zunehmende Zahl australischer Gelehrter vermuten, die frühen Einwanderer hätten einen eher einheitlichen Körperbau aufgewiesen. Das unterschiedliche Aussehen der heutigen Aborigines sei das

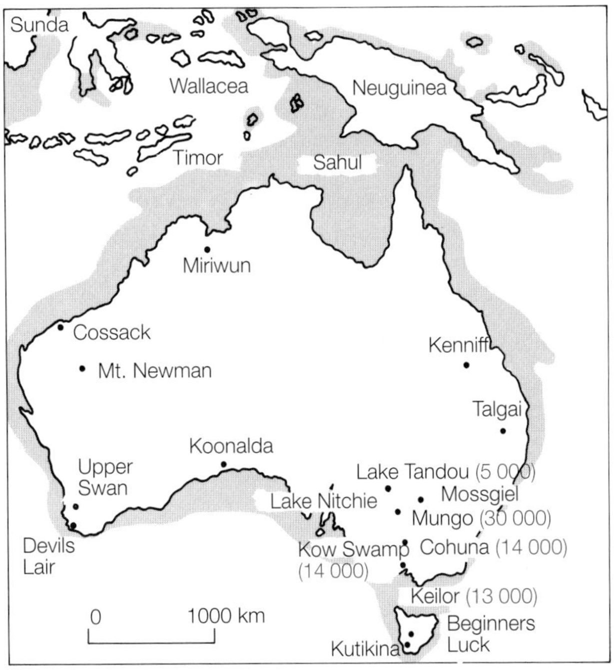

8.17 Spuren in Australien.
Gezeigt sind die wichtigsten archäologischen und fossilen Fundorte (mit Altersangaben in Klammern, soweit bekannt). Die meisten Gelehrten stufen die Besiedlung Australiens auf die Zeit vor 40 000 bis 50 000 Jahren ein. Die schattierten Bereiche zeigen den Kontinentalschelf, der zur Zeit der maximalen Vereisung trocken lag.

Ergebnis »genetischer (und kultureller) Prozesse, die auf eine kleine Gründerpopulation einwirkten«.

Wie in Kapitel 6 erwähnt, befürworten einige Wissenschaftler, etwa Milford Wolpoff von der University of Michigan und Alan Thorne von der Australian National University in Canberra, eine tiefverwurzelte lokale Kontinuität des heutigen Menschen. In diesem Fall müßte man die Vorfahren der Australier von 200 000 Jahre alten Populationen in Zentraljava ableiten, zu denen die archaischen *Homo sapiens*-Fossilien von Ngandong gehören. Untersuchungen mitochondrialer DNA (Kapitel 6) sprechen jedoch für eine jüngere afrikanische Herkunft der australischen Aborigines. Übrigens zeigt sich bei den Studien auch, daß der Inselkontinent nicht nur einmal, sondern in mindestens 15 Schüben besiedelt wurde.

Die ersten Seßhaften

Den Zeitpunkt 12 000 Jahre vor heute nennt man zumeist als Beginn der „landwirtschaftlichen oder neolithischen Revolution". Davor bestritten die Menschen ihren Lebensunterhalt durch verschiedene Formen der Jagd und des Sammelns. Seit 12 000 Jahren wurde in verschiedenen Gebieten der Erde unabhängig voneinander damit begonnen, Pflanzen und Tiere zu domestizieren, zuerst im Fruchtbaren Halbmond des Nahen Ostens, danach in Südasien und zuletzt in unterschiedlichen Regionen der Neuen Welt. Die Einführung des Feldbaus geschah – gemessen an der menschlichen Vorgeschichte – in extrem kurzer Zeit und war von einer starken Zunahme der Bevölkerung begleitet. Zu Beginn des Neolithikums lebten etwa zehn Millionen Menschen, vor 4000 Jahren bereits 100 Millionen.

Die gewaltigen Veränderungen im Neolithikum können als Vorspiel der Entstehung von Städten und Stadtstaaten angesehen werden und natürlich auch des weiteren Anwachsens der Weltbevölkerung auf heute etwa sechs Milliarden Menschen.

Bis vor kurzem betrachtete man die neolithische Revolution als einen recht geradlinigen – eventuell dramatischen – Wandel. Als Antwort auf irgendeinen Stimulus begannen Wildbeuter, die vermutlich in kleinen umherziehenden Gruppen von etwa 25 Personen gelebt hatten, mit der Pflanzen- und Tierdomestikation als ein Mittel, um die Nahrungsproduktion zu intensivieren. Als Resultat, so lautete die Meinung, begannen die Menschen in großen, seßhaften Gemeinschaften zu leben, deren soziokulturelle Komplexität alles übertraf, was vorher existiert hatte. Mit anderen Worten, Seßhaftigkeit und komplexe Sozialstruktur bezeichnete man als die *Konsequenzen* aus der Einführung des Feldbaus. Der Übergang zum Neolithikum war charakterisiert durch den Wandel vom Einfachen zum Komplexen.

Im Lichte neuer archäologischer und ethnographischer Befunde und einer Neubewertung einiger bereits bestehender Belege wird der Übergang zum Neolithikum heute jedoch völlig anders betrachtet. Am bedeutendsten ist – und dies gilt heute als gesichert –, daß die Bevölkerung in vielen Fällen *vor* der Entwicklung des Feldbaus komplexe Sozialsysteme entwickelte und seßhafte Gemeinschaften bildete. Die Wildbeuter des ausgehenden Pleistozäns führten nicht notwendigerweise jenes einfache Nomadenleben, das sich die Anthropologen vorstellten. Obwohl die Debatte darüber, was die neolithische Revolution auslöste, weitergeführt wird, ist es nicht unbegründet, den Feldbau in gewisser Weise als Folge statt als Ursache sozialer Komplexität anzusehen.

Die traditionelle Charakterisierung des Übergangs zum Neolithikum als Revolution beruht auf archäologischen und ethnographischen Befunden. Erstere scheinen einen Hinweis auf eine schlagartige Veränderung der Wirt-

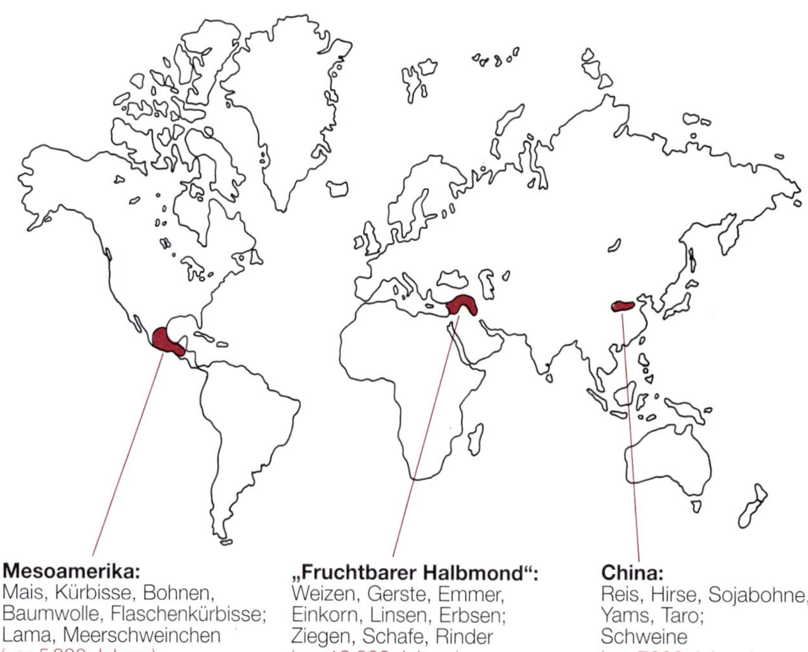

8.18 Hauptzentren der landwirtschaftlichen Entwicklung. Die Domestikation von Pflanzen und Tieren entwickelte sich offensichtlich unabhängig, zu unterschiedlichen Zeiten und gleichzeitig an verschiedenen Orten der Erde. Es gab jedoch drei große Entwicklungszentren, deren Einfluß sich rasch ausbreitete und schließlich auch die lokalen Innovationen dominierte.

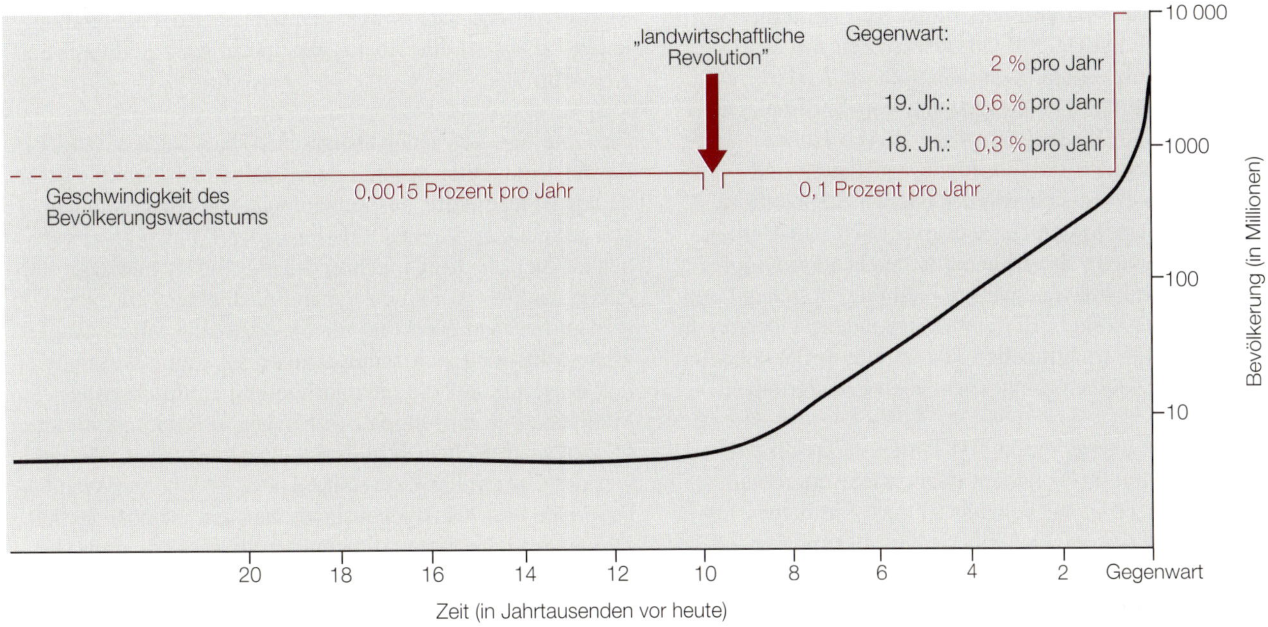

8.19 Bevölkerungszuwachs seit dem Neolithikum.
Es gibt keinen Zweifel daran, daß das Bevölkerungswachstum mit der Domestikation von Pflanzen und Tieren begann und sich bis heute exponentiell fortsetzt. Es gibt jedoch immer noch widersprüchliche Meinungen darüber, ob das Bevölkerungswachstum ein Grund oder eine Folge der Domestikation ist.

schaftsstruktur zu geben, letztere auf den Wandel von einfacher zu komplexer Sozialstruktur.

Der Ausdruck „landwirtschaftliche Revolution" wurde in den fünfziger Jahren von dem australischen Prähistoriker V. Gordon Childe geprägt. Er schien aus einer Vielzahl von Gründen ein geeigneter Terminus, nicht zuletzt für jene spärlichen archäologischen Daten, mit denen diese entscheidende Phase der Menschheitsgeschichte umrissen werden kann. Die wenigen bedeutenderen Fundorte, zum Beispiel die Siedlung der „Bauern" und Händler von Jericho mit ihren eindrucksvollen Türmen und Mauern, brachen offenbar mit ungeheurer Geschwindigkeit aus dem archäologischen Nichts hervor. Die Überreste von Catal Hüyük, das zwischen 7800 und 8500 vor unserer Zeit von Leuten, die Feldbau betrieben, bewohnt wurde, bezeichnete man als archäologische Supernova. Ausgegraben in den sechziger Jahren, erstreckte sich diese Stadt in der heutigen Türkei über eine Fläche von zwölf Hektar und wies kunstvolle Bauten sowie schöne, symbolträchtige Wandmalereien und Schnitzereien auf.

(In den vergangenen fünfzehn Jahren legten jedoch Ausgrabungen im Fruchtbaren Halbmond die Überreste von weiteren Dörfern und Städten frei, die klar erkennen lassen, daß der Übergang zum Feldbau, stärker als bislang angenommen, ein allmählicher Prozeß war. Zu diesen Fundorten gehören ʻAin Ghazal in Jordanien, Gritille in der Türkei und Abu Huraira in Nordsyrien. Besonders gut kann man hier den Übergang von hauptsächlich auf Jagd und Sammeln spezialisierten Gemeinschaften zu einer Mischwirtschaft aus Jagen und Sammeln kombiniert mit Feldbau ablesen. Mit dem besseren Einblick, den man durch die vollständigeren archäologischen Funde bekommt, kann man so den Übergang zum Neolithikum als schrittweise Einführung der Domestikation und nicht als Revolution in einer Nacht erkennen.

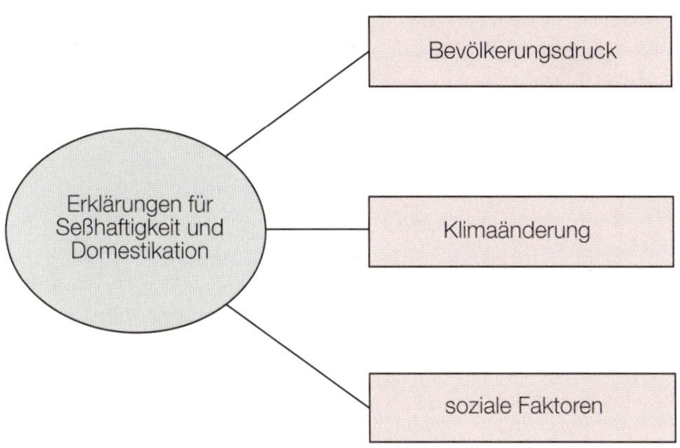

8.20 Hypothesen über den Ursprung des Feldbaus.
Bevölkerungsdruck und Klimaänderung wurden lange Zeit als die überzeugendsten Argumente für den Beginn der Seßhaftigkeit und Domestikation angesehen. In jüngerer Zeit richtete sich die Aufmerksamkeit mehr auf die inneren Faktoren der sozialen Komplexität.

Einer der informativsten Fundorte ist Abu Huraira, das zwischen 7000 und 11 500 vor unserer Zeit mit einer größeren Unterbrechung zwischen 9600 und 10 100 vor heute besiedelt war. Die Notgrabung von 1974 belegte, daß in der ersten Besiedlungsphase in Abu Huraira I eine 50 bis 300 Personen starke Gruppe von Jägern und Sammlern lebte, die sich von der reichen Steppenflora (etwa den vielen wilden Getreidearten) und den Herden der zu bestimmten Jahreszeiten durchziehenden Kropfgazelle ernährte. Als ganzjährige Siedlung, bestehend aus einfachen, aber soliden Einfamiliengebäuden, widerspricht Abu Huraira der traditionellen Vorstellung des Wildbeutertums: der von kleinen, umherziehenden Lokalgruppen.

Abu Huraira I wurde vor 10 100 Jahren verlassen, vielleicht wegen Raubbaus an den lokalen Ressourcen und eines zunehmend unwirtlicheren Klimas. Ein halbes Jahrtausend später war es wieder besiedelt, diesmal von Leuten, die auch Pflanzen – nicht jedoch Tiere – domestizierten. Ein Jahrtausend lang jagten die Bewohner Abu Hurairas weiterhin Gazellen, ihrer einzigen Fleischquelle, später wandten sie sich der Domestikation von Ziegen und Schafen zu. Insgesamt bedeutet dies die »schrittweise Einführung von Nutzpflanzen und -tieren«, erklärt Andrew Moore von der Yale University, der 1974 die Ausgrabung leitete. »Dies ist ein Muster, das ich in ganz Südwestasien wiederfinde.«

Es sollte wirklich nicht überraschen, daß die Sozialstruktur der Wildbeuter des Jungpleistozäns recht komplex war, da wir Belege dafür aus archäologischen Ausgrabungen seit einiger Zeit kennen. Als besonderer Beleg zu erwähnen ist hier die Kunst während der europäischen Eiszeit (siehe Kapitel 7). »Wenn jemand nach einem einzelnen archäologischen Merkmal für die soziokulturelle Komplexität sucht, wird sich seine Aufmerksamkeit wahrscheinlich weiterhin auf die einzigartige und eindrucksvolle Manifestation der jungpaläolithischen Felsenkunst in der frankokantabrischen Region richten«, meint Paul Mellars von der Cambridge University. Diese Epoche der Wandmalereien und Kunstgegenstände begann vor über 30 000 Jahren, erreichte ihren Höhepunkt vor 15 000 Jahren und endete zusammen mit der Eiszeit vor 10 000 Jahren.

Ein weiterer Hinweis auf die Vielfalt jungpleistozäner Sozial- und Wirtschaftsformen stammt aus der zentralrussischen Steppe, besonders von einer Fundstelle nahe Meschiritsch, 1100 Kilometer südwestlich von Moskau.

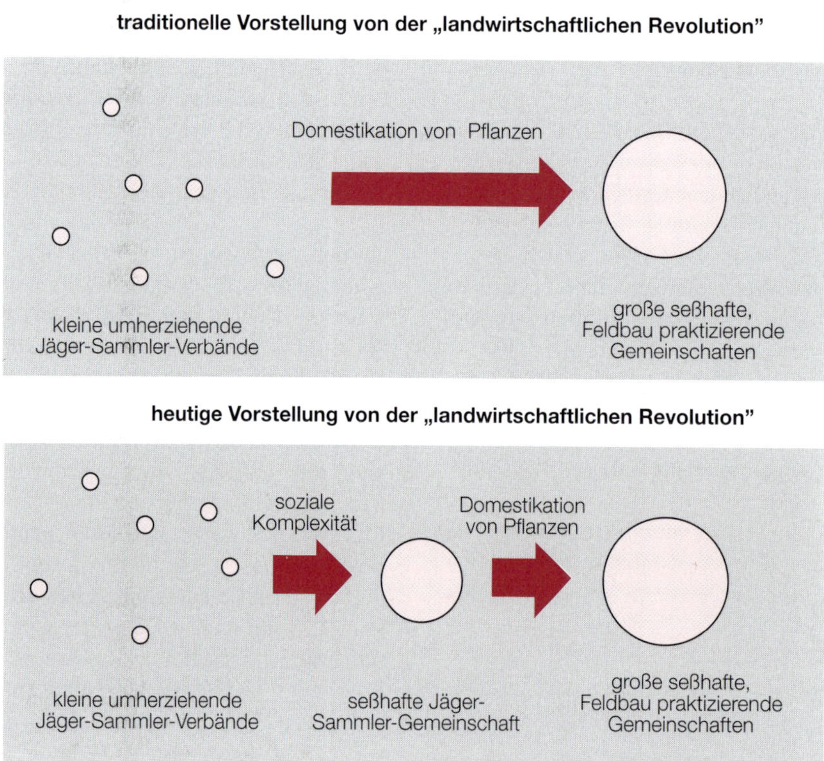

8.21 Sich ändernde Sichtweise der neolithischen Revolution. Nach traditioneller Auffassung entwickelten sich Seßhaftigkeit und Domestikation zusammen. Es war der Übergang von kleinen, umherziehenden Jäger-Sammler-Gruppen zu großen, seßhaften Gesellschaften, die von Feldbau gelebt haben. Kürzlich erkannten Wissenschaftler, daß der Vorgang wahrscheinlich in mehreren Schritten verlief und Seßhaftigkeit und Domestikation sich getrennt entwickelten. Zwischen den kleinen Wildbeutergruppen und großen Gesellschaften sollte es daher seßhafte Gesellschaften gegeben haben, die als Jäger und Sammler lebten.

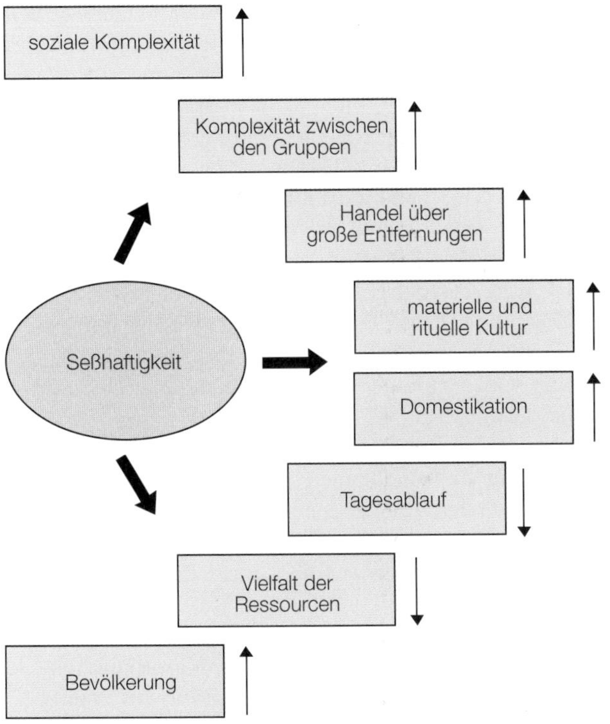

8.22 Die Folgen der Seßhaftigkeit.
Der Wechsel von einer umherwandernden zu einer seßhaften Lebensweise beinhaltet notwendigerweise eine Anzahl von grundlegenden sozialen und materiellen Änderungen. Obgleich diese oft ausschließlich mit bäuerlichen Gesellschaften in Verbindung gebracht werden, gilt es heute als gesichert, daß Seßhaftigkeit *per se* einige dieser Veränderungen hervorruft.

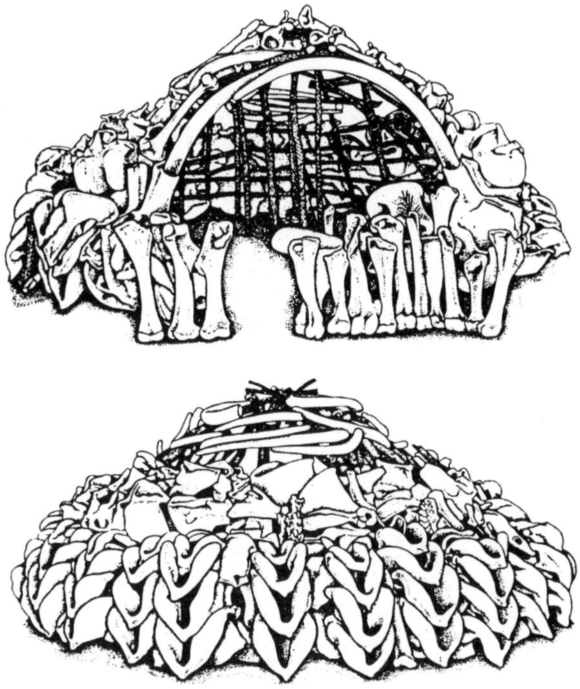

8.23 Hütte aus Mammutknochen.
Diese Behausung mit einem Durchmesser von fünf Metern ist eine von fünf, die bei Meschiritsch in der Ukraine ausgegraben wurden. Diese 15 000 Jahre alten Unterkünfte wurden individuell mit großem technischen Geschick und viel Geschmack errichtet. Sie gehörten zu einer Gemeinschaft, die sicher komplexer war, als man bei den vorbäuerlichen Gesellschaften der Jäger und Sammler jener Zeit allgemein vermutet. (Mit freundlicher Genehmigung von M. I. Gladkin, N. L. Kornijez und O. Soffer, *Scientific American*, 1984.)

In der 15 000 Jahre alten Siedlung lebten etwa 50 Menschen in einem „Dorf", das aus mindestens fünf festen Unterkünften bestand. Jede war aus Mammutknochen gefertigt. »Wir beginnen Anzeichen für semipermanente Wohnstätten in der zentralrussischen Steppe zu finden, die auf nahezu 30 000 Jahre vor heute datiert werden«, bemerkt Olga Soffer von der University of Wisconsin.

Aufgrund dieser und anderer Belege überrascht es vielleicht, daß die Menschen bis zum relativ späten Jungpleistozän allgemein als einfache Wildbeuter angesehen wurden, die in Gruppen von nicht mehr als 25 Individuen von Lagerplatz zu Lagerplatz wanderten. Einer der Gründe dafür war die sehr bedeutende und einflußreiche Studie der !Kung San, von Buschmännern in der Kalahari. Unter Leitung der Anthropologen Richard Lee und Irven DeVore von der Harvard University untersuchte das Projekt detailliert das sozioökonomische Leben dieser Menschen.

Das Projekt offenbarte, daß die !Kung trotz des Lebens in einer äußerst rauhen Umwelt in der Lage waren, mit einem Zeitaufwand von nur wenigen Stunden Arbeit pro Tag, von einfacher Jagd und Sammeln zu leben. Zudem war ihr Sozialleben geprägt von einem egalitären, harmonischen Miteinander-Teilen. Die Ergebnisse des Harvard-Projekts wurden 1966 auf einer Tagung, die von der University of Chicago abgehalten wurde, unter dem Titel *Man the Hunter* veröffentlicht. Aus verschiedenen Gründen – einschließlich der Tatsache, daß kein anderes ethnographisches Projekt so sorgfältig und wissenschaftlich durchgeführt worden war – wurde das von der Harvard University gezeichnete Porträt der !Kung *das* Bild von der Lebensweise von Wildbeutern, sowohl in der heutigen Welt als auch in der Vorgeschichte, trotz widersprüchlicher Befunde aus manchen archäologischen und ethnographischen Untersuchungen.

Mehr als ein Jahrzehnt dominierte das !Kung-Modell die Vorstellung der Anthropologen, wie die Wildbeuter lebten, doch zeigten sich in den frühen achtziger Jahren allmählich seine Unzulänglichkeiten. Die sich ändernde Sichtweise wurde durch neue historische, archäologische und verhaltensökologische Beweise vorangetrieben. Diese zeigten zum einen, daß es eine weit größere Variabilität im Wildbeuterleben gab, als es das !Kung-Modell zuläßt, und zum zweiten, daß diese Variabilität einen Grad an sozialer und wirtschaftlicher Komplexität umfaßte, der ehedem ausschließlich mit bäuerlich geprägten Gesellschaften assoziiert worden war.

»Viele Merkmale, die man ursprünglich allein mit Feldbau in Verbindung gebracht hat – Seßhaftigkeit, spezielle Bestattungsbräuche und solide Grabgewölbe, soziale Ungleichheit, Arbeitsteilung, Fernhandel, technische Innovation, Krieg –, findet man bei vielen Gruppen mit umherschweifender Lebensweise«, schließen die Anthropologen James Brown und T. Douglas Price 1984 in einer klassischen Neubewertung des Sammler-Jäger-Komplexes.

Mit anderen Worten, man erkannte, daß die neolithische Revolution weder eine echte Revolution war, noch sich primär auf die Ein- und Durchführung des Feldbaus konzentrierte. Der Übergang zum Neolithikum bedeutete zunehmende Seßhaftigkeit und gesellschaftliche Komplexität (siehe Abbildung 8.21). Dem folgte gewöhnlich die allmähliche Domestikation von Pflanzen und Tieren. Jedoch ging in einigen Fällen, insbesondere in der Neuen Welt, die Domestikation von Pflanzen der Seßhaftigkeit voraus. So zeigte Kent Flannery von der University of Michigan, daß die erste domestizierte Pflanze in der Neuen Welt, der Flaschenkürbis, den man seit etwa 9000 Jahren im südlichen Hochland von Mexiko anbaut, mindestens schon 1000 Jahre existierte, bevor die Menschen dieses Landstrichs seßhaft wurden. Offensichtlich war das Neolithikum eine komplexe Epoche und wesentlich durch lokale sowie globale Faktoren beeinflußt.

Zumindest ebenso bedeutend wie seinen Verlauf zu verstehen ist natürlich, die Ursache für den Übergang zum Neolithikum zu erkennen. Weil der Wandel sich in wenigen tausend Jahren in verschiedenen Teilen der Welt unabhängig voneinander vollzog, hegte man lange den Wunsch, hierfür eine globale Ursache zu finden. Zwei Faktoren sah man als mögliche Kandidaten der Antriebskraft: Populationsdruck und Klimaänderung.

Zweifellos begleitete ein enormer Anstieg der Bevölkerungsdichte den Übergang zum Neolithikum, aber die Frage, ob dies seine Ursache oder seine Folge war, bleibt. Mark Cohen von der State University of New York in Pittsburgh, der Hauptbefürworter der Populationsdruckhypothese, argumentiert, die anwachsende Bevölkerungsdichte sei die Ursache für die neue Wirtschaftsform gewesen, und nennt Anzeichen für ernährungsbedingte Belastung an Skeletten aus dem Jungpaläolithikum, um diese Behauptung zu untermauern. Doch sind viele Anthropologen überzeugt, daß es auch ohne hohe Bevölkerungsdichte viele Beispiele – zum Beispiel im südlichen Hochland Mexikos – für den Übergang zu Seßhaftigkeit und Feldbau gibt. Für diese Forscher, auch für Flannery, ist die Populationsdruckhypothese nicht überzeugend.

Der zweite Hauptkandidat – Klimaänderung – scheint überzeugend, weil der Übergang zum Neolithikum mit dem Ende der pleistozänen Vereisung zusammentrifft. Der Wandel von glazialen zu interglazialen Verhältnissen leitete eine weiträumige Neugliederung der Umwelt ein; Pflanzen- und Tiergemeinschaften kamen nun in Regionen, wo sie vorher nicht existierten. Zum Beispiel ist kaum zu bezweifeln, daß wilde Getreidearten durch das wärmere, feuchtere Klima in den Steppen der Levante vor 12 000 Jahren sehr gut gediehen. Die Sammler konnten sie anfangs in großen Mengen ernten und später domestizieren. Nach Moores Auffassung war das für die frühe Gründung von Abu Huraira und vergleichbaren Orten ein wichtiger Grund.

Doch fehlt der Beweis für die Hypothese, eine klimabedingte Florenänderung habe ganz allgemein die Seßhaftigkeit eingeleitet. Mehr noch, es muß frühere Epochen als das Obere Pleistozän gegeben haben, die zur Intensivierung der Nahrungsproduktion führten. Der moderne *Homo sapiens* erschien vor 100 000 Jahren; doch warum vergingen fast 90 000 Jahre, bevor er die Nahrungsproduktion steigerte? Vielleicht war es die Kombination von Populationsdruck und Klimaänderung? Oder war es etwas völlig anderes?

Für einige Wissenschaftler ist dies „andere" soziale Komplexität. Während Populationsdruck und Klimaveränderung „externe" Faktoren waren – der erste ein Problem, das gelöst werden mußte, der zweite eine Chance, die genutzt werden konnte –, wäre soziale Komplexität ein „interner" Auslöser für Veränderungen gewesen.

Auf alten Ideen von Robert Braidwood aufbauend, behauptet die Anthropologin Barbara Bender von der University of London, daß soziale Komplexität eine Voraussetzung, aber kein Ergebnis eines von Seßhaftigkeit gekennzeichneten Feldbausystems sei. Die zunehmende soziale Komplexität sowie die unterschiedlichen Ebenen der Sozial- und Wirtschaftsstrukturen, die damit einhergehen, schaffen die Nachfrage nach Nahrungsmitteln, die von kleinen umherziehenden Wildbeutergruppen nicht befriedigt werden kann, so die Auffassung Benders und ihrer Anhänger. Die Antwort auf diesen inneren Druck ist, die Nahrungsproduktion zu intensivieren und zu formalisieren. Mit anderen Worten, eine bäuerlich geprägte Gesellschaftsform entsteht. Bender behauptet nicht, dieser interne Faktor sei der einzige Grund, sondern nur, daß der »Technologie und Bevölkerungsentwicklung bei der Erklärung des Ursprungs der Landwirtschaft zuviel Bedeutung beigemessen wurde, der Sozialstruktur hingegen zuwenig«.

Obwohl der gesellschaftliche Aspekt unter Anthropologen an Popularität gewinnt, ist es sehr schwer, seine Verdienste herauszustellen. Wie bei einer Black Box weiß man, daß er etwas Wichtiges beinhaltet, aber nicht, wie er funktioniert. Warum, zum Beispiel, benötigte die komplexe Sozialstruktur seit dem Erscheinen des anatomisch modernen Menschen noch weitere 90 000 Jahre, um sich zu etablieren? Natürlich könnte eine leichte evolutionäre Veränderung des Intellekts in der relativ jungen Geschichte des Menschen stattgefunden haben, die sich körperlich nicht manifestierte.

Tatsächlich gab es eine Veränderung in der Biologie des modernen Menschen zwischen dem Ende des Pleistozäns und dem Holozän, diese betraf die Körpergestalt. Postpleistozäne Menschen sind nicht nur kleiner als ihre direkten Vorfahren, auch der Größenunterschied zwischen Männern und Frauen – der Geschlechtsdimorphismus – ist bedeutend reduziert. Wie Robert Foley von der Cambridge University kürzlich hervorhob, könnte diese Tatsache sich darauf auswirken, wie man sich den Übergang zum Neolithikum vorzustellen hat.

Die Auffassung der Anthropologen von urzeitlichen Wildbeutern ist unvermeidlich von dem beeinflußt, was wir über heutige Wildbeutergruppen wissen. Diese Völker, deren Zahl rapide abnimmt und die in den Randregionen der Erde leben, ernähren sich zumeist überwiegend von Pflanzen (natürlich gibt es einige Ausnahmen) und haben gleichberechtigte Gesellschaftsformen. So betrachtet man den Übergang zum Neolithikum gewöhnlich als den eines Wandels von dieser Form der Subsistenzwirtschaft zur Domestikation.

Die größere mittlere Körperstatur der jungpleistozänen Bevölkerung und der ausgeprägtere Geschlechtsdimorphismus könnten auf einen anderen sozialen Kontext hindeuten. Es mag durchaus eine größere Konkurrenz zwischen Männern bei der Werbung um die Frauen gegeben haben (siehe Kapitel 3). Die Männer mögen auch stärker in der Großwildjagd und Nahrungsbeschaffung für ihre Frauen und Kinder engagiert gewesen sein. »In diesem Zusammenhang ist das, was wir uns unter einem modernen Jäger und Sammler vorstellen, überwiegend ein postpleistozänes Phänomen«, sagt Foley. »Hinsichtlich der Nahrungsproduktion ist es eher eine Parallelentwicklung als eine ursprüngliche Anpassung ... Sowohl die Gemeinschaft von Jägern und Sammlern als auch die Feldbausysteme entwickelten sich als Antwort auf eine Ressourcenverknappung am Ende des Pleistozäns aus der recht andersartigen Sozioökologie der anatomisch modernen Menschen im Jungpleistozän.«

Natürlich ist das Bild der Anthropologen vom Übergang zum Neolithikum weit davon entfernt, vollständig zu sein. Doch sollte man richtigerweise sagen, daß die Suche nach einer einzigen Primärursache heute weit weniger populär ist, als sie es einmal war. »Für das Entstehen kultureller Komplexität ist kein Einzelfaktor verantwortlich«, schlossen Brown und Price. »Die Zunahme an Komplexität tritt in zu vielen unterschiedlichen und geschichtlich in keiner Beziehung zueinander stehenden Regionen auf, als daß sie Ergebnis eines einzigen Faktors sein könnte ... Für den Moment mag es genügen, sich einfach der Tatsache bewußt zu sein, daß die Dinge sich nicht so entwickelten, wie sie sich ursprünglich darstellten.«

Fragen

- Wo liegen die Grenzen, wenn man Intelligenzunterschiede anhand der Größe und Struktur des Gehirns messen will?
- Wie könnte man den Intelligenzgrad anhand verschiedener Steinwerkzeuge bestimmen?
- Welche Schlüsseldaten könnten die Hypothese „der Mensch, das Sozialwesen“ unterstützen?
- Wie könnte man prüfen, ob nichtmenschliche Primaten ein menschenähnliches Bewußtsein besitzen?
- Wie bedeutend sind die verschiedenen Fossilien, um Aussagen über das Sprechvermögen in vergangener Zeit zu treffen?
- Wie kann man die Vorstellung prüfen, daß die Konformität der Steinwerkzeugproduktion auf das Vorhandensein sozialer Regeln und damit auf die Existenz von verbalisierter Sprache hindeutet?
- Welche künstlerische Ausdrucksform spricht am stärksten für die Existenz von Sprache?
- Wenn menschliche Sprache nicht in Zusammenhang mit der Stimmbildung und Kommunikation der Primaten steht, wie könnte sie dann entstanden sein?
- Welche Bedeutung ist den ältesten Fundorten in Sibirien beizumessen, um den Zeitpunkt der ersten Einwanderung nach Nordamerika einzugrenzen?
- Welche archäologischen Befunde sind zu erwarten, wenn Paul Martins Hypothese des „Overkills“ korrekt ist?
- Auf welche Weise kann man diese Hypothese am besten überprüfen?

- Anatomische Belege deuten bei der Besiedlung Australiens auf maximal zwei Gründerpopulationen, während mitochondriale DNA-Untersuchungen 15 vermuten lassen: Wie kann man diese Diskrepanz am besten erklären?

- In welchen wesentlichen Punkten würde sich eine Sozialstruktur notwendigerweise verändern, wenn ein Volk mit ehemals umherschweifender Lebensweise seßhaft würde?

  Wie kann man zwischen Belegen für Pflanzen- und Tierdomestikation auf der einen und dem Wildbeutertum auf der anderen Seite unterscheiden?

- War Seßhaftigkeit (und Feldbau) eine unvermeidliche Entwicklung in der Evolution des anatomisch modernen Menschen?

- Welche Erklärung könnte es für die – verglichen mit der Alten Welt – spätere Entwicklung von Seßhaftigkeit und Feldbau in der Neuen Welt geben?

Glossar

abgeleitetes Merkmal Eigenschaft, die von einigen Mitgliedern einer Stammesgruppe erworben wurde, mit der diese ursprüngliche Merkmale gemeinsam haben. Es dient dazu, diese in taxonomischem Sinne zusammenzufassen und von anderen Arten der Gruppe zu unterscheiden.→ ursprüngliches Merkmal.

Altpaläolithikum Älteste Kulturperiode der Steinzeit, die mit dem ersten Auftreten von Steinwerkzeugen begann und vor rund 150 000 Jahren endete. Dieser Begriff wird gewöhnlich für die Entwicklung in Europa verwendet; die äquivalente Bezeichnung für Afrika lautet **Early Stone Age**.

Anagenese → phyletische Evolution.

Analogie Weitgehende Anpassungsähnlichkeit von Funktionen und Verhalten bei Organismen, die unterschiedlicher entwicklungsgeschichtlicher Herkunft sind. → Homologie.

Anthropoidea Bezeichnung für eine Unterordnung der → Primaten; umfaßt die Breitnasenaffen der Neuen Welt (Platyrrhini) und die Schmalnasenaffen der Alten Welt, einschließlich Menschenaffen und Menschen (Catarrhini).

anzestral Stammesgeschichtlich, den/die Vorfahren betreffend.

arboreal Auf Bäumen lebend.

Australopithecinen Ältester Urmenschentyp, der vor ein bis vier Millionen Jahren im Pliozän lebte.

Autapomorphie Abgeleitetes Merkmal; von Stammart in der Evolution neuerworbene Eigenschaft.

Bipedie Zweifüßigkeit; aufrechter Gang auf den beiden Hinterbeinen wie etwa beim Menschen.

Brachiation Schwinghangeln; Art der Fortbewegung auf Bäumen, wobei die Arme – wie etwa bei den Gibbons – zum Hangeln und Schwingen eingesetzt werden.

Breccie Sedimentgestein, das aus kantigen, durch Bindemittel verkitteten Gesteinstrümmern besteht.

Caninus Eckzahn.

Carnivore Fleischfresser.

Chopper Hauwerkzeug des Paläolithikums mit unifazial behauener Arbeitskante, das aus einem Geröllstück oder Steinblock geschlagen ist.

Cranium Kompletter Schädel aus Hirnschale, Gesicht, Gaumen, Unterkiefer und Zähnen. → Postcranium.

cranial endocast Abdruck der Gehirnoberfläche auf der Innenseite der Hirnschale; kann auch künstlich entstehen.

Dentition Bezahnung.

Deszendenz Abstammung.

Diastema „Affenlücke"; Zahnlücke für die verlängerten Eckzähne im gegenüberliegenden Kiefer bei Menschenaffen.

Divergenz Artaufspaltung; eine Stammart spaltet sich in zwei Schwesterarten, was in der Folge zur Steigerung der Artenvielfalt führt. → Speziation.

DNA = Desoxyribonucleinsäure Erbsubstanz der Zelle; doppelsträngiges Molekül, bestehend aus dem Zucker-Phosphat-Rückgrat und einer Abfolge von Basenpaaren.

Endemit In einem begrenzten Lebensraum vorkommender Organismus.

Early Stone Age → Altpaläolithikum.

Encephalisation Zunahme der relativen Gehirngröße sowie der Bedeutung und Differenzierung der Hirnfunktionen.

Endogamie Fortpflanzung oder auch Heirat innerhalb des eigenen Sozialverbands. → Exogamie.

Exogamie Fortpflanzung oder auch Heirat außerhalb des eigenen Sozialverbands. → Endogamie.

Fauna Tierwelt eines bestimmten Gebiets.

fazial Das Gesicht betreffend, zum Gesicht gehörig.

Flora Pflanzenwelt eines bestimmten Gebiets.

Folivore Blattfresser.

Fortpflanzungserfolg → Reproduktionserfolg.

Frugivore Fruchtfresser.

Genom Gesamtheit der genetischen Information einer Zelle.

Genotyp Gesamtheit der Erbanlagen (Gene) eines Organismus. → Phänotyp.

Geschlechtsdimorphismus Zwischen den Geschlechtern einer Art deutlich sichtbare Unterschiede in Gestalt, Größe, Färbung, Physiologie oder Verhalten.

Gradualismus Evolutionsmodus, bei dem kleine Veränderungen stetig akkumuliert werden und somit der Artwandel allmählich abläuft. → Punktualismus.

Gründereffekt Genetische Konsequenzen aus einer kleinen Population, die aus sehr wenigen Individuen, unter Umständen sogar nur einem männlichen und einem weiblichen Individuum hervorgegangen ist.

Hominiden Bezeichnung für die Familie der Menschenartigen, zu der der Mensch neben seinen Vorfahren und ausgestorbenen Seitenlinien gehört.

Hominisation → Menschwerdung.

Hominoiden Überfamilie der Menschenartigen, denen neben dem Menschen auch die Menschenaffen zugerechnet werden.

Homologie Übereinstimmung der biologischen Organe oder des Verhaltens hinsichtlich der Entwicklungsgeschichte, nicht jedoch ihrer Funktion. → Analogie.

Homoplasie Übereinstimmung von Organen und Verhalten, die als Ergebnis gleichartiger Entwicklung an ähnliche Lebensbedingungen von mehreren Spezies geteilt wird.

Incisivus Schneidezahn.

Jungpaläolithikum Letzte Kulturepoche der Steinzeit, die vor etwa 50 000 Jahren begann und vor ungefähr 10 000 Jahren an der Grenze Pleistozän/Holozän endete. Dieser Begriff wird gewöhnlich für die Entwicklung im europäischen Raum verwendet; typisch sind Steinwerkzeuge in Klingentechnik sowie Werkzeuge und Geräte aus Knochen und Geweih. Der äquivalente Ausdruck für Afrika lautet **Later Stone Age**.

kin selection Verwandtenselektion; genetische Konsequenz aus gegenseitiger Hilfe im Sozialverband unter Verwandten, wodurch der Reproduktionserfolg und die Gesamteignung (*inclusive fitness*) der Individuen gesteigert wird.

Klade Monophyletische Stammesgruppe; zu ihr gehören der gemeinsame Vorfahre der Gruppe und alle seine Nachkommen.

Kladogramm Stammbaumdarstellung, in der durch die Lage der Verzweigungspunkte die Verwandtschaftsbeziehung zum Ausdruck kommt. Der Zeitfaktor wird dabei nicht berücksichtigt.

Knöchelgang Für Gorillas und Schimpansen typische Fortbewegung, bei der nur die

Rückseiten der Mittelglieder der Hand aufgesetzt werden.

knuckle walking → Knöchelgang.

Konvergenz Ausbildung ähnlicher Merkmale hinsichtlich Gestalt, Organe und Verhalten bei verschiedenen Organismen, die unter gleichen Lebensbedingungen vorkommen.

Later Stone Age → Jungpaläolithikum.

Lineage Evolutionäre Linie, die auf gemeinsame Vorfahren zurückgeht.

Makroevolution Große Veränderungen in der stammesgeschichtlichen Entwicklung, etwa Aufspaltung in Gruppen und Bildung neuer Gruppen.

Mandibel Unterkiefer.

Maxille Oberkiefer.

Menschwerdung Von H. von Vallois geprägter Begriff für die körperliche, geistige und soziale Entwicklung unserer äffischen Vorfahren bis zum heutigen Menschen.

Middle Stone Age → Mittelpaläolithikum.

Mikroevolution Kleine Veränderungen in der stammesgeschichtlichen Entwicklung, oftmals innerhalb einer Population oder auch bei einer einzelnen Spezies.

Mitochondrium „Kraftwerk der Zelle"; Organelle, die der Atmung und dem Stoffwechsel der Zelle dient.

Mittelpaläolithikum Jüngerer Teil der Altsteinzeit, 50 000 bis 150 000 Jahre vor unserer Zeit. Der Ausdruck wird gewöhnlich auf Europa bezogen. Charakteristisch ist eine große Zahl von Spezialtypen unter den Steinwerkzeugen. Der für Afrika äquivalente Begriff lautet **Middle Stone Age**.

Molar Backenzahn.

Monogamie Dauerhafte Fortpflanzungsgemeinschaft im Sozialsystem, in dem Geschlechtspartner nur mit einem Partner sexuelle Beziehungen unterhalten.

Morphologie Wissenschaft, die sich mit Bau und Gestalt der Organismen befaßt.

Mutation Veränderung des genetischen Materials.

Neolithikum Jungsteinzeit; die Epoche wird gewöhnlich mit den Anfängen des Bodenbaus vor etwa 10 000 Jahren (zwischen Paläolithikum und Bronzezeit) gleichgesetzt. Kennzeichnend sind geschliffene Steinwerkzeuge.

Neolithische Revolution Übergang von der aneignenden zur produktiven Wirtschaft und Lebensform.

Neotenie Unvollkommener Entwicklungszustand eines Organs.

Omnivore Allesfresser, der sich von einer Reihe unterschiedlicher Nahrungsmittel ernährt.

Paläolithikum Altsteinzeit; beginnt mit dem erstmaligen Auftreten von Steinwerkzeugen und endet mit den Anfängen des Bodenbaus. → Altpaläolithikum, → Mittelpaläolithikum, → Jungpaläolithikum.

Phänotyp Äußere Erscheinungsform eines Organismus. → Genotyp.

phyletische Evolution Artumwandlung; graduelle Veränderung der Individuen/Populationen einer Art, die im Laufe der Generationenfolge zu einer neuen Spezies führt; daraus resultiert keine Zunahme der Artenvielfalt. → Speziation.

Phylogenie Evolutions- oder Stammesgeschichte der Organismen.

Polyandrie Sexuelle Beziehungen eines Weibchens zu mehreren Männchen.

Polygamie Vielehe; sexuelle Beziehungen eines Individuums zu mehreren Partnern des anderen Geschlechts. → Monogamie.

Polygynie Sexuelle Partnerschaft eines Männchens mit mehreren Weibchen.

Postcranium Skelett ohne Cranium.

Prämolar Vorbackenzahn.

Primaten Ordnung der Säugetiere, zu denen Halbaffen, Koboldmakis, Breitnasenaffen und Schmalnasenaffen (mit Mensch und Menschenaffen) gehören.

Prognathie Über die Profillinie des oberen Gesichtsbereichs vorspringender Kiefer.

Punktualismus Evolutionsmodus, bei dem sich Veränderungen auf geologisch kurze Zeiträume konzentrieren und der Artenwandel somit sprunghaft abläuft. → Gradualismus.

Radiation Stammesgeschichtliche Ausbreitung, bei der während eines relativ kurzen geologischen Zeitraumes aus einer Ausgangsform zahlreiche neue Formen entstehen.

Reproduktionserfolg Maß für die genetische Repräsentation eines Individuums in der nachfolgenden Generation unter Berücksichtigung der Anzahl der Nachkommen und ihrer Lebensdauer.

Restriktionsenzym Enzym, das die DNA-Doppelhelix nur an Stellen mit spezifischen Erkennungsstellen oder in deren Nähe schneiden kann.

Sexualdimorphismus → Geschlechtsdimorphismus.

Soziobiologie Zweig der biologischen Verhaltensforschung, die sich mit der Erklärung von Verhaltensmustern unter besonderer Berücksichtigung der durch natürliche Selektion entstandenen gesellschaftlichen Umwelt befaßt. → *kin selection.*

Sozioökologie Studium der Interaktionen zwischen dem Verhalten einer Spezies und ihrer Umwelt, einschließlich der Beziehungen mit anderen Arten. Mittlerweile durch den Begriff → Soziobiologie verdrängt.

Speziation Artbildung, wobei zwei Modi unterschieden werden: Artumwandlung (→ phyletische Evolution) oder, häufiger, Artaufspaltung (→ Divergenz).

Steinzeit Früheste Epoche der menschlichen Kultur, die vor ungefähr 2,5 Millionen Jahren begann und bis zur Bearbeitung von Metallen vor etwa 5000 Jahren reicht; wird unterteilt in Altpaläolithikum, Jungpaläolithikum und gelegentlich Mittelpaläolithikum.

Subsistenz Bestreitung des materiellen Lebensunterhalts des Menschen in der Auseinandersetzung mit der Natur.

Subsistenzwirtschaft Wirtschaftsform, bei der die Menschen alles fürs Leben Notwendige selbst herstellen.

Symplesiomorphie Gemeinsames, ursprüngliches Merkmal.

Synapomorphie Gemeinsames, abgeleitetes Merkmal.

Systematik Wissenschaft von der Einordnung aller Lebewesen in ein System. → Taxonomie.

Taphonomie Lehre von der Fossilisation.

Taxonomie Einordnen von Organismen in Gruppen entsprechend ihrer entwicklungsgeschichtlichen Verwandtschaft.

terrestrisch Auf dem Boden lebend.

ursprüngliches Merkmal Eigenschaft, die bereits bei den gemeinsamen Vorfahren einer Gruppe vorhanden war und daher von allen Mitgliedern der Stammesgruppe geteilt wird. → abgeleitetes Merkmal.

Verwandtenselektion → *kin selection.*

Literatur

Kapitel 1

Bowler, P. J. *Theories of Human Evolution.* Baltimore (Johns Hopkins University Press) 1986.

Cartmill, M.; Pilbeam, D.; Isaac, G. *One Hundred Years of Paleoanthropology.* In: *American Scientist* 74 (1986) S. 410–420.

Eldredge, N.; Tattersall, I. *The Myths of Human Evolution.* New York (Columbia University Press) 1982.

Fleagle, J. G.; Jungers, W. L. *Fifty Years of Higher Primate Phylogeny.* In: Spencer, F. (Hrsg.) *A History of American Physical Anthropology.* London/New York (Academic Press) 1982.

Gould, S. J. *Vision with a Vengeance.* In: *Natural History* 9 (1980) S. 16–20.

Gould, S. J. *Bound by the Great Chain.* In: *Natural History* 11 (1983) S. 20–24.

Gould, S. J. *Chimp on a Chain.* In: *Natural History* 12 (1983) S. 18–26.

Gould, S. J. *Darwinism and the Expansion of Evolutionary Theory.* In: *Science* 216(1982) S. 380–387.

Grayson, D. K. *The Establishment of Human Antiquity.* London/New York (Academic Press) 1983.

Isaac, G. *Aspects of Human Evolution.* In: Bendall, D. S. (Hrsg.) *Evolution from Molecules to Men.* Cambridge (Cambridge University Press) 1983. S. 509–543.

Jacob, F. *Evolution and Tinkering.* In: *Science* 196 (1977) S. 1161–1166.

Kimura, M. *Die „neutrale" Theorie der molekularen Evolution.* In: *Spektrum der Wissenschaft* 1 (1980) S. 94–102.

Kimura, M. *The Neutral Theory of Molecular Evolution.* In: *New Scientist* 7/2 (1985) S. 41–44.

Landau, M. *Human Evolution as Narrative.* In: *American Scientist* 72 (1984) S. 262–268.

Landau, M. *Paradise Lost: The Theme of Terrestriality in Human Evolution.* In: Nelson, J. S.; Megill, A.; McClosky, D. N. (Hrsg.) *The Rhetoric of the Human Sciences.* Madison (University of Wisconsin Press) 1987. S. 111–124.

Lewin, R. *Bones of Contention.* New York (Simon & Schuster) 1987.

Lovejoy, A. O. *The Great Chain of Being.* Cambridge (Harvard University Press)1936.

Medawar, P. *Pluto's Republic.* Oxford (Oxford University Press) 1984.

Stebbins, G. L.; Ayala, F. J. *Die Evolution des Darwinismus.* In: *Spektrum der Wissenschaft* 9 (1985) S. 58–71.

Kapitel 2

Andrews, P. *Family Group Systematics Among Catarrhine Primates.* In: Delson, E. (Hrsg.) *Ancestors: The Hard Evidence.* New York (Liss) 1985.

Andrews, P.; Martin, L. *Cladistic Relationships of Extant and Fossil Hominoid Primates.* In: *Journal of Human Evolution* 16 (1987) S. 101.

Behrensmeyer, A. K. *Taphonomy and the Fossil Record.* In: *American Scientist* 72 (1984) S. 558–566.

Behrensmeyer, A. K.; Hill, A. P. *Fossils in the Making.* Chicago (University of Chicago Press) 1980.

Behrensmeyer, A. K. et al. *Trampling as a Cause of Bone Surface Damage and Pseudo-Cutmarks.* In: *Nature* 319 (1986) S. 768–771.

Brain, C. K. *The Evolution of Man in Africa.* In: *The Geological Society of South Africa, Annexure to Volume LXXXIV.* 1981.

Britten, R. *Rates of DNA Sequence Evolution Differ Between Taxonomic Groups.* In: *Science* 231 (1986) S. 2393.

Cartmill, M. *Basic Primatology and Prosimian Evolution.* In: Spencer, F. (Hrsg.) *A History of American Physical Anthropology.* London/New York (Academic Press) 1982.

Cronin, J. E. *Apes, Humans, and Molecular Clocks: A Reappraisal.* In: Ciochon, R. L.; Corruccini, R. S. (Hrsg.) *New Interpretations of Ape and Human Ancestry.* New York (Plenum Press) 1983.

Goodman, M. *Molecular Evidence of the Ape Subfamily Homininae.* In: *Evolutionary Perspectives and the New Gene ics.* New York (Liss) 1986. S. 121.

Groves, C. P. *Systematics of the Great Apes.* In: *Comparative Primate Biology* 1 (1986) S. 187–217.

Jolly, A. *The Evolution of Primate Behavior.* In: *American Scientist* 73 (1985) S. 230–239.

Journal of Molecular Evolution 26/1–2 (1987). [Sonderheft über molekulare Uhren.]

Kerr, R. A. *Ocean Drilling Details Steps to an Icy World.* In: *Science* 236 (1987) S. 912f.

Laporte, L. F.; Zihlman, A. L. *Plates, Climate and Hominoid Evolution.* In: *South African Journal of Science* 79 (1983) S. 96–110.

Martin, L. *Relationships Among Extant and Extinct Great Apes and Humans.* In: Wood, B.; Martin, L.; Andrews, P. (Hrsg.) *Major Topics in Primate and Human Evolution.* London/New York (Academic Press) 1986. S. 161–187.

Martin, R. D. *Primates: A Definition.* In: Wood, B.; Martin, L.; Andrews, P. (Hrsg.) *Major Topics in Primate and Human Evolution.* London/New York (Academic Press) 1986.

Miyamoto, M. M. et al. *Molecular Systematics of Higher Primates.* In: *Proc. Nat. Acad. Sci.* 85 (1988) S. 7627.

Richard, A. F. *Primates in Nature.* New York (Freeman) 1985.

Ridley, M. *Evolution and Classification.* Harlow/London/New York (Longman) 1986.

Shipman, P. *Life History of a Fossil.* Cambridge (Harvard University Press) 1981.

Tattersall, I.; Eldredge, N. *Facts, Theory and Fantasy in Human Paleontology.* In: *American Scientist* 65 (1977) S. 204–211.

Vrba, E. S. *Environment and Evolution: Alternative Causes of the Temporal Distribution of Evolutionary Events.* In: *South African Journal of Science* 81 (1985) S. 229–236.

Kapitel 3

Foley, R. *Another Unique Species.* Harlow/London/New York (Longman) 1987.

Foley, R. A.; Lee, P. C. *Finite Social Space, Evolutionary Pathways and Reconsidering Hominid Behavior.* In: *Science.* Im Druck.

Harvey, P. H.; Bennett, P. M. *Sexual Dimorphism and Reproductive Strategies.* In: Ghesquiere, J.; Martin, R. D.; Newcombe F. (Hrsg.) *Human Sexual Dimorphism.* London (Taylor & Francis) 1985.

Harvey, P.; Martin, R.; Clutton-Brock, T. *Life Histories in Comparative Perspective.* In: Smuts, B. B.; Cheney, D. L.; Seyfarth, R.M.; Wrangham, R. W.; Struthsaker, T. T. (Hrsg.) *Primate Societies.* Chicago (University of Chicago Press) 1986. S. 181–196.

Martin, R.; Harvey, P. *Human Bodies of Evidence.* In: *Nature* 330 (1987) S. 697f.

Martin, R. D.; May, R. M. *Outward Signs of Breeding.* In: *Nature* 293 (1981) S. 7–9.

Potts, R. *Reconstructions of Early Hominid Sociecology: A Critique of Primate Models.* In: Kinzey, W. G. (Hrsg.) *The Evolution of Human Behavior: Primate Models.* SUNY Press, 1987.

Promislow, D.; Harvey, P. *Living Fast and Dying Young.* In: *American Naturalist.* Im Druck.

Ross, C. *The Intrinsic Rate of Natural Increase and Reproductive Effort in Primates.* In: *Journal of Zoology* 214 (1988) S. 199.

Strum, S. C.; Mitchell, W. *Baboon Models and Muddles.* In: Kinzey, W. G. (Hrsg.) *The Evolution of Human Behavior: Primate Models.* SUNY Press, 1987.

Willner, L. A.; Martin, R. D. *Some Basic Principles of Mammalian Sexual Dimorphism.* In: Ghesquiere, J.; Martin, R. D.; Newcombe, F. (Hrsg.) *Human Sexual Dimorphism.* London (Taylor & Francis) 1985.

Wrangham, R. *Evolution of Social Structure.* In: Smuts, B. B. et al. (Hrsg.) *Primate Societies.* Chicago (Chicago University Press) 1987.

Wrangham, R. W. *The Significance of African Apes for Reconstructing Human Social Evolution.* In: Kinzey, W. G. (Hrsg.) *The Evolution of Human Behavior: Primate Models.* SUNY Press. 1987.

Zihlman, A. L. et al. *Pygmy Chimpanzee as a Possible Prototype for the Common Ancestor of Humans, Chimpanzees and Gorilla.* In: *Nature* 275 (1978) S. 744–746.

Kapitel 4

Andrews, P. *Hominoid Evolution*. In: *Nature* 295 (1982) S. 185f.

Andrews, P.; Martin, L. *Cladistic Assessment of Extant and Fossil Hominoids*. In: *Journal of Human Evolution* 16 (1987) S. 101–118.

Bromage, T. G.; Dean, M. C. *Re-Evaluation of the Age at Death of Immature Fossil Hominids*. In: *Nature* 317 (1985) S. 525–527.

Conroy, G. C.; Vannier, M. W. *Dental Development of the Taung Skull from Computerized Tomography*. In: *Nature* 329 (1987) S. 625–627.

Fleagle, J. G. *The Fossil Record of Early Catarrhine Evolution*. In: Wood, B.; Martin, L.; Andrews, P. (Hrsg.) *Major Topics in Ape and Human Evolution*. Cambridge (Cambridge University Press) 1986. S. 130–149.

Fleagle, J. G.; Kay, R. F. *The Paleobiology of the Catarrhines*. In: Delson, E. (Hrsg.) *Ancestors: The Hard Evidence*. New York (Liss) 1985. S. 23–36.

Hill, A. *Early Hominid from Baringo, Kenya*. In: *Nature* 315 (1985) S. 222–224.

Johanson, D. C.; White, T. D. *A Systematic Assessment of Early African Hominids*. In: *Science* 203 (1979) S. 321–330.

Jolly, C. J. *The Seed-Eaters: A New Model of Hominid Differentiation Based on a Baboon Analogy*. In: *Man* 5 (1970) S. 1–26.

Jungers, W. L. *Relative Joint Size and Hominid Locomotor Adaptations with Implications for the Evolution of Hominid Bipedalism*. In: *Journal of Human Evolution* 17 (1988) S. 247.

Kelly, J.; Pilbeam, D. *The Dryopithecines: Taxonomy, Comparative Anatomy, and Phylogeny of Miocene Large Hominoids*. In: *Comparative Primate Biology*. Bd. 1: *Systematics, Evolution, and Anatomy*. New York (Liss) S. 361–411.

Latimer, B. et al. *Talocrural Joint of African Hominoids*. In: *American Journal of Physical Anthropology* 74 (1987) S. 155–175.

Leakey, M. et al. *Fossil Hominids from the Laetoli Beds*. In: *Nature* 262 (1976) S. 460–466.

Lovejoy, C. O. *The Origin of Man*. In: *Science* 211 (1981) S. 341–350. [Siehe hierzu Erwiderung in *Science* 217 (1982) S. 295–306.]

Mann, A. E. et al. *Maturational Patterns in Early Hominids*. In: *Nature* 328 (1987) S. 673–675.

Martin, L. *Significance of Enamel Thickness in Hominoid Evolution*. In: *Nature* 314 (1985) S. 260–263.

Pilbeam, D. *Hominoid Evolution and Hominoid Origins*. In: *American Anthropologist* 88 (1986) S. 295–312.

Pliocene Hominids Fossils fromm Hadar, Ethiopia. Sonderheft des *American Journal of Physical Anthropology* 57/4 (1982).

Rodman, P. S.; McHenry, H. M. *Bioenergetics of Hominid Bipedalism*. In: *American Journal of Physical Anthropology* 52 (1980) S. 103–106.

Smith, B. H. *Dental Development in* Australopithecus *and Early* Homo. In: *Nature* 323 (1986) S. 327–330.

Susman, R. L.; Stern, J. T.; Jungers, W. L. *Arboreality and Bipedality in the Hadar Hominids*. In: *Folia Primatologica* 43 (1984) S. 113–156.

Washburn, S. L.; Lancaster, C. S. *The Evolution of Hunting*. In: Lee, R. B.; DeVore, I. (Hrsg.) *Man the Hunter*. New York/Berlin (Aldine de Gruyter) 1968. S. 293–303.

Zihlman, A. *Woman as Shapers of the Human Adaptation*. In: Dahlberg, F. (Hrsg.) *Woman the Gatherer*. London/New Haven (Yale University Press) 1981. S. 75–119.

Kapitel 5

Binford, L. *Human Ancestors: Changing Views of Their Behavior*. In: *Journal of Anthropological Archeology* 4 (1985) S. 292–327.

Bunn, H.; Kroll, E. *Systematic Butchery by Plio/Pleistocene Hominids at Olduvai Gorge, Tanzania*. In: *Current Anthropology* 27 (1986) S. 431–452.

Chamberlain, A. T.; Wood, B. A. *Early Hominid Phylogeny*. In: *Journal of Human Evolution* 16 (1987) S. 119–133.

Delson, E. *The Evolution and Paleobiology of Robust* Australopithecus. In: *Nature* 327 (1987) S. 654f.

Grine, F. E. (Hrsg.) *Evolutionary History of the Robust Australopithecines*. New York/Berlin (Aldine de Gruyter) 1989.

Grine, F. E.; Kay, R. F. *Early Hominid Diets from Quantitative Image Analysis of Dental Microwear*. In: *Nature* 333 (1988) S. 765–768.

Isaac, G. *The Archeology of Human Origins*. In: *Advances in World Archeology* 3 (1984) S. 1–87.

Johanson, D. C. et al. *New Partial Skeleton of* Homo habilis *from Olduvai Gorge, Tanzania*. In: *Nature* 327 (1987) S. 205–209.

Lewin, R. *The First Ape-Men*. In: *In the Age of Mankind*. Washington (Smithsonian Institution Press) 1988.

Lieberman, D. E. et al. *A Comparison of KNM-ER 1470 and KNM-ER 1813*. In: *Journal of Human Evolution* 17 (1988) S. 503–512.

Potts, R. *Early Hominid Activities at Olduvai*. New York/Berlin (Aldine de Gruyter) 1988.

Shipman, P. *Scavenging or Hunting in Early Hominids*. In: *American Anthropologist* 88 (1986) S. 27–43.

Skelton, R. R. et al. *Phylogenetic Analysis of Early Hominids*. In: *Current Anthropology* 27 (1986) S. 21–43.

Stringer, C. B. *The Credibility of* Homo habilis. In: Wood, B.; Martin, L.; Andrews, P. (Hrsg.) *Major Topics in Primate and Human Evolution*. 1986.

Susman, R. L.; Stern, J. T. *Functional Morphology of* Homo habilis. In: *Science* 217 (1982) S. 931–934.

Tattersall, I. *Species Recognition in Human Paleontology*. In: *Journal of Human Evolution* 15 (1986) S. 165–175.

Walker, A. et al. *2.5-Myr* Australopithecus boisei *from West of Lake Turkana, Kenya*. In: *Nature* 322 (1986) S. 517–522.

White, T. D. et al. Australopithecus africanus*: Its Phyletic Position Reconsidered*. In: *South African Journal of Science* 77 (1981) S. 445–470.

Wood, B. *Who is the „Real“* Homo habilis*?* In: *Nature* 327 (1987) S. 187f.

Kapitel 6

Andrews, P.; Franzen, J. L. (Hrsg.) *The Early Evolution of Man*. In: *Courier Forschungsinstitut Senckenberg* 69 (1984).

Brown, F. et al. *Early* Homo erectus *Skeleton from West Lake Turkana, Kenya*. In: *Nature* 316 (1985) S. 788–792.

Cann, R. et al. *Mitochondrial DNA and Human Evolution*. In: *Nature* 325 (1987) S. 31.

Delson, E. *Paleobiology and Age of African* Homo erectus. In: *Nature* 316 (1985) S. 362f.

Jones, J. S.; Rouhani, S. *How Small was the Bottleneck?* In: *Nature* 319 (1986) S. 449f.

Mellars, P.; Stringer, C. B. (Hrsg.) *The Origin and Dispersal of Modern Humans*. Edin burgh (Edinburgh University Press) 1988.

Nei, M. *Human Evolution at the Molecular Level*. In: Ohta, T.; Aoki, K. (Hrsg.) *Population Genetics and Molecular Evolution*. Berlin/Heidelberg/New York (Springer) 1985. S. 41.

Rightmire, G. P. *Stasis in* Homo erectus *Defended*. In: *Paleobiology* 12 (1986) S. 324f.

Smith, F. H. *Continuity and Change in the Origin of Modern* Homo sapiens. In: *Zeitschrift für Morphologie und Anthropologie* 75 (1985) S. 197–222.

Stringer, C. B.; Andrews, P. *The Origin of Modern Humans*. In: *Science* 329 (1988) S. 1263–1268. [Siehe hierzu auch die Erwiderung von M. H. Wolpoff et al. in *Science* 241 (1988) S. 772f.]

Tattersall, I. *Species Recognition in Human Paleontology*. In: *Journal of Human Evolution* 15 (1986) S. 165–175.

Wolpoff, M. H. *Stasis in the Interpretation of Evolution in* Homo erectus. In: *Paleobiology* 12 (1986) S. 325–328.

Kapitel 7

Bordes, D. *The Upper Paleolithic: c33,000–10,000 BC*. In: Piggott, S.; Daniel, G.; McBurney, C. (Hrsg.) *France Before the Romans*. London/New York/Melbourne (Thames & Hudson) 1972. S. 30–60.

Bordes, F. *Mousterian Cultures in France*. In: *Science* 134 (1961) S. 803–810.

Conkey, M. *On the Origins of Paleolithic Art*. In: *British Archeological Reviews* 164 (1983) S. 201–227.

Davis, W. *The Origins of Image Making*. In: *Current Anthropology* 27 (1986) S. 193–215.

Halverson, J. *Art for Art's Sake in the Paleolithic*. In: *Current Anthropology* 28 (1987) S. 63–89.

Isaac, G. *The Archeology of Human Origins.* In: *Advances in World Archeology* 3 (1984) S. 1–87.
Keeley, L. H. *The Functions of Paleolithic Tools.* In: *Scientific American* 5 (1977) S. 108–126.
Klein, R. *Ice-Age Hunters of the Ukraine.* Chicago (University of Chicago Press) 1973.
Klein, R. *The Stone Age Prehistory of Southern Africa.* In: *Annual Reviews of Anthropology* 12 (1983) S. 25–48.
Klein, R. *Stone Age Prehistory of Southern Africa.* In: *Annual Review of Anthropology* 12 (1983) S. 25–48.
Leroi-Gourhan, A. *Auf den Spuren der Künstler von Lascaux.* In: *Spektrum der Wissenschaft* 8 (1982) S. 52–61.
Leroi-Gourhan, A. *The Evolution of Paleolithic Art.* In: *Scientific American* 2 (1986) S. 58–70.
Lewis-Williams, J. D. *Cognitive and Optical Illusions in San Rock Art Research.* In: *Current Anthropology* 27 (1986) S. 171–177.
Toth, N. *Die ersten Steinwerkzeuge.* In: *Spektrum der Wissenschaft* 6 (1987) S. 124–134.
White, R. *Dark Caves, Bright Visions.* New York (The American Museum of Natural History) 1986.

Kapitel 8

Carlisle, R. (Hrsg.) *Americans Before Columbus: Perspectives on the Archeology of the First Americans.* Pittsburgh (University of Pittsburgh Press) 1988.
Cheney, D. et al. *Social Relationships and Social Cognition.* In: *Science* (1986) S. 1361–1366.
Falk, D. *The Petrified Brain.* In: *Natural History* 9 (1984) S. 36–39.
Flannery, K. (Hrsg.) *Guila Naquitz.* London/New York (Academic Press) 1986. [Arbeiten über das Forschungsprojekt im Oaxaca-Tal in Mexiko.]
Foley, R. *Hominids, Humans and Hunter-Gatherers: An Evolutionary Perspecitve.* In: Ingold, T.; Riches, D.; Woodburn, J. (Hrsg.) *Hunters and Gatherers: History, Evolution and Social Change.* Oxford (Oxford University Press) 1988.
Gladkin, M. I.; Kornijez, N. L.; Soffer, O. *Mammutknochen-Behausungen in der russischen Ebene.* In: *Spektrum der Wissenschaft* 1 (1985) S. 112–118.
Greenberg, J. et al. *The Settlement of the Americans.* In: *Current Anthropology* 27 (1986) S. 447–497.
Habgood, P. *The Origin of Australian Aborigines.* In: Tobias, P. (Hrsg.) *Hominid Evolution: Past, Present and Future.* New York (Liss) 1985.
Harcourt, A. H. *Alliances in Contests and Social Intelligence.* In: Byrne, R.; Witen, A. (Hrsg.) *Social Expertise and the Evolution of Intellect.* Oxford (Oxford University Press) 1988.
Holloway, R. L. *Human Brain Evolution.* In: *Canadian Journal of Anthropology* 3 (1983) S. 215–230.
Holloway, R. L. *Human Paleontological Evidence Relevant to Language Behavior.* In: *Human Neurobiology* 2 (1983) S. 105–114.
Humphrey, N. K. *The Social Function of Intellect.* In: Bateson, P. P. G.; Hinde, R. A. (Hrsg.) *Growing Points in Ethology.* Cambridge (Cambridge University Press) 1976.
Humphrey, N. K. *The Inner Eye.* London (Faber & Faber) 1986.
Isaac, G. L. *Stages of Cultural Elaboration in the Pleistocene.* In: *Origins and Evolution of Language and Speech.* New York (New York Academy of Science) 1976.
Jerison, H. J. *Paleoneurology and the Evolution of Mind.* In: *Scientific American* 1 (1976) S. 90–101.
Lee, R.; DeVore, I. *Man the Hunter.* New York/Berlin (Aldine de Gruyter) 1968. [Arbeiten von der berühmten Konferenz der University of Chicago im Jahre 1966, enthält zudem Arbeiten über die !Kung.]
Legge, A. J.; Rowley-Conwy, P. A. *Gazellenjagd im steinzeitlichen Syrien.* In: *Spektrum der Wissenschaft* 10 (1987) S. 66–74. [Eine recht aktuelle Arbeit über Abu Huraira.]
Lewin, R. *A Revolution of Ideas in Agricultural Origins.* In: *Science* 240 (1988) S. 984–986.
Lewin, R. *New Views Emerge on Hunters and Gatherers.* In: *Science* 240 (1988) S. 1146–1148.
Marshack, A. *Implications of the Paleolithic Symbolic Evidence for the Origin of Language.* In: *American Scientist* 64 (1976) S. 136–145.
Martin, R. D. *Human Brain Evolution in an Ecological Context.* In: *Fifty-Second James Arthur Lecture.* New York (American Museum of Natural History) 1983.
New York Academy of Science. *Origins and Evolution of Language and Speech.* In: *Annals* 280 (1976).
Pagel, M. D.; Harvey, P. H. *How Mammals Produce Large-Brained Offspring.* In: *Evolution* (1988) S. 948–957.
Prehistoric Pioneers. Sonderheft von *Expedition.* The University Museum Magazine of Archeology/Anthropology. University of Pennsylvania 28/2 (1986).
Price, T. D.; Brown, J. A. (Hrsg.) *Prehistoric Hunter Gatherers.* London/New York (Academic Press) 1984. [Enthält eine Reihe von Arbeiten über den soziokulturellen Bereich der nichtseßhaften Völker in der Alten und der Neuen Welt.]
Simmons, A. H. et al. *'Ain Ghazal: A Major Neolithic Settlement in Central Jordan.* In: *Science* 240 (1988) S. 35–39.
The First Americans. Eine Reihe von Artikeln in *Natural History.* [Erschienen zwischen November 1986 und Januar 1988.]
Turner, A. *Hominids and Fellow Travelers.* In: *South African Journal of Science* 78 (1982) S. 231–237.
White, R. *Thoughts on Social Relationships and Language in Hominid Evolution.* In: *Journal of Social and Personal Relationships* 2 (1985) S. 95–115.
Wynn, T. *The Intelligence of Oldowan Hominids.* In: *Journal of Human Evolution* (1981) S. 529–541.

Index

T

U

V

W

Y

Z

Originaltitel:
Human Evolution. An Illustrated Introduction. 2. Auflage

Aus dem Amerikanischen übersetzt von Prof. Dr. Rainer Protsch von Zieten

Die Deutsche Bibliothek – CIP-Einheitsaufnahme:
Lewin, Roger:
Spuren der Menschwerdung : die Evolution von Homo sapiens / Roger Lewin.
Aus dem Amerikan. übers. von Rainer Protsch von Zieten. –
Heidelberg : Spektrum Akad. Verl., 1992
ISBN 3-89330-691-9

Amerikanische Originalausgabe bei Blackwell Scientific Publications, Inc.,
Cambridge, USA

Lektorat: Merlet Behncke-Braunbeck und Erich Lange
Buchgestaltung: Karin Kern

Satz: Typo Design Künster GmbH, Heidelberg
Druck und Verarbeitung: Klambt-Druck GmbH, Speyer

Gedruckt auf umweltfreundlichem Papier

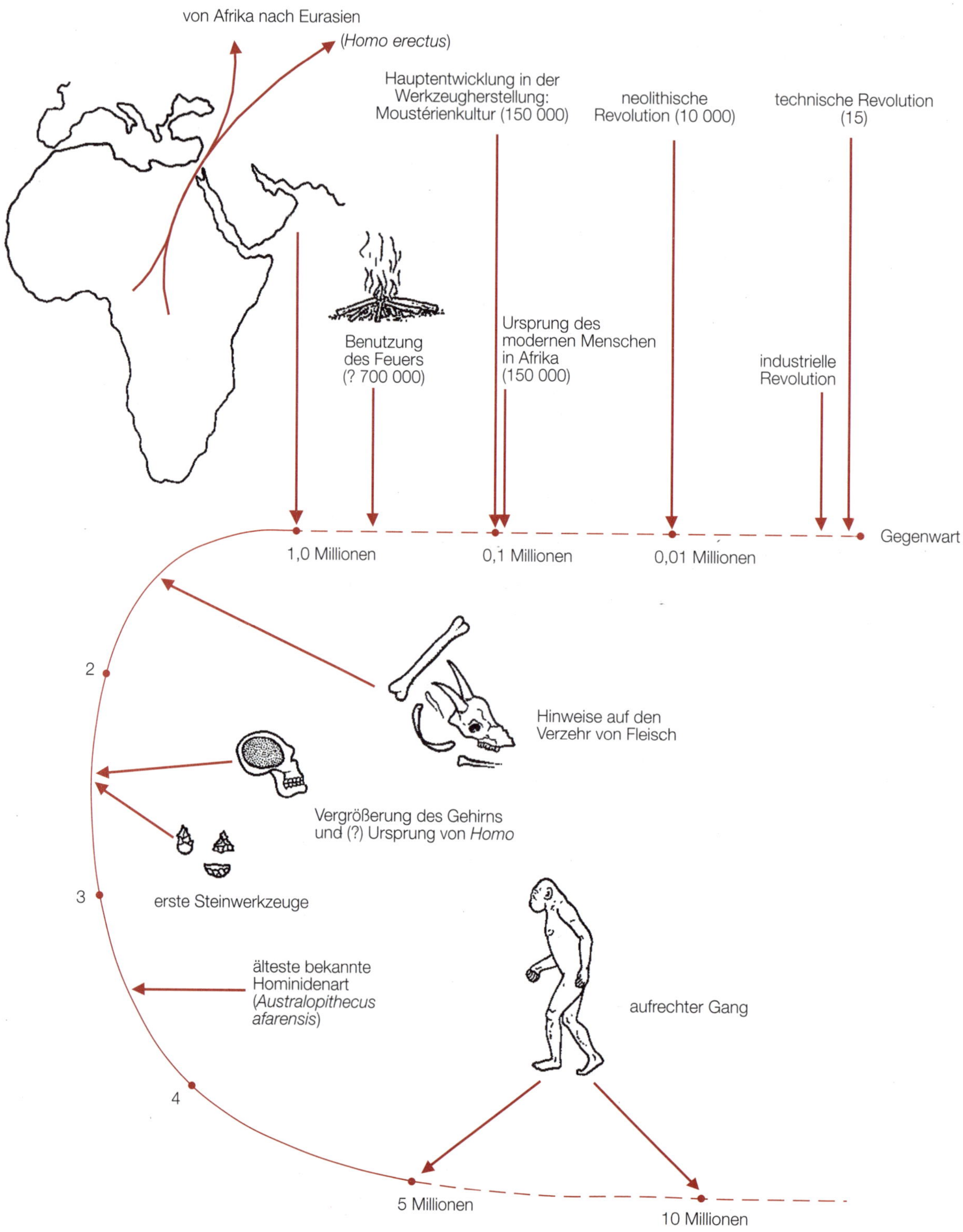
von Afrika nach Eurasien
(*Homo erectus*)
Hauptentwicklung in der Werkzeugherstellung: Moustérienkultur (150 000)
neolithische Revolution (10 000)
technische Revolution (15)
Benutzung des Feuers (? 700 000)
Ursprung des modernen Menschen in Afrika (150 000)
industrielle Revolution
1,0 Millionen
0,1 Millionen
0,01 Millionen
Gegenwart
2
Hinweise auf den Verzehr von Fleisch
Vergrößerung des Gehirns und (?) Ursprung von *Homo*
3
erste Steinwerkzeuge
älteste bekannte Hominidenart (*Australopithecus afarensis*)
aufrechter Gang
4
5 Millionen
10 Millionen